U0338430

国家“十二五”重点规划图书

装备标准化实践丛书

丛书编委会

装备环境工程及其标准化

主编　任占勇
副主编　龙德中　祝耀昌

中国标准出版社
国防工业出版社

北京

图书在版编目(CIP)数据

装备环境工程及其标准化/任占勇主编.
—北京:中国标准出版社:国防工业出版社,2015.10
(装备标准化实践丛书)
ISBN 978-7-5066-7790-5

Ⅰ.①装…　Ⅱ.①任…　Ⅲ.①武器装备—环境模拟—标准化　Ⅳ.①TJ06-65

中国版本图书馆 CIP 数据核字(2014)第 281106 号

内容提要

装备质量特性分为专用质量特性和通用质量特性。专用质量特性反映装备自身特点的个性,通用质量特性反映不同装备均具有的共性,如可靠性、维修性和环境适应性等。这两类质量特性构成了装备完整的战术技术性能和使用性能,两者相辅相成。通用质量特性是有效发挥装备专用质量特性的保证。

本书较为系统地介绍了装备环境适应性和环境适应性要求的基本概念、表征方法和指标体系,装备环境工程内涵及技术体系,装备环境适应性通用设计技术和实验室环境试验剪裁技术,装备环境工程标准体系,国内国际上重大的环境工程标准,特别是试验方法标准及其在装备研制生产中的应用情况,最后介绍了各种典型的环境试验设备的组成、特点及其应用,并提供了图片。

本书可供从事军用装备设计、试验和各级管理人员及高等院校相关专业的师生使用。

中国标准出版社出版发行
北京市朝阳区和平里西街甲 2 号(100029)
北京市西城区三里河北街 16 号(100045)
网址:www.spc.net.cn
总编室:(010)68533533　发行中心:(010)51780238
读者服务部:(010)68523946
中国标准出版社秦皇岛印刷厂印刷
各地新华书店经销
*
开本 787×1092 1/16　印张 20.5　字数 461 千字
2015 年 10 月第一版　2015 年 10 月第一次印刷
*
定价 68.00 元

本书编委会

主　编：任占勇

副主编：龙德中　祝耀昌

成　员：（按姓氏笔划排序）

王星皓　毛黎明　龙德中　任占勇　孙建勇

汪启华　李　明　张建军　陈丹明　祝耀昌

常志刚　常海娟　程丛高　傅　耘　蔡良续

丛书序言

标准是科学、技术和经验的综合成果和结晶。国际、国内大量各级、各类标准是一个巨大的知识宝库和信息平台，它在生产者和消费者之间构建起一座桥梁。标准化是制定、贯彻和修订改进标准的活动和过程。标准化推动新技术发展、促进科技转化为生产力，有利于建设资源节约型、环境友好型和谐社会；同时对于国防现代化起到重要的保障作用。

从20世纪80年代初开始，在中央的领导和关怀下，国防科技工业系统借鉴我国工业标准化的经验，参考、吸收国外先进标准和系统工程方法，对军用标准化进行了探索和实践，军用标准化领域大大拓宽，水平得到提高。现在军用标准化工作已覆盖装备科研、生产和使用维修的全过程。各类装备和产品及其可靠性、维修性、环境适应性等专业工程，质量、计量管理都成为标准化的重要对象。经过三十多年的不懈努力，我国军用标准化工作已经建立起行之有效的规章制度，比较完整的军用标准体系，基本配套的产品技术标准、管理标准。

近十多年来，围绕现代信息化条件下立体战争和军工制造业数字化的需要，又制定实施了大量信息化标准，促进了军队建设和军工工业由机械化逐步向信息化方向发展。

党的十七、十八大提出，要建立并进一步推动和完善军民结合、寓军于民的装备科研生产体系和保障体系，走出一条中国特色军民融合式发展的路子。在新的历史条件下，标准化将成为加强军民联系，实现军民融合、寓军于民的技术基础。加强军民标准化之间的交流，开创军民标准资源共享的新局面将成为今后标准化工作的一项重要任务。我们组织编写"装备标准化实践丛书"的目的是为了总结和提高军用标准化自身的水平；同时以此加强与民口的交流，相互了解，取长补短，也是贯彻中央提出的军民融合方针的具体体现。

本套丛书从策划到落实编写人员、编写要求都经过了认真讨论，最终确定其内容除标准制定、标准实施、综合标准化、企业标准化，还包括新产品研制和引进的标准化，电子基础产品的标准化，装备的通用化、系列化、模块化，信息技术及数字化设计、制造的标准化，以及可靠性、维修性、环境适应性、计量等专业工程的标准化。

编写该套丛书有较好的实践基础。所列各项都以国防科技工业系统几十年工作实践为基础，各书的主编大多是相应领域的专家或组织领导者。

本套丛书已被国家新闻出版广电总局列入《“十二五”国家重点图书、音像、电子出版物出版规划》，由中国标准出版社和国防工业出版社联合出版。

该项工作也得到有关领导的重视。原国防科学技术工业委员会副主任怀国模、原国家技术监督局政策法规司司长李春田受聘为顾问，总装备部技术基础局李锦程局长等领导给予大力支持。他们对丛书的编写、出版都提出了许多宝贵的意见。

本套丛书的读者对象为：标准化专业人员（含国防工业、民用工业）；各级技术领导干部及管理人员；企事业单位和军队装备部门的论证、设计、制造、生产和使用维修人员、质量计量管理人员。对工程院校的教师、研究人员、高年级学生和研究生也有参考意义。

丛书筹划和编写过程中，中航工业综合技术研究所和中船信息中心等有关单位，以及韩勤、廖晓谦、洪宝林、陶鸿福等同志给予了大力支持，在此一并表示衷心感谢。

编委会

2015 年 6 月

前言

众所周知，环境适应性与可靠性是装备的重要质量特性，它们关系到武器装备在战场环境条件下的生存能力和作战效率的发挥。随着高新技术武器的迅速发展和武器装备信息化水平的不断提高，加之现代战争的突发性和战场的不确定性，对装备适应各种复杂多变环境能力的要求越来越高。从一定意义上讲，装备环境适应性是制约装备性能发挥、影响战争进行，甚至决定战争胜负的重要因素。因此，武器装备立项论证、工程研制、生产和使用过程中，人们越来越重视环境工程工作的开展。

环境适应性作为军用装备的质量特性这一概念是于1997年在GJB 150《军用设备环境试验方法》标准颁布10周年的研讨会上提出并开始为人们逐渐认可的。在此之前，谈到环境问题就是环境试验，谈到环境试验就是批生产阶段的环境例行试验和定型阶段的环境鉴定试验，解决环境问题手段就是用试验来把关。GJB 150《军用设备环境试验方法》颁布10周年研讨会上实现了观念的转变。既然把环境适应性作为产品的一个固有的质量特性，就应在军用装备寿命期各个阶段开展相应的环境工程工作，即环境适应性要求的确定，环境适应性设计，环境试验与评价和全寿命各阶段的环境工程管理工作，不再局限于环境试验的范畴。在总装备部领导的支持和关心下，2001年颁布了GJB 4239《装备环境工程通用要求》，规定了装备全寿命期环境工程工作的20个工作项目、各项目应用阶段、输入输出信息和责任单位，奠定了制定确保环境适应性纳入装备所需技术体系和标准体系的基础；2007年，总装备部颁发了GJB 6117《装备环境工程术语》，该标准给出了环境与环境因素、环境分析和环境适应性设计、环境试验技术和试验设备，以及环境工程管理等方面的600多条术语，为澄清环境工程相关概念、统一名称等奠定了标准依据；2009年，总装备部进一步颁发的GJB 9001B《质量管理体系　要求》中明确规定：将可靠性、维修性、测试性、保障性、安全性和环境适应性（以下简称六性）的要求和获得过程纳入质量管理体系，为GJB 4239《装备环境工程通用要求》标准在装备研制过程中纳入质量管理体系并贯彻实施奠定了管理基础。

2014年4月，总装备部颁布《装备通用质量特性管理工作规定》（装法[2014]2号），以法规（命令）的形式要求总装备部有关部门在装备的科研、购置、使用和保障各个阶段组织实施通用质量特性管理工作以及开展相应的基础工作，该法规中规定通用质量特性主要是指上述六性。近年来，我国对于装备的质量特性建立了更为科学和合理的概念和分类。产品的质量特性包括专用质量特性和通用质量特性，专用质量特性是指反映不同装备类别和自身特点的个性特征，如其物理特性、功能和性能等，通用质量特性是指反映不同武器装备均具有的共性特征，如上述的六性。通用质量特性与专用质量特性都是武器装备战术技术性能的重要组成部分，两者相辅相成。通用质量特性是在专用质量特性发挥过程中表现出来的。如果通用质量特性水平低，环境适应性差，故障率高，维修难，专用质量特性也不能很好地发挥。通用质量特性是在论证中提出的，在研制中反复迭代、逐步落实的，在生产中实现的，在使用中改进提高的，其形成需要一个过程。因此，要求装备寿命期各个阶段均开展相应工作。总装备部这一文件为装备寿命期各个阶段开展环境工程工作提供了法规依据。

尽管有了各种标准和法规的支持，由于环境适应性和装备环境工程的概念建立较晚，尚不能像可靠性那样得到广泛认可，而且相应环境工程标准数量少，例如尚没有环境适应性要求指标及其体系标准，造成了在型号研制总要求和成品技术协议书中提法混乱，目前大都是一系列试验要求，导致误认为环境工程只是一些把关试验工作，影响了研制过程中环境适应性设计和研制试验等工作的开展。此外，军用装备定型过程中对环境适应性工作相关的文件要求和审查工作也远不如可靠性那样完整和严格，因此环境工程工作在型号中的开展极为有限，与标准和法规要求差距较大。

为了澄清环境工程的一些概念，支持 GJB 4239《装备环境工程通用要求》和 GJB 9001B《质量管理体系要求》标准的贯彻实施，配合《装备通用质量特性管理工作规定》(装法[2014]2号)法规的执行，促进装备研制生产过程中环境工程工作的开展，我们编写本书。

本书共分为7章，第1章全面描述装备寿命期基本概念、环境因素和环境影响及其对装备设计和使用的影响；第2章阐述了环境适应性和环境适应性要求的基本概念、表征方法、环境适应性要求指标体系、环境适应性要求和环境适应验证要求的确定方法；第3章简要阐述了装备环境工程内涵、技术体系、在型号中的地位和作用，以及与其他专业工程的关系；第4章，给出了一些环境适应性设计的通用技术，包括通用设计准则、耐振动与冲击设计技术、温度环境适应性设计技术和三防设计技术等；第5章给出了实验室环境剪裁技术，包括剪裁的基本概念、剪裁的依据和考虑因素、剪裁项目、剪裁时机、剪裁的方法；第6章阐述了装备环境工程标准体系，并较为详细地介绍了环境工程顶层标准 GJB 4239《装备环境工程通用要求》、装备环境工程管理文件编写要求标准(GJB ××××)(本标准将于近期颁布)和一些重要的实验室环境试验标准，包括 GJB 150《军用设备环境试验方法》系列标准，美国、英国和北约的环境试验方法标准以及 GB/T 2423《电工电子产品环境试验》系列和 RTCA DO 160《机载设备环境条件和试验程序》系列的民用标准等；第7章介绍了各种典型环境设备的组成、特点和及其应用，并在附录5中给出了典型的试验设备图片。本书还以附录1～附录4的形式给出了环境鉴定试验大纲，环境鉴定试验报告、试验总报告和试验结果借用报告等的编写要求和格式，以规范军用装备定型过程中试验文件的编写。

本书是在紧密结合型号工程实践的需求，针对型号工程工作中实施环境工程遇到的问题，总结多年来的研究成果和实践经验的基础上编写的，内容力求贴近实际和具有可操作性、可读性和实用性。

本书由中国航空综合技术研究所任占勇任主编，第1章由任占勇编写，第2章由祝耀昌、张建军编写，第3章由傅耘、常海娟编写，第4章由孙建勇、李明编写，第5章由程丛高、汪启华编写，第6章由蔡良续、陈丹明、常志刚编写，第7章由龙德中、王星皓编写。

鉴于编者水平所限，书中不当之处恳请批评指正。

编委会
2014.12

目　录

第1章 装备寿命期环境

1.1 装备寿命期的基本概念

军用装备的寿命期有多种定义，最典型的有两种：一种是 GJB 1371《装备保障性分析》中的定义，即“系统和设备从论证开始到退役为止所经历的全部时期。寿命期一般分为论证、方案、工程研制与定型、生产、部署、使用和退役 6 个阶段”；另一个定义是原国防科工委(1985)科六字第 1325 号文“颁发《航空技术装备寿命和可靠性工作暂行规定》(试行)的通知”中有关部门的定义，即“在规定的条件下，产品从开始使用到规定报废的工作时间和/或日历持续时间”。

仔细分析和研究上述两个定义，可以看出 GJB 1371《装备保障性分析》定义的寿命期是从产品立项论证开始计算到报废为止，而《航空技术装备寿命和可靠性工作暂行规定》定义的寿命期是从产品交付给用户开始计算，到报废为止。两个寿命期定义之间相差了立项论证、研制和生产这段时间。

从本质上讲，装备的寿命期与人的寿命一样，确实应从产生这一生命体时就开始计算，包括生命体的产生、发育完全、诞生和正常成长直至死亡全过程，对于装备来说，应包括立项论证、方案设计、研制、定型、生产和交付这些过程，而不限于从交付(合同)开始。然而对于装备的用户来说，往往并不关心军用装备交付给部队以前历经的寿命期，而是关心接收此装备后直到报废这段时间的使用寿命期，更关心其采购的装备是否好用、耐用和管用，即能否充分实现其预定的功能和性能指标，有效地投入使用和发挥其战斗力。

可见，不同部门对装备寿命期各阶段的关注程度和重点是不一样的，作为军方采购部门必定会全面关注寿命期各个阶段的工作；装备研制部门，更注重装备的设计研制和生产工作；而使用部队更注重装备的使用和维修保障工作。

必须指出，在环境和可靠性的相关标准中，对装备的寿命期都从装备被用户接收时算起，因为到那时才是真正实现用户要求的技术状态产品，即其物理特性(包括尺寸、形状、质量、重心、接口等)、功能和性能及环境、适应性和可靠性等使用质量特性满足合同要求的产品。

1.2 装备寿命期剖面(历程)

美军标 MIL-STD-781D(1986)《工程研制鉴定和生产的可靠性试验》中对装备寿命期剖面做了如下定义：

“与某设备从其在工厂被用户接收到其最后报废整个过程有关的各种事件和状态的充分描述。这涉及寿命期中每一重大事件，如运输、库存、试验和检验，备用或待命状态，运行使用和执行任务（包括其他可能的事件）。寿命期剖面描述的每一事件，是各种环境条件和工作方式的持续情况”。

该定义重点是说明寿命期内经历的各种事件和/或所处的各种状态，状态包括相应的环境和工作模式及其持续时间。一般说来，装备交付部队后，经历运输、贮存和工作（作战）3 种状态事件，这 3 种事件或状态下装备所处的技术状态会有所差别。例如，运输状态，装备或处于包装状态或置于运输容器中，贮存状态装备或放置于保护容器或具备一定条件的仓库中，使用状态或处于容器（如导弹发时间）中或处于无包装的暴露状态。在各种状态之间转换过程还会经历各种类型的装卸操作。不管是一次使用，还是反复使用的装备，不可避免地会在 3 种事件之间按实际需要变换和反复，北大西洋公约组织标准协议 NATO 4370 包括的出版物 AECTP 100《国防装备环境指南》中提供某一导弹寿命期事件的实例，如图 1-1 所示。从图 1-1 可以看出，导弹从制造厂出厂后要运输到某一贮存地进行检测，以判断是否失效，失效的导弹要运回制造厂修复，好的导弹和在贮存库中贮存时间短的导弹或许要运送到前方仓库约 1 年左右，而后运输到外部贮存库存放 1 个月左右。直到安装成使用状态才运装到作战发射地点和攻击目标。这一过程最长要经历 10 多年。此外，还会出现导弹从前线外部仓库运回前方仓库，或从前方仓库运回长期贮存仓库的情况，因此，导弹寿命期内会经历多次的装卸操作和运输过程，并反复进入不同仓库内贮存的过程。

1.3 装备寿命期遇到的环境

如前所述，装备寿命期会经历各种各样的事件和处于各种各样的状态，不同状态下其结构状态也不尽一致。不同时间发生的不同事件，不同状态和不同技术结构状态将遇到不同的环境。装备的寿命期一般应由两个阶段组成：第一阶段是装备到达指定地点和时间所必须经历的运输和贮存；第二阶段是装备的作战使用。这两个阶段中面临的环境明显不同，前者面临的是后勤环境，后者面临的是作战环境。后勤环境是装备反复储存、航运操作和运输遇到的环境，贮存方式不同，运输方式差异，装备经受的环境必然不同；作战环境是装备使用时遇到的环境，装备所在的平台不同，作战模式不同，其环境也是千差万别。表 1-1 按贮存、运输两种状态给出了装备寿命期贮存和运输过程遇到的环境和需考虑的主要环境因素；表 1-2 在不同方式下给出装备寿命期各个阶段遇到的自然环境和诱发环境因素，该表中除了提供贮存和运输过程需考虑的环境因素外，还列入不同装备部署作战中可能遇到的各种自然和诱发环境因素；表 1-3 以另一种形式揭示了军用装备寿命期各阶段所遇各种环境因素的概率，可遇到的某环境因素的装备数量和受该环境因素影响的严重程度；表 1-4 提供了世界上温带、北极、沙漠和热带 4 个典型气候区中对装备影响严重程度的信息。表 1-1、表 1-2、表 1-3 和表 1-4 中提供的定性信息，对于装备立项验证阶段确定环境适应性要求前分析产品寿命期环境和确定要考虑的环境因素，具有一定的参考价值。

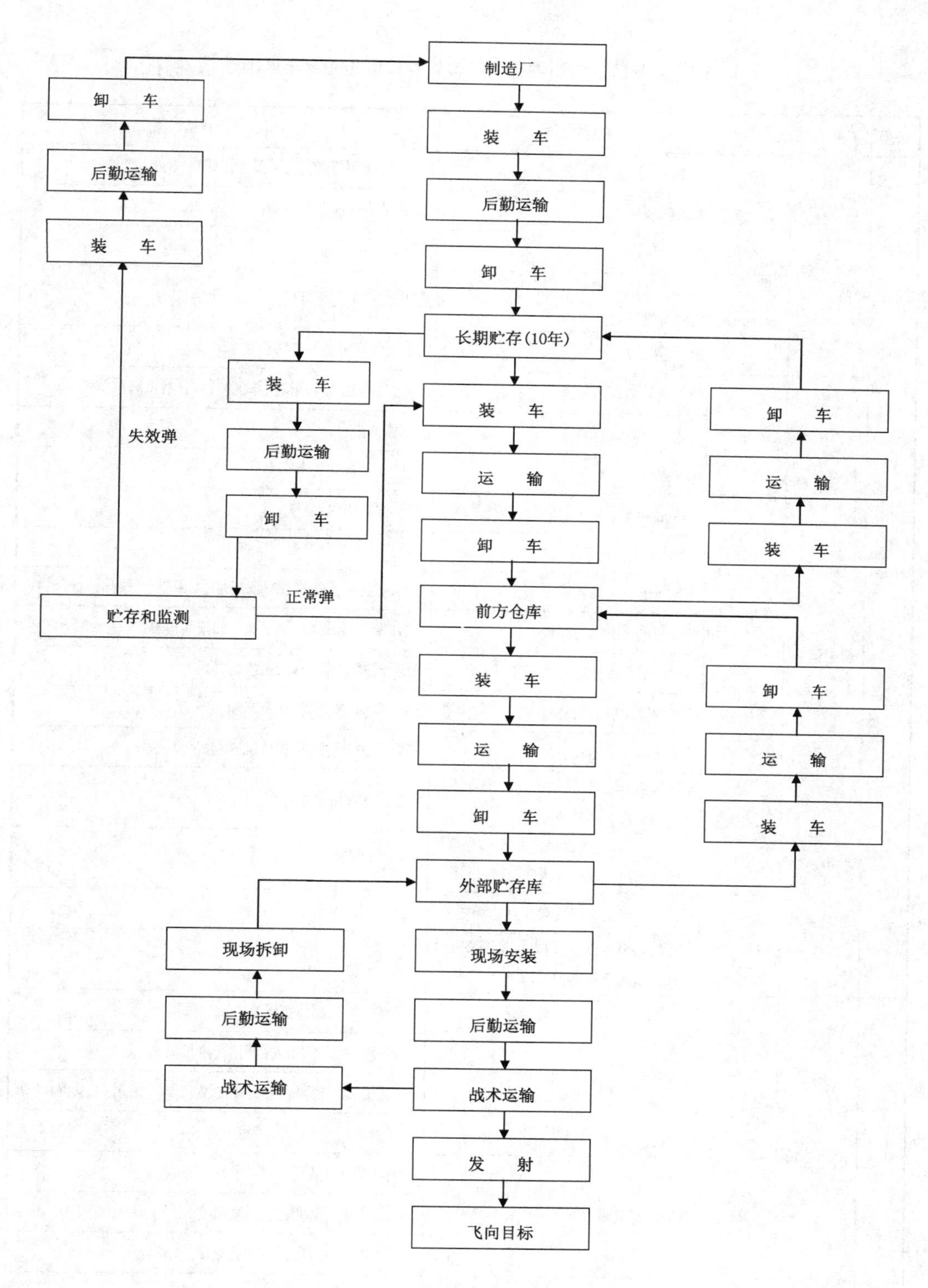

图 1-1　某弹寿命期事件图
（摘自 NATO 4370 协议 AECTP 100）

表 1-1　装备运输和贮存状态遇到的环境和主要环境因素

<table>
<tr><th>状态</th><th colspan="2">方式</th><th>遇到的环境</th><th colspan="2">显示出的主要环境因素</th></tr>
<tr><td rowspan="19">运输</td><td rowspan="5">卡车运输</td><td rowspan="3">敞开式</td><td>外界气候和自然环境</td><td colspan="2">温度、湿度、太阳辐射、雨固体沉降物、风(自然和诱发)</td></tr>
<tr><td>地表(路面)</td><td colspan="2">低、高量值的冲击和振动</td></tr>
<tr><td>地形和风</td><td colspan="2">沙和尘土</td></tr>
<tr><td rowspan="2">封闭式</td><td>受壳体阻挡后改变了(加强或削弱)气候和自然环境</td><td colspan="2">温度、太阳辐射、湿度</td></tr>
<tr><td>地表(路面)</td><td colspan="2">低量值和高量值冲击和振动</td></tr>
<tr><td rowspan="5">铁路运输</td><td rowspan="3">敞开式</td><td>外界气候和自然环境</td><td colspan="2">温度、湿度、太阳辐射、固体沉降物、自然风和诱发风</td></tr>
<tr><td>操作、起动和刹车</td><td colspan="2">高量值冲击</td></tr>
<tr><td>风和地形</td><td colspan="2">沙和尘(比敞开式卡车小)</td></tr>
<tr><td rowspan="2">封闭式</td><td>封闭壳体削弱或加强了自然和气候环境</td><td colspan="2">温度、太阳辐射、湿度</td></tr>
<tr><td>操作、起动和刹车</td><td colspan="2">高量值冲击</td></tr>
<tr><td rowspan="4">船舶运输</td><td rowspan="2">在甲板上</td><td>外界气候和自然环境</td><td colspan="2">盐水、盐的浪花盐雾、湿度、温度、太阳辐射、雨固体沉降物</td></tr>
<tr><td>波浪和抛锚引起的环境</td><td colspan="2">冲击、振动、加速度(小于卡车和铁路运输)</td></tr>
<tr><td rowspan="2">在甲板下</td><td>因甲板阻挡改变了的气候和自然环境</td><td colspan="2">湿度、温度、太阳辐射、生物、微生物</td></tr>
<tr><td>波浪和抛锚引起的环境</td><td colspan="2">冲击、振动、加速度(比卡车和火车的冲击小)</td></tr>
<tr><td rowspan="5">空中运输</td><td rowspan="3">外部运输</td><td>外界气候和自然环境</td><td colspan="2">低温、压力、高度、雨固体沉降物、诱发风</td></tr>
<tr><td>差陆机动力飞机,气动力飞机部件工作引起从结构上传递的环境</td><td colspan="2">冲击、振动、加速度</td></tr>
<tr><td>直升机旋翼、飞机螺桨将翼运动和喷气发动机喷气引起的环境</td><td colspan="2">沙和尘</td></tr>
<tr><td rowspan="2">内部运输</td><td>机体阻隔改变了的气候和自然环境</td><td colspan="2">低温、压力、高度</td></tr>
<tr><td>差陆机动力飞机、气动力飞机部件工作引起从结构上传递的环境</td><td colspan="2">冲击、振动、加速度</td></tr>
<tr><td rowspan="8">贮存</td><td rowspan="8">地面外场或仓库内</td><td rowspan="4">敞开式</td><td rowspan="4">所有外界气候和自然环境</td><td>北极</td><td>固体沉降物、低温、风雨</td></tr>
<tr><td>沙漠</td><td>高温、太阳辐射、沙和尘、低温度、风</td></tr>
<tr><td>热带</td><td>霉菌、高温高温度、太阳辐射、雨、生物、盐浪和盐雾</td></tr>
<tr><td>工业区</td><td>臭氧、大气污染物</td></tr>
<tr><td rowspan="3">隐蔽式</td><td rowspan="3">防护设施阻隔改变了的气候环境</td><td>所有气候区</td><td>温度、生物</td></tr>
<tr><td>热带温带</td><td>温度、生物、高湿度、霉菌</td></tr>
<tr><td>沙漠</td><td>温度、生物、低湿度、沙和尘</td></tr>
<tr><td>隐蔽式(干燥的)</td><td>高度密封防护</td><td colspan="2">温度、生物和尘</td></tr>
</table>

表 1-2 装备寿命期阶段遇到的自然和诱发环境

环境	阶段															
	运输				储存和后勤供应				执行任务(作战)							
	方式															
	搬运和公路运输	搬运和铁路运输	搬运和航空运输	搬运和船舶运输	搬运和后勤运输(最坏路线)	仓库贮存	有遮掩的贮存(账蓬、货棚)	敞开贮存	部署和步兵/基本人员使用	部署且在陆基车辆上使用	部署及在舰船上使用	部署及在飞机上使用(包括吊舱)(固定翼/旋转翼)	向目标发射	向目标发射鱼雷/水下发射导弹	向目标发射导弹/火箭	固定平地使用
自然环境	高温(干/湿) 低温 雨/冰雹/雷/冰 沙/尘 太阳辐射 浸渍	高温(干/湿) 低温 雨/冰雹/雷/冰 沙/尘 太阳辐射	低压 热冲击(仅是空投) 低气压 沙尘	高温(湿) 低温 雨/冰雹/雷/冰 临时浸渍 盐雾 霉菌生长 沙尘	高温(干/湿) 低温/结霜 雨/冰雹 沙/尘 盐雾 太阳辐射 低压	环境温湿度等受控	高温(干/湿) 低温/结霜/冰冻 雨/冰雹 霉菌生长 化学侵蚀	高温(干/湿) 低温/结霜/冰冻 雨/冰雹 沙/尘 盐雾 太阳辐射 霉菌生长 化学侵蚀	高温(干/湿) 低温/结冰 热冲击(贮存到使用) 雨/冰雹/雾/冰 沙/尘/ 泥浆 盐雾 太阳辐射 霉菌生长 化学侵蚀	高温(干/湿) 低温/结冰 热冲击(贮存到使用) 雨/冰雹/雾/冰 沙/尘/ 泥浆 盐雾 太阳辐射 霉菌生长 化学侵蚀 浸渍	高温(干/湿) 低温/结冰 热冲击(贮存到使用) 雨/冰雹/雾/冰 盐雾 太阳辐射 霉菌生长 化学侵蚀	高温(干/湿) 低温/结冰 热冲击(贮存到使用) 雨/冰雹/雾/冰 沙/尘 太阳辐射 冲雨 沙/尘扑击 霉菌生长 化学侵蚀 多控 低气压 快速温湿度变化	热冲击(贮存到使用) 冲雨 沙/尘扑击	浸渍 热冲击	冲雨 沙/尘扑击	高温(干/湿) 低温(冰冻) 雨/冰雹/雷/冰 盐雾 太阳辐射 霉菌生长 化学腐蚀

表 1-2（续）

环境	阶段															
	运输				储存和后勤供应				执行任务（作战）							
	方式															
	搬运和公路运输	搬运和铁路运输	搬运和航空运输	搬运和船舶运输	搬运和后勤运输（最坏路线）	仓库贮存	有遮掩的贮存（账蓬、货棚）	敞开贮存	部署和步兵/基本人员使用	部署且在陆基车辆上使用	部署及在舰船上使用	部署及在飞机上使用（包括吊舱）（固定翼/旋转翼）	向目标发射	向目标发射鱼雷/水下发射导弹	向目标发射导弹/火箭	固定平地使用
诱发环境	公路冲击（大颠簸/大坑洼） 公路振动（随机） 搬运冲击（跌落/倾倒） 发动机引起的振动 电磁辐射、闪电、操作时的静电放电	铁路冲击（起动急移处） 铁路振动 搬运冲击（跌落/倾倒）	飞行中振动（发动机/涡轮诱发的） 着陆冲击 搬运冲击（跌落/倾倒）	浪诱发的振动（正弦） 浪正弦冲击 水雷/爆炸冲击 搬运冲击（跌落/倾倒） 发动机引起的振动	公路冲击（大颠簸/大坑洼） 公路振动（随机） 搬运冲击（跌落/倾倒） 热冲击	搬运冲击（跌落/倾倒）和振动、电磁辐射	搬运冲击（跌落、倾倒）和振动 电磁辐射	搬运引起的冲击（跌落/倾倒）和振动、电磁辐射静电放电、闪电	搬运冲击（跌落/撞击/倾倒） 着火/爆炸冲击声学噪声 爆炸大气 电磁干扰 静电放电 腐蚀性气体化学和生物作用	道路起伏振动（表面不规则/有阶梯） 引擎诱发的振动噪声 搬运冲击（包括坐架） 道路起伏冲击（大的撞击/大坑） 地雷/爆炸冲击 武器发射冲击/振动 爆炸大气 电磁干扰 静电、闪电 化学和生物作用 腐蚀性气体	海浪诱发的振动（正弦） 发动机诱发的振动噪声 海浪撞击 水雷/爆炸冲击 武器发射冲击 爆炸大气 电磁干扰 增压（潜艇） 静电、闪电 高压（潜艇） 腐蚀性气体	跑道诱发的振动 气动力扰动（随机振动） 机动动作振动 炮击振动 发动机诱发的振动噪声 起飞/着陆/机动加速度 空气爆炸冲击 弹射器发射/挂钩着陆冲击 搬运冲击（包括坐架） 气动力加热 爆炸大气 电磁干扰 静电、闪电 腐蚀性气体	发射冲击 发射加速度 搬运/加载冲击 噪声 气动力加热 爆炸大气 电磁干扰	发射加速度 搬运/发射冲击 发动机诱发的振动噪声 烟火冲击（助推器分离） 爆炸大气 电磁干扰	发射/机动加速度 搬运/发射冲击 发动机诱发的振动 气动力扰动（随机振动） 噪声 气力加热 爆炸大气 电磁干扰	武器发射爆炸引起的冲击 发动机引起的振动噪声 电磁干扰 静电、闪电 腐蚀性气体

表1-3 军用装备寿命期相应阶段遇到各环境因素的频率，可遇到该环境的装备数量（大量、一些、少量）和受影响的程度（很严重、严重、轻微）的定性描述

环境因素	后勤阶段				作战阶段			
	运输	仓库贮存	搬运	敞开贮存	运输	贮存	搬运	使用
地表	少量产生	不适用	不适用	不适用	大量产生	不适用	不适用	大量很严重
低温	少量轻微	少量轻微	一些严重	大量严重	少量严重	一些严重	一些严重	大量严重
高温	少量严重	大量严重	少量轻微	大量严重	少量严重	大量严重	少量轻微	大量
湿度	少量轻微	大量中等	少量轻微	大量轻微	少量轻微	大量中等	少量轻微	大量
压力	很少出现、少量	不适用	不适用	不适用	很少出现、少量	不适用	不适用	不适用
太阳辐射	少量轻微	不适用	少量轻微	少量轻微	少量轻微	不适用	少量轻微	少量严重
降雨	少量轻微	不适用	少量轻微	一些严重	少量轻微	不适用	少量轻微	大量严重
固体沉降物	少量轻微	不适用	少量轻微	大量严重	少量轻微	不适用	少量轻微	大量严重
雾和乳白天空	大量很严重	不适用	不适用	不适用	大量很严重	不适用	不适用	大量很严重
盐、盐雾和盐水	一些严重	一些轻微	少量轻微	大量严重	一些轻微	一些严重	少量轻微	大量严重
风	少量轻微	少量轻微	不适用	少量轻微	少量轻微	少量轻微	不适用	一些轻微
臭氧	很少出现少量轻微	不适用	很少出现少量轻微	很少出现少量轻微	很少出现少量轻微	不适用	很少出现少量轻微	很少出现少量轻微
生物	少量轻微	少量中等	不适用	一些严重	少量轻微	少量轻微	不适用	少量中等
微生物	少量轻微	大量严重	不适用	大量中等	少量轻微	少量严重	不适用	大量很严重
大气污染物	很少出现少量轻微	很少出现少量轻微	不适用	很少出现少量轻微	很少出现少量轻微	很少出现少量轻微	不适用	很少出现少量轻微
沙尘	一些严重	不适用	不适用	大量轻微	一些严重	不适用	不适用	大量严重
冲击	大量严重	不适用	大量严重	不适用	大量严重	不适用	大量严重	大量严重
振动	一些严重	不适用	少量轻微	少量轻微	一些严重	不适用	一些严重	大量严重
加速度	很少出现少量轻微	不适用	不适用	不适用	少量轻微	不适用	不适用	一些严重
噪声	很少出现少量轻微	很少出现少量轻微	很少出现少量轻微	很少出现少量轻微	很少出现少量轻微	很少出现少量轻微	很少出现少量轻微	少量轻微
电磁辐射	很少出现，少量装备能遇到，轻微					很少出现少量严重	很少出现少量严重	少量安全
核辐射	很少出现，大量装备受影响，影响很严重							

表 1-4　各环境因素与典型气候类型的关系

环境因素	气候类型			
	温带	北级	沙漠	热带
地表	关键	关键	关键	关键
低温	重要	关键	不重要	不重要
高温	较重要	不重要	关键	重要
低湿	不重要	不重要	重要	不重要
高湿	重要	较重要	不重要	关键
压力	不重要	不重要	不重要	较重要
太阳辐射	较重要	重要	关键	重要
雨	重要	较重要	较重要	重要
雾	重要	重要	不重要	不重要
固体沉降物	重要	重要	不重要	不重要
乳白天空和冰雾	不重要	重要	不重要	不重要
盐、盐雾、盐水	较重要	较重要	较重要	重要
风	较重要	重要	较重要	较重要
臭氧	无关	无关	无关	无关
生物	较重要	不重要	不重要	不重要
微生物	较重要	不重要	不重要	关键
大气污染物	无关	无关	无关	无关
沙尘	较重要	不重要	关键	较重要
冲击	无关或关系很小	无关或关系很小	无关或关系很小	无关或关系很小
振动				
加速度				
噪声				
电磁辐射				
核辐射				

1.4　环境及其对装备的影响

1.4.1　环境的定义

美国工程设计手册(环境部分)中将环境定义为在任一时刻和任一地点产生或遇到的自然条件和诱发条件的综合体。

从此定义可以看出，环境既涉及各种自然和诱发的因素，同时又与时间、空间密切相关。环境因素涉及大气、海水、土壤、生物、地理、机械和能量方面各个因素。每个环境因素都随地域、海域和空域 3 个空间坐标和时间坐标的不同而变化。

对于特定的产品(装备)来说，其寿命期及活动范围是有限的，这就决定了它不可能涉及每一个因素及与其他因素的综合，显然不必考虑上述每一种环境和所有因素综合的影响。并不是每一个因素都到处存在，即使某一局部地区，有的环境因素其数值或强度不仅与其他地区不同，而且在此给定地区的环境因素也往往随时间而变化。例如，阿拉斯加的雪，这一固体沉降物是必须考虑的因素，而在巴拿马运河是不存在的；同样，温带户外降雨是一个重要因素，但在仓库内则不是重要因素。因此，考虑环境对产品(装备)影响时，应仔细分析产品(装备)的寿命期内将经历的各种事件和条件及其与环境的关系。

1.4.2　环境因素分类和影响方式

1.4.2.1　环境因素分类

环境因素是指组成环境这一综合体的各种独立的、性质不同而又有其自身变化规律的基本组成部分。按其产生的原因，环境因素可分为自然环境因素和诱发环境因素。环境因素分类及其组成如表 1-6 所示。

表 1-5 列出的典型环境因素中，有些环境因素如温度、湿度、压力、振动、冲击和加速度等可以定量地加以描述，但大部分环境因素如地表和生物环境因素则不能简单地给以定量描述。虽然分为自然和诱发两种类型，但这种分类不能绝对化，有些自然环境因素，特别是温度和湿度类环境因素，完全可以用人类采取的措施加以改变。许多设备的工作也能产生臭氧，构成诱发环境条件，对产品(装备)进行耐这些环境因素的设计和试验时，主要应考虑其诱发环境的量值。自然环境量值只是产生诱发的量值的一个重大影响因素，不能作为设计和试验产品(装备)的唯一依据；而有些诱发的环境因素在自然界中实际上同样存在，例如，自然界的风吹过沙漠或充满浮土的地面，同样会产生严重的砂尘，在自然界生态环境被严重破坏的地区，例如我国内蒙古，引起的沙尘暴并不亚于地面车辆和直升机。

表 1-5　装备在不同状态下各环境因素的重要性

环境因素	贮存方式		运输方式				作战使用地区				
	仓库贮存	作战存取	公路	铁路	船运	飞机	冷热	湿热	干热	适中	户内
地表	不会遇到此环境		最重要		不会遇到		最为重要				不遇到
温度	最重要		重要		不重要	重要	最为重要				重要
湿度	最重要		重要			不遇到	最重要		不遇到	最重要	重要
压力	不重要	不遇到	不会遇到此环境			不重要	不遇到	不重要	不遇到	不重要	不遇到
太阳辐射	不遇到	重要	不重要			不遇到	重要		最重要	重要	不遇到
淋雨	不遇到	重要	重要	不重要			最重要	最重要	不遇到	最重要	不遇到

表 1-5（续）

<table>
<tr><th rowspan="2">环境因素</th><th colspan="2">贮存方式</th><th colspan="4">运输方式</th><th colspan="5">作战使用地区</th></tr>
<tr><th>仓库贮存</th><th>作战存取</th><th>公路</th><th>铁路</th><th>船运</th><th>飞机</th><th>冷热</th><th>湿热</th><th>干热</th><th>适中</th><th>户内</th></tr>
<tr><td>固体沉降物</td><td>不遇到</td><td>重要</td><td colspan="2">重要</td><td>不遇到</td><td>不重要</td><td>最重要</td><td colspan="2">不遇到</td><td>重要</td><td>不遇到</td></tr>
<tr><td>雾</td><td colspan="2">不遇到</td><td>重要</td><td>不重要</td><td>重要</td><td>最重要</td><td>重要</td><td colspan="2">不遇到</td><td>重要</td><td>不遇到</td></tr>
<tr><td>风</td><td>不遇到</td><td>不重要</td><td colspan="3">不重要</td><td colspan="5">重要</td><td>不遇到</td></tr>
<tr><td>盐</td><td>不重要</td><td>重要</td><td colspan="2">不遇到</td><td>重要</td><td>不遇到</td><td>不重要</td><td colspan="3">重要</td><td>不遇到</td></tr>
<tr><td>臭氧</td><td>不重要</td><td>不重要</td><td colspan="7">不会遇到</td><td>不重要</td><td>不遇到</td></tr>
<tr><td>生物</td><td>重要</td><td>重要</td><td colspan="2">不遇到</td><td>不重要</td><td>不遇到</td><td colspan="2">不重要</td><td>不遇到</td><td colspan="2">不重要</td></tr>
<tr><td>微生物</td><td>重要</td><td>重要</td><td colspan="5">不会遇到</td><td>最重要</td><td>不遇到</td><td>重要</td><td>不重要</td></tr>
<tr><td>大气污染物</td><td>不重要</td><td>不重要</td><td colspan="4">不会遇到</td><td>不重要</td><td colspan="2">不遇到</td><td colspan="2">不重要</td></tr>
<tr><td>沙尘</td><td>不重要</td><td>不重要</td><td>不重要</td><td>不重要</td><td>不重要</td><td colspan="2">不重要</td><td>不遇到</td><td>最重要</td><td colspan="2">重要</td></tr>
<tr><td>振动</td><td>不重要</td><td>不遇到</td><td colspan="2">最重要</td><td colspan="6">重要</td><td>不重要</td></tr>
<tr><td>冲击</td><td>重要</td><td>不重要</td><td colspan="2">最重要</td><td>不重要</td><td colspan="5">重要</td><td>不遇到</td></tr>
<tr><td>加速度</td><td>不遇到</td><td>不遇到</td><td colspan="3">不重要</td><td>重要</td><td colspan="5">不会遇到</td></tr>
<tr><td>噪声</td><td>不遇到</td><td>不遇到</td><td colspan="4">不遇到</td><td colspan="4">不重要</td><td>不遇到</td></tr>
<tr><td>电磁辐射</td><td>不遇到</td><td>不重要</td><td colspan="4">不遇到</td><td colspan="5">重要</td></tr>
<tr><td>核辐射</td><td colspan="6">不会遇到</td><td colspan="5">不重要</td></tr>
</table>

在许多情况下，恶劣的地表因素，如泥泞的路面（地面）、沼泽地、沙漠、河流、陡坡和山丘严重影响部队作战的机动性；大雾、暴雨、森林、灌木林和山丘等会影响能见度和观察力，从而直接影响作战的顺利进行，了解这些因素对于部队制定和实施作战计划是至关重要的，但不是产品（装备）设计和试验中要考虑的重点。本书重点是在研制和生产中必须考虑的、会直接或间接影响装备性能的那些环境因素，从这点出发，像地表、雾、乳白天空等这类环境因素不必做详细介绍。从表 1-6 可以看出，有些环境因素如温度、湿度和太阳辐射等既能很快地影响产品（装备）的功能和性能，也能与其他气候因素协同作用，慢慢地使产品（装备）及其材料性能劣化，因此它们是特别要加以考虑的因素。快速起作用的因素，将其直接影响产品（装备）功能和性能的发挥，直接影响执行任务的成败，是产品（装备）使用（作战）阶段应特别关注的环境因素；慢速起作用的环境因素主要是在产品投入使用前的贮存和运输过程中对产品起破坏作用，影响战备完好性，是后勤阶段尤其应关注的环境因素。这两种因素在产品（装备）的设计和研制过程中都必须认真考虑。但就环境试验而言，实验室环境试验重点考虑的是那些快速影响因素，进行自然环境试验则应重点考虑那些慢速影响因素。而像温度、湿度和太阳辐射等对产品（装备）既能快速影响，又能慢速破坏的环境因素在这两种试验中均应考虑。自然环境试验实际上是自然环境因素综合作用于产品的试验，其试验的环境因素及其条件取决

于自然暴露试验场地的选择。

表1-6 按产生原因对环境因素进行分类

类型	类别	因素
自然	地表	地貌、土壤、水文、植被
	气候	温度、湿度、压力、太阳辐射、雨、固体沉降物(雪、冰雹)、雾、风、盐、臭氧
	生物	生物有机体、微生物有机体(真菌、霉菌)
诱发	气载的	沙尘、污染物(SO_2、H_2S)
	机械的	振动、冲击、加速度
	能量的	声、电磁辐射、核辐射

1.4.2.2 环境因素对装备的影响方式

1.4.2.2.1 概述

在给定的时间、空间或平台范围内,都有许多环境因素同时作用于军用装备并产生一定影响,这并不意味着所有这些环境因素在每种情况下都要加以考虑;在自然界某组环境因素,例如温度、湿度和太阳辐射总是会与热、干热和湿热等气候类型相关。而在环境受控的建筑物内,要考虑的环境因素数量必然要比在大多数自然环境存在的环境因素少得多,例如太阳辐射、雨、风等往往不必考虑。因此,尽管装备寿命期内遇到的环境因素多种多样,但在每种情况下实际起作用的环境因素数量并不太多。

各环境因素之间会相互作用而且可有不同的综合方式,各种气候因素的这种综合情况随季节以及一天内的不同时刻而有所变化,各种诱发环境因素的综合随装备平台任务剖面的变化而改变。从而对装备施加复杂的应力,对装备设计环境适应性要求产生很大影响。各种环境因素的共同作用对装备影响的实例有很多,例如高温伴随高湿,高湿伴随砂尘,是经常出现的。有时两种或多种环境因素的综合作用比它们各自单独作用要严重得多,例如橡胶可以承受严酷的振动和极端低温而不损坏,但当低温和振动综合作用时,很容易遭到破坏;也可能出现一种环境因素抵制另一环境因素作用的情况,例如高温可以抵制固体的沉积,低温可以抑止微生物的侵蚀。

环境因素对装备的影响也和时间相关,一些环境因素在短时间即产生影响,而另一些因素要经历很长时间才能产生影响,这主要取决于环境因素对装备造成损坏的机理。

1.4.2.2.2 单一环境

装备寿命期内一般不存在仅暴露于一个环境因素中的情况,因此,理论上讲,不存在仅由某一环境因素造成装备的损坏,然而在工程实践中,也确实存在主要由某一环境因素作用而造成结构损坏或故障的实例,例如在正常的实验室环境条件下,大量值振动造成装备结构破坏,高温贮存条件下,机械产品润滑剂挥发造成磨损等。因此,有必要研究各种单一因素对装备造成影响的机理。表1-7给出了各种单一环境的影响机理和失效模式。分析和了解单一环境因素对装备的影响机理和故障模式,对于确定设计时要考虑哪种环境因素的影响至关重要,安排单因素环境试验对于发现和分析确定装备故障机理也是十分重要的。

1.4.2.2.3　综合环境

装备寿命期内，往往是多个环境因素同时存在，而且每个环境因素参数往往受自然和人类活动及其他环境因素的影响，处在不断地变化之中。因此，既不是每个环境因素都处于最极端情况下的综合，也不是都处于最不严酷情况下的综合，而往往是一些环境因素及其强度大小处于随机综合之中。武器装备在寿命期内受到的环境影响是各种环境因素变化的综合影响，而决不仅仅是几个环境因素简单的综合作用。

客观定量地确定各种环境综合对装备的影响十分困难，但确定常见的综合及其对装备的影响却十分必要。例如许多材料在低温下变脆和刚性增加，一旦经受低温与振动、冲击综合作用便会损坏，因此，低温—振动—冲击 3 个环境因素的综合更为重要。考虑综合环境因素作用的目的不在于了解其中每一环境因素的强度和频率，而是确立这种综合因素对装备产生什么样的影响。

表 1-7　单一环境因素失效模式、效应汇总表

环境因素	失效模式	失效机理
高温	绝缘失效 电气性能变化 结构损坏 润滑性能降低 结构损坏，机械应力增加、运动零部件磨损加剧	热老化，氧化 结构变化 化学反应 软化、熔化和升华 黏性降低、蒸发 物体膨胀、机械强度变化
低温	润滑性能降低 电气性能或机械性能发生变化 机械强度降低，破裂，断裂 结构损坏，运动零部件磨损加剧	黏度增大，固化 结冰 脆化 物体收缩
高相对湿度	膨胀，包装器材破坏，物体破裂，电气绝缘强度降低 机械强度降低 功能受影响，电气性能下降，绝缘体导电性增大	受潮 化学反应 腐蚀 电蚀
低相对湿度	机械强度降低 结构破裂 电气性能变化，容易沾染灰尘	干燥 脆化 形成粒状表面
高气压	结构破裂 密封破坏 功能受影响	压缩

表 1-7（续）

环境因素	失效模式	失效机理
低气压	包装器材破裂，产生爆炸性膨胀 电气性能变化，机械强度降低 绝缘击穿，形成逆弧，出现电晕和臭氧	膨胀 放出气体 空气介电强度降低
太阳辐射	表面变质，电气性能变化 材料褪色，出现臭氧	光化学反应和物理化学反应、脆化 高分子材料降解
砂和尘	磨损加剧 功能受影响，电气性能变化	擦伤 堵塞
盐雾	磨损加剧，机械强度降低 电气性能变化，功能受影响 表面变质，结构强度降低，导电性提高	化学反应 腐蚀 电蚀
风	结构破裂，功能受影响，机械强度降低	受到力的作用 材料沉淀 热损失（低速风） 热增加（高速风）
雨	结构破坏 质量增加，热耗增加，发生电气故障，结构强度降低 保护层损坏，结构强度降低，表面变质 化学反应加剧	物理应力 吸水和浸水 冲蚀 腐蚀

两因素综合是经常出现的，而且对许多装备会产生有害影响，表 1-8 给出了典型的两因素综合一览表。

表 1-8 典型的两因素综合

环境因素	与其综合的影响因素
高温	湿度、游离水、低气压、盐雾、阳光、沙尘、振动、冲击、加速度
低温	湿度、游离水、低气压、沙尘、振动、冲击
高低温	低气压、阳光、振动、臭氧
低气压	振动、爆炸性大气
阳光	沙尘、振动、臭氧
沙尘	振动
振动	加速度

还有许多自然界存在的两因素综合未包括在表 1-8 中，这些因素包括风和沙尘、风和盐雾、振动和声、高温和微生物。这类因素综合可能是从专门研究涉及器材所受的影

响中得出的。同时,还有一些因素却与其他因素无关。如强的声辐射、强电磁辐射、强核辐射都由人为活动引起,虽然这些因素的影响可通过其他因素作用加剧或降低,但相对来说,一般与其他因素无关。

典型的两环境因素之间的相互影响如表 1-9 所示。

这些环境因素自身特性和相互之间存在着各种耦合或依赖作用,往往导致加剧或减弱彼此对装备的影响,了解这些因素之间的相互影响对于分析环境影响和进行环境适应性设计及安排实验室环境试验项目十分有益。

表 1-9 典型的两环境因素之间的相互影响

环境因素		影响状况
高温	湿度	高温会增大潮气的浸透率,会增大汗气的一般影响,使产品变质
	低气压	这两个环境因素是相互依赖的。例如,当压力降低时,材料成分的放气速率加快;而当温度升高时,材料成分的放气速率也加快。因此,一个因素将增大另一个因素的影响
	盐雾	高温会增大盐雾对产品的腐蚀速率
	太阳辐射	这是一个客观的环境因素组合,会增大对有机材料的影响
	霉菌	霉菌等微生物的生长需要比较高的湿度,但是在 71℃(160℉)以上,霉菌等微生物就不能生长
	沙尘	高温会加快沙粒对产品的腐蚀速度。但是,高温能降低沙粒和灰尘的穿透性
	冲击和振动	这些环境因素会共同影响材料的性能,故其影响将相互加强。加强的程度决定于构成这个环境组合每一个因素的量。如果不是在极高的温度下,塑料和聚合物比金属更容易遭受这个环境组合的影响
	加速度	这个环境组合的影响,同高温与冲击和振动的组合相同
	爆炸气体	温度对引爆爆炸性气体的影响非常小,然而温度会影响空气与蒸汽之比,而这个比值对引爆爆炸性气体则是一个重要因素
	臭氧	从约 150℃(300℉)的温度开始,在高温下,将产生臭氧。在温度达 270℃(520℉)左右后,在正常压力下,臭氧就可能存在
低温	湿度	湿度随着温度的降低而降低。但是,低温会引起汗气凝结;当温度足够低时,潮气就变成霜或冰
	低气压	这个环境组合能加速密封口处的漏气或漏液
	盐雾	低温能降低盐雾的腐蚀速度
	霉菌	低温影响霉菌的生长。在零度以下,霉菌保持在假死状态
	沙尘	低温会增大灰尘浸入的可能性
	冲击和振动	低温会增大冲击与振动的影响。但是,这个问题只有在非常低的温度下才有必要考虑

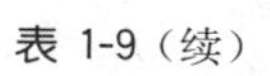

表 1-9（续）

环境因素		影 响 状 况
低温	加速度	低温与加速度这个综合所产生的影响，同低温与冲击和振动的组合相同
	爆炸气体	湿度对引爆爆炸气体的影响非常小。但湿度会影响空气与蒸汽之比。而这个比值对于引爆爆炸性气体则是一个重要因素
	臭氧	在较低的温度下，臭氧的影响减小，但其浓度则增大
湿度	低气压	湿度会加强低压的影响，这种影响与电子设备或电气设备的关系特别密切。但是这个组合的实际影响在很大程度上决定于湿度
	盐雾	高湿度会减小盐雾的浓度，但这同盐的腐蚀作用无关
	太阳辐射	湿度会增大太阳辐射对有机材料的影响，使材料变质
	霉菌	湿度有助于霉菌等微生物的生长，但不会增大它们的影响
	沙尘	沙尘对水有天然亲合性。湿度与沙尘相结合使产品加速变质
	振动	湿度与振动相结合，会增大电工材料被击穿的可能性
	冲击和加速度	冲击和加速度的周期很短，它们不会受到湿度的影响
	爆炸性气体	湿度对爆炸气体的引爆没有影响，但高湿会降低爆炸压力
	臭氧	臭氧与潮气发生反应，形成氧化氢。过氧化氢会使塑料和弹性材料变质，这种影响大于潮气和臭氧的单独影响之和
低气压	盐雾	这个组合预计不会出现
	太阳辐射	这两个因素的组合会增大二者本身的影响
	霉菌	这两个因素的组合不会增大二者本身的影响
	沙尘	在极度大的风暴中，细小的尘土粒被卷到高空。只有在这种条件下，才可能出现低气压与沙尘的组合
	振动	这种组合会增大对所有设备的影响，而受影响最大的是电子设备和电气设备
	冲击和加速度	这三个因素的组合只有在超高空并与高温相结合，才会产生重大影响
	爆炸性气体	在低气压条件下，容易发生放电，而爆炸体是不容易起爆的
盐雾	霉菌	这是一个不相容的组合
	沙尘	这个组合的影响除盐腐蚀外，和温度与沙尘的组合相同
	振动	这个组合的影响，和湿度与振动的组合相同
	冲击或加速度	这两个组合不会产生额外影响
	臭氧	这是一个不相容的组合

表 1-9（续）

环境因素		影响状况
太阳辐射	霉菌	因为太阳辐射产生热，所以这个组合可能产生的影响，和高温与霉菌的组合相同。此外，未经过滤的太阳辐射中的紫外线具有显著的杀菌作用
	沙尘	这个组合有可能会产生高温
	振动	在振动条件下，太阳辐射会使塑料、弹性材料、油料等加速变质
	冲击和加速度	这个组合不会产生额外影响
	臭氧	这个组合会使材料加速氧化
	爆炸性气体	这个组合不会产生额外影响
霉菌	臭氧	臭氧能消灭霉菌
振动	沙尘	振动可能增大沙尘的磨损影响
	冲击	这个组合不会产生额外影响
	加速度	这个组合在超高空同高温与低气压结合时会增加对装备的影响

下面列举了军用装备执行任务或运行时可能遇到的不同环境综合，此处列举的环境因素综合，不包括一切可能遇到的或所有可能的运行情况，但设想已适当地代表了可能存在的综合类型。

从表 1-10 给出由活动决定的环境综合的例子可以明显看出，在任何情况下，21 种因素中最多有 10 种是重要的。例如，步行行军时，不存在加速度因素，而慢作用因素（如臭氧和微生物）并不重要。从使用观点看，只有不多的几种重要环境因素起到作用。但设计工程师必须考虑所有因素，并使其在设计时器材的应用范围不致受到过多限制。

表 1-10　与各种行动有关的环境因素综合

行动任务	重要的因素
步行行军	地表、温度、湿度、太阳辐射、雨、固体沉降物、雾、风、沙尘
人和物资的空运	压力、雾、风、振动、冲击，加速度
物资在仓库中长期存储	温度、湿度、盐、臭氧，生物、微生物、污染物
极地地面作战	地表、温度、太阳辐射、固体沉降物、雾、风、污染物、振动
热带空中作战	温度、湿度、太阳辐射、雨、风、盐、微生物、振动

1.4.3　环境对装备设计和使用的影响

1.4.3.1　使装备性能恶化

1.4.3.1.1　破坏装备表面保护层

在结构、机构和装置中所用的大多数材料均根据其使用功能，而不必根据其在自然环境中的稳定性进行选择。正因如此，这些材料中的大多数都要用某些类型的表面保护层加以保护。保护的办法可以是金属镀层、涂层或对表面进行化学处理。这些表面保护层暴露于所有各种环境因素中，并随着时间的推移逐渐损坏。陆军在许多地区已取得表面保护层损坏方面的经验。例如，已有记录表表明：第二次世界大战期间，为某些特殊作战地区配发的卡车尚需在接收后或投入使用前重新涂漆，这是严酷的热带环境应力作用于其表面保护层造成的结果。

温度、湿度、太阳辐射、降雨、固体沉降物、雾、风、盐、臭氧、生物、微生物（细菌）、污染物以及沙都能使表面保护层损坏。这些因素常常起综合作用，或者某一因素促使其他因素起作用。例如，没有充分的湿度和足够高的温度，细菌就不会繁殖。沙需要有风的吹打才能损坏表面。已经注意到，大风沙能够剥落车辆上的油漆，从而使其裸露的金属暴露于腐蚀环境中。湿度、降雨、固体沉降物和雾的影响也非常类似。人们常常弄不清特定的恶化因素，但可估计所涉及因素的综合影响。更常见的情况是，表面恶化先是危及保护涂层，进而使其开始被腐蚀、腐烂或磨损，直到造成损坏。

1.4.3.1.2 破坏电工电子产品性能

电工电子元器件受到的环境影响主要与温度和湿度有关，其他因素产生的影响不太重要。电失效的种类包括绝缘的击穿，开关接触器不导电，电阻值改变，元器件物理性能破坏，以及一些工作装置如电子管和晶体管参数的变化。灰尘和其他大气污染物会使开关接触器出现问题，降低绝缘性能。而热是使电性能恶化最重要的因素，往往造成电子管和晶体管寿命降低，绝缘击穿及其他类似的过程。冲击与振动和温度综合作用时，产生最严重的物理损坏。这种例子包括电线弄断，绝缘体出现裂纹，以及电机械机构出现故障。

在设计电工电子仪器时为提供保护做了许多努力，使其不受环境影响。这包括采取冷却和除湿措施，使用防冲击支架，降低元器件额定值，过滤冷却空气和广泛使用保护涂层。

1.4.3.1.3 侵蚀装备的材料和结构

侵蚀是描述材料从某一结构上大量剥落。例如，风沙能切下电线杆上的木质。常常在不到一年的时间内使电杆直径缩减50%。侵蚀由自然力如风沙、水和风本身的作用产生。在军事行动中其主要的影响是由水侵蚀公路和其他地表；由暴风沙和尘埃侵蚀暴露的表面，以及诱发出沙蚀。常见的其他侵蚀例子，如在盐水中的木桩能被软体的凿船虫侵蚀，以至被波浪冲去其表面层。

1.4.3.1.4 使金属结构受到腐蚀

金属腐蚀是装备最为普通的损坏形式，大气中的盐和污染物是造成金属腐蚀最为普遍的根源，振动和冲击引起的应力腐蚀是车辆和其他金属结构经受的一种非常重要的腐蚀形式，金属的应变和在应变点的微观裂纹在应力综合作用下随后不断扩展而造成结构破坏。金属腐蚀可以通过对其表面进行适当的保护和良好的工艺处理加以避免。

1.4.3.2 降低装备有用寿命

大量的军用器材由于运输和贮存中受到各种环境条件的影响，甚至还没有使用就损坏了。由于环境因素的影响，还有更大量的器材降低了有用寿命。这种情况在其工作状态最为明显，因为此时器材更多地暴露于环境应力下。生锈、发霉和腐烂是造成各种物资和器材被弃置的常见原因。臭氧能侵蚀橡胶软管，白蚁能损坏木材，海洋凿船虫能侵蚀桩材，腐生物能毁坏纺织品，盐能腐蚀飞机天线。车辆刹车垫被砂磨损而过早地失常则是另一个例子。

合理的设计和适当的采购能减少或避免诸多形式环境因素的侵蚀。在防止一般形式的损坏方面目前已经取得了许多进展。然而，车辆野外行进所受冲击和振动的影响，雪上运输遇到的特殊问题，湿热带来严重的腐蚀和微生物侵蚀，吹沙尘的侵蚀，为了有效地防止其影响要花许多经费则是受环境应力影响的另外一些例子。因此，在未找到更有效的防护措施之前，若军方接收了这些受到损坏的器材，必将为其使用寿命的降低而付出代价。

许多环境损坏是由错误地使用或其他形式的损坏而引起的。如腐蚀可以从涂层表面的划伤处开始；腐烂可以在包装损坏后出现；道路维护不当会造成路况变差；而结构设计的低劣可因白蚁导致损坏。如果设计者采用合适的材料，并提供相应的保护措施；如果器材能被适当地、小心地使用，则不必过多地当心其环境损坏，军用器材的寿命期也将可减免环境的影响。

1.4.3.3 提高了装备设计难度

军用装备在其寿命期内将遇到的所有环境因素及其变化范围内，要设计成不仅能幸存和不受损坏，而且能正常地工作，有时是非常困难的，验证这一要求是否满足而进行的试验不仅复杂还将大大提高其研制成本。GJB 4239《装备环境工程通用要求》中规定的环境分析工作项目，通过分析装备未来寿命期的环境剖面、装备使用特性及其结构特性、确定要考虑的环境种类，进一步根据实测环境数据和/经验数据确定要考虑的环境应力强度，即环境适应性要求。环境适应性要求的本质是要求装备能在比通常遇到的环境更为严酷的环境中生存和正常工作，从而必须选择耐环境能力的材料、元器件、部件并进行精心设计以减缓环境影响，同时采取防护措施保护装备结构材料和功能件不受某些环境的影响等。因此，大大提高了对产品的设计要求和制造成本。

在工程实践中，由于装备未来寿命期环境和工作模式的分析和界定不可能那么准确，自然和平台环境数据不一定都能满意地得到，因而按 GJB 4239《装备环境工程通用要求》方法确定环境适应性要求常常会遇到诸多问题，而无法付诸实施，特别是对于一些新研制的装备，往往没有实测数据或经验数据可供借鉴而直接采用试验规范中的一些环境试验条件作为设计要求，而这些要求往往趋于严酷，因此显然提高了成本，但会使装备的功能和性能得到保障。这种装备在通常遇到的环境应力条件下，可得到附加的可靠性，取得额外的好处。

1.4.3.4 对装备提出特殊功能性能要求

许多装备为了在一些特殊的环境中不被破坏并正常工作，还会对其提出一些特殊功能和性能要求。如运输车辆、消雾系统，仓库除湿系统、耐核辐射设备、两栖车辆，都会对其提出在有害环境中正常工作的特殊要求，成为一种特殊装备。

1.4.3.5 直接影响作战成效

环境对装备的影响，除了导致装备中各种机械、电子设备、机电、光电设备由于环境应力的持续作用造成累积性恶化而引起作战失效外，还包括对装备投入作战过程的直接影响，最终导致军事任务失败。

众所周知，二次世界大战期间，德军车辆在俄国严寒的冬季开不动是德国失败的一个因素。甚至飞机发动机在极冷的气候中不能起动。环境使大规模军事行动受到影响的另一个例子是恶劣的环境条件（如英吉利海峡的风暴）推迟了在诺曼底的登陆时间。又如泥浆道路限制机动性，寒冷气候使飞行员的操作能力受到限制，以及能见度不足影响炮击等。造成一些重要的战术影响。

1943 年，突尼斯步兵团作战中，坦克群驶离公路后立即不见踪迹，因为误入到沼泽地延伸区。由此只好把坦克的机动作战限制在公路和公路外的非沼泽地区，结果坦克被 88 号武器的火力击中，在损失 9 辆车后，被迫放弃进攻。

1.5　装备寿命期各阶段环境的重要性

装备寿命期的任何时刻都在经受各种环境因素单独或综合的作用，各种环境因素对装备单一和综合影响见参考资料中的详细阐述。装备寿命期不同阶段由于反复处于贮存、运输和使用 3 种状态及其转换过程，不同状态对其产生影响的环境因素及其强度也有变化。器材在贮存环境中，受仓库或其包装的保护，不会受到降雨和太阳辐射这类环境因素的影响；另一方面，由于贮存时间可能很长，起慢作用的因素如臭氧和盐雾变得比其他因素更为重要。在运输中，机械因素最为重要，而慢作用因素不会或几乎不会有任何影响。在作战使用中，由于拆除了器材的包装保护物，使其充分暴露于自然和诱发环境因素中，不仅起作用的因素更多，而且严酷度也更高。预期使用寿命期很长的器材将暴露于更多的环境因素中，从而受到更大的影响。

表 1-5 列出了环境因素对装备影响的重要性，随装备状态的变化，该表便于进行寿命期环境剖面分析，以确定在不同状态下，要考虑的主要环境因素，而在考虑不同气候区作战使用状态的环境影响时，要考虑的主要是气候环境因素。从表 1-5 中可看出，力学环境不受气候区影响。

综上所述，环境对于装备的影响和重要性是多方面的，一种是在不改变装备结构、功能和性能的情况下影响装备作战能力的发挥，这类环境如地形和植被影响装备视野，雾和寒冷地区的水雾、冰雾和风刮起的飞雪和灰尘使能见度降低，识别目标困难，从而影响装备的使用，沼泽地和冻土地使装甲坦克无法行走或机动性变差等；另一种影响则是破坏材料和结构和使装备失去功能或性能劣化。不管是哪种影响，最终都会对装备的研制和生产、使用和维修以及装备的寿命产生影响，可以将其归结为以下几个方面：

（1）要求装备的功能和性能，在多种环境及其相当大的变化范围内保持正常，提高了装备的设计要求，从而大大提高了装备设计和生产的难度，大大增加了研制生产成本。

（2）一些在特殊环境下使用的装备，为了确保在这些环境中战斗力不受影响的特别设计。

（3）各种环境单一和综合作用使装备表面保护层破坏，受到侵蚀和腐蚀，电子元器件性能劣化，从而导致结构损坏和出现各种故障，降低了装备的可靠性，大大增加了装备的维修工作量。

(4) 降低了装备的有用寿命,从而增加了采购和后勤支持的负担。

(5) 宏观大环境如雾、地表、朦胧、乳白天空、云、打雷、沼泽地等致使部队军事行动受阻。

1.6 环境描述

1.6.1 环境定性描述

理论上,一切环境因素对装备都会产生有害影响。实际上装备在不同的地点,不同的时间和不同的状态遇到的环境因素都是变化的,同一环境因素在不同的情况下作用于装备的强度也不尽相同,装备同时遇到不同环境因素时,实际上只有其中部分环境因素的单一和综合影响值得考虑,而其他环境因素或综合方式不是不太严酷,就是不会产生重大影响。这种影响的大小可以定性地描述其环境严酷度,具体如表 1-11 所示。

表 1-11 描述环境因素强度或存在形式的常用表述

因素	常用表述
地表	
地形	山脉、丘陵、平原
水文	冻土地或沼泽地、湖泊、河流、干旱地区
植被	森林、森林和灌木的混合带、灌木、草原、无植被
温度	高、低、中等、温度变化、范围
湿度	高、低、中等
压力	高、低、中等、变化
太阳辐射	强、弱、中等、无
雨	暴雨/经常的、中雨/不经常的、小雨/稀少的
固体沉降物	常年积雪、季节性积雪、季节性的存在、无
雾	重/经常的、轻/不经常的、无
风	强、中等、弱
盐分	重、轻
臭氧量	高、正常
生物	存在、不存在
微生物	活动性差的、活动性强的
大气污染	存在(类型)、不存在
沙尘(悬浮空气中的)	重、轻、无
振动	严重、中等、无
冲击	强、弱、无
声辐射	响、使人心烦、弱、无
电磁辐射	强、中等、弱
核辐射	强、中等、一般

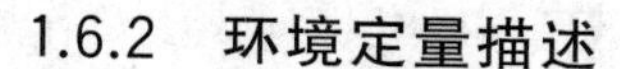

1.6.2　环境定量描述

1.6.2.1　概述

要对军用装备进行耐环境设计和开展相应的验证试验，必须对环境有一个定量化的描述，即所有的环境因素都要用数量来表示，实际上某些环境因素如生物和微生物就很难找到其表征参数和进行量化。需要说明的是，如果能够定量地描述环境因素对装备的影响，则这种环境影响的定量描述能起到与环境因素定量描述同样重要的作用。例如电子元器件的性能随工作温度和时间的关系，材料的腐蚀随温湿度等环境因素和时间变化的关系，各种形式的辐射能对装备的影响数据等。

各种环境因素和环境因素对装备的影响都是与时间相关的参数。自然环境很少会有稳定的条件，自然环境条件可以在几秒钟内发生变化。如一块云遮住了太阳，也可在几小时之内发生变化；如某种气象峰通过某一地区，也可以在几天内发生变化；如某一地区的气象类型发生变化。某一环境因素对装备产生的影响固然与环境因素强度有关，也与经受此环境的时间有关，当然都是非线性关系。

环境因素变化和环境因素产生的影响可以用某一些模型来代表，这种模型能够反映环境因素随时、实时和空间的变化情况，同时也可能反映与其他有关环境因素之间的关系，包括逻辑关系和数值间相互影响关系，虽然这种模型比较粗糙和误差较大，但对于环境分析还是有用的。

环境因素表述模型有：

(1) AR 70-38 和 MIL-HDBK-310 中给出的气候分类和定量描述，温湿度范围，温湿度循环和其他因素极值；

(2) 根据气象记录归纳出的典型模型；

(3) 降雨量和降雨湿度之间的数量关系；

(4) 标准大气模型。

环境影响的模型有：

(1) 描述湿度和反应速率之间关系的阿尼斯方程；

(2) 应力与疲劳损伤关系模型，包括机械应力与疲劳损伤的关系模型和热应力与疲劳损伤的关系模型。由温度湿度变化和振动或它们的组合可以在材料内部产生热应力和机械应力，造成各种疲劳损伤。

上述模型中，某些模型是纯理论性的，有些模型是根据大量数据得出的。

1.6.2.2　环境因素的定量参数

描述各环境因素的定量参数各不相同，它们的特点和描述方法也随环境因素的不同而有别，下面分别说明各环境因素的参数①。

1.6.2.2.1　地表

地表分为 4 个基本要素，即土壤、水文、植物和地形，这些要素的参数如表 1-12 所示。

---

①　本节涉及各种环境因素定量参数的表述方式，鉴于国际相关的环境数据大多是使用英制单位表示，没有将其改成国际单位制(SI)表示，为方便查阅相关数据，可按国家标准《量和单位》进行换算。

如前所述,地表对装备的影响主要是机动性和视野遮挡,但尚未研究出地表参数作为确定军用装备地面机动性要求指标的具体方法。地表参数对装备的影响一般由作战部队制订战术作战时考虑。

表 1-12 地表参数

地面要素	参数	
土壤	粒度 承压能力 渗透性 化学组成 土层厚度 含水量 塑性(黏性) 剪切强度 密度 变形模量 附着强度 锥形指数 颗粒大小的分布 Atterberg 极限 贯入抗力 承载能力	
水文	水深 水流宽度 河岸高度 河岸斜度	湖面面积 流速 河岸高度差
植物	高度 树干直径	树干间距 可识别距离
地形	斜度 障碍物的接近角 障碍物垂直方向尺寸 障碍物之间间隙	障碍物的宽度和长度 功率谱强度 海拔高度

1.6.2.2.2 温度

温度是对固体、液体和气体冷热程度的量度。度量温度单位(温标)有 4 种,有英制度量体系的兰氏温度(°R)和华氏(℉)温度;米制度量体系的开氏温度(K)和摄氏温度(℃)。绝对温标兰氏和开氏温标主要在热力学计算中使用;而华氏和摄氏温标则常常用于表示气温冷热情况。装备环境工程专业使用华氏或摄氏温标来表示环境或周围空气温度。

温度只是对环境某一瞬间状态冷热的量度,为了得到较为有用的温度数据表达方式，往往对温度测量方式、温度数据处理技术及其表述做出统一的规定，这些表达方式包括温度极值、温度平均值或中间值、出现频率、温度偏差等，具体参数有：(1) 空气温度；(2) 土壤温度；(3) 平均温度；(4) 温度下降速率；(5) 温度范围；(6) 极值温度；(7) 超过某一温度的概率；(8) 温度循环；(9) 温度年循环。

不同的温度表达方法在工程应用中有不同的用处，装备环境工程专业使用的温度参数更多的是空气温度、温度范围、极值温度、超过某一温度的概率或风险极值和温度日循环等。

1.6.2.2.3 压力

装备环境工程专业中所述的压力主要是指某点的大气压力，即由地球引力产生的大气对该点的压力，通常以 lb/in^2 或 dyn/cm^2 这种单位面积上的作用力表示。大气压力或气压通常用大气可以支持水银柱的高度来测量和记录，一个标准大气压相当于 $14.696lb/in^2$ 的作用力；1013.2mbar 能支持水银柱的高度为 760mm 或 29.92in。

标准大气压也可称为海平面压力，海平面以上高度的压力可根据海平台高度对海平面压力来进行折算。

绝对压力应是以零压为基础测出的压力值，但压力表测出的压力是在 1 个标准大气压基础上测出的，所以绝对压力的真值应是表压减去标准大气压 $14.696lb/in^2$。

与气压相关的参数有：压力、压力极值、平均值和压力分布。

装备环境工程专业关心的参数是压力、压力极值和压力变化速率。

1.6.2.2.4 太阳辐射

太阳辐射一般只限于地球表面受到的那部分辐射，通常用 W/m^2 来表示。该数据是指在某一时间段内的累积值。太阳辐射是一个波长谱，谱中每一波长段具有不同的能量段。地球接受到的太阳辐射有 35%左右反射回宇宙空间。太阳辐射达到地球的辐射量，随季节、纬度、海拔高度、大气中灰尘和水分而变化。因此，使用太阳辐射量数据时应考虑测得这些数据时的条件。太阳辐射量随纬度和气候区不同而变化的情况是可以得到的。常用的太阳辐射参数有：(1) 光照强度；(2) 日平均太阳辐射；(3) 月平均太阳辐射；(4) 频谱分布；(5) 光照时间。

装备环境工程专业常用的参数有光照强度、频谱分布和日平均太阳辐射。

1.6.2.2.5 湿度

湿度是表示空气中水蒸气结合量的常用表示方法，通常用相对湿度表示，相对湿度如果不和干球温度联系起来，就不能很好地表示空气中水蒸气的绝对含量。相对温度测量最常用的装置是干湿球温度计，测得的干湿球温度计的温度及其湿度通过查图表转换成相对湿度，测量干湿度的其他装置有露点温度计、氧化锂温度计等，温度参数一般有：(1) 蒸汽压力；(2) 相对湿度；(3) 混合比；(4) 绝对湿度；(5) 克分子数；(6) 露点温度；(7) 湿球温度；(8) 日循环；(9) 高度变化；(10) 温度极值；(11) 与高温同时出现的概率。

装备环境工程专业的参数，主要是相对湿度、露点温度、湿球温度、日循环等。

1.6.2.2.6 降雨

水蒸气在大气中凝结成水滴，当水滴质量大到足以克服空气对流作用形成的升力时下落成雨；当水滴不够大而不能下落时，就悬浮在空中形成雾、霭（轻雾）和霾。下落水滴直径在0.2～0.5mm范围时称为毛毛雨。

测量降雨强度最常用的方式是水的积累速度即单位时间的降水量。最常用的是用季或年的平均或总的降水量。有关雨的参数为：(1) 雨滴尺寸；(2) 雨滴质量；(3) 雨滴尺寸分布；(4) 雨滴速度；(5) 液态水的体积；(6) 降雨强度；(7) 化学成分；(8) 平均值（月、年）；(9) 概率；(10) 极值；(11) 降雨天数；(12) 雨量；(13) 持续时间；(14) 雷达反射性；(15) 雨滴冲击能；(16) 导电性。

其中降水质量、雨量、降雨强度、降雨持续时间和降雨天数是气象上最关注的数据，不同参数在工程上有其不同用处，装备环境工程专业关注的参数主要是雨滴尺寸、雨量数值等。

1.6.2.2.7 固体沉降物

雪和雹等通称为固体沉降物，雪用单位时间内的降雪或积雪量来度量，如mm/h和mm/a降雪量、降雪强度、降雪持续时间和降雪天数是重要的气候参数，单位时间内当量水的积累量对于计算雪化后的冲刷作用也是重要参数。物体表面的积雪量或雪载荷是描述降雪的另一种方式，雪载荷可用lb/in^2来量度，雪的参数有：(1) 降雪速率；(2) 雪花质量；(3) 雪花降落速度；(4) 颗粒尺寸；(5) 密度；(6) 疏松度；(7) 透气性；(8) 强度；(9) 年降雪量；(10) 平均雪深；(11) 雪反复期；(12) 积压模量；(13) 泊松比；(14) 强度；(15) 蠕变率；(16) 滑动摩擦系数；(17) 黏性；(18) 导热性；(19) 介电常数；(20) 反向系数；(21) 衰减系数（声、光）；(22) 雪载荷。

上述诸多参数，特别是雪本身的一些物理特性参数，更适用于雪对于生物环境影响的研究，对于装备环境工程专业，更注重的是其对装备结构及功能产生的影响，关注的参数是雪载荷。

冰雹和雪一样也是用累积深度来度量，而雹子直径和出现频率也是一个重要参数，因为它容易对建筑、装备和动植物造成破坏或伤害。

1.6.2.2.8 雾和乳白天空

雾和乳白天空通常用能见度表示其强度。雾的成分、雾的出现率和雾对能见度的影响，决定了雾的特性，描述雾的参数有：(1) 雾滴尺寸（尺寸谱）；(2) 液态水含量；(3) 雾滴浓度；(4) 能见范围（能见度）；(5) 化学成分；(6) 垂直深度；(7) 持续时间；(8) 频率。

乳白天空的可测量性较差。

雾和乳白天空对装备的影响主要在于限制装备的机动性和功能发挥，而不是直接影响装备的功能性能。因此，装备环境工程专业不必将其表征参数用作环境适应设计要求。

1.6.2.2.9 风

风是大气中的空气团相对于地球表面的运行，这种运行大多数为水平运行。从工程角度出发，描述风最有用的参数是风速和持续时间，一般用mile/h或kn/h表示。常用定性术语来表达风的大小，表1-13对这些术语做了规定，蒲福风级约分为12级，表1-13每级给出了对应的风速和风压值。

表 1-13　蒲福风级

蒲福级	蒲福术语	风速		压力	
		mile/h	km/h	lb/ft^2	kg/m^2
0	无风	小于 1	小于 1.609	0.00	0
1	软风	1～3	1.6～4.8	0.01	0.69
2	轻风	4～7	6.4～11.3	0.08	5.52
3	微风	8～12	12.9～19.3	0.28	19.30
4	和风	13～18	21.0～29.0	0.67	46.19
5	清风	19～24	30.6～38.6	1.31	90.31
6	强风	25～31	48.2～49.9	2.30	158.62
7	疾风	32～38	51.5～61.1	3.6	248.48
8	大风	39～46	62.8～74.0	5.4	372.27
9	烈风	47～54	75.69～86.9	7.7	530.84
10	狂风	55～63	88.5～101.3	10.50	723.87
11	暴风	64～75	102.9～120.6	14.00	965.16
12	飓风	大于 75	大于 120.6	17.00	1171.20

风的参数一般有：(1) 风速；(2) 风向；(3) 阵风；(4) 风道；(5) 垂直分布；(6) 风速极值；(7) 平均风速；(8) 暴风频率。

如上所述，风的参数在不同的工程领域将使用不同的参数，装备环境工程一般只使用风速及其风险极值。

1.6.2.2.10　盐、盐雾和盐水

盐可能以干的散落物形式存在于大气中，也可能以盐分的形式存在于水滴或水中，盐在水中时，描述的参数为含盐量、比重、导电性、化学组成和结冰温度；盐在大气中时的描述参数为散落情况，颗拉尺寸、颗料重量、分布、迁移等。

装备环境工程专业中，从设计角度很难以盐环境的参数作为设计目标，而只能以盐对装备的影响程度，例如腐蚀程度，提出设计目标，用规定的试验方法来验证，在试验方法中，使用化学组成，即盐的浓度和温度等作为考核资料。

1.6.2.2.11　臭氧

臭氧是一种诱发出来的大气成分，可用混合比对其进行计量。所谓混合比就是指在一定量的空气中的臭氧量。空气和臭氧量都用同一单位表示，如百万分之几或每克空气中有几微克。另外，臭氧也可用单位容积内的浓度来计量。这表示在给定容积中臭氧的绝对量，例如 $10^{-3}g/m^3$。

目前尚未将臭氧环境作为装备环境适应性设计的目标。

1.6.2.2.12 生物

生物包括植物和动物，对生物进行定量描述是很困难的，一般情况只能用某一地区某类生物的存在密度来表述，这种描述对于军用装备的设计和使用来说无多大关系。只有在特殊条件下，考虑一种或多种生物对装备的影响，如鸟和耗子等，对这种生物环境更多的是在装备使用时采取防护措施，如机场配备驱鸟设施、发动机进气口加防护罩、飞机起落架设防鼠筒等。

1.6.2.2.13 微生物

微生物的孢子只要温湿度条件适当，就可以迅速生长。对于微生物来说，描述其特点的生物学方面的参数对于军用装备的研制、生产和使用毫无意义，由于空气中微生物孢子无时无处不在，只要条件适当，就可利用装备的材料或其表面污染物，作为生长物质，产生有害的影响。因此，设计工程师应注意的是装备寿命期能否遇到相应的温湿度条件，如会遇到，就必须考虑相应的防止微生物侵入或滋生的设计和防护措施。

1.6.2.2.14 大气污染物

大气污染物是由于人的活动在大气中形成的固体、气体和液体成分。污染物包括硝酸盐、亚硝酸盐、氧化物、硫酸盐和其他金属盐，钠和沥青，二氧化硫和三氧化硫、硫化氢、氧化氮、碇氢化合物和飞尘，一般都属于有害成分。

大多数情况下，污染物含量都很低。气体污染物可用百万分之几，亿分之几或十亿分之几表示；颗粒物质可用 mg/ft^3、g/ft^3 和 $\mu g/m^3$ 表示；散落物偶尔也能见到用 $\mu g/h\cdot m^2$ 来表示。

阻光效应也是描述其严重程度的一种参数，可用直观目视进行测量，这种测量受主观因素影响，不同测量者会得出不同的结果，更精确的测量装置是各种烟雾测量仪表。

军用装备设计研制中，大气污染物参数的定量数据，一般无法转换成装备设计要求数据。至多从大气污染物的影响角度出发，确定污染物对装备腐蚀和其他性能影响程度作为判据，而后再用试验方法进行验证。民用电工电子产品环境试验中有专门的试验方法，如硫化氢和二氧化硫试验方法。

1.6.2.2.15 沙尘

沙尘是指从地球表面分离出来的直径在 1～5000μm 之间的颗粒。通常 150μm 以下称为尘，150μm 以上称为沙。

沙尘描述参数为单位空气体积中浓度（质量）、风速、颗粒形状。这些参数决定了沙尘对装备的影响能力或破坏力。浓度单位为 g/ft^3 表示。速度通常用 ft/s 或 mile/h 表示；由风吹起的沙尘可以用单位时间内通过单位面积的质量来表示，如每平 g/cm^3；颗粒的形状只能用圆、近似圆、有角等加以定性描述，大小一般用直径来描述，单位为 μm，沙尘常用参数为：(1) 颗粒尺寸；(2) 尺寸分布；(3) 颗粒形状；(4) 成分；(5) 硬度；(6) 浓度；(7) 垂直分布；(8) 离地速度；(9) 降落速度；(10) 频率。

军用装备的设计和研制一般均提出防沙尘的设计要求，但不提与沙尘描述参数相关的指标。因为这些参数指标难以与装备使用和防护设计直接挂钩，因而只提原则性的定性失效判据要求和提出明确的验证要求，验证方法在试验方法标准中规定。在试验方法中，沙尘环境的模拟考虑了风速、浓度、颗粒形状大小、硬度成分等参数，但不必

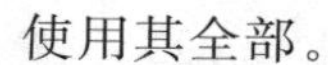

使用其全部。

1.6.2.2.16　振动、冲击、加速度

振动、冲击和加速度这3个环境因素的表征参数基本相似，但实际应用中会有所不同，振动基本上用交变位移—时间来描述，冲击也用位移—时间来描述，但其位移有单边特性，而加速度则用重力单位来表示。表征振动的参数有：(1) 频谱；(2) 位移；(3) 速度；(4) 加速度；(5) 固有频率；(6) 持续时间。

军用装备的设计研制中，均要提出耐这3种诱发环境因素的设计要求，即环境适应性要求，这些要求的参数指标与表征这3种环境因素的参数一致。

1.6.2.2.17　声辐射、电磁辐射、核辐射

声辐射、电磁辐射和核辐射这3种环境因素构成各种形式穿越大气的能量流，它们都是人类活动引起的诱发环境因素。由空气分子运行造成声辐射，其描述参数有：(1) 声压值；(2) 持续时间；(3) 频谱；(4) 峰值压力；(5) 衰减；(6) 听觉阈偏移。

军用装备设计研制中，一般只考虑声压值频谱和持续时间，作为耐声环境的设计目标。

测量电磁辐射的单位是波长(μm)或频率(Hz)，辐射能量用波的振幅表示，也用W/cm^2、$erg/s \cdot cm^2$、$cal/min \cdot mm^2$表示。电磁辐射参数为：(1) 频率；(2) 强度；(3) 持续时间；(4) 能量；(5) 辐射；(6) 辐射图型；(7) 其他频率；(8) 脉冲形态；(9) 功率。

电磁辐射环境十分重要，但目前不属于装备环境工程考虑范畴，而独立地在电磁环境专业中考虑。

核辐射既可以是纯能量辐射如χ射线、γ射线，也可以是粒子能量辐射如α粒子，β粒子或中子。核辐射强度用单位时间内的能量表示如erg/s或ev/V，由于辐射是一个范围很宽的项目，还有许多其他重要的参数描述方法。核辐射很难遇到，且其影响是致命性的，一般的装备设计、研制过程，不考虑其对该环境的适应性。

1.6.3　环境数据

1.6.3.1　数据质量

本书1.6.2中提到的描述各环境因素的定量参数多种多样，如前所述，对于同一环境因素的多种表征参数适用不同的研究和应用场合，在装备环境工程专业用到的参数或许仅是其中的一部分，例如湿度这一环境因素，表征方法有11种，环境工程专业主要应用的是相对湿度和露点；雨这一环境因素的表征参数有16个，装备环境工程专业用到的参数主要是雨滴尺寸和降雨强度，又如雪这一环境因素涉及22个表征参数，装备环境工程专业主要用到雪载荷这一参数等。需要说明的是，各种环境因素参数的数据是通过实际测量和统计分析得到的，这些数据的准确性取决于测量仪器和测量过程、数据量和统计方法，测量仪器的特性如精度、灵敏度、响应速度、线性度、重复性都对测量结果有影响，测得的数据量和使用的统计分析方法，也会影响数据的典型性和准确性。因此，在使用环境数据时，要关注数据源及其统计方法，避免使用不准确或缺乏代表性的数据。从装备环境工程角度来说，主要涉及自然环境和诱发环境两类数据。

1.6.3.2 数据源

1.6.3.2.1 自然环境数据

自然环境是指在各种地域、空域和海域出现的非人为造成的环境。自然环境诸多因素中对产品(装备)影响大的主要是气候环境、海洋环境和生物环境。气候环境因素一般均能定量描述,目前世界各国均积累了大量的气候环境实测数据,并制定了相应的气候极值标准,这些极值标准可作为确定装备环境适应性要求和环境试验用环境条件的依据之一。典型的气候极值标准如表 1-14 所示。

表 1-14 典型气候极值及其包括的环境因素

<table>
<tr><th>标准号</th><th>地域</th><th colspan="4">地域包括的环境因素</th></tr>
<tr><td rowspan="2">GJB 1172《军用设备气候极值》</td><td rowspan="2">中国范围</td><td>地面</td><td colspan="3">地面气温、地面空气湿度、地面风速、地面降水强度、雪、雨凇和雾凇、冰雹、地面气压、地面空气密度、地表温度、冻土深度和冻融循环日数</td></tr>
<tr><td>空中</td><td colspan="3">空中气温、空气湿度、空中风速、空中降水强度、空中气压、空气密度、臭氧</td></tr>
<tr><td rowspan="8">MIL-HDBK-310《军用产品研制用全球气候数据》</td><td rowspan="8">世界范围和区域范围</td><td rowspan="6">地(海)面</td><td>世界范围</td><td colspan="2">高温、低温、高绝对湿度、低绝对湿度、高温高湿、高温高相对湿度、低温高相对湿度、高温低相对湿度和低温低相对温度、风速、降雨速率、高吹雪、雪负荷、积冰、冰雹、高大气压力、低大气压力、高大气密度、低大气密度、臭氧浓度、沙和尘、冻冰一融化周期</td></tr>
<tr><td rowspan="5">区域范围</td><td>基本区</td><td>热日循环、冷日循环、恒定高湿日循环、交变高湿日循环、湿一冷日循环</td></tr>
<tr><td>热区</td><td>干热日循环、湿热日循环</td></tr>
<tr><td>冷区</td><td>冷日循环</td></tr>
<tr><td>极冷区</td><td>严冷日循环</td></tr>
<tr><td>沿海一海洋区</td><td>高温、低温、高绝对湿度、低绝对湿度、高温高相对湿度、低温高相对湿度、高温低相对湿度、低温低相对湿度、风速、降雨速度、吹雪、雪负荷、积冰、冰雹、高大气压力、低大气压力、高大气密度、低大气密度、臭氧浓度、沙和尘、高海面水温、含盐量、浪高和波谱</td></tr>
<tr><td rowspan="2">空中(180km)以下</td><td rowspan="2">世界范围</td><td>大气包线</td><td>高温、低温、高绝对湿度、低绝对湿度、高相对湿度、低相对湿度、风速、风切变、降水率、降水中的含水量、冰雹、高大气压力、低大气压力、高大气密度、低大气密度、臭氧</td></tr>
<tr><td>大气剖面</td><td>高温、低温、高大气密度、低大气密度,降雨速率与含水量</td></tr>
</table>

从表 1-14 可以看出,MIL-HDBK-310《军用产品研制用的全球气候数据》提供了全球范围使用和特定气候区使用的两套数据,涉及的环境因素较多,地域范围广且数据较详细,我国的 GJB 1172《军用设备气候极值》是根据我国几十年气象统计资料,参照 MIL-SID-210C《确定军用系统和设备设计和试验要求用的气候资料》的思路编写的,给

出了我国范围的各种气候因素的极值数据。附录A中提供了GJB 1172《军用设备气候极值》和MIL-HDBK-310《军用产品研制用的全球气候数据》这两个标准中提供的中国和世界范围气候极值中一些最常用的数据。

每一种自然环境因素对局部空间的影响都是可控和加以改变的,常常采用防护的方法改变局部空间的自然环境因素。例如,现代建筑物内各种自然环境因素如温度、湿度几乎完全是人为控制的,有些自然环境如雨雪等则可完全消除。

1.6.3.2.2 诱发环境数据

诱发环境是指由人类活动引起的环境。诱发环境与自然环境一起构成产品(装备)寿命期遇到的全部环境。

由于诱发环境主要受人类活动方式、产品(装备)在运输和贮存中所处的技术状态(包括有否包装和遮盖物等)及装备自身及其使用周围装备工作特性等多种因素影响,往往随其贮存、运输方式和工作平台特性而异,不像自然环境那样有规律和能得到通用的数据,因此不可能用一些或一组数据来表征所有平台环境的特性。尽管如此,国外还是在尽可能地提供一些典型的诱发环境数据,为在确定诱发环境条件时参考。例如,《美国工程设计手册(环境部分)》(第3册)诱发环境因素中,对大气污染物、沙尘、振动、冲击、加速度、声环境及电磁辐射7种诱发环境的特性和影响做了详细说明,并尽可能提供各种状态和平台上有关诱发环境因素的数据;英国《国防装备环境手册》的第五部分和第六部分对各种运输、贮存方式和使用平台(车辆、飞机、舰船、潜艇)和弹药上的诱发气候、机械、化学和生物环境进行了系统地分析和说明,并尽可能提供了相应的诱发环境数据。在我国,虽然对个别平台环境如飞机和船舶进行了一些实测,但尚无一套对诱发环境进行分析和提供相应统计数据的完整资料可供参考。

与自然环境因素一样,诱发环境因素也是可以而且必须加以控制的,办法是减少或控制诱发环境的发生源或在设计时采取适当的防护措施。例如,对于空气污染物来说,可通过减少污染源来有效地加以排除;对沙尘来说,可通过铺覆路面和促进天然植被的生长来减少其影响;对于振动、冲击和加速度来说,可通过控制其产生源或应用减振技术来减小其影响;对于温度来说,可通过环控系统向设备舱通风来控制舱内温度环境;对于噪声来说,可通过控制噪声源或采用噪声抑制技术来减小其影响;对于电磁辐射来说,可通过控制辐射源或进行合适的屏蔽和采取检波技术来减小其影响。

因此。不管是自然环境因素的影响还是诱发环境因素的影响,都是可以给予有效排除或局部控制的。

第2章 装备环境适应性和环境适应性要求

2.1 装备环境适应性

2.1.1 装备环境适应性定义

产品环境适应性是“产品在其寿命期预计可能遇到的各种环境的作用下能实现其所有预定功能、性能和(或)不被破坏的能力,是装备的重要质量特性之一”。

该定义中的产品仅是指武器装备或某一有预定功能和用途的民用设备和系统产品,不包括它使用的材料和元器件等最低组成层次的初始产品。

该定义中的环境是指寿命期中遇到的带有一定风险的极端环境,其基本思路是产品若能适应极端环境,就一定也能适应较其温和的环境。

定义中的功能和性能是指产品实现或产生规定的动作或行为的能力,有功能并不能说明达到规范规定的技术指标,因此还要求其性能满足要求,只有功能和性能均满足要求才能说明其在预定环境中能正常工作,这是环境适应性的一个标志。

环境适应性的另一个标志是产品在预定环境中不被破坏的能力。例如,经受振动等力学环境作用,结构不损坏;经受高、低温和太阳辐射等气候环境作用,产品材料不老化、劣化、降解和产生裂纹等。应当指出,若产品在某一极端环境(如低温－55℃)下不能工作或正常工作,当环境缓和(如－20℃)时又能恢复正常工作时,只要技术规范不要求在此极端环境中正常工作,仍可认为其环境适应性满足要求。许多电子设备的元器件经常出现这种现象。

2.1.2 装备环境适应性是装备通用质量特性之一

ISO 9000:2000《质量管理体系　基础和术语》中对质量的定义是“一组固有特性满足要求的程度”,换句话说就是“用户需求满意的程度”,而“一组固有特性”主要包括性能、功能、安全性、可靠性、维修性、保障性、可生产性、环境适应性、时间性和经济性等。可见,环境适应性是装备的质量特性之一。

质量一般包括3个方面的含义:(1) 质量是反映装备结构、尺寸、外形等物理特性和性能、功能等战技指标的能力,称为装备的专用质量特性;(2) 质量是反映装备性能和功能的实现、发挥并保持的持续能力,如环境适应性、可靠性、维修性、测试性、保障性、安全性、电磁兼容性等;(3) 质量是反映装备效费比的能力,如时间性和经济性等,后两方面特性统称为装备的通用质量特性。

专用质量特性是反映不同装备类别自身使用特点的个性特性,通用质量特性是反映不同装备均应具备的共有特性,装备通用质量特性是确保主要质量特性充分发挥的基础和保证,环境适应性是装备通用质量特性之一。

现代质量特性覆盖了全特性、全系统和全过程。全特性包括装备特有的专用特性和各装备都应具有的通用特性,全系统是指各种质量特性所依附的对象,一般包括从元

器件/零部件到组件、单元、系统和整机，从硬件到软件，从装备到保障系统，从单一装备到装备体系的各个层次、各个方面；全过程即装备寿命期各个阶段，从方案论证到研制、生产和使用各个阶段。

2.1.3　装备环境适应性获取途径

环境适应性和功能性及可靠性等其他质量特性一样，是设计质量的体现。有定性要求和定量指标要求，而且应当是可设计、可试验和可验证的。

钱学森院士说："产品的可靠性是设计出来的，生产出来的，也是管理出来的"，国外还另有说法，即可靠性是试验出来的，通过试验来发现设计和工艺缺陷，为改进产品设计提供信息，因而常把可靠研制试验，包括高加速寿命试验（HALT）作为产品设计的组成部分。可靠性验证试验则是用试验的方法验证装备的可靠性设计和管理是否有效，其可靠性是否达到了规定的要求。环境适应性等其他通用质量特性具有与可靠性相同的性质，都是通过设计获得的。

2.1.4　环境适应性的决定因素

产品环境适应性主要取决于所选用的材料、构件、元器件耐环境的能力及进行结构设计和工艺设计时采取的耐环境和（或）缓和环境措施是否完整、有效，决定产品环境适应性的主要因素如图 2-1 所示。

2.1.5　环境适应性不同于可靠性

环境适应性与可靠性同是装备的通用质量特性，由于它们都与装备寿命期内所遇到的环境密切相关。因此，人们往往不能很好地区分这两个质量特性。装备寿命期内一旦出现故障，人们很自然地就认为产品不可靠，进而认为是可靠性问题，其实产品是否可靠和好用决定的因素不只是可靠性，还有其他因素。环境适应性则是其中很重要的一个因素，而且也是最容易与可靠性产生混淆的因素。例如，直升机在沙尘暴气候环境中使用时出现的一些故障和武器系统在电磁环境中误发射一般就不是可靠性问题，而是对沙尘环境和电磁环境适应性不足的问题。因此，对装备寿命期出现的故障，应当仔细分析其真正原因，以便 找出更合理的解决办法。

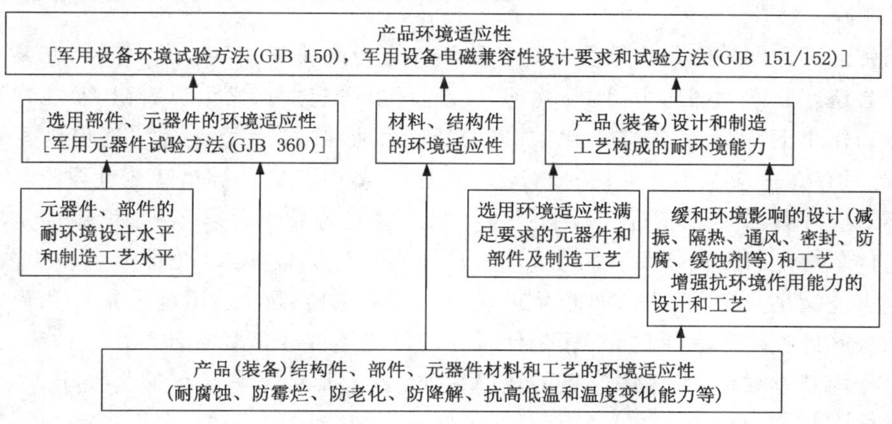

图 2-1　决定武器装备环境适应性的因素

环境适应性是装备的寿命期内贮存、运输和工作状态下受极端环境作用而不被破坏和/或能正常工作的能力。可靠性则是指装备在规定的条件(包括环境条件、负载和工作条件)下在规定的时间内完成规定功能的能力或概率。其规定的环境条件不是寿命期中遇到的极端环境条件,而是寿命期中最常遇到的环境条件,经工程处理按一定的时间比例综合,即不是极端环境条件。环境适应性不以装备是否失效或有无故障作判据,而以适应和不适应作定性判据,可靠性则用平均故障时间或可靠度等参数作定量表示,装备可能出故障,故障的多少取决于其可靠性要求的高低。如果不能保证在其寿命期内遇到的极端环境条件下不被破坏和/或发挥正常功能和性能,则装备就不能生存,更谈不上在正常使用条件下用平均故障间隔时间或可靠度等表示的可靠性了。因此,装备环境适应性不合格,意味着该装备不能投入使用,而可靠性的高低,则仅涉及装备故障率的高低。可见,环境适应性和可靠性概念完全不同。

2.2 装备环境适应性要求

2.2.1 环境适应性要求的定义

GJB 6117《装备环境工程术语》中给出环境适应性要求的定义为:“描述研制装备应达到的环境适应性这一质量特性水平的一组定量和定性目标”。

环境适应性要求与功能、性能要求和可靠性要求等一样,同是一种设计要求,也可更明确地称为环境适应性设计的最低要求,通常是指设计用的最低环境条件。所谓最低要求或最低环境条件是指必须满足的要求和条件,设计人员完全可能将产品的环境适应性水平设计得远高于此条件,即有很大的裕度,使其更加安全可靠。装备环境适应性这一质量特性,取决于其自身结构设计和所选材料、元部件的防护和/或耐各种环境应力作用的能力。

2.2.2 环境适应性要求的特点

环境适应性要求具有以下特点。

2.2.2.1 唯一性

装备的寿命期内必定会反复遇到各种环境应力的单一和/或综合作用,在某些情况下必定会遇到非常大的应力,即极端应力。从环境适应性定义可以看出,装备在这种极端应力的作用下,不应受到破坏和/或失去功能和性能,否则就是环境适应性不满足要求,因此只存在适应和不适应两种情况。可见,装备(产品)的环境适应性要求具有唯一性。不适应环境的装备(产品)不能投入使用。这与可靠性要求不同,可靠性是装备在规定条件下规定时间内产品正常工作能力,即出故障的概率,因此即便装备出故障,也不一定不能满足其功能要求,即产品仍然可用。可靠性要求是用规定条件和规定时间内产品故障的概率来表示的,不管是什么样的环境条件或负载条件下出现故障,这一故障都可作为基本数据,来评估产品的故障率水平,看其是否满足可靠性要求。可见,可靠性指标本身与环境应力之间没有直接的联系,是单纯的装备故障率的统计值,因而可以用更为简单的数值来表示。而环境适应性要求基本上是行、还是不行的问题,是零故障的概念,当然不可能用故障率来表示。

2.2.2.2　复杂性

装备寿命期遇到的环境多种多样，其环境适应性要求是指对所有可能遇到的环境都要能适应。装备寿命期遇到的环境，有时以某单一环境因素为主；有时是多个环境因素综合为主；有时是这一部分环境因素综合；有时是另一部分环境因素综合；有时存在这种环境，有时又不存在这种环境。不管什么样的环境组合和综合，装备在各种最严酷的环境应力作用下都必需能够幸存和/或不许出现故障，因此对环境适应性要求的表征都不可能是简单的描述，或用一个数值给定，而必须要与各种环境应力强度和失效判据严酷度结合起来表达，从而导致环境适应性要求的复杂性。环境适应性要求是装备对各类型环境适应性要求的集成，即对各种气候、力学和生化环境适应性要求的综合，只要装备不能适应其中任何一种环境因素，其环境适应性就不算合格，就不能投入使用。

2.2.2.3　定量和定性的组合

大部分诱发环境因素都可用一个或一组环境应力参数来定量地表示其强度大小，但也有一些环境因素如生物和微生物环境因素（如霉菌、海洋生物等）难于用简单的数字来定量表达其作用强度而只能定性表示。许多表征自然环境因素作用强度的参数，虽然可用数字表达，但在型号立项论证期内，无法统计得到预期寿命期内会遇到的极端环境应力强度量值，因而提不出具体定量数据。例如，湿热、盐雾和太阳辐射等往往只能定性地提出防潮、防盐雾和防太阳辐射等要求，而给不出寿命期内将遇到的这些环境因素数的极端值。因此，环境适应性要求往往是各种环境因素的定量和定性要求的组合。

2.2.3　环境适应性要求与可靠性要求的区别

可靠性指标是用定量表示的统计数据，如平均故障间隔时间（MTBF），平均严重故障间隔时间（MTBCF）、任务可靠度（R_M）和总寿命（TL），如表 2-1 所示。环境适应性指标是各种环境因素应力强度参数和某些特有的定性、定量判据的集合，如表 2-2 所示。可见，环境适应性指标是以定量应力强度为主的定性定量指标，而可靠性指标则是一个统计量值。

2.3　环境适应性要求表征方法

2.3.1　一般方法

针对经过分析确定应考虑的每类环境因素分别提出相应的环境适应性要求，并将其组合成一套完整的要求。对每一环境因素的环境适应性要求可以是定量要求，也可以是定性要求，或两者的组合。对于大多数可定量表征其应力作用强度的环境因素如温度、振动等，则可用表征应力强度的参数及其量值来表示，例如耐高温贮存温度、工作温度；振动谱型及其量值等。对于无法定量表征其应力强度的环境因素如霉菌和生物因素，只能定性或半定性地规定其受变影响或损坏程度，例如允许长霉到几级、表面受变腐蚀面积和深度等。有关环境适应性要求表征方法示例如表 2-2 所示。

表 2-1 可靠性和寿命指标

<table>
<tr><td rowspan="9">可靠性</td><td rowspan="3">任务可靠性</td><td>任务可靠度(R_M)</td><td>军用飞机任务可靠性的概率度量。其计算方法为:按规定的任务剖面,成功完成任务次数与任务总次数之比。一般利用统计数据进行验证</td></tr>
<tr><td>平均严重故障间隔时间(MTBCF)</td><td>度量军用飞机整机、重要系统和发动机与任务相关的使用可靠性的一种参数。其计算方法为:在规定的一系列任务剖面中,产品任务总时间与严重故障总数之比,严重故障指影响任务和飞行安全的故障</td></tr>
<tr><td>空中停车率(IFSR)</td><td>度量飞机和航空发动机使用可靠性的一种参数。其度量方法为:飞机或发动机在每千飞行小时中所发生的停车总次数。通过部队试用过程中进行外场统计数据进行验证</td></tr>
<tr><td rowspan="6">基本可靠性</td><td>平均故障间隔时间(MTBF)</td><td>度量军用飞机整机和机上可修复产品固有可靠性的一种参数,是设计定型时常用的考核指标之一。其计算方法为:在规定的条件(包括飞机的保障条件、使用环境以及任务安排等)下和规定的时间内,产品总的工作时间与故障总数(地面工作和空中飞行期间所发生的所有故障)之比</td></tr>
<tr><td>平均故障间隔飞行小时(MFHBF)</td><td>度量军用飞机整机和机上可修复产品使用可靠性的一种参数,用于使用效果评估。其计算方法为:在规定时间内,产品积累的总飞行小时与同一期间的故障总数(地面工作和空中飞行期间所发生的所有故障)之比</td></tr>
<tr><td>平均故障前时间(MTTF)</td><td>不可修复产品的一种基本可靠性参数。其度量方法为:在规定的条件下和规定的时间内,产品寿命单位总数与故障产品总数之比</td></tr>
<tr><td>无维修待命时间(MFAT)</td><td>度量军用飞机整机使用可靠性的一种参数,指在规定的使用条件下(包括飞机使用的自然环境,飞机停放条件等),飞机做好准备,能保持良好并处于待命状态而无需进行任何维修的持续时间。一般通过外场试验进行验证</td></tr>
<tr><td>提前换发率(UERR)</td><td>度量航空发动机基本可靠性的一种参数。其度量方法为:在发动机每 1000 飞行小时,由于发动机故障造成提前更换发动机的次数。通过部队试用过程中进行外场统计数据进行验证</td></tr>
<tr><td rowspan="3">寿命</td><td rowspan="3">耐久性</td><td>首次翻修期限(TTFO)</td><td>指军用飞机、航空发动机或机载设备在规定条件下,从开始使用到首次翻修的工作时间、循环数和(或)日历持续时间。一般在产品设计定型阶段,通过试验手段进行验证</td></tr>
<tr><td>总寿命(TL)</td><td>指军用飞机、航空发动机或机载设备在规定的条件下,从开始使用到规定报废的工作时间、循环数和(或)日历持续时间。一般在产品设计定型阶段,通过试验手段进行验证</td></tr>
<tr><td>储存寿命(SL)</td><td>产品在规定的储存条件下能够满足规定要求的储存期限</td></tr>
</table>

表 2-2 环境适应性要求和环境适应性试验验证要求示例表

环境类型		环境适应性要求		环境适应性要求试验验证要求	
		定性要求	定量(环境应力强度)要求	试验环境应力	采用的试验方法
温度环境	高温贮存环境(仅适用于直接暴露贮存于太阳辐射作用下的装备)	产品在寿命期贮存高温环境作用下不会引起由合格判据确定的不可逆损坏	a) 恒温贮存 70℃(1%风险) b) 循环贮存 33～71℃的范围(1%风险的日循环)	根据 GJB 150.3A 或 GJB 150.3 确定。如: a) GJB 150.3 中规定为 70℃,48h b) GJB 150.3A 中为 33～71℃的日循环 7d	按 GJB 150.3 或 GJB 150.3A 中规定的相应方法
	低温贮存环境(仅适用于直接贮存暴露于户外环境中的装备)	产品在寿命期贮存低温的环境作用下,不会引起由合格判据确定的不可逆损坏	−55℃(20%风险)	根据 GJB 150.4/GJB 150.4A 确定: GJB 150.4/−55℃(已加上辐射致冷引起的温降量),温度稳定后再保持 24h GJB 150.4A −55℃温度稳定后加上 4h/24h/72h(取于装备特点)	按 GJB 150.4/GJB 150.4A 中规定的相应方法
	高、低温工作温度(循环工作和恒温工作)	产品在寿命期使用阶段遇到的高低温环境中,应能正常工作即功能正常且性能满足允差要求	a) 若产品在暴露于太阳辐射的户外环境中工作,则高温按 1%风险对应的日循环(35～49℃),低温按 20%风险对应的最低温度(−51℃) b) 若工作环境温度不取决于日循环太阳辐射诱发温升,则按实测得到的高温或低温	a) 高温按 GJB 150.3A 推荐的日循环,至少进行 3d;低温恒定温度按 20%风险极值,并在产品达到温度稳定后再保持 2h b) 温度按照与实测的高温或低温,温度稳定后再保持 2h	按 GJB 150.4/GJB 150.4A 中规定的方法
	温度冲击环境	产品在寿命期内遇到温度突变环境后,不产生结构损坏和能正常工作	低温贮存温度和高温贮存温度或日循环中的最高温度 a) GJB 150: −55℃,+70℃ b) GJB 150A 日循环中部分温度和受试产品的响应温度	a) GJB 150 • −55℃、70℃ • 保温时间为产品达到温度稳定的时间 • 每个循环进行低高、高低二次冲击、进行 3 个循环 • 转换时间不大于 5min b) GJB 150A • −55℃、70℃ 或 −55℃,高温日循环部分高温和响应温度 • 产品达到温度稳定或规定时间 • 由低温转为高温或相反作为一次冲击 • 冲击次数为 1～3 次 • 转换时间小于 1min	a) 采用 GJB 150.5 的方法 b) 采用 GJB 150.5A 规定的方法

表 2-2（续）

环境类型	环境适应性要求		环境适应性要求试验验证要求	
	定性要求	定量（环境应力强度）要求	试验环境应力	采用的试验方法
霉菌环境	产品在寿命期内表面不应长霉或长霉程度在允许范围，且能正常工作	无法规定应力的定量要求，往往规定长霉等级作为判据	GJB 150.10 规定 · 5 个菌种 · 24～31℃ · 相对湿度≥90% · 28d GJB 150.10A 推荐 · 5 个菌种或 7 个菌种（选用） · 31℃ · 相对湿度≥90% · 28d	采用 GJB 150.10/10A 中规定的方法
盐雾环境	产品在寿命期盐雾环境中受到的腐蚀程度在允许范围之内（具体由合格判据规定）且产品能正常工作	无法规定定量要求，往往用腐蚀深度或面积作为判据	GJB 150.11 和 GJB 150.11A 中规定的应力相近。5%氯化纳溶液；pH 值为 6.5～7.2（35℃时）；盐雾沉降率 GJB 150.11/11A 分别为 1～2ml/80cm² · h 或 1～3ml/80cm² · h；试验时间分别为 48h 或 96h（GJB 150.11A）	a）GJB 150.11 中规定的连续喷雾试验方法 b）GJB 150.11 A 中规定的间断喷雾试验方法及停喷时的温湿度要求
湿热环境	产品在寿命期内湿热环境中暴露时和暴露后其表面形貌、材料性质和绝缘性能不受规定程度的影响且能正常工作	无法规定定量要求	· GJB 150.9 中给 3 个不同产品类别规定了不同的试验条件；可以从中选取 · GJB 150.9A 仅推荐一种条件即 30～60℃ 95%RH 的 10 个交变湿热循环	a）可采用 GJB 150.9 中的相应的验试方法 b）采用 GJB 150.9A 中相应的试验方法
工作振动环境	产品在经受使用中遇到振动环境作用下和作用后能正常工作，结构不发生累积疲劳损伤	按照实测振动数据确定，或使用 GJB 150.16 规定的或 GJB 150.16A 中推荐振动谱，数值或公式计算得到的数值，通常给出振动谱的谱型和相关的参数值	a）GJB 150.16 中规定按环境适应性要求中规定的功能试验量值，每个轴向振动 1h b）GJB 150.16A 中要求利用实测数据和寿命期环境剖面等自行确定功能试验量值的试验时间	a）可采用 GJB 150.16 中规定的相应试验方法 b）可采用 GJB 150.16A 中推荐的各种试验方法中的任一种

要指出的是，产品受到环境应力作用的效果，不仅取决于应力强度，还取决于应力作用的时间。产品破坏的时间累积效应是不容忽视的。理论上讲，应当给出应力作用时间，而且要使指标中给出的应力强度和应力作用时间产生的效果，与实际寿命周期该

环境因素作用产生的累积效果完全或基本一致。在产品寿命周期内，某环境因素作用于产品的应力大小往往会随时间变化，这种变化规律难以预先确定。此外，同一环境因素高量值和低量值对产品的影响之间不一定呈现规律性关系，要想找到等效于实际环境影响的、对应于确定的极端环境应力所需的作用时间非常困难。因而，环境适应性要求中，一般不包括应力作用时间。虽然环境适应性要求中不包括时间，但其实质是指装备寿命周期内应能经受住这类应力的累积作用。应力反复作用和时间累积作用往往是将其放到验证试验方法中去解决。例如，GJB 150/GJB 150A 许多试验方法中均提供了试验验证时间，如高温贮存时间 48h，湿热试验 10d，盐雾试验 48h 或 96h，振动功能试验 1h 等，这一时间实际上是经验的总结。目前在型号研制总要求或研制合同协议中可见到将 GJB 150 中规定的时间作为指标纳入"环境技术要求"文件中，这实际上是一种验证试验条件。需要说明的是，试验验证条件不光限于施加的环境应力强度，作用方式和作用时间，还应包括负载、冷却措施、工况等条件，GJB 150A《军用装备实验室环境试验方法》中对此做了明确规定。

2.3.2 不同产品层次环境适应性要求的表征方法

对于武器装备来说，环境适应性要求可以分为对材料及其涂镀层，结构件、连接件的环境适应性要求和功能件（整机、系统、分系统和设备）的环境适应性要求两类。因此，不同类型的装备，应提出相应的环境适应性要求。

2.3.2.1 材料及其涂镀层、结构件、连接件的环境适应性要求

这类产品的特点是不像设备和系统那样具有直接可测试的运行功能和工作性能，而只有一般的物理性能，包括外形和表面特性、力学性能和电性能等，这些物理和力学性能在环境的作用下会慢慢劣化和变化，但不会马上直接影响装备的功能。待累积到一定程度后，由于其形貌变化或电性能、力学性能下降等，将起不到支撑或保护装备结构、保持功能件性能的作用。其对应的环境更多的是装备在贮存和运输和/或不工作状态遇到的各种气候和生物等因素构成的综合环境，这些环境对其作用的机理是腐蚀、劣化、老化（降解）等。这种环境适应性要求，由于其核心是影响结构件的力学性能。所以，装备上的大型结构件和难以更换的结构一般不单独规定其环境适应性指标，而是通过选用耐自然环境影响（如腐蚀）的材料，并在其外形和尺寸上进行优化设计和留有较大的力学性能裕度来实现。对于一些可更换或便于维修的结构件，则可通过规定在应力作用下，腐蚀或其他破坏形式达到的程度做定性或定量的表达，也可规定某一结构件的翻修期或更换期限作为其指标要求。

2.3.2.2 功能件（整机、系统和设备）的环境适应性要求

目前，工程上更为关注的是有功能产品的环境适应性要求。这种环境适应性要求对应的环境是装备运输和使用状态，特别是作战（工作）状态遇到的各种气候和动力学及其综合构成的环境，这类产品在各种自然和诱发环境应力的作用下，很快引起破坏（如结构件断裂），失去功能或性能超差等。这种环境适应性要求可用环境应力强度大小来表征。需要指出的是，对于功能件产品来说，必定有一些结构件来支撑并形成某种结构状态，这种产品的结构件及其材料和涂镀层的环境适应性要求可按表 2-2 的方法表征。

2.4 装备环境适应性要求指标体系

装备的环境适应性要求指标体系由整个装备和装备各组成部分中的系统、分系统和设备对其寿命期遇到的要考虑的各种环境的环境适应性要求指标两部分组成。

2.4.1 整个装备的环境适应性指标

整个装备环境适应性指标应根据装备寿命周期将遇到的贮存、运输和使用环境来确定。不管处于寿命期哪一阶段,各种气候环境因素都时刻作用于装备,只是其种类和强度有所变化而已;而动力学环境因素,一般只是在运输、装卸和使用阶段出现,当然动力学环境因素的种类和强度同样也会有所变化。根据环境适应性定义,要将寿命周期中遇到的各环境因素的极端值,经一定工程处理后作为该因素的环境适应性要求指标。对于整个装备来说,其环境适应性指标主要偏重于气候适应性指标。一般不单独提整个装备的动力学环境适应性要求指标,而是由设计人员通过结构强度设计、计算和静强度等其他有关试验来解决。

整个装备气候环境适应性指标的试验验证是很困难的,需要很大的试验装置,而且还不可能对所有气候环境因素指标都进行验证,一般局限于高温、低温、淋雨、结冰/结霜、湿热、雪载荷、风等气候因素。如美空军麦金利气候试验室对F/A-22(猛禽)飞机进行了低温、高温、淋雨、雪、风、雾和潮湿等一系列气候环境试验。GJB 67A-2008《军用飞机结构强度规范》第9部分的第3.9节规定:全机环境试验模拟的气候环境包括高温、低温、太阳辐射、温湿度、淋、降雪、冻雨、结冰和低速吹风等。全机气候环境试验用于验证操纵系统和可动翼面及起落架等可动结构的运动功能是否正常;验证油箱、驾驶舱、设备舱的密封是否失效;验证在冰、风雪环境中液压系统工作能否满足机场和结构系统工作环境要求。在淋雨、降雪、冻雨结冰和湿度试验后要检查有关结构排水是否畅通,是否会有积液。我国目前尚不具备用于整架飞机的大型试验车间。但已有能用于装甲车等地面装备的气候试验基地,不过能进行试验的项目比国外要少。

对整个装备的环境适应性指标要求可按表2-3的形式提出。表2-3中有定性部分和定量部分。定性部分用于描述对环境适应性的原则要求,如在整个寿命周期内某环境因素的作用下不被损坏和/或正常工作。这些要求是很难考核和验证的。因此,要尽量给出相应的定量指标,如环境因素应力强度和定量的失效判据。

表2-3 整个装备的环境适应性要求指标体系

考虑环境因素类型	定性要求 (包括失效判据)	定量要求 (主要为应力强度)
环境因素1		
环境因素2		
环境因素3		
环境因素N		

2.4.2 下层产品环境适应性要求指标

装备下层产品是指安装在装备上的各系统、分系统、设备和部件等。由于下层产品安装在装备的各个部位、一般不直接暴露于自然环境中，而且各个部位往往同时安装有其他一些设备，甚至还有环控系统，因此其使用状态经受的环境不完全是自然环境，而主要是诱发环境。这种诱发环境是由装备自身运动、气动加热、发动机产生振动和发热，邻近设备发热，环控系统以及装备壳体和结构件对各种环境的阻挡、遮护或减缓、放大作用综合造成的。

因此，下层产品的环境适应性要求，主要取决于以诱发环境为主体的微气候环境或平台环境。无论是环境因素种类还是环境因素应力强度均会随产品在装备上位置的不同而变化。例如，装在增压舱内的产品，其低气压要求为增压压力；装在温度控制舱内产品的温度要求，应是控温温度；装在离炮口 2m 范围以内产品的炮振量值应随其重心离炮口距离和离蒙皮距离的减少而增加。又如，装在机翼下的外挂和起落架舱内的产品必须考虑耐沙尘要求，而装在密封舱段内的机载设备则不必考虑沙尘影响；离炮口 2m 以外的设备不考虑耐炮击振动要求；非密封舱内的产品不必提出耐受快速减压和爆炸减压要求。因此，装备下层产品的环境适应性要求应该按其所在具体位置确定。工程实践中不可能也不必要把环境适应性要求细化到每个产品上，而往往是把装备划分为一些区/段/舱，提出各区、段、舱的环境适应性指标作为安装在该区内产品的环境适应性指标。各区域舱段需考虑的环境因素类型和环境应力量值不完全一样。

要指出的是，下层产品环境适应性要求并不只包括使用中的诱发环境，还需考虑装备贮存和运输等不工作状态自然环境和诱发环境的影响，例如不管产品装在什么部位，不工作存放状态遇到的极端高低温，湿热、盐雾和霉菌环境的慢作用都必须考虑。

下层产品的环境适应性要求如表 2-4 所示。从表 2-4 可以看出，各区/段/舱的环境适应性要求综合在一起便构成下层产品的环境适应性要求，这些要求应最终落实到装在相应区/段/舱中产品的成品协议书中。表 2-4 中任何一项环境适应性要求若通不过验证，就视为装备的环境适应性不能满足要求。

还需要指出的是，有些环境因素如贮存温度，贮存低气压，霉菌、盐雾、太阳辐射、淋雨、沙尘等应力强度的大部分或部分主要取决于自然环境，与产品本身的关系相对不大，在设计某一型号的产品时，不可能从头统计其寿命期将遇到的这些因素的参数数据，因此一般就直接引用或根据规定的风险率选用 GJB 150《军用设备环境试验方法》中相应的数据，而 GJB 150《军用设备环境试验方法》中这些数据实际上来源于 GJB 1172《气候环境极值》和 MIL-HDBK-310《军用产品研制用全球气候数据》。可见，对于这些环境因素而言，其环境适应性要求(设计要求)与 GJB 150/150A 中的验证试验要求往往是一致的。另外，有些环境因素如高、低温工作温度指标，温度和高度综合指标，振动、加速度和冲击环境因素指标，很大程度上取决于平台的特点和在平台上的位置，属于诱发环境因素，应当通过实测得到。GJB 150《军用设备环境试验方法》和 GJB 150A《军用装备实验室环境试验方法》中均有推荐的数据和/或确定方法或原则，供无实测数据情况下确定指标时参考。

表 2-4　武器装备下层产品(假设分布在 *M* 个区段内)的环境适应性要求一览表

区名称或区号	考虑的环境数量及因素		定性要求（包括失效判据）	定量要求（主要为应力强度）
Ⅰ	N_1 个环境因素	E1		
		E2		
		…		
		EN1		
Ⅱ	N_2 个环境因素	E1		
		E2		
		…		
		EN2		
…	…	…	…	…
M	N_Y 个环境因素	E1		
		E2		
		…		
		ENY		

表 2-4 中环境应力强度主要列出环境应力参数，实际应力作用时间(连续或间断累积)同样是十分重要的，但如前所述，在提环境适应性要求时往往难以准确提出，因此，一般只给出寿命期内在此环境应力作用下产品功能和性能正常的原则。鉴于在 GJB 150/GJB 150A 相应的验证方法中对时间或确定时间的方法已有明确规定，只要把表 2-4 中适应性要求和验证方法标准 GJB 150《军用设备环境试验方法》配套使用即可。

值得注意的是，GJB 150/150A 中规定或推荐的验证时间或验证时间计算方法不一定很合理，使用中曾遇到不少问题，例如，航空机载设备振动耐久试验时间的计算方法，争议较大，需要进一步深入研究其解决办法。

2.4.3　环境适应性验证要求

装备(产品)的任何一个战技指标在设计定型时都需要回答是否满足要求，因此设计定型阶段需要安排一定的时间段对研制的产品进行全面验证，包括实验室试验验证和使用验证。需要说明的是，应优先进行地面实验室试验验证。因此，在提出环境适应性要求时，同时要提出开展哪些试验项目，用多大应力和用什么样的试验方法验证。环境适应性要求中有环境应力定性、定量指标的项目，在设计定型阶段一般均应安排相应的验证试验项目，而所用的应力强度应等于或大于环境适应性要求中规定的值。实验室验证要求的内容还包括明确使用什么标准或方法来进行试验或检测，因为不同的试验标准或检测方法会有不同的试验过程，或许造成不同的结果。例如，高温贮存试验，在选定按干热区 1% 风险极值进行贮存试验时，GJB 150.3《军用设备环境试验方法　高温试验》则是 70℃，48h；

GJB 150.3A《军用装备实验室环境试验方法　第 3 部分　高温试验》则是 33～71℃范围的 7 个日循环(168h)。环境适应性验证要求示例如表 2-2 所示。

如果用实验室试验来验证产品的环境适应性，则应按定型机构相关文件要求，制定设计定型环境鉴定试验大纲，明确进行试验验证所需的一系列技术和管理要求，确保验证试验的有效性和试验结果的正确可信。环境鉴定试验大纲的内容、格式和编写说明见附录 A。

如果无法或无条件进行试验验证，则可规定用分析方法验证或在使用过程中验证。

2.5　环境适应性要求在工程型号中的常见问题

环境适应性作为质量特性这一概念是在 1997 年 GJB 150《军用设备环境试验方法》颁布 10 周年研讨会上提出，2001 年颁布的 GJB 4239《装备环境工程通用要求》中给出了明确的定义，2009 年颁布的 GJB 9001B《质量管理体系》标准中进一步将环境适应性与可靠性等 6 个质量特性要求纳入质量管理体系，明确规定将此六性要求的确定、分析和设计、试验与评价等工作一同纳入型号研制质量管理体系各个阶段，以确保这些工作能够得到切实的贯彻实施。然而，由于上述 6 个质量特性各项工作实施的技术基础和可用支持标准的差异。目前型号中这六性在管理体系中的应用程度很不一样，尤其是环境适应性要求的应用尚不到位，存在的问题较多。

2.5.1　概念混乱

工程应用中有关环境适应性要求有各种提法，存在概念不准确、互相混淆等问题，需要加以澄清。

2.5.1.1　环境要求

有些型号总师单位的环境文件名称为“环境要求”。

“环境要求”是一个很含糊的名称，它可以理解为环境工程管理要求，环境适应性要求和环境试验要求，涉及 GJB 4239《装备环境工程通用要求》中的环境工程管理、环境分析和环境试验与评价 3 部分共 16 个工作项目。

型号总师单位和使用方在制定“环境要求”文件以前就应当通过实施 GJB 4239《装备环境工程通用要求》中环境分析部分的 4 个工作项目制定出环境适应性要求，并明确验证项目及其环境条件，以作为制定环境要求文件的基础。如前所述，我国一些型号研制中，许多总师单位在“环境要求”文件中仅按 GJB 150《军用设备环境试验方法》提出试验项目和试验环境条件，基本上没有环境工程管理方面的内容，因而很不完整。

型号总师单位应当制定一个指导型号环境工程工作的总文件，包括国军标 GJB 4239《装备环境工程通用要求》中 20 个工作项目的内容或经适当剪裁后的内容。

2.5.1.2　“环境技术要求”

有些型号总师单位的环境文件名称为“环境技术要求”。

这一名称中增加了“技术”二字，以表明与环境工程管理工作无关。按照这一意向，其内容应包括环境适应性要求和环境适应性验证要求。但它基本上仅限于试验项目和试验条件，属于试验验证要求范畴，内容很不完整。试验验证是验证方法中最重要的一种，比分析验证更有说服力，比现场使用验证也更为直接和可控。

从便于使用和管理的角度来看，制定这样一个文件很有必要。因为环境适应性要求是开展环境工程工作的核心目标，必须清楚地描述这一要求和符合性验证方法。

2.5.1.3 环境条件

"环境条件"同样是一个很不确切的名称，它未区分是设计的环境条件，还是试验的环境条件。GJB 4239《装备环境工程通用要求》中把环境条件定义为"在装备（产品）运输、贮存和使用过程中可能会对其能力产生影响的环境应力"，这一术语来源于810F《环境工程考虑和实验室试验》是泛指装备（产品）遇到的会影响其功能性能和结构完整性的环境应力。这一说法并不与具体产品的设计和试验直接关联，是一种不够严谨的说法。

在装备（产品）的研制和生产中，虽然环境条件都是指环境应力，但在不同场合会有不同的含意。作为装备战技指标提出的环境条件，则是装备的环境适应性要求，这一要求应纳入研制总要求和成品合同协议书中，为设计人员进行环境适应性设计提供目标依据，为确定寿命期各阶段环境试验的试验条件提供基线，而试验环境条件不一定和环境适应要求提的环境条件相一致。因为试验项目及其环境应力量值需视试验目的和用途的不同而以环境适应性要求规定的环境条件为基线进行剪裁，例如研制试验的环境条件，比设计目标要高；环境鉴定试验的条件基本与环境适应性要求规定的应力类型和量值相同；批生产阶段例行试验的环境条件（试验项目和应力量值），与设计目标相近。因此，要尽量避免使用"环境条件"这一笼统说法，尤其不应与环境适应性要求相混淆。

2.5.2 型号研制总要求和成品合同中的环境适应性要求不规范

航空装备研制过程中环境适应性及其要求的应用尚处于初期阶段，大都使用传统的做法。由于概念的模糊、缺少相应标准的支持等，航空装备研制总要求和成品技术协议书中，以"使用要求""使用环境""环境要求"或环境技术要求等形式提出。

2.5.2.1 使用方在研制总要求中对整机和系统以"使用环境"或"使用要求"的形式提出

如××型号某系统研制总要求的战技指标中，除了对系统自身功能性能指标等要求外，还列出了"使用环境、电磁兼容性、寿命及可靠性等要求"，而在"使用环境"中包括的内容为：

新研的××系统的环境适应性应满足 GJB 150《军用设备环境试验方法》的有关规定和××型号的机载环境使用要求。具有防湿热、防盐雾和防霉菌的能力。使用环境温度为－40～＋60℃（舱内），和－40～＋45℃（舱外）。

又如某型号装备的战技指标在使用要求一节提出了如下环境要求：

工作温度：－40～＋60℃；

贮存温度：－55～＋70℃；

最大使用高度：6000m（4200m）；

冷却方式：强制风冷。

其他应满足 GJB 150《军用设备环境试验方法》的相应规定和××型号环境条件要求。

可以看出，使用方提出的研制总要求中环境适应性要求比较笼统和原则，而且大多要求可操作性差。实际包括 4 方面的要求，第一方面是可操作性较好的要求，一般是温度环境适应性要求，如工作温度和贮存温度范围，这种要求可以作为设计目标和验证设计符合的依据；第二方面是较为具体，但不完整的要求，如最大使用高度（4200m），这一要求仅给出了对恒定低气压的环境适应性要求，没有给出研制装备是否应适应低气压变化环境，即未提出对快速减压和爆炸减压环境的适应性要求。由于这种环境适应性要求不仅取决于飞机的飞行高度，还取决于具体装备在机上的位置和本身的结构特点，一般应由型号总师单位根据研制总要求的高度要求，进一步考虑上述因素并在成品协议中提出；第三方面是定性要求，例如"具有防湿热、防盐雾和防霉菌的能力"；第四方面是应满足 GJB 150《军用设备环境试验方法》的相应规定和"××型号环境条件要求"。这一条要求实际上仅规定了一个原则，即环境适应性要求和环境适应性试验验证方法应以 GJB 150《军用设备环境试验方法》为依据。型号总师单位可根据这一原则结合具体装备的情况编写型号"环境要求"文件。它实际上是对下层产品的要求，应由型号总师单位加以具体化。

2.5.2.2 型号总师单位（或总体单位）与机载设备研制单位签订的成品技术协议书中以试验项目和试验条件的形式提出

这类协议书的环境要求或环境技术要求，实际上是由总师（体）单位根据待研设备在机（弹）上的位置等，从其制定的"××型号环境要求"或"环境技术要求文件"中剪裁得到的一系列环境试验项目及相应的环境条件。型号总师单位制定的"××型号环境要求"或"环境技术要求"文件本身只是一系列的试验项目和相应的试验条件，它们多半是从 GJB 150《军用设备环境试验方法》中选取或经适当调整后得到的，并不包括本文前面所述的环境适应性要求。

目前，型号总师（体）单位与成品研制单位签订的合同或成品协议，其环境要求实际是一系列的试验项目和相应的试验条件及部分特殊的合格判据。大都是直接引用 GJB 150《军用设备环境试验方法》各试验方法中的试验项目和试验条件，不仅包括试验采用的应力的强度，还包括试验实施时应力施加的时间和施加的方向次数等。

从表 2-2 可以看出，配套产品的环境适应性要求主要是应力强度的定量值，而不包括试验中施加应力的持续时间。可见，它不是环境适应性要求，而是环境适应验证试验的试验条件。上述提到的特殊合格判据主要是指霉菌试验和盐雾试验特有的合格判据，如允许的长霉等效和腐蚀面积等。有关环境适应性要求与环境适应性验证要求示例见参考文献[1]。

2.5.3 带来的负面影响

鉴于研制总要求和成品技术协议书中缺乏明确的环境适应性要求指标或只提出试验项目和试验条件，从而使型号研制生产过程中理应开展的环境适应性要求的确定和评审，环境适应性设计和环境分析工作一概得不到应有的重视或完全被忽略，设计定型中对环境适应性的分析和审查工作同样也不很完善。

2.5.3.1 环境适应性要求工作得不到重视

由于在研制总要求和成品技术协议书中未明确提出环境适应性要求或已规定按 GJB 150《军用设备环境试验方法》直接提出的试验项目和试验条件所取代，导致

GJB 4239《装备环境工程通用要求》中规定进行寿命期环境分析并确定环境适应性要求工作无从入手，更谈不上组织相应的评审工作。致使环境类型考虑的不完整或者环境条件提得不准确，而且未经评审把关就纳入成品技术协议书。直到产品设计定型或技术鉴定阶段制定地面环境鉴定试验大纲时，才发现这些问题，无谓为此花费了很多时间。此外，一些评审人员不了解环境工程工作项目实施程序，应是首先确定环境适应性要求，而后设计人员根据这一要求对产品进行环境适应性设计和开展相应的环境适应性研制试验；再以环境适应性要求为基准，开展环境鉴定试验来验证研制的产品对环境适应性要求的符合性。简言之，即环境适应性要求是设计的依据，也是环境鉴定试验验证的目标。殊不知，环境鉴定试验大纲评审时，只能考虑如何设计一个试验大纲来保证验证产品的总师(体)单位提出的环境适应性水平，倒过来讨论环境适应性要求的合理性和完整性，显然违反了研制程序，干扰了总师(体)单位的职责。

2.5.3.2 客观上造成环境工程工作就是环境鉴定试验工作的假象

由于研制总要求和成品技术协议书中主要内容是依据 GJB 150《军用设备环境试验方法》确定的相关的试验项目，使人们误认为环境工程工作就是试验工作，环境试验工作就是设计定型和技术鉴定阶段的地面环境鉴定试验和批生产阶段的环境例行试验。以致设计人员不会主动进行耐环境设计和利用环境试验手段提高产品的耐环境应力水平，而是从过关思维出发，按照合同规定的试验项目和试验条件开展摸底试验，能过关就基本不开展 GJB 4239《装备环境工程通用要求》中规定的适应性研制试验和环境响应特性调查试验，使产品一般没有耐环境应力裕度，更不会主动用高加速试验方法去暴露产品的薄弱环节和提高其耐环境能力极限。

2.5.3.3 影响定型过程中环境工程工作审查力度

产品设计定型或鉴定阶段，对环境鉴定试验文件和试验情况的审查相对来说比较重视。但对环境工程方面其他工作的审查就很简单，甚至被忽视。例如，在研制总结中一般都有可靠性、维修性、测试性、保障性和安全性的分析内容，有的还有专门的五性分析报告，但绝大部分研制总结中却没有环境适应性分析内容。GJB 900B《质量管理体系要求》中虽然规定了共性方面应有必要的输出文件，但目前尚仅限于五性。

2.5.3.4 研制总结的符合性对照表中尚未像五性那样被纳入环境适应性要求

这一情况非常普遍，由于研制总要求和成品技术协议书中未提出环境适应性要求，而只是环境适应性验证试验的项目和试验条件，因而产品定型时研制单位无法将其纳入研制总结中符合性对照表中的相应位置。而可靠性、维修性等五性则都作为产品的质量特性、连同其指标一起纳入符合性对照表中。目前有的产品研制单位干脆就不列，有的单位按合同的提法虽把这一项列为环境要求，但由于提出的内容是试验项目，而不是应力指标，只能硬将一系列环境试验项目，甚至包括试验条件填写进去，又由于环境试验项目和试验条件内容太多，许多单位往往简化为见“××型号的环境要求”文件和“产品的成品技术协议书”。

2.5.4 应采取的措施

2.5.4.1 加强宣传和培训，统一认识和基本做法

环境适应性是装备的重要质量特性，与可靠性、维修性、测试性、保障性和安全性要

求一样，应通过开展相应的系统工程工作，即一系列环境工程工作，才能确保将其纳入产品。

环境适应性要求指标是装备环境适应性的具体体现，它既是产品设计人员进行耐环境设计的依据，也是设计定型或鉴定阶段制定环境鉴定试验大纲时，规定试验项目、试验条件和试验方法的依据，因此应及早明确和准确提出环境适应性要求，它对进行环境适应性设计和环境试验，特别对环境鉴定试验尤其重要。

环境适应性要求应当是考虑其相应的寿命期各主要环境种类和相关的环境应力强度，如表2-2所示。环境适应性要求可以是定性要求，也可以是定量要求，取决于环境的类型和特点。研制总要求中的环境适应性要求以定性为主体，可包括一些原则如环境适应性要求的风险准则。在没有实测数据支持的情况下，可以参考某些试验方法标准中的环境条件，以及规定试验方法按某标准进行等。而成品研制合同或协议书中的环境适应性要求则以定量为主体，给出要考虑的各类环境及其应力强度。自然环境适应性要求应从相应标准如GJB 1172《军用设备气候极值》中给出相应极值的风险率，像霉菌和盐雾这类试验则给出长霉等级和腐蚀程度的判决标准。

2.5.4.2 加强标准宣贯力度，尽快制定环境适应性要求标准

GJB 4239《装备环境工程通用要求》颁布以来，环境适应性和环境适应性要求已逐渐被人们认可，并应用于型号研制中，自2009年颁布GJB 9001B《质量管理体系　要求》标准后进一步加快了它在型号中应用的步伐，但总的来看，其步伐依然不能适应我国航空装备研制发展的需要，因此相关部门应加大对GJB 4239《装备环境工程通用要求》和GJB 9001B《质量管理体系　要求》的宣传力度。

标准制定单位应尽快出台环境适应性要求的具体表述方法和格式，以支持研制总要求和成品技术协议中环境适应性要求的编写。按总装备部的标准制定计划，2004年将制定完成环境工程文件编写要求标准。该标准对环境适应性要求指标的内容和格式做出了明确的规定。

2.5.4.3 抓好环境适应性要求的确定和评审工作

使用方和型号总体单位对装备及其配套产品环境适应性要求和试验验收要求负有确定的责任，环境适应性要求是装备环境工程工作的源头，源头不确立，会影响一系列环境工程工作的开展。

建议使用方和型号总师单位首先要深入理解环境工程工作内涵和环境适应性要求的指标体系及其确定方法，以便提出完整、合理和准确的环境适应性要求，而不是试验要求。在管理上要安排对环境适应性要求的评审，确保研制总要求和成品技术协议书中规定环境适应性要求的质量。

2.5.4.4 强化型号定型中环境工程工作审查力度

建议装备定型管理机关组织定型工作时，完善对环境工程工作审查的要求、强化评审力度，而不仅限于环境试验方面的审查。规定按表2-5填写符合性对照表，促进环境适应性要求的规范化。

表 2-5　产品战技指标符合性对照表模板

质量特性项目		合同战技指标	验证方法及结果	结论	质量特性项目		合同战技指标	验证方法及结果	结论
物理特性	质量				可靠性	最低可接受值			
	尺寸				维修性	维修时间			
	重心				测试性	…			
	接口				保障性	…			
	互换性				安全性	…			
功能	功能 1				电源环境适应性	电源尖峰			
	功能 2					浪涌			
	…					…			
性能	性能 1				电磁兼容性	CE102			
	性能 2					…			
	…					CS101			
环境适应性	高温贮存					…			
	高温工作					RE102			
	低温贮存					…			
	低温工作				寿命	贮存寿命			
	温度冲击					…			
	盐雾				其他				
	湿热								
	…								
	振动功能								
	振动耐久								

2.6　环境适应性要求和环境试验验证要求确定方法

对于军工产品来说，一般应由使用方和型号总体单位确定装备及其下属产品的环境适应性要求和验证试验要求，这些要求确定的简要过程如图 2-2 所示。

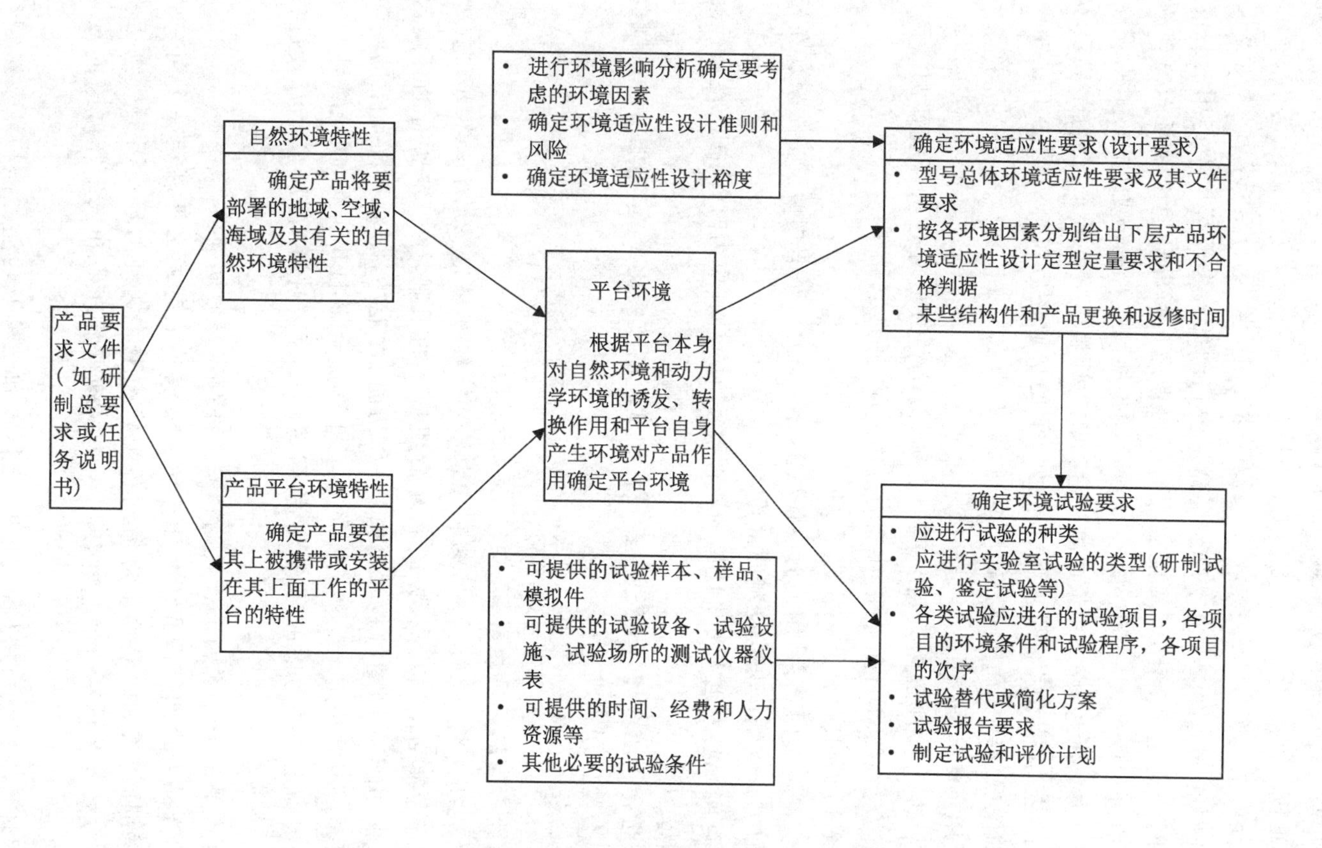

图 2－2　环境适应性要求剪裁和环境试验要求剪裁过程

2.6.1 环境适应性要求确定原则

环境适应性要求剪裁一般应考虑以下两方面准则。

1."极值"准则

环境适应性包括两个概念:一是不要求能正常工作,但不会产生破坏;二是不仅不能产生破坏,还要能正常工作。由于产品寿命期内遇到的各种环境因素作用的强度往往随时间和空间的变化而变化,不可能也没有必要考虑按每种环境因素可能出现的所有应力强度量值进行设计。一般说来,受试设备如果能耐受严酷应力的作用,则理应能适应更温和的应力。因此,仅选用最严酷的应力作为环境适应性要求,这就是确定环境适应性要求用的应力"极值"准则。当然这种极值的选取还应符合一定的工程处理原则,例如有关风险极值或统计概率置信度原则。

2. 优先使用实测应力准则

环境适应性要求剪裁虽然采用"极值"准则,但这种极值应是从环境实测得到的。为了保证环境适应性要求的真实性,在应力选用上应遵循以下次序。

(1) 优先采用实测应力。

(2) 没有实测应力时,可采用相似设备试验用的应力。所谓相似设备是指装在相似的平台上,相似位置上结构和功能相同的设备。

(3) 既没有实测应力也无可供使用的相似设备在设计其应力时,则按规范和标准中规定或推荐的应力。

环境应力选择得越合理,环境适应性设计和试验的效费比越高,越能节省研制经费和保证按研制进度计划完成。

2.6.2 一般过程

2.6.2.1 确定要考虑的环境因素

产品寿命周期内将遇到的环境多种多样,包括气候环境、动力学环境和其他环境,由于产品寿命期活动的范围、方式和寿命期长短的限制,不一定所有的环境因素都能遇到;此外,由于不同的材料、结构特性和功能、性能特性,对不同环境的响应水平或敏感性不同,因此特定产品能遇到的环境并不都会影响其功能、性能特性和安全性,有待进一步确定必须考虑的环境因素,即对环境因素进行剪裁,整个剪裁过程如图 2-3 所示。

(1) 根据产品的任务说明书或其他有关文件制定寿命期剖面。

(2) 根据产品寿命期剖面和产品任务说明书或其他有关文件制定一个简单的产品寿命期环境剖面,该剖面应理出寿命期各种状态下将遇到的环境因素。包括所有的运输、贮存方式和各种平台类型在使用中将遇到自然环境和诱发环境因素及其作用时间或频度。

(3) 根据环境对产品所选材料、工艺、元器件和结构及功能性能特性及影响机理进行分析,利用相似产品的失效(故障)模式及有关经验和信息,确定必须考虑的环境因素。

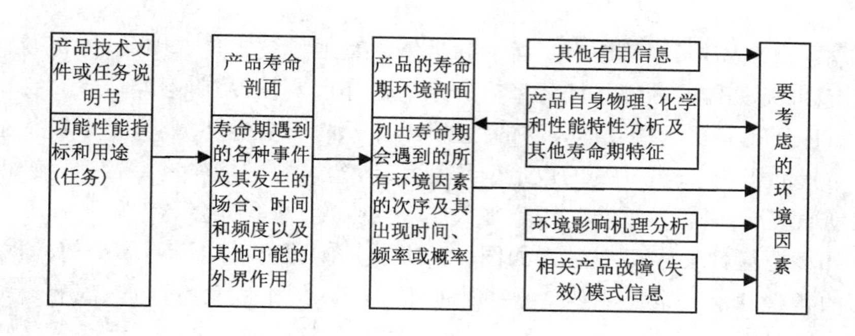

图 2-3　产品要考虑的环境因素剪裁

2.6.2.2　确定环境应力量值

确定了要考虑的环境种类后，接着就应根据上述准则进行剪裁，确定环境应力的强度，作为对该环境因素进行环境适应性设计的目标。由于环境因素多种多样，有些环境因素如生物环境和微生物环境中的霉菌、老鼠、昆虫、啮船虫等的强度只能定性表示；而大部分环境因素如温度、振动和冲击等自然和诱发环境因素，则可定量表示，对于这些环境因素，要进一步根据环境设计原则定量或定性地确定其强度水平或量值。

2.6.3　具体过程

2.6.3.1　气候环境适应性要求

产品气候环境适应性要求取决于自然环境和平台环境两个方面，自然界的气候等环境是产品寿命期会遇到的基础环境。在有些情况下，有些自然环境因素能直接作用于产品，此时自然环境极值就可以作为确定气候环境的唯一依据。例如，一些生物和微生物环境及直接暴露于自然环境中的地面固定设备将遇到的温度、湿度、太阳辐射、风、雪和淋雨等环境。这些环境量值可以从有关气候极值标准中按设计风险和使用期长短等直接选用。目前国际上最著名的气候极值标准是美国军标 MIL-HDBK-310《军用产品研制用全球气候数据》。我国也制定了 GJB 1172《军用设备气候极值》和 GB 4797《电子电工产品自然环境条件》两个标准。

对于一些户内固定使用的产品，其贮存(特别是户外贮存)和运输状态往往会遇到比工作状态更为严酷的气候环境条件。但贮存状态可以有包装或没有包装，可以在仓库内贮存也可以在户外贮存，仓库贮存可以有空调也可以没有空调，且建筑结构也不全一样，户外贮存可以有遮护也可以没有遮护。运输状态同样有包装和非包装状态、敞露运输和容器内或车厢内运输的区别。这些不同的情况中，只有露天无遮护贮存和敞露铁路运输过程中停放状态，其环境才与自然环境直接相关，其环境适应性要求可以应用 MIL-HDBK-310《军用产品研制用全球气候数据》，GJB 1172《军用设备气候极值》和 GB 4797《电子电工产品自然环境条件》等标准中的数据，其他状态均会在自然环境的基础上诱发出更严酷环境或者消除和减缓自然环境的强度。因此，确定这些状态的气候环境条件时要进一步分析和利用有关经验数据。

对于装在载体(地面车辆、飞机、导弹、卫星、舰船等)内部使用的设备，不管载体是处于工作与不工作状态，其经受的气候环境已不再是自然气候环境，而是诱发气候环境。这种诱发作用来自载体外壳、载体自身运动和载体内其他设备工作。因此,外部自然环境只是一个影响因素,具体的内部气候环境应通过平台环境实测得到,不能简单直接引用自然环境数据。即使是装在这些载体外部的设备,虽然暴露于自然环境中,由于载体运动和它在载体上位置的影响,设备经受的也不全是自然环境,这些环境中有些因素,例如温度、风因载体运动而改变,其他一些自然因素如太阳辐射强度、雨等也会受一定影响。

气候环境适应性要求确定过程如图 2-4 所示。该图简要地说明了如何根据贮存、运输和使用的各种状态的环境特点,利用现有标准、手册、相似设备数据、现有环境数据库数据资料和通过平台环境实测等确定产品气候环境条件的完整过程,这一过程的每一步都涉及剪裁工作。对于某一特定产品来说,其贮存、运输和使用的状态是已知的,可以此图为基础开展剪裁。将得到的结果按表 2-2 模式填入表 2-3 或表 2-4 中。

2.6.3.2 动力学环境适应性要求

振动、冲击、加速度、噪声和炮振等动力学环境适应性要求基本上都来源于诱发环境,主要由运输、装卸(包括仓库内装卸)和使用过程搬运和载体工作引起的。使用不同的运输和装卸工具,在不同的载体上使用,产品受到的动力学环境不同。动力学环境主要是受载体运动及其与周围介质的相互作用如地面不平、气动扰流、海浪冲击及载体动力系统(如各种发动机和载体内其他设备的动力源)工作引起的。动力学环境基本不受气候环境影响。

动力学环境适应性要求的剪裁如图 2-5 所示。从图 2-5 可以看出,动力学环境主要与运输、装卸和使用密切相关。因此,剪裁这些要求时,要尽量利用实测环境数据,并选用合理的数据处理原则,在利用数据库资料与相似设备数据时,一定要具体分析数据的可用性,并根据产品及其载体情况进行修正。应将运输、装卸和使用中遇到的动力学环境数据进行比较,把最严酷的环境作为最终的动力学环境适应性要求,并将结果按表 2-2 模式,将其填入表 2-3 或表 2-4 中。

2.6.3.3 环境适应性要求的修正

环境适应性要求一旦确定,便成为对产品进行环境适应性设计的依据,也成为确定环境验证试验项目和试验条件的依据。应当指出,在方案论证阶段和研制阶段早期确定的环境适应性要求,虽然是通过上述科学合理的剪裁过程确定的,但由于所依据的信息数据有限且不可能很准确,致使确定的要求会产生一些偏差,随着研制工作的进展,会发现这一要求提得不合理,例如常常会提得过于严酷,致使无法满足其要求,或者为满足其要求所付的代价太高,如需要花更长的时间或大大提高其成本。在这种情况下,不得不进行权衡,适当降低其要求。另一方面,在剪裁过程中会发现根据现有的数据,包括相似设备数据和计算方法,有些要求很难确定,只能给一个大致的估计值,先用于设计。在这种情况下有必要在对相似设备环境或在研制出工程样机后对其开展飞行环境或工作环境的实测。对实测的数据进行适当处理后,得到更接近正确的环境条件,再用它来修正原来的环境适应性要求。美国军用标准 MIL-STD-810F《环境工程考虑和实验室环境试验》第 I 部分中图 I-1 环境工程工作指南中明确要求,通过测量实际平台环境来获取数据,GJB 4239《装备环境工程通用要求》工作项目 202《编制使用环境文件》中也明确规定,“当无法从数据库或其他数据源收集到足够可用数据时,则应制定并实施使用环境数据实测计划。”

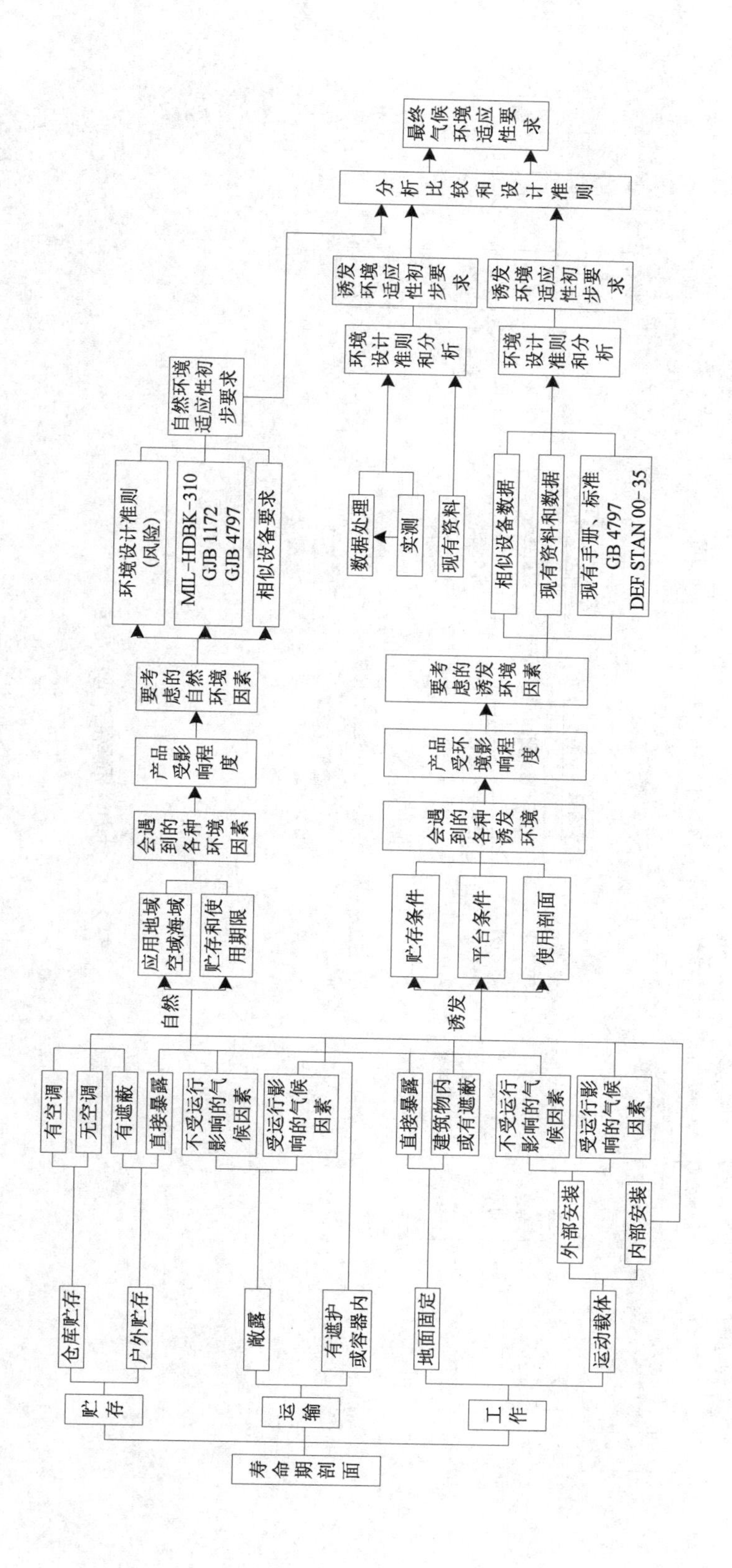

图 2－4　气候环境适应性要求剪裁过程

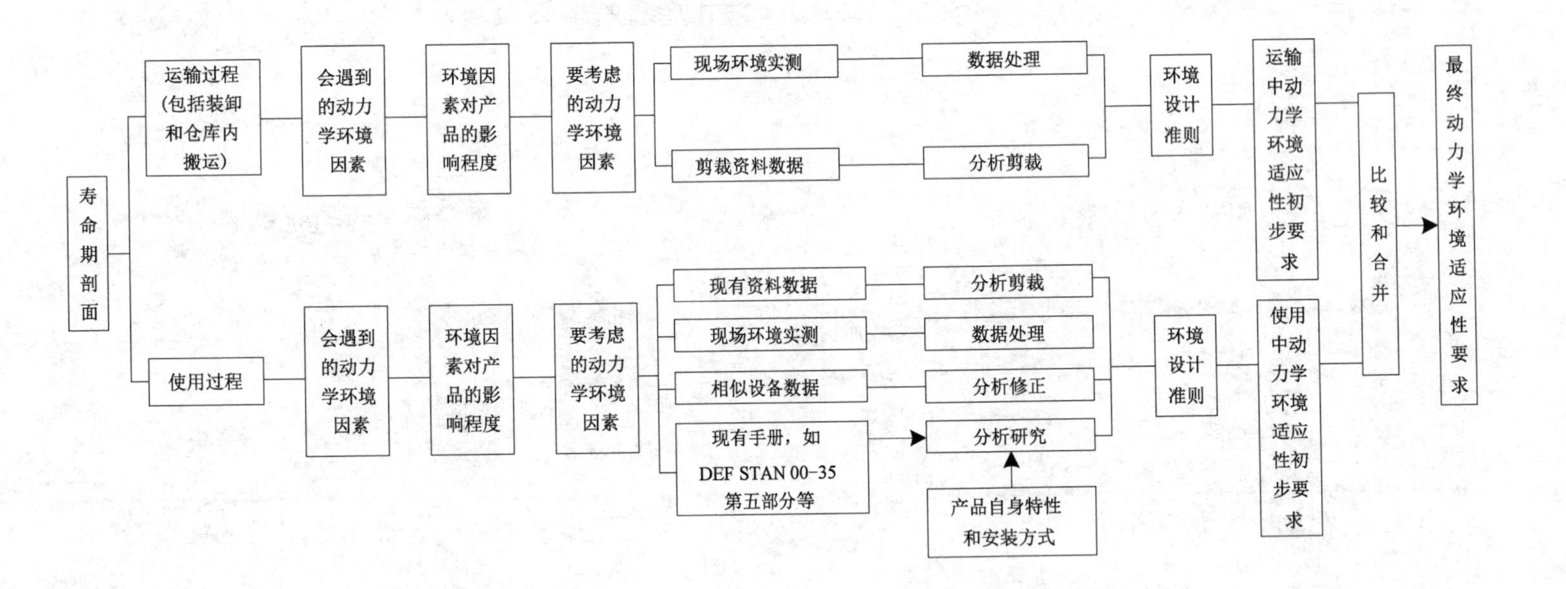

图 2-5　动力学环境条件剪裁过程

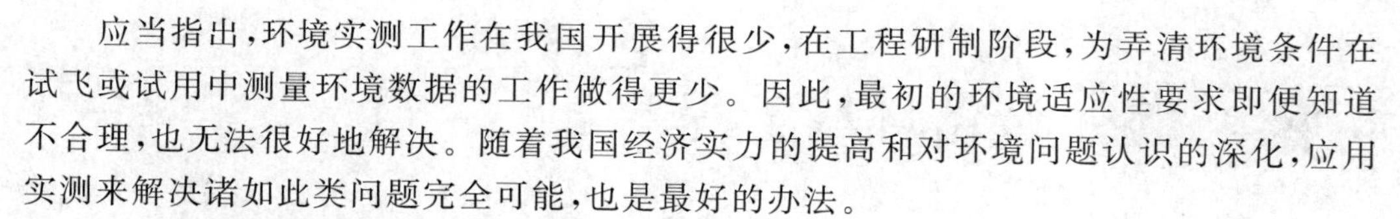

应当指出，环境实测工作在我国开展得很少，在工程研制阶段，为弄清环境条件在试飞或试用中测量环境数据的工作做得更少。因此，最初的环境适应性要求即便知道不合理，也无法很好地解决。随着我国经济实力的提高和对环境问题认识的深化，应用实测来解决诸如此类问题完全可能，也是最好的办法。

2.6.4 确定环境适应性试验验证要求

装备的环境适应性是否达到规定的要求，优先采用实验室环境试验的方法进行验证，实验室环境试验的核心是确定试验项目、环境试验条件和试验方法。只要有环境适应要求就应安排相应的试验项目，环境鉴定试验条件应以环境适应性要求规定的应力作为目标，而采用的试验方法应从 GJB 150/150A 或其他试验方法中选择。无法进行实验室验证的可以用分析的方法或在使用中验证。

第 3 章 装备环境工程

3.1 装备环境工程定义和说明

环境工程定义为:将各种科学技术和工程实践经验用于减缓各种环境对装备效能影响或提高装备耐环境能力的一门工程学科,包括环境工程管理、环境分析、环境适应性设计和环境试验与评价等。

"环境工程"这一术语早已出现,但是人们长期以来理解的"环境工程"实际上是环境保护工程,其保护对象为地球上的人类和各种植物和生物等有机物,其内容主要是对环境污染的测量和控制、环境保护和环境治理。我们所指的环境工程对象不是人类等自然环境中存在的有机物体,而是由人类制造的各种产品,如各种载体(如飞机、汽车、舰船和导弹)及由这些载体运输或装在载体内的设备(如机载设备)等,这些载体和设备在其寿命期内处于各种环境的作用下,很容易受到损坏或不能正常工作。因而,产品环境工程是系统地应用各种技术和管理措施,使研制和生产的产品环境适应性达到规定要求的系统工程。因此,它与我们指的环境工程完全是两个概念。

3.2 产品环境工程技术体系

3.2.1 技术体系框图

产品(装备)环境工程技术体系包括环境数据和环境分析技术、环境适应性设计和预计技术、环境试验与评价技术和环境工程管理技术四大方面,如图 3-1 所示。图 3-1 的每一方面均分成若干专业技术,对每类专业技术分别列出具体的技术项目,如图 3-2～图 3-5 所示。

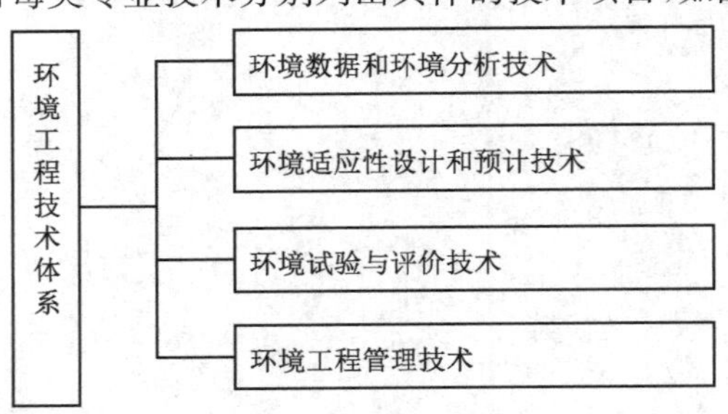

图 3-1 环境工程技术体系框图

3.2.2 环境数据和分析技术

掌握各种环境数据,特别是装备寿命期将遇到的环境数据,可为确定装备环境要求,特别是为确定环境条件提供依据,因此数据是开展环境工程工作,特别是环境工程剪裁工作的基础,研究环境数据的获得、处理和应用技术是确保数据完整、正确和合理应用的前提。

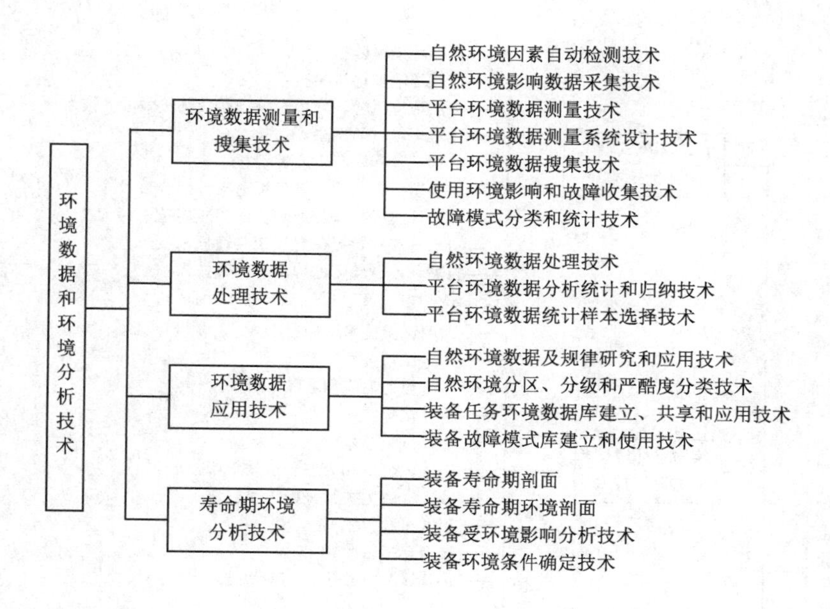

图 3-2　环境工程技术体系框图——环境数据和分析技术部分

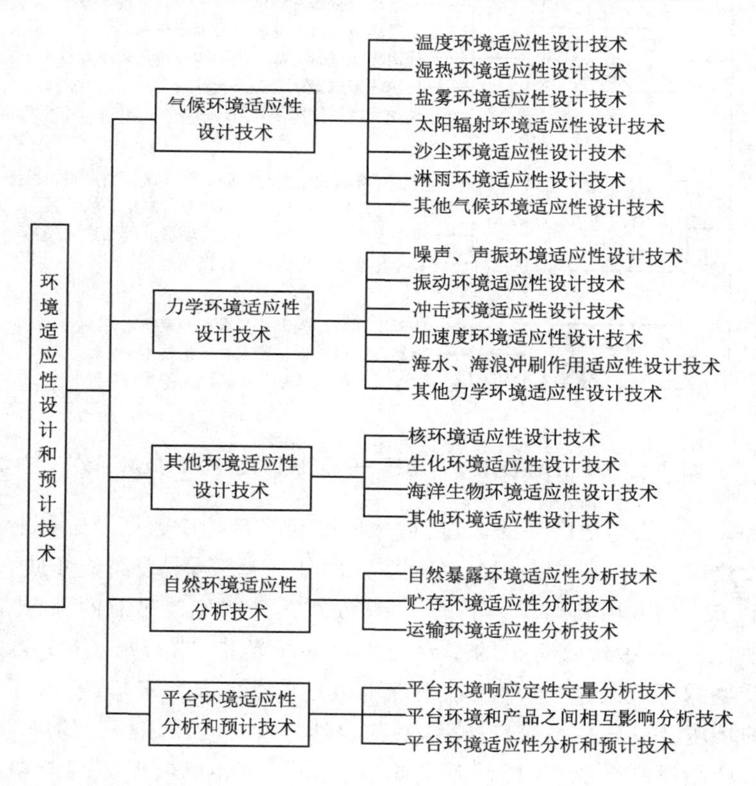

图 3-3　环境工程技术体系框图——环境适应性设计和预计技术部分

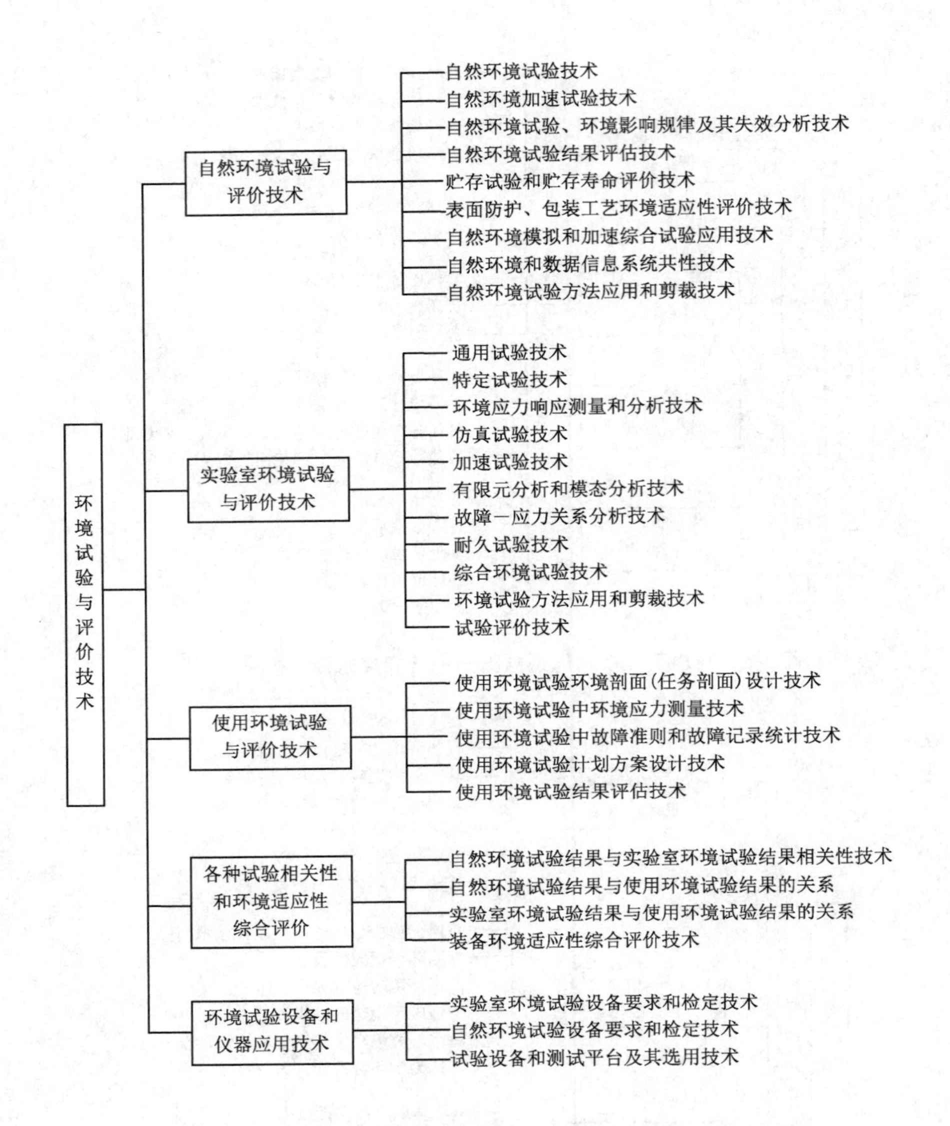

图 3-4　环境工程技术体系框图——环境试验与评价技术部分

图 3-2 所指环境数据是广义的,包括自然环境和平台环境数据及装备所受环境影响的数据或故障数据。平台是指载运装备(设备)的任何运载器、表面或介质。例如,飞机是其上安装电子产品或用其运输产品的平台,或在其外部安装吊舱的平台;陆地是地面雷达装置的平台;人是手持收音机的平台。平台环境是指装备或设备安装或装载于某一平台后经受到的环境条件,这种环境条件不再是单纯的自然环境条件,而是平台运动或工作诱发的环境及受环控系统影响后,并与自然环境综合作用得到的局部环境。

对于具体产品研制来说,环境及其影响分析则是比环境数据更为前期的工作。只有通过对装备预计寿命期事件分析,才能确定其寿命期中将遇到哪些环境,通过对具体装备所受的环境影响分析,才能找出对其影响最大,必须在设计时考虑的环境,因此有必要研究各种环境分析技术。

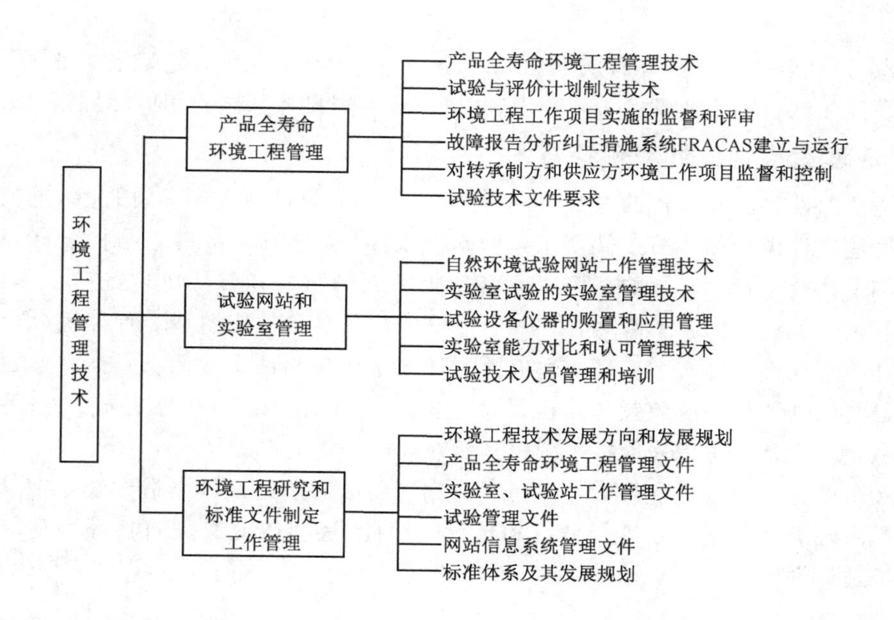

图 3-5 环境工程技术体系框图——环境工程管理技术部分

3.2.2.1 环境数据测量和搜集技术

获得环境数据的方法有两种：一种是搜集现有数据；另一种是直接进行采集和测量。对于自然环境因素数据和环境影响来说，应当综合应用这两种方法；对于平台环境数据来说，由于我国对装备开展平台环境实测进行得较少，因此可搜集的数据不多，而且由于不同类型的装备平台数据不一样，比较复杂，因此只能有计划地对典型平台进行数据搜集和测量，同时要搜集寿命期内各种环境下装备材料和构件腐蚀、元器件失效及设备和系统的故障信息。为了保证这些工作科学合理地进行，必须研究自然和平台环境数据搜集准则，自然和平台环境数据测量的有关技术等。

3.2.2.2 环境数据处理技术

数据处理十分重要，对于测到的或者搜集到的数据，应按照一定的原则和方法进行处理和归纳，去除那些由于测量过程受到干扰或失误造成的不正确数据，并根据一定原则归纳成便于使用的数据，以保证数据的正确性和可比性；对于搜集到的环境影响和故障信息数据，也应根据相应环境条件、使用情况和故障准则进行核实。因此，应当研究数据处理和归纳的有关技术，确保此工作科学合理地进行。

3.2.2.3 环境数据应用技术

环境因素数据和环境影响或故障数据是开展相应环境工程工作的基础，如自然环境数据和平台环境数据是确定产品环境适应性设计用环境条件的依据。一些自然环境条件数据也是正确部署、贮存和使用武器装备的依据。如何把这些数据转化为装备设计和应用的环境要求，需要有各种设计技术和准则加以规范和统一，因此应开展相应技术的研究。

3.2.2.4 寿命期环境分析技术

产品寿命期内会遇到各种各样的环境，但并不是所有环境在其设计和试验时都要加以考虑，因此要研究产品寿命期剖面和环境剖面，分析环境对特定装备的影响，以确定装备设计和试验中要考虑的主要环境，并进一步确定设计和试验用的环境条件。

3.2.3 环境适应性设计和预计技术

环境适应性是武器装备的重要质量特性，它主要靠设计纳入产品，因此一旦确定了装备环境适应性设计的环境条件要求，就应围绕这些要求对装备进行结构设计、材料、元器件和工艺的选择。不同的环境对装备产生不同的影响和破坏机理，应当采取不同的防护和耐环境设计措施。因此，图 3-3 中按气候、力学和其他类型 3 种环境列出所需研究的环境适应性设计技术。环境适应性设计技术应包括两个方面：一方面是从材料、元器件、构件、外购设备或装置和结构设计上提高装备对预定环境的抵抗能力；另一方面则是从结构设计上考虑采取措施减缓其所在局部环境的严酷度。

从装备的整个设计过程来看，一旦设计完成，还应对按此设计制造的装备在其未来自然和平台环境下的适应性进行分析和预计。因此，还应研究有关自然环境适应性和平台环境适应性的分析和预计技术。

3.2.4 环境试验与评价技术

图 3-4 的环境试验与评价技术在体系框图中占了较大的比例，它包括自然环境试验与评价技术，实验室环境试验与评价技术，使用环境试验与评价技术，各种环境试验相关性和环境适应性综合评价技术及环境试验设备和仪器应用技术。

3.2.4.1 自然环境试验与评价技术

自然环境试验与评价技术主要用于确定装备选用的材料、构件、工艺、元器件、部件和设备乃至整个装备暴露在自然环境各种因素综合作用下受到的影响。

与实验室环境试验不同，自然环境试验的环境条件不是人工可以控制的，而是取决于所选择暴露场地的自然气候环境变化规律，由于自然环境变化周期以年为计，而且自然环境对产品的影响速度较慢，因此用自然环境试验来评价产品的环境适应性需要较长的时间周期，通常以年为单位，少则 1～2 年，一般要在 5 年以上，多则达 20 年才能从自然环境中得到真实的结果。因此，自然环境试验是一个长期过程。

随着科学技术的发展和经济实力的增强，自然环境试验的对象已开始从以往的材料试片为主，转向元器件、构件、部件乃至整个设备，但在我国目前主要还是以材料试片为主，用以考核材料及其涂镀层抗大气或海水腐蚀的能力。

由于以往自然环境试验以材料和涂镀层试片为主，其结果的评价偏重于表面腐蚀和老化方面的分析和评价技术及寿命评估。

自然环境试验的特点决定了其结果的获得需要较长的时间，因此，与实验室试验相比，是一项更为基础性的试验工作，要想总结出各种材料、涂层或构件受自然影响的规律，需要长时间数据积累，因此，这一试验不可能与装备研究过程全程配合、同步进行，例如，从装备研制开始到进入定型一般要 5 年时间；装备一开始设计时就要考虑选用环境适应性好的材料和工艺，因而，此时就需要提供自然环境试验的结果，而不是选好材料去做试验，等待自然环境试验得出结果后才设计。可见，更多的是应用以前自然环境试验的结果，当然，也可以对一些无把握的材料在设计选用的同时挂片进行自然环境试验论证，以便发现问题，更改材料或采取其他措施。因此，自然环境试验的一项重要任务是给装备设计人员提供优选的材料、工艺清单。

自然环境试验涉及海洋和工业大气环境、海水环境和深水环境等。因此，应当研究在各种不同环境中进行试验的技术、试验结果评估技术，自然环境对装备（产品）影响规律和失效分析技术，自然环境中贮存试验和贮存寿命评估技术，自然环境试验方法和自然环境加速试验技术，具体如图 3-4 所示。

3.2.4.2 实验室环境试验与评价技术

实验室环境试验与评价技术主要用于帮助提高研制产品的环境适应性和验证其环境适应性是否符合合同规定的要求，通过实验室试验来完成产品的环境适应性健壮设计，获取产品物理特性和耐环境极限能力的信息，确保设计符合要求的产品转入批生产，最终将设计制造都符合要求的产品交付使用方。因此，它是产品研制生产的重要组成部分，又是设计工作的重要组成部分，也是质量控制和检验的重要环节。

实验室环境涉及气候、力学和生化等环境，要在实验室人为地产生这些环境，合理地施加到受试产品上，并确保试验结果的重现性和正确性，它涉及广泛的技术范围。如图 3-4 所示，实验室试验包括各种通用的试验技术，如受试产品测量安装技术、应力施加技术、传感器布置技术、数据测量和记录技术等；各种特种试验技术，如炮振、爆炸分离冲击和弹导冲击试验技术、大型设备单轴多激励试验控制技术和力限振动试验技术等；环境响应测量和分析技术，如温度和振动响应测量分析技术；仿真试验技术；加速试验技术，如步进、步降应力试验技术；高加速寿命试验技术（HALT），高加速应力筛选技术（HASS）；加速试验数据统计和回归分析技术及加速模型等；故障—应力关系分析技术；耐久试验技术；有限元分析技术和模态分析技术；综合环境试验技术；环境试验方法应用和剪裁技术；环境试验结果评价技术等。

3.2.4.3 使用环境试验与评价技术

使用环境试验是产品在其使用平台上，在真实的使用环境负载和接口的情况下进行的，是一种最真实的试验，但这种真实试验的进行由于受到费用和认识的限制，若非特地安排进行往往不易充分，不易全面。不能认为将产品装在其使用平台上投入使用，就算进行了全面的使用环境试验。航空行业的机载成品装机后试飞可以算是一种使用环境试验，但是由于对其试飞的环境并没有完整的要求，尚不能认为是真正的使用环境试验；汽车、装甲车、摩托车、坦克制成后要安排在各种自然路面和地面上行驶，可以认为是一种使用环境试验；舰船的型式试验和试航也可认为是一种使用环境试验。应当指出，以前只有类似的试验，并没有十分明确的使用环境试验概念和具体要求。因此，应当研究使用环境试验的真正含义和要求，特别是研究环境要求确定和根据环境要求设计使用试验剖面的技术，产品装在平台上试验其实际经受的温度、振动、噪声等环境测量记录和产品对这些应力的响应测量技术，故障记录和统计技术，试验结果的评估技术等。具体涉及的技术如图 3-4 所示。

3.2.4.4 各种试验相关性和产品环境适应性综合评价技术

自然环境试验、实验室环境试验和使用环境试验是在产品寿命期不同阶段进行的试验，各有其特定的目的和任务，分别在寿命期特定阶段发挥特定的作用。这些试验之间也有一定的联系。自然环境试验和使用环境试验实际上都是在较真实的环境中进行的,因此其试验结果对实验室环境试验中某些试验有一定的验证作用,但由于自然环境年年变化,而且在规定的自然环境试验期内不一定每个环境因素都出现最严酷的情况;还由于安排使用环境试验计划受到经费、计划、进度和其他条件的限制,其使用环境试验的环境同样会受到限制,因此其验证能力也很有限。因此,要研究这 3 种试验的环境应力特点、这些试验的结果与应力关系以及这些试验之间的关系,以便尽可能将实验室试验结果与外场进行的两种试验联系起来,必要和可能时找出同一因素试验的相关性或倍率,以使用加速性大的实验室试验来替代自然环境试验或使用环境试验,提高试验效率和节省费用。装备环境适应性的完整体现不单是其在使用环境中能否正常工作,还应体现在其材料、构件等物理特性所受环境影响的变化情况,如腐蚀、老化、劣化、性能退化情况。因此,应当研究利用自然环境试验、使用环境试验和实验室试验结果来综合评价产品环境适应性的技术。

3.2.4.5 环境试验设备和仪器应用技术

环境试验设备和仪器是开展环境试验的基本手段,正确应用试验设备和测试仪器是确保环境应力正确施加和试验结果准确性和重现性的关键,因此应当研究对环境试验设备的技术要求,环境试验设备的检定技术,试验设备测试仪器、传感器、记录系统的选用技术和应用技术。

3.2.5 环境工程管理技术

产品环境工程工作和日常环境工程工作项目很多,如何保证这些工作有序和高质量地完成且效费比最高,需要有一套先进的管理方法。因此,研究环境工程管理技术势在必行。图 3-5 所示的环境工程管理技术包括产品全寿命环境工程管理技术,试验网站和实验室管理技术,环境工程技术研究和标准制、修订管理技术。

3.2.5.1 装备全寿命环境工程管理技术

GJB 4239《装备环境工程通用要求》中明确规定了 20 个环境工程工作项目,其中有 4 个环境工程管理项目,其余 16 个工作项目涉及 4 个环境分析工作项目、3 个环境适应性设计项目和 9 个各种类型和各阶段进行的环境试验项目。后面 16 个工作项目的实施过程要按前 4 个工作项目规定的要求进行管理。如何保证这 4 个管理工作项目的切实实施,需要研究相应的管理技术,包括装备全寿命环境工程管理技术、试验与评价计划制定技术、监督控制和评审技术、FRACAS 运行技术和试验文件管理技术等。

3.2.5.2 试验网站和实验室管理技术

三种环境试验中自然环境试验和实验室环境试验均有固定的试验站或实验室,配备有各种试验设备和人员,如何保证这些试验网站和实验室能正常运行,随时为武器装备的设计、研制和生产提供必要的数据和试验服务,需要进行科学的管理。因此,要研究对这类试验部门的管理技术,包括对试验网站和实验室的设置和运行方式管理,实验室工作体系,设备和仪器购置、保管和应用管理,试验能力对比和认可,试验人员的培训和管理等技术。使用环境试验在我国的实践较少,更要充分搜集国外资料和研究相应的管理技术。

3.2.5.3 环境工程研究和标准、文件制定工作的管理技术

任何管理技术研究的结果均应上升为标准规范乃至政府文件，才能更有效地规范和控制各种环境工程工作项目的实施，并起到强大的管理作用。因此，要制定环境工程专业发展规划和计划文件，确定专业发展的方向和重点研究项目，制定产品全寿命中环境工程管理规定，制定试验工作管理规定，制定试验文件要求和管理规定，制定信息系统管理规定以及标准体系和发展规划。制定上述标准规范、规定和文件，还需要开展相应的预先研究工作。

3.3 产品环境工程的地位和作用

3.3.1 环境工程基础技术是装备研制生产工作的支撑和保证

环境适应性涉及环境分析和环境条件确定技术，环境数据库，环境适应性设计技术，环境试验技术和环境工程管理技术，这些技术是装备方案论证、研制和生产中开展各项环境工程工作的基础和保证，如图3-6所示。

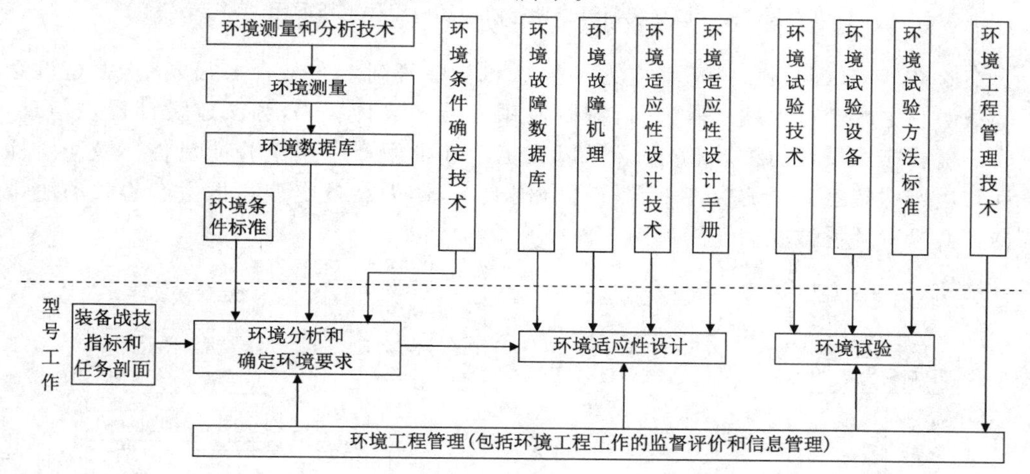

图3-6 环境技术基础对武器装备采办的支撑和保证

3.3.2 环境工程工作贯穿产品（装备）寿命期全过程

为保证装备环境适应性符合要求，装备寿命期各阶段都应安排相应的环境工作。如图3-7所示。从图3-7以看出，环境工程工作贯穿于产品（装备）寿命期全过程。

3.3.3 环境试验是确保装备环境适应性的重要手段

环境试验包括自然环境试验、实验室环境试验和使用环境试验，这些试验可在装备研制的不同阶段应用，在提高、确保和评价武器装备环境适应性方面将发挥重要作用。装备及其材料、涂层的自然环境试验可以为装备环境适应性设计提供环境适应性好的优选材料、结构件和零部件，也可以用于更真实地验证装备在自然环境中的环境适应能力；样机阶段的使用环境试验可为改进设计提供信息，投入使用后的使用环境试验和自然环境试验相结合，可以更准确地综合评价装备的环境适应性。

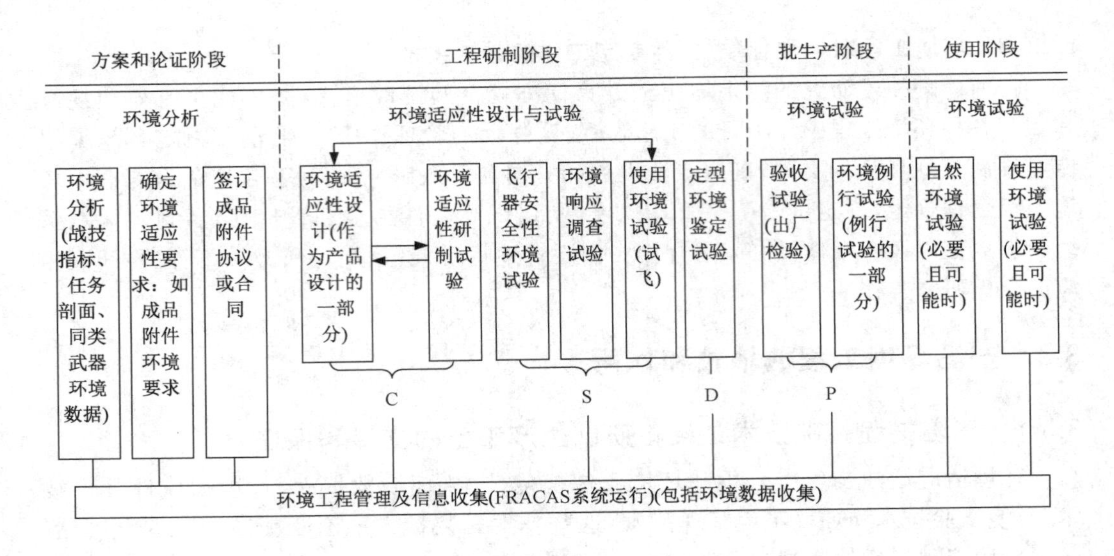

图 3-7　武器装备寿命期各阶段环境工程工作项目

实验室环境试验由于其环境应力可控且和装备研制生产结合得很紧密，更是贯穿于装备研制生产全过程，既可以在研制阶段用于发现设计缺陷，为改进设计提供信息，成为环境适应性设计的组成部分，又可以在定型和批生产中用于验证装备环境适应性设计和生产的装备环境适应性是否符合合同要求，作为装备定型和批生产验收的决策依据。实验室环境试验的作用如图 3-8 所示。

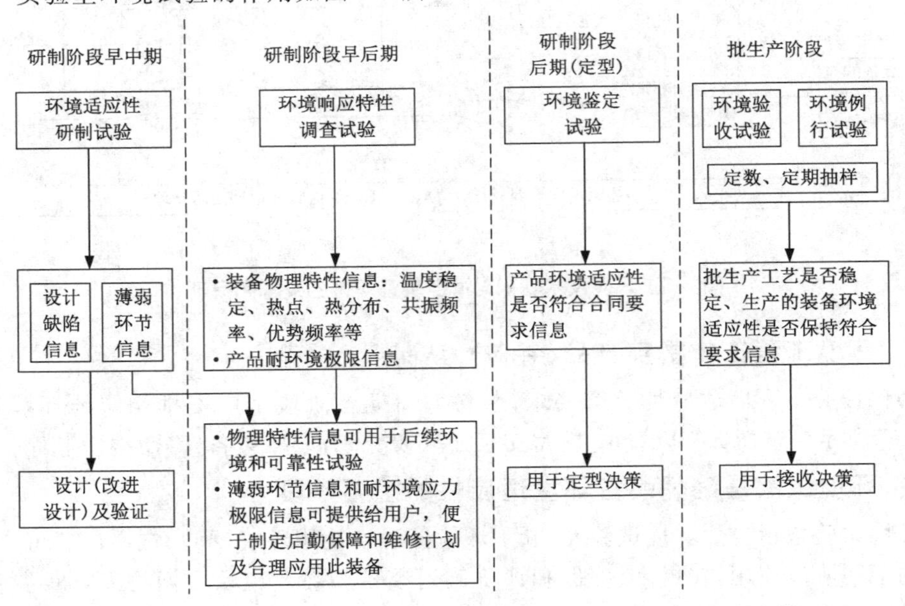

图 3-8　实验室环境试验在装备研制生产中的作用

3.4　环境工程专业与其他工程专业的关系

3.4.1　通用工程专业基本概念

3.4.1.1　通用工程专业定义及说明

通用工程专业是指那些支持武器装备研制生产和使用过程的专业工程，这些工程通过应用某一具体技术领域和学科的知识和技术来实现，用以保证武器装备在使用环境中具有良好的作战性能和综合效能。这些专业工程包括环境适应性、可靠性、安全性、维修性、测试性、电磁兼容性、装备综合保障、人机工程、完整性等以及在大系统（飞机、坦克）研制中涉及的其他专业，这些专业是通过系统工程过程综合纳入武器装备寿命各阶段的工作项目，特别是在研制阶段的设计工作中，由于这些专业工程适当和及时地介入，确保武器装备在设计中综合考虑各种质量特性的最佳影响。

3.4.1.2　通用工程专业是系统工程的组成部分

3.4.1.2.1　系统工程定义

为了成功地完成系统的采办工作，在其整个寿命期内必须从技术和管理两方面开展工作，系统工程既是一个技术过程，又是一个管理过程。

系统工程从技术过程出发可定义为：系统工程是一项科学和工程工作，该工作是通过运用定义、综合、分析、设计、测试和评价的反复迭代过程，将作战需求转变为一组系统性能参数和系统技术状态要求；对有关技术参数进行综合，使系统的物理特性、功能和兼容性实现系统定义和设计上的优化；将环境适应性、可靠性、安全性、维修性、生存性、人机关系和其他有关因素综合纳入整个工程工作之中，以满足性能费用、进度、使用性（综合效能）和保障性要求。

系统工程从工程项目管理的观点出发又可定义为：系统工程是为了达到所有系统要素的优化平衡、控制整个系统采办过程的管理功能，把作战要求转变为一组系统参数，并将这些参数进行综合，以优化整个系统效能的过程。

3.4.1.2.2　系统工程工作及其目标

为了满足使用方提出的系统完成任务目标所需的能力要求和约束条件，系统工程在寿命期不同阶段要完成不同的工作，具体如表 3-1 所示。

表 3-1　寿命期各阶段系统工程工作内容

寿命期阶段	工作内容
最初期阶段	构想系统方案，确定系统要求
详细设计阶段	预计所有设计专业的影响，进行设计、评审，解决接口问题，完成权衡分析，协助验证系统性能
生产阶段	验证系统能力，保持系统基线，建立生产性分析分解框图
使用和保障阶段	评价系统更改建议 确定更改的有效性 各种更改、改型和更新的有效实施

系统工程工作的目标是确保系统的定义和设计反映系统所有要素的要求，综合各种专业设计工作，产生优化平衡的设计，提供包括从属关系的全面系统要求框架，作为功能、性能设计、接口、生产和试验的依据，确保设计过程所有阶段充分考虑寿命期费用等。

3.4.1.2.3 通用工程专业是系统工程的组成部分

武器装备采办过程任一阶段其技术队伍均由从事传统工程、专业工程、试验工程、后勤工程、价值工程和生产工程等方面工作的技术人员混合组成，他们分别负责不同采办阶段系统工程的相应任务。系统工程的内容包括传统工程、专业工程、试验工程和生产工程等，如图 3-9 所示。由图可知，专业工程是系统工程的重要组成部分。

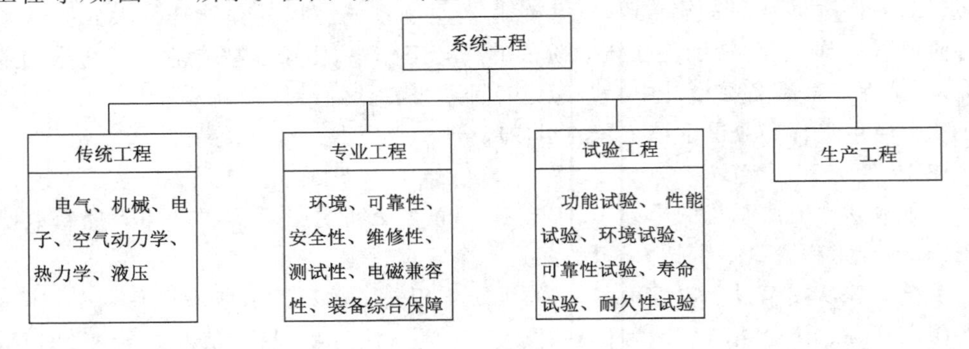

图 3-9 系统工程中的专业工程

3.4.2 产品环境工程专业与其他工程的关系

3.4.2.1 产品环境工程与环境保护工程的区别

说到环境工程，人们的第一反应就是环境保护，包括动植物保护，想到的是生态环境的破坏，如森林和植被大面积破坏和缩小、河流干涸、沙尘暴、城市工业和运输工具排放的废气对大气和河流/海水的污染及地球大气层结构的破坏，以及人类各种活动对环境造成的其他影响，如声光污染、电磁污染、核污染和生化污染等。这些影响和污染直接威胁到地球上人类、动植物及其他生物的生存和活动。因此，保护生态环境，控制污染的水平已经成为一个国家文明程度和生活质量的重要标志，成为一个国家科学技术发展和现代化程度的重要标志。世界上早就成立了各种环保研究机构和学术组织，甚至还有志愿人员组成的环保队伍，研究环保技术和实施环境保护工作。长期以来，环境工程已经成为环境保护的代名词。

应当指出，不仅仅是世界上人类、动植物等有机生命体的生存和活动与环境密切相关而要考虑环境问题，人们研制和生产的各种产品（如各种生活用品、制品、运载工具、生产工具和武器装备）的生存（不被破坏）和发挥其应有效能，同样要考虑环境问题，因此也属于环境工程，只是这方面的技术和需求没有像环境保护那样更普遍地为人们感受到和理解而已。为了区别这两种不同的环境工程专业分支，我们把传统上以保护世界上人类、动植物等有机生命体正常生存和活动为目标的环境工程仍称为环境工程，而把确保人类制造的各种产品的生存力和发挥应有效能为目标的环境工程称为产品环境工程。

美国环境科学与技术协会(IEST)是当今世界上规模最大、会员最多、权威最高的学术组织,每年出版有环境科学和技术杂志,每年4月底举行一次学术交流会和设备展览会,并出版年技术会议文集,平时还组织各种技术培训。该协会包括的专业分为3部分,第一部分是污染控制;第二部分是设计、试验和评价;第三部分是产品可靠性。IEST污染控制专业的技术范围重点是控制产品制造过程的大气环境,例如超净车间(室)的设计和制造等,是以生产活动环境控制为目标,既不同于上述意义的环境保护,也不是上述所谓的产品环境工程。只有其第二部分设计、试验和评价属于产品环境工程范畴。

3.4.2.2 产品环境工程与材料工程的区别

产品环境工程研究的对象是武器装备及其系统、分系统、设备组件、元部件及构成它们的材料和结构件,统称为产品。研究的内容是如何应用各种工程技术和措施确保武器装备(产品)的环境适应性满足规定的要求,这些技术和措施涉及管理、分析、设计和试验各个方面。

材料工程专业研究的对象是材料的性能,这些性能既包括材料的各种物理特性,如强度、硬度、韧性、弹性和塑性等机械特性,导热性和导电性等,还包括光化学特性,如吸光性、透光性、光化学老化特性和耐腐蚀性等。不同用途的材料其性能要求的重点不同,但不管材料作何用途,都需要它具有抗自然环境和诱发环境作用的能力。因此,在材料研制和生产中,也需要考虑环境问题,特别是在自然环境中使用时的防腐蚀和防老化的问题,因此,也要应用各种自然环境试验和相应的加速试验等手段研究和提高材料自身对自然环境(包括海水环境)的适应性。美国ASTM和我国一些材料研究和腐蚀研究部门在材料与腐蚀研究中,早就应用各种自然环境暴露试验和实验室的酸试验、湿热试验和盐雾试验及其他试验手段来提高和确保材料的耐环境能力,而且已经发展到应用周期喷雾盐雾腐蚀试验、周期浸润腐蚀、程序跟踪太阳集光暴露、黑框暴露、玻璃框下暴露和强制通风暴露等户内外动态和加速试验方法,并制定了适应于材料研究的试验方法标准。这些试验方法的应用已成为材料研制和生产的组成部分,有的也可以借鉴用于产品的环境试验或作为参考制定产品环境试验方法。

应当指出,产品环境工程并不直接去研究材料本身的耐环境能力特性,即不去研究材料的强度等机械性能和防腐蚀、老化、降解等性能,而是要求在产品设计中选择具有良好环境适应性的材料和正确考虑材料的匹配。由于产品的结构往往是由各种材料构成的,由各种材料按一定的设计构成产品的机械、化学和物理等性能,因此有可能加强,也有可能降低,例如两个自身抗腐蚀性能好的金属由于电位不同,连接在一起构成产品的组成部分以后,变得极容易腐蚀,单独平板状的有机复合材料在太阳光照射下温升与由其制成产品后在太阳光照射下的温升效应会因为产品结构特点和自身发热等原因而不相同,因而耐太阳辐射能力也不相同。因此,仅材料自身具备足够的环境适应性,不能说明其构成产品后一定具备足够的环境适应性。同样,低组装等级如元器件或组件具有足够的环境适应性,也不等于它一定能够适应由其组成产品的环境。因此,产品环境工程是一个要系统地考虑产品寿命期遇到的自然和诱发环境的单独或综合/组合作用和相邻产品影响,以及其自身工作特性对环境影响的更为复杂的系统工程。不能简单地靠选择环境适应性好的材料、工艺和元器件来根本解决产品的环境适应性。应用材料工程研究出环境适应性高的材料和电子元器件厂制造出的耐环境能力高的元器件，只能为确保产品环境适应性环境工程工作的开展构筑一个更高的起点，它们只是获得高环境适应性产品的基础。

3.4.2.3 产品环境工程与可靠性工程

3.4.2.3.1 环境适应性与可靠性的关系

环境适应性与可靠性同是装备的质量特性，它们都与装备所遇到的环境密切相关，但在性质上是两个不同的质量特性，它们的定义明确地说明了这一点。

环境适应性是装备在寿命期内运输贮存和工作(作战)状态遇到的取一定风险的极端环境的作用下不被破坏和/或能够正常工作的能力。该定义表明，环境适应性是装备在极端环境下生存和/或作战的能力。这种能力有两种情况：一种情况是在极端环境作用下虽然不能正常工作但没有损坏，极端环境消失后仍能正常工作的能力；另一种情况是在极端环境中不但不被损坏，还能正常工作的能力。

可靠性则是指武器装备在规定的条件下(包括环境条件、负载条件和其他工作条件)在规定的时间内完成规定功能的能力或概率。该定义中的规定条件不是环境适应性中寿命期遇到的极端环境条件，而是寿命期中的最常遇到的各种真实环境条件按实际时间比例的组合。此外，环境适应性用装备是否失效作为判据，基本上用适应或不适应作定性表示，而可靠性则用平均故障间隔时间或可靠度等参数作定量表示。相对说来，环境适应性是装备一个更为基础的质量特性。如果研制的装备不能保证在寿命期内，遇到极端环境后能幸存下来和/或发挥正常功能和性能，就谈不上在正常使用环境中用平均故障间隔时间或可靠度等表示其可靠性了。因此，可以认为，环境适应性是可靠性的基础和前提。

尽管如此，人们往往不能很好地区分这两个质量特性，装备一旦出现故障，人们很自然地就认为产品不可靠，进而认为是可靠性问题，其实产品是否可靠和好用，其决定因素不只是可靠性，还有其他因素。环境适应性则是其中很重要的一个因素，而且又是最容易与可靠性产生混淆的因素，因此对装备寿命期出现的故障应当认真仔细分析其真正原因，以避免因广义上的可靠与不可靠的概念混淆了可靠性和环境适应性的本质区别。

3.4.2.3.2 环境工程与可靠性工程的关系

可靠性是产品的一项质量特性。因此，各项可靠性工作，特别是可靠性试验必然与对产品质量有重大影响的环境工程密切相关，这一关系可用图 3-10 来说明。

1. 环境条件与可靠性工程的关系

从图 3-10 可看出，环境条件与可靠性设计和试验相关。在产品设计中，为了保证产品能在使用环境条件下正常工作并且具有合同规定的可靠性，必须首先了解产品未来的环境条件或环境设计要求，而后根据这一要求对产品进行可靠性设计，如选择元器件、材料和降额设计等。用应力分析法对产品进行可靠性预计时，同样必须掌握环境条件；进行各种类型的可靠性试验时，都必须施加适当的环境应力。环境应力类型选择和应力大小是否适当直接影响可靠性试验结果的准确性。可见，可靠性设计和试验必须应用环境工程中对环境条件的研究成果。

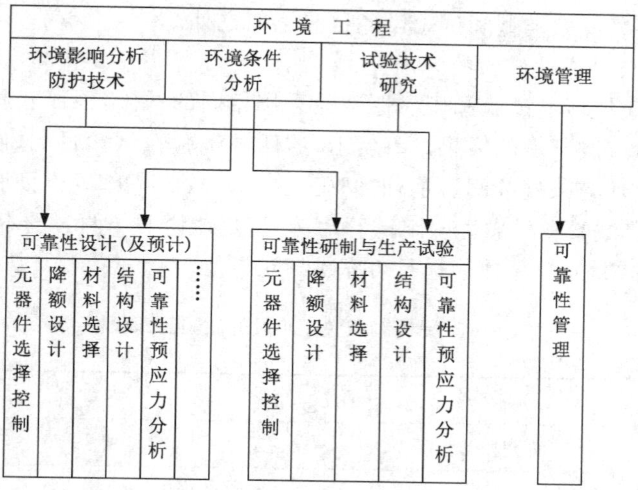

环 境 工 程
环境影响分析防护技术
环境条件分析
试验技术研究
环境管理
可靠性设计(及预计)
元器件选择控制
降额设计
材料选择
结构设计
可靠性预应力分析
……
可靠性研制与生产试验
元器件选择控制
降额设计
材料选择
结构设计
可靠性预应力分析
可靠性管理

图 3-10 环境工程和可靠性工程的关系

2. 环境影响和防护技术与可靠性工程的关系

环境工程工作中进行的环境影响分析及环境防护研究结果对可靠性设计有重要作用。当可靠性设计中采用一般的设计技术无法满足要求时,必须应用环境防护技术。此外,环境工程工作中得到的环境影响和故障模式方面的信息,对于可靠性试验中故障分析和纠正措施的采用等同样有参考价值。

3. 环境试验技术与可靠性试验的关系

可靠性试验采用的应力类型和所用试验设备与环境试验基本相似,只是应力类型比环境试验少一些,环境试验技术完全可为可靠性试验借鉴或直接采用。因此,某些美国军用标准明确规定试验方法按美国环境试验标准 MIL-STD-810 系列标准中的某一版本执行。最明显的可互为通用的技术是受试产品安装要求,振动夹具设计和对试验设备的精度和使用要求。

4. 环境管理与可靠性管理的关系

环境管理和可靠性管理均是在产品研制和生产中进行的工作,前者用于保证设计、生产的产品满足环境适应性,后者用于保证设计、生产的产品满足定量的可靠性指标。由于环境和可靠性都是产品质量的体现,这两项工作相互影响,关系密切,因此应充分协调,统筹安排,以充分地相互利用信息。

3.4.2.3.3 环境试验与可靠性试验的关系

众所周知,试验和评价是贯穿产品研制和生产全过程的一项重要活动,是帮助和验证产品设计达到合同要求的手段,也是验证批生产产品是否仍然保持达到合同要求的手段。就环境试验和可靠性试验而言,其各阶段试验大致包括工程研制试验、设计定型鉴定试验、批生产质量稳定性试验和验收试验 4 种类型,如表 3-2 所示。从表 3-2 可以看出,环境试验和可靠性试验几乎同样贯穿于产品研制和生产各阶段,而且各相应阶段试验工作的性质基本相同。这些试验基本上都采用实验室试验方法在规定的受控环境中进行，所用的环境应力类型和试验设备也有类似之处。

1. 环境试验与可靠性试验的区别

许多人常常误把环境试验和可靠性试验看作相同的试验，因而互相取代，从而导致误用这两种试验，造成不良的后果。事实上，这两种试验在试验目的、使用应力的种类、应力施加的方法、环境条件准则、试验时间确定方法、故障考虑等方面有着很大的区别，表 3-3 以环境鉴定试验和可靠性鉴定试验为例，清楚地说明了两者的本质区别。通常只有通过环境鉴定试验的产品才能进行可靠性鉴定试验。

表 3-2　产品研制和生产阶段的试验工作项目

项目	阶段时间				适当时机
	研制阶段		生产阶段		
	研制过程	投产前	生产过程中或结束时	交付前	
环境试验	工程研制试验（环境适应性增长试验）	环境鉴定试验	—	环境验收试验	例行（定期）试验
可靠性试验	ESS 和可靠性研制增长试验	ESS 和可靠性鉴定试验	环境应力筛选（ESS）	ESS 和可靠性验收试验	

表 3-3　环境合格鉴定试验与可靠性鉴定试验的区别

项目	环境鉴定试验	可靠性鉴定试验
试验目的	鉴定产品对环境的适应性，确定产品耐环境设计是否符合要求	定量鉴定产品的可靠性，确定产品可靠性是否符合阶段目标要求
环境应力类型数量	涉及产品寿命期内会遇到的大部分对其有较重要影响的环境，包括气候/力学和电磁环境。GJB 150 中规定了 19 个试验项目，HB 6167 中规定了 23 个试验项目。实际产品试验时，应根据其寿命期内将遇到的环境及其受影响程度从标准中选取相应的试验项目。常用于鉴定试验的有 10 个以上项目	选取寿命期内对产品可靠性有较重要影响的主要环境，仅包括气候和力学环境中的温度、湿度和振动，并且将电压波动和通、断电作为电应力纳入试验条件
应力施加方式	各单因素试验和多因素综合试验，以一定的顺序组合逐个施加	一次综合施加，由于要求各环境应力综合在一个试验箱中进行，从工程上实现可能性出发。只能将对产品可靠性最有影响的应力综合，压力因素一般不考虑

表 3-3（续）

项目	环境鉴定试验	可靠性鉴定试验
环境应力选用准则	基本上采用极值，即采用产品在贮存/运输和工作中会遇到的最极端的环境作为试验条件。这一准则是基于这样的设想，即产品若能在极端环境条件下不被损坏或能正常工作，则在低于极值的条件下也一定不会被损坏或一定能正常工作。此极值应是对实测数据进行适当处理（例如取一定的风险）得到的合理极值	采用任务模拟试验，即真实地模拟使用中遇到的主要环境条件及其动态变化过程以及各任务的相互比例。可靠性试验中，产品只有一小部分时间处在较严酷环境的作用下，大部分时间都处在工作中常遇到的较温和的应力作用下，其时间比取决于相应的任务时间比
试验时间	在环境试验中，每一项试验的时间基本上取决于适用的试验及具体试验程序，只是由于试验各阶段进行性能检测所需时间不同而产生一些差别，目前国内外各种环境试验标准规定的几十种试验方法中，除霉菌试验 28d 和湿热试验最长 240h 外，一般环境试验不超过 100h，试验时间比可靠性试验短得多	可靠性试验时间取决于要求验证的可靠性指标大小（检验下限 θ_1）和选用的统计试验方案以及产品本身的质量（MTBF 真值）。可靠性试验的结束不一定以时间为准，而应进行到受试设备试验的总台时达到规定值或进行到按方案能做出接收或拒收判据为止
故 障	环境试验中一旦出现故障，就认为受试产品通不过试验，试验即告停止并做出相应决策	可靠性鉴定试验是以一定的统计概率表示结果的试验。根据所选统计方案决定允许出现的故障数。出故障后不一定拒收，对出故障的产品可进行修复

2. 环境试验是可靠性试验的基础和前提

环境试验和常规性能试验一样，同是证明所设计的产品是否符合合同要求的试验，也是最基本的试验，因此，它在产品研制各阶段均在可靠性试验前进行。只有常规性能试验证明其在实验室环境中的性能已符合设计要求的产品才能用来进行环境鉴定试验，只有通过了环境鉴定试验的产品才适于投入可靠性试验。美国军标 MIL-STD-785B《产品研制和生产的可靠性通用大纲》中明确指出："应该把 MIL-STD-810C《空间和陆用设备环境试验方法》中描述的环境试验看作可靠性研制和增长的早期部分，这些试验必须在研制初期进行，以保证有足够的时间和资源来纠正试验中暴露的缺陷，而且这些纠正措施必须在环境应力下得到验证，并将这些信息作为可靠性大纲中一个不可少的部分纳入 FRACAS 系统"。可见，环境试验是可靠性试验的先决条件，它对提高产品可靠性起着重要作用。在某些情况下，环境试验、可靠性研制试验和性能试验的时间和出现的故障可用作大致估计产品初始的可靠性。

3. 环境试验与可靠性试验只能相互补充，而不能互相取代

由于这两类试验从试验目的、所用应力、时间和故障处理等方面均有很大差别，显然不能互相取代。盐雾、霉菌、湿热、太阳辐射、爆炸大气、淋雨等试验不能用可靠性试验代替是显而易见的，但温度和振动试验在这两类试验中都有，似乎有重复。仔细研究

这两个应力，在这两类标准中所用的量值完全不同，如果要合并，势必引入放大或缩小系数，而各种产品的结构及其对热和振动的响应特性各不相同，很难求出各种产品的这种系数，更难得到统一的系数。另一方面，各种试验各有其目的和基本条件，例如进行可靠性增长试验时，一个重要的问题是确定故障判别准则，如果产品基本性能是否达到尚不清楚，就谈不上建立判别准则。因此，把原来分布在各不同阶段和时期的各种试验累积到同一时间点进行，会使许多问题积到一起处理，结果既造成混乱，又失去了各种试验所遵循的基本规律，反而贻误时间和进度，造成更大反复和浪费，这显然是不可取的。

3.4.2.4 产品环境工程与综合保障的关系

装备环境适应性越高，使用中产品的故障数量就较少，对综合保障工作的要求就越低。此外，实施环境工程中获得产品的各种物理特性信息（如共振频率、产品热点和热分布等）和产品耐环境应力极限的信息，可为正确使用产品、制定合理部署和使用计划提供输入；获得的产品薄弱环节和故障信息，可为制定备件、维修计划实现更好的综合保障提供输入。因此，产品环境工程正确实施，又为降低综合保障要求，制定良好的综合保障计划，奠定了基础。

3.5 装备环境工程技术在型号中的应用

装备环境工程涉及环境分析和确定环境适应性要求、环境适应性设计、环境试验和环境工程管理多个方面的技术，由于环境适应性这一概念在 20 世纪 90 年代末提出，到 2001 年以 GJB 4239《装备环境工程通用要求》的形式正式加以明确和开始宣传和推广。国外又没有相应的标准可供借鉴。因此，环境适应性概念在较长一段时间内一直未被型号管理人员和设计人员接受和认可，直到 2009 年，GJB 9001B《质量管理体系要求》颁布实施，该标准明确规定环境适应性、可靠性、维修性、测试性、保障性和安全性（简称六性）一起作为产品质量目标和要求的组成部分，并纳入产品的质量计划，在组织建立质量体系时，应同时考虑六性工作过程，在产品的设计和开发的输出中应有六性设计报告，在产品的设计和开发的评审中要安排六性评审，GJB 9001B《质量管理体系　要求》大大促进了环境适应性这一质量特性在型号中的应用，该标准颁布近 5 年来，军工产品的研制程序和相关文件中不再像以前只有环境试验项目，环境条件也开始出现环境适应性的说法。然而由于有关环境适应性要求概念一时尚不明确和指标体系尚未建立，也没有相应的标准加以规范，因此，目前型号研制总要求和成品协议书中绝大部分仍然规定的是环境试验项目和试验条件，而不是环境适应性要求。这种状况最大问题是误导环境工程工作内容仅局限于环境试验，而环境试验工作又仅限于环境鉴定试验和环境例行试验，完全忽视了环境分析和环境适应性设计、预计和管理工作。有关环境适应性及其要求在型号中的应用问题依然没有根本改观，详见本书第 2 章的相应部分。有关环境工程技术应用情况与 GJB 4239《装备环境工程通用要求》标准的贯彻实施情况紧密相关，本书第 6 章结合 GJB 4239《装备环境工程通用要求》应用做了进一步介绍。

第4章 装备环境适应性设计技术

4.1 环境适应性设计的基本概念

GJB 6117《装备环境工程术语》将环境适应性设计定义为“为满足产品环境适应性要求而采取的一系列措施，包括改善环境或减缓环境影响的措施和提高产品对环境耐受能力的措施”。该定义与冬季人们为了御寒，采取食用高热量食物、更换冬装、关闭门窗、开启空调等措施的道理一样，食用高热量食物是为了提高自身抗寒能力，更换冬装是为了抵御寒气，关闭门窗起到封闭作用，而开启空调则是为主动控制局部环境。产品环境适应性设计也同样包含了上述类似的手段或措施。

环境适应性是产品的一个固有质量特性，与其他质量特性一样，它要靠设计纳入产品。在对产品结构、功能和性能进行设计的同时，还必须同时进行环境适应性、安全性、电磁兼容性、可靠性、维修性和测试性等一系列专用质量特性的设计。这些设计工作应当互相穿插或并行、协调地进行，同时在彼此之间适当权衡，达到最佳的组合，才能保证设计出来的产品具有全面的质量特性和很好的综合效能。

广义的环境适应性设计工作贯穿产品整个寿命期，包括研制、生产、使用、维护、维修等环节，从产品的结构设计、材料和元器件选用、加工工艺选择与优化直到产品的维修和日常的清洁维护等工作，都是环境适应性设计的内容。目前，人们普遍认可的环境适应性设计工作主要针对产品的研制阶段，包括环境防护、环境控制和提高产品对环境耐受能力的措施。

4.2 环境适应性设计工作的内容

从研制层面上，产品环境适应性设计工作包括制定环境适应性设计准则，开展环境适应性设计和进行环境适应性预计三部分。

4.2.1 环境适应性设计思路和设计准则

4.2.1.1 环境适应性设计思路

目前有两种不同的设计思路：第一种设计思路是最常用的，即根据平台实际环境来设计产品，国外也称为“剪裁”；另一种设计思路是新近才被引起重视，这一思路不是基于平台实际环境，而是基于最大设计和制造能力，即充分利用现有的材料，元件工艺和设计技能使产品的耐环境能力最大化。

这两种设计思路各有利弊，进行设计时到底选用哪种思路设计，应根据具体产品的应用对象和前景等来确定。目前，军用装备的环境适应性设计多半提倡“剪裁”，其目的是避免过设计，这是因为军用装备的需求复杂且变化较快，不仅环境要求在变化，而且功能/性能要求和物理特性（结构、尺寸、质量）也在变化，不可能大量选用货架产品。而民用产品的需求相对稳定、批量大，且有未来使用平台环境的不确定性。更适合按极限思路进行环境适应性健壮设计，从而得到一个环境适应性高、应用范围广的货架产品，由用户选购用于不同的平台。对于军用装备来说，一个用途较广，应用平台物理特性相对变化不大的产品，如地面武器装备，在经费、进度许可的情况下，应用第二种设计思路，也不失为一个好的选择。

4.2.1.2 环境适应性设计准则

环境适应性要求中应力的确定，通常基于风险极值和裕度设计两个原则。

4.2.1.2.1 风险极值

环境适应性要求一般应采用军用装备寿命期可能遇到的最极端、最严酷的环境，这一思路是基于这样的考虑，如果产品能在最严酷的极端环境中不被破坏和/或能正常工作。然而，如果完全按照寿命期可能遇到的最严酷、最极端的环境来进行设计，必然会加大设计难度和延误研制进度，甚至工程上不可能做到，因此往往不按记录极值准则，而宁可冒一定的风险的风险极值来设计。

按照相对较低的极端值进行设计。例如，对于气候环境来说，美国军标MIL-HDBK-310《军用产品研制用全球气候数据》中建议，低温环境采用20%风险的极值，淋雨环境采用0.5%风险，高温等其余环境采用1%的风险。一般说来，越容易出现最大极值的环境因素，取的风险率越小，以保证装备寿命期环境中少出故障。对于振动、加速度和冲击这一类，则往往采用正确的实测数据包络线（实测数据的能量与包络线范围的能量之差不能小于2倍，即包络线范围能不能大于实测数据范围能量的2倍）。

4.2.1.2.2 裕度设计

对于既定的环境适应性要求，往往要求规定一个裕度，例如DoD-HKBK-343《空间设备设计、制造和试验要求》和MIL-STD-1540C《航天器试验技术》标准中不仅规定了环境适应性要求，还规定了裕度要求。

4.2.2 进行环境适应性设计

环境适应性设计工作由产品设计人员根据环境适应性要求进行。产品设计人员应参考相应的环境适应性设计手册，采用适当的技术、工艺、材料和方法进行环境适应性设计，环境适应性设计主要应考虑：成熟的环境适应性设计技术，适当的设计余量（耐环境余量），防止瞬态过应力作用的措施，选用耐环境能力强的零部件、元器件和材料，采用改善环境或减缓环境影响的措施（如冷却措施、减振措施），采取环境防护措施（如使用保护漆镀层），以及进行密封设计等。

众所周知，环境适应性设计是构筑在产品功能、性能基础上的设计，往往在研制早期必须与实验室环境适应性研制试验和自然环境试验等研制试验以及仿真分析等手段紧密结合，充分利用这些试验和仿真信息，对所发现的环境适应性薄弱环节进行纠正。

4.2.3 进行环境适应性预计

这项工作的目的是在完成产品环境适应性设计后，预计产品的环境适应性，并对产品环境适应性设计能否满足规定的环境适应性要求做出粗略的评价。环境适应性预计实际上就是环境适应性仿真试验。

环境适应性预计应利用环境响应结果预计产品所用的材料、元器件、零部件有关环境适应性数据、环境影响机理和按有关预计手册进行，预计时应充分考虑产品工作情况，确定产品所处的最恶劣环境。

环境适应性预计是一项复杂程度很高的技术，目前尚无成熟的预计和评估模型可用。由于产品自身特性、材料的多样性、复杂性和环境对产品影响的非定量性，研究和建立这种模型比建立单一材料和简单元器件、部件（如线路板）的模型困难得多，有些种类的环境适应性甚至无法定量预计。因此，对其全面进行定量预计是难以实现的，必须来用综合的工程评估方法。

4.3　环境适应性设计技术

4.3.1　振动和冲击环境适应性设计

4.3.1.1　基本设计原则

产品在正常使用和试验期间，经常会受到振动、冲击等动力学环境。当这些环境引起的机械应力超出组成部件容许的极限应力时，就会引起设备部件的物理破坏。即使未超出部件容许的极限应力，长期的振动环境也会造成管脚等受力部位的疲劳损伤，这种损伤累积效应对产品的危害更加普遍和难以被发现。另外，振动和冲击环境还可以引起连接器、电缆等构件之间的相对运动，这种运动与其他环境应力组合在一起会产生磨蚀，不仅会直接导致产品故障，而且由磨蚀产生的碎屑还会间接引起接触电阻等的变化。在考虑振动环境时，一个需要特别关注的问题就是共振。当产品结构某个固有频率处于振动频率范围时就会发生共振，共振状态将大大加强振动对产品的不利影响，使应力增加到超出安全的限制范围。

产品振动和冲击环境适应性设计的总体要求是使主要结构和功能组件在预期动力学环境作用下的响应（可以是位移、速度、加速度或应力）不超过其耐受极限，且尽可能地小，以保证在整个寿命期内结构不会发生峰值和疲劳破坏，而且功能正常，安全和可靠地工作。

为了达到上述要求，振动和冲击环境适应性设计主要遵照的原则如下。

1. 防止共振原则

这是产品结构设计时首先要遵守的原则，尽可能提高产品的固有频率，避免产品固有频率和外部振动环境发生共振。结构共振频率取决于产品的刚度和质量分布，共振频率的提高一般可以通过选择刚性好、质量轻的材料和结构形式来实现。

2. 倍频程原则

在产品的结构振动设计中，应遵循“倍频程规则”，即每增加一个自由度，共振频率翻一番。

众所周知，毗邻结构件的共振能迅速放大振动应力，造成快速疲劳失效。当遵循倍频程规则时，这些共振将相互分离，因此结构动态载荷会急剧减小。为了减少毗邻结构件的耦合效应，倍频程规则要求每增加一个自由度，共振频率增加一倍（或更多）。这可以通过装有隔振器的电路盒来说明，如图4-1所示。仅仅使用隔振器并不意味在严酷随机振动环境下电路盒就可得到保护。当隔振器的共振频率接近盒子的共振频率时，传递给盒子的加速度应力将会增加而不是降低。这里的隔振器代表第一个自由度，因为载荷传递路径首先经过隔振器。机架代表第二个自由度，因为机架是载荷传递路径中第二个自由度。电路板代表第三个自由度，因为它接受来自机架的载荷。当隔振器有一个30Hz的共振频率时，机架应该有一个2×30＝60Hz(或更多)的共振频率，电路板则应设计成有2×60＝120Hz(或更多)的共振频率。采用倍频程原则可以减少共振耦合效应，从而大幅提高结构的环境适应性水平。

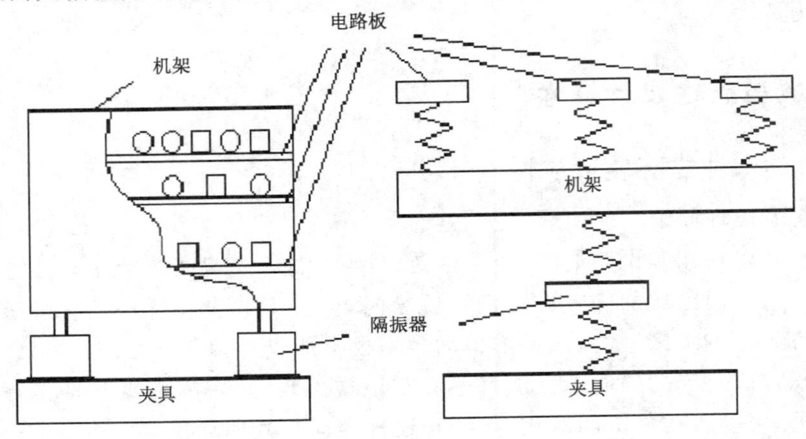

图 4-1　电子盒安装在隔振器上

3. 隔离原则

隔离原则主要是采用减振器、缓冲器等措施来对振动和冲击环境进行隔离，减缓外部诱发的振动和冲击环境对产品的影响，提高产品的环境适应性水平。

可以使用隔离原则对产品进行整体保护，也可以在产品内部使用该方法对产品的关键部件进行保护。常见的环境隔离器件包括：减振器、缓冲器、动力吸振器，将这些部件安装在产品相应部位，以实现振动和冲击环境的有效隔离。

4. 使用阻尼原则

除了环境隔离之外，阻尼装置也可以用来减小振荡峰值。粘滞阻尼器、摩擦阻尼器和空气阻尼器是典型的阻尼器。在电路板设计时，为了降低振动响应，通常在关键器件部位灌封阻尼胶，也可以大幅降低电路板对应部位的振动响应。在飞机蒙皮、机箱等薄壁结构内侧贴覆阻尼涂层或胶带，以降低由振动引起的能量传递，同样是利用这一原则来改善飞机整体振动环境，使其内部机载设备得到保护的一种很有效的手段。

4.3.1.2　结构设计

4.3.1.2.1　材料、元器件(零部件)优选

产品设计时，应根据材料的强度、质量和成本，选择刚度高、阻尼性能好的材料来制造结构元件。通常，在一个应力循环中，加载期间外界对材料作的功大于卸载期间材料放出的能量，这是因为材料能够把一部分能量转换为热能耗散掉。通常以损耗能量和

振动能量的比值，即材料损耗因子 β 值作为衡量材料阻尼的特征值。表4-1给出了各种常用材料的 β 值。在许可的范围内，尽可能地选择 β 值大的材料来制造结构元件。

表4-1　各种常用材料的损耗因子 β 值

材料	损耗因子 β 值
钢、铁	0.0001～0.0006
铝	0.0001
镁	0.0001
锌	0.0003
铅	0.0005～0.0020
铜	0.0020
锡	0.0020
玻璃	0.0006～0.0020
塑料	0.0050
有机玻璃	0.0200～0.0400
复合材料	0.2000
阻尼合金	0.0500～0.0200
阻尼橡胶	0.1000～5.0000
高分子聚合物	0.1000～10.0000

电阻、电容、二极管、晶体管、集成电路模块等元器件，在现代电子设备中被广泛使用。在产品设计初期，应根据预期的使用环境，估算其将承受的振动、冲击峰值及加速度水平，选用额定加速度水平满足预期环境要求的元器件。

4.3.1.2.2　抗振结构设计

在抗振结构设计中，应根据振动、冲击等动力学环境对产品的影响模式，遵循4.3.1节所述的基本设计原则开展工作。为了防止关键部位的共振，应尽可能提高其刚度，或进行去耦设计，使外部环境的危险频率与产品的危险频率不致重合，从而不会引发共振。针对动力学环境引起的疲劳损伤，应以避免结构设计和制造时的应力集中、提高表面完整性、防止与腐蚀性环境共同引起腐蚀疲劳等角度进行考虑。另外，还可以充分利用阻尼和减振系统控制产品整体或关键部位的振动环境。应该注意的是，对于减振系统，该方法在0～2kHz频率范围内要慎重对待，只能将减振系统的固有频率设计在环境激励频谱的峰谷处，否则反而成了振动放大器。

4.3.1.2.3　紧固和连接

1. 焊接连接

焊接连接是在加热或同时加压的条件下，靠金属在熔融状态下分子间的结合力，把两个或几个零件连接成为一个不可拆卸的整体的工艺过程。制造工艺上常采用的焊接方法有熔焊、接触焊和钎焊。焊接连接最常见的缺陷是结构中可能存在过大的应力集中，导致焊缝区域的疲劳强度降低，抗冲击和振动的能力变差。因此，设计和制造时应尽量选用焊接性好、韧性高的材料，同时考虑有效地利用锻件、轧材，采用复合工序，尽可能减少间断性焊缝的数量和长度；焊缝不应设计在应力集中的地方，并避免焊缝之间距离过近、交汇、聚集，或用一条焊缝连接3个以上的零部件；焊缝形状代表不同的应力集中状态，因此应尽量使焊缝端部角度变缓。此外，焊后还可适当地进行热处理，以消除残余应力，增加结构的疲劳强度。

2. 铆钉连接

铆接是一种不可拆卸的连接形式，适于较复杂结构金属及非金属材料之间的连接。铆接虽然工艺过程简单，但在形成钉头的地方容易产生过大的残余应力集中，降低结构的强度，或容易发生剪切和拉伸破坏，并对其疲劳寿命产生较大影响。动力学环境对铆钉连接部位的影响主要体现在对其受力状态的影响、微动磨损和由此产生的缝隙腐蚀，以及应力和磨损、应力和腐蚀的共同影响等方面。铆钉连接的防振设计也应从这些影响模式入手。在防止受力状态变化方面，设计和制造时应在连接处尽可能地采用对称连接，以减少铆钉传载偏心引起孔处的附加弯曲应力。在防止铆钉和夹层材料间微动磨损方面，应增加连接件之间的夹紧力，并合理选择孔的精度、粗糙度及铆钉的种类。在防止腐蚀介质进入方面，应提高孔的填充质量或采用胶接结构，当结构组装中出现间隙时需适当加上垫片。另外，协调好铆钉和夹层材料在硬度、电化学性能等方面的相对关系，也能有效地缓解磨损和腐蚀对疲劳损伤的加速作用。

3. 螺栓连接

螺栓连接是结构主要连接方式之一，由于它构造简单，安装方便，易于拆卸，所以应用广泛。螺栓容易松动，因而需要采取锁紧措施，比如使用开口销、摩擦螺母和锁紧垫圈等锁紧装置。此外，因为在连接处可能出现滑动，在保持被连接件排列位置方面，螺栓连接可能不很有效。解决办法有两种：一是除螺栓外再使用销钉；二是使用精确配合的螺栓，实现螺栓和被连接件的紧密配合。螺栓通常有粗牙和细牙两种：粗牙螺栓螺纹较深，加工公差不像细牙螺纹那么严格，但要注意达到足够的螺纹深度；细牙螺纹螺旋倒角较小，它在振动时松动的可能性较小。在安装抗冲击和振动设备时，把螺栓拧紧，直到底部螺纹出现少量屈服，这样即可得到最大程度的紧固，并可降低螺栓的应力变量，以增加疲劳抗力。

4.3.1.2.4 导线、电缆和接线器

导线、电缆和接线器本身一般不易被冲击和振动而破坏。可是，如果使用方法不当，也会引起许多麻烦。与其他电子构件相比，导线和电缆的柔性大，所以它的固有频率较低，容易发生在振动频率范围之内。导线或电缆振动会引起随时间变化的应力，容易导致疲劳破坏。首先破坏的区域，通常是振动段的端点，即导线或电缆的终点。在绝缘外皮和相邻零件发生摩擦时，或在电缆内部一根导线和另一根导线相互摩擦时，都可能发生短路故障。

对于相同走向的几条导线可以用绑带捆扎成束，这样不仅可以提高刚度，还可增加阻尼，将由振动引起的位移和应力降低。捆扎部分应适当支承，以免导线端点负担过大

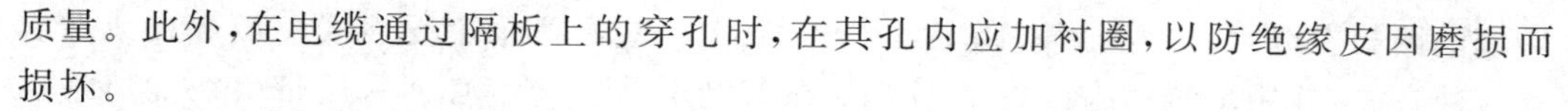

质量。此外，在电缆通过隔板上的穿孔时，在其孔内应加衬圈，以防绝缘皮因磨损而损坏。

导线或电缆终点或支承处出现破坏主要是这些地方会受到较大的弯曲应力。把导线夹到结构上，可以限制导线的运动，降低它因弯曲造成的损害。如果导线连接在支撑突耳上，此时既应夹住绝缘层也要夹住导体。如果电缆接到接线器上，则应使接线器夹住电缆外壳，以便限制电缆内个别导线的弯曲。此外，在接线器内灌注自固化塑料，以使电缆终端被完全密封，使其永久地封固起来，也可限制个别导线的弯曲。

4.3.1.2.5 印制电路板（PCB）和电子元器件的安装与布局设计

1. 印制电路板设计

电子元器件（如集成电路、电阻器、电容器和二极管等）通过电气引线装在印制电路板上。这些元器件通常利用浸焊、波峰焊或手工焊接到印制电路板上。印制电路板通常具有沿边缘导向的插入式结构，使其易于同连接器接合。

振动环境中大多数器件故障都是由焊点开裂、密封破坏或电气引线断开引起的。这些故障都与电子元器件本体、电气引线及印制电路板之间相对运动所产生的动态应力有密切关系。这种相对运动通常在谐振条件下最为严酷，而谐振条件很有可能出现在电子元器件或印制电路板中。

当将元器件自身看作质量而将电气引线看作弹簧时，该元器件就有可能出现谐振。当元器件本体与印制电路板以接触方式安装时，这些谐振通常都不太严重，因为这种接触将会急剧减小器件的相对运动。如果一旦产生谐振，简单的解决办法就是将元器件捆到或粘到电路板上。因为电路板上出现谐振，其位移会使电气引线前后弯曲，如同电路板出现了振动，如果其应力水平足够高，而且达到足够的循环数时，则其焊点和电气引线便中会出现疲劳故障。

对于装在印制电路板中心部位的元器件，将会遇到严酷的应力条件，其动态位移越大，所产生的动态弯曲应力就越大。对于矩形电路板，最严酷的条件将发生在元器件本体平行于电路板的短边上。当电路板出现谐振时，电路板上的电子元器件，通常将会由于器件本体与电路板之间产生相对运动，对中心部位的器件会产生轻微的影响。因此，粘接到电路板上的器件或捆在电路板上的元器件将会大大改善焊点和电气引线的疲劳寿命。

印制电路板设计的关键就是要尽可能控制其谐振时的动态位移，以减小其在谐振时的弯曲应力。所以，印制电路板通常需要一个增强结构，比如采用增加肋条、金属底盘、敷形涂覆或用甲基硅橡胶灌封等方式，提高其刚度及固有频率，这样会减小谐振条件下电路板的偏移，也会降低电路板上电子元器件产生的应力。但由于甲基硅橡胶灌封印制电路板会使其维修变得困难，非得必要时才能采用。

2. 元器件安装与布局设计

1）元器件的安装和布局

对于通过引线焊接在印制电路板上的元器件，在振动环境中，随电路板的前后弯曲，将在其引线和焊点中产生应力，如果应力过高，由于焊点开裂或电气引线断开而引起电气故障。因此，设计人员需考虑用适当的安装方式以消除或减小引线中的应力。

印制电路板上电阻、电容、晶体管和集成电路模块,应尽量采用无引线贴面焊接或捆绑等安装方式,并用环氧树脂或聚氨酯胶封在印制电路板上。必须采用带引线的器件也应最大限度地缩短引线,以提高其刚度,减小器件本体与电路板间有害的相对运动,避免在印制电路板谐振时电子元器件产生过高的弯曲应力。

印制电路板上电子器件引线和焊点的应力,可能与印制电路板的相对曲率及其位移有关,而位移又与装在印制电路板上器件的位置有关。谐振时印制电路板中心部位的器件本体与电路板间的相对运动最大,所产生的弯曲应力也最大,所以在元器件布局时,应将对振动敏感的器件布置在离印制电路板中心稍远的位置。

2）焊点应力

有许多方法形成焊点,要使焊点尺寸和形状统一化是相当困难的。在板子一侧有电路的印制电路板通常具有最脆弱的焊点。这些焊点因为焊接处的剪切撕裂很可能会出现故障,形成难以定位的间歇性电气连接。这种剪切撕裂是由于电气引线的弯曲引起的。作用在单面电路板上的弯曲力矩将会撕裂仅有的一个焊点。而作用在双面电路板上的弯曲力矩,虽然有时也会撕裂电气引线上的双侧焊点,但它却要坚固得多。

在许多情况下,在单面电路板中的剪裂类故障发生在角焊缝直径约为电气引线直径 1.5 倍的地方。而疲劳故障有许多还发生在焊点大约一半高度的角焊缝拐弯处,即角焊缝半径快速改变的地方。

焊点应力可以通过多种方法来减小。例如,提高印制电路板的谐振频率以减小谐振时的位移和焊接应力;增大电路板阻尼,以降低谐振传递率;利用层压结构,在电路板弯曲时引入剪切阻尼;利用双面印制电路以增加焊点的刚度等。

4.3.1.3 振动冲击防护与控制设计

4.3.1.3.1 消源设计

消源设计即消除或减弱冲击源、振源、声源,使它们的烈度下降到工程设计可以接受的程度。

4.3.1.3.2 隔振设计

隔振器可以看作是连接设备和基础的弹性元件。其作用是降低从设备传向基础的力,称为主动隔振;或者减小基础传给设备振动的大小,称为被动隔振。被隔振设备和隔振器相比,可以认为前者是只有质量没有弹性的刚体;后者则只有弹性和阻尼而其质量可以忽略不计。这样,对于只需考虑单向振动的情况,可简化为单自由度隔振系统。

隔振系统往往由多个隔振器组成,以去除各自由度的耦合,即去耦是隔振系统设计的基本内容。去耦设计的基本原则是在三维空间 6 个自由度的任何一个自由度方向受到振动激励时,应使其在坐标轴方向上的合外力和合力矩为零,可供采用的基本技术措施有质心调整法和隔振器刚度适配法。

系统共振峰抑制也是隔振系统设计的任务之一。其实现的途径包含选用变刚度、变阻尼隔振器,采用复合多层阻尼隔振材料,施加阻尼涂层和选用无共振峰隔振器等。

根据振动频谱的测量和分析以及工作环境的要求,一般选择隔振器的固有频率为强迫振动频率的 1/3,表 4-2 为各类隔振器选择标准,可供设计时参考。

表 4-2 各类隔振器选择标准

隔振器指标	空气弹簧	橡胶	螺旋弹簧	板簧	橡胶螺旋组合
固有频率/Hz	0.7～3	8～20	2～10	5～8	4～10
隔振范围/Hz	>3	>24	>6	>15	>12
阻尼比	0.1～0.2	0.08		0.1～0.2	0.1～0.15
水平稳定性	良	良	差	良	差
高频隔振性	良	可	差	可	良
耐高温性	差	差	良	良	差
耐油性	可	可	良	良	可
更换难易程度	差	良	可	可	可
耐松弛性	良	可	良	可	可
寿命	可	可	良	良	可
价格	高	便宜	便宜	中	

4.3.1.3.3 隔冲设计

冲击隔离的实质，就是借助冲击隔离器的变形，把急骤输入的能量暂存起来，在冲击过后，系统的自由振动再把能量平缓地释放出来，使尖锐的冲击波，以缓和的形式作用在设备或基础上，有时还通过隔离器的阻尼，吸收部分能量，以达到保护设备或基础的目的。冲击隔离分为主动隔冲和被动隔冲两类。主动隔冲用来减轻设备本身产生的冲击力对支承、基础的影响，减小其应力与应变，消减通过基础传到周围的冲击波。被动隔冲用来减轻由外部冲击引起的基础运动对设备的影响，以减小设备的应力与应变。

4.3.2 温度环境适应性设计

4.3.2.1 温度环境适应性设计应注意的问题

几乎所有已知材料的物理特性都随温度的变化而变化；几乎所有化学反应的速率都明显受到反应物体温度的影响，普通化学反应经验法则是温度每升高10℃，反应的速率加快一倍。材料受热会排出有腐蚀性的挥发物，在温度发生变化时几乎所有材料都会出现膨胀或收缩，这种膨胀和收缩将引起与零件之间的配合、密封以及内部应力有关的问题。由于温度不均匀引起的局部应力集中特别有害，因为集中的应力可能很高。例如，把装有热水的玻璃杯浸到冷水中，就会炸裂。金属结构在加热和冷却循环作用下也会由于交变应力和弯曲引起疲劳而毁坏。在不同金属连接点之间的热电偶效应所产生的电流会引起电解腐蚀。塑料、天然纤维、皮革以及天然和人造的橡胶都对温度极值特别敏感，这可以用它们在低温时发脆和在高温时性能退化率高的现象来证实。

温度设计的重点是通过选择元器件、电路设计（包括容差与漂移设计和降额设计等）及结构设计来减少温度变化对产品的影响，使产品能在较宽的温度范围内可靠地工作。在获得电子设备必要的可靠性和性能特性方面，温度设计常常与电路设计一样重要。适当的温度设计能使设备和元器件在工作状态下保持其在允许的工作温度极限之内。GJB/Z 27《电子设备可靠性热设计手册》等文件全面地论述了有关温度设计问题。

热传递的3种基本方法是辐射、传导和对流。因而,采用其中1种或综合3种方法均可防止温度引起的性能退化。防止和控制温度应力的方法有两种:一是谨慎选择用于温度环境的材料和零部件,并进行适当的结构设计;二是使用温度调节装置改变热(冷)状况,控制快速温度变化的环境。第一种方法是被动的,第二种方法是主动的。实际上,往往是综合运用这两个方法。

要成功地处理温度问题,进行温度环境适应性设计,需要了解产品所处的环境和工程项目的有关情况。主要包括三方面内容:一是将遇到环境应力的强度和范围;二是温度对所研制产品性能影响的机理;三是选材和结构设计的改变程度。要考虑的环境应力有周围和内部的(当设备在壳体内时)应力,它们可以单独、综合或按次序地出现。在温度和湿度综合中,次序特别重要。因为,如果密封材料有一定的透气性,交替地加热和冷却能导致大量积存冷凝水。这个问题在飞行中会由于压力的变化而加剧,其结果可能是一个循环过程,通过此过程而在密封设备中积累起冷凝水。具体过程是:在低空,湿气扩散进入内部;在高空,设备内部失去较干的空气,而湿气却保留在壳体内。设计时应注意温度对产品的影响将能改变机械的、电的、化学的、热的和辐射性能。选择替代材料或改变结构设计时,应满足设备研制要求中有关工作温度等要求。

除了适当地选择材料和零部件外,还可采用如下4种被动保护措施和控制方:一是找替代品以减少所产生的热量。例如,用晶体管替代电子管,用荧光灯替代白炽灯;二是使用绝热材料和隔热技术;三是应用传热原理(热浸和传热);四是在不用散热装置(如鼓风机或风扇)时,设法分散热积聚。电子设备中,微型化增加了出现过热的潜在危险,必须加以适当防护。

控制热(冷)环境的主动方法是采用能改变热量大小的各种装置。这种方法不是强迫分散过量的热,就是加热。如使用热风机和制冷装置、风扇、鼓风机和加热器等。

一般情况下,航空电子产品的温度设计主要从元器件、印制板和机箱3个层次进行考虑,关注的重点是防止产品工作过程中产生的热量积累,影响产品的正常工作。以下就这3个层次,分别对其基本原则和常用方法进行简单介绍。

4.3.2.2　元器件的温度设计

元器件环境适应性设计的主要内容是减少元器件的发热量,合理地散发元器件的热量,避免热量蓄积和过热,以降低元器件的温升。具体内容包括如下3个方面。

1. 元器件工作温度的控制

元器件温度设计的目标是要保证元器件的最高温度低于元器件的允许温度。

2. 元器件的自然散热

(1) 电阻器。一般电阻器是通过引出线的传导和本身的对流、辐射来散热。在装配电阻时,引出线应尽可能短些,安装位置应使热量大的面垂直于对流气体通路,并且拉开与其他元件的距离。

(2) 电子管。不带屏蔽罩的电子管主要依靠玻璃壳作热辐射和热对流散热。一般电子管,可在屏蔽罩与玻壳之间夹入一层导热性好又有弹性的材料制成弹簧套,弹簧套应与屏蔽套和管壳紧密接触。这样既可增强散热效果又能防振，同时电子管最好垂直安装。

(3) 变压器。主要依靠传导散热，要求铁芯与支架、支架与固定面都有良好接触，使其热阻最小，变压器表面应涂无光泽黑漆，以增强其辐射散热。

(4) 半导体器件。对功率小于100W的晶体管，一般依靠管壳及引线就可以达到散热目的。对大功率晶体管则应采用散热器散热。

3. 元器件的安装与布局

元器件合理安排、布置是温度设计的重要内容，应根据设备热源的发热情况，合理安排元器件位置，防止元器件热量积蓄和元器件之间的热影响，保证元器件工作在允许的工作温度范围内。元器件安装与布局的原则如下：

(1) 发热元器件的位置安排应尽可能分散。在强迫空气冷却单元内，应使发热元器件沿着冷壁均匀散开；不使热敏感或高发热元器件互相紧靠；不使热敏感元器件靠近热点；对于自由对流冷却设备，不要将元器件放在高发热元器件上方或比较接近的位置。

(2) 温度敏感元器件应置于温度最低区域。对于强迫对流冷却设备，应将温度敏感元器件置于靠近冷却剂入口一边，不太敏感的元器件放在出口一边；对于自由对流冷却设备，应将温度敏感元器件放在底部，其他元器件放在它的上方；对于冷壁冷却的电路插件，应使敏感元器件靠近插件边缘。

(3) 尽量减小外壳与散热器的热阻。为尽量减小传导热阻，应采用短通路，或采用热导率高的材料；为尽量减少热阻，应加大安装面积；当利用接触界面时，应使接触热阻减到最小。

4.3.2.3　印制板温度设计

印制板温度设计的主要任务是把印制板上的热引导到外部散热器或大气中。

4.3.2.3.1　印制板载流容量和温升设计

设计印制板时要保证印制板的载流容量，印制板的宽度必须适于电流的传导，防止超过允许的温升和压降；线距必须符合电气绝缘要求，防止当遇到潮湿条件灰尘微粒附着到印制板表面而引起短路。

4.3.2.3.2　印制板散热设计

印制板散热主要是设法将印制板及在其上安装的元器件工作时产生的热量散发出去，可选用尺寸大的印制线，减小元器件引线腿与印制线间的热阻。当元器件的发热密度超过0.6W/cm^2时，应采用散热网(板)、汇流条、散热管等措施以增加元器件发热量的传导发散。元器件发热密度非常高时，应安装散热器，并在元器件与散热器之间涂敷导热膏。当元器件安装密度较高，经采用上述措施仍不能充分散热时，就应采用热传导性能好的印制板，如金属基底印制板和陶瓷基底印制板。

4.3.2.4　机箱温度设计

机箱温度设计的任务是在设备承受外界环境、机械应力前提下，充分保证其对流、传导和辐射，最大限度地把设备产生的热散发出去。设计时应根据设备的情况，先设定与实际设备相近似的模型，并对所设定的模型进行热计算，使计算出来的结果在工程应用允许的误差范围内，再对试制出的设备进行温度测量，并与计算结果进行比较、修改，以使机箱温度设计达到预定的效果。

4.3.2.4.1　**密封机箱**

密封机箱内设备工作时产生的热量要通过与基座的热传导、与周围空气的热对流和向空间的辐射来散热。密封机箱自然散热时，散热量取决于机箱表面积，若通过散热不能保证机箱的温升在一定范围内，就要选择通风机箱或采取强制风冷。

4.3.2.4.2　**通风机箱**

自然散热的通风机箱主要经由机箱表面散热和自然通风带走热量两种方式来进行散热。通风机箱散热受到机箱表面积和通风孔面积的限制，若达不到要求，就要采用强制风冷方式。通风机箱的设计应遵循以下原则：

(1) 用自然冷却的电子设备外壳结构作为气流通道，机柜外表面是自然对流扩散的表面，因此设计时必须把机柜与热源从导热路径上断开；

(2) 机壳的最大热流密度不得超过 0.039W/cm^2，机柜表面温度不得高于周围环境温度 10℃；

(3) 当外壳采用对流热交换时，它必须与底座和支架有良好的导热连接；热路中大部分热阻存在于结合交界面处；所有金属间的接触面必须清洁、光滑，而且接触面应尽可能地大，并且有高的接触压力；

(4) 机箱开孔大小应与冷却空气进、出流速相适应，并且压降应小于热空气的浮升压力；

(5) 通风孔的布置原则：应使进、出风孔尽量远离，进风孔应开在机箱的下端接近底板处，出风口则应开在机箱一侧上端接近顶板处；通风孔的形状、大小可根据设备应用场所、电磁兼容及可靠性要求进行选择、布置；

(6) 机箱机壳内、外表面涂漆能降低内部电子元器件的温度。

4.3.2.4.3　**强制风冷通风机箱**

强制风冷通风机箱主要经由机箱表面散热和强制通风带走热量两种方式进行散热，强制通风有箱内强制通风和冷板式强制风冷或液冷两种。

(1) 强迫空气冷却的非密封式或敞开式机箱设计时应满足下列要求：进气孔应设置在机箱下侧或底部，但不要过低，以免污物和水进入机柜内。紧靠系列机柜的进气孔应开在机柜的前下侧；排气孔应设置在靠近机箱的顶部，但不要开在顶面上，以免外部物质或水滴入机箱，机箱上端边缘是首选位置。应采用方向朝上的放热排气孔或换向器，使空气导向上方；空气应自机箱下方向上循环，并采用专用的进气孔或排气孔，将空气导向通风机或鼓风机入口处；应使冷却空气从热源中间流过，防止气流短路；应在进气孔处设置过滤网，以防杂物进入机箱。

(2) 密封式机箱的强迫风冷系统，在其内部一般应有空气循环系统，外表面有换热器或散热片。

(3) 采用箱内强制风冷散热时，还需要考虑：通风路径的设定、气流的分配和控制、空气出入口障碍物的影响、风机和通风孔的距离、通风进出口设计、空气过滤器采用与否、噪声的抑制及风机振动的影响等。

4.3.3 三防设计

湿热、盐雾和霉菌是导致基础材料腐蚀和老化的主要原因,也是高湿及海洋大气环境中造成产品故障的重要原因。产品对这3种环境因素的环境适应性设计通称三防设计,与产品防腐蚀设计的内容基本一致。在产品的设计、制造、使用、维护、维修等阶段严格执行腐蚀控制措施和规定,以防止或减少零(部)件在寿命期间内发生点蚀、晶间腐蚀、剥落腐蚀、磨蚀、接触腐蚀、应力腐蚀、氢脆、腐蚀疲劳、氧化和长霉等。

4.3.3.1 耐腐蚀材料的选择

对于金属材料,应满足相关标准的选材要求,根据使用部位全面综合考虑材料的强度、疲劳性能、断裂韧度、耐腐蚀性、工艺性、经济性等,在满足必要的力学、工艺和结构要求的前提下,优先考虑其抗腐蚀特性。结构材料要选取经过长时间使用证明或有足够的环境试验数据证明其具有优良耐蚀性能的材料;应按最佳特性/环境组合选择合适的材料及其热处理状态;各种金属材料都应采取适当的防护措施,原则上不允许呈裸露状态使用。不同的材料接触时,应尽可能选用相容的材料,否则应按GJB 1720《异种金属的腐蚀与防护》进行防护;易腐蚀部位和不易维护的部位应选择耐腐蚀性能好的合金;要特别注意有关热处理的规定和防腐蚀要求,避免选择会引起应力腐蚀和氢脆的表面加工。

非金属材料的腐蚀主要以物理、化学和生物作用引起的材料性能退化为主,选择非金属材料时应遵循以下原则。

(1) 应使用固有抗霉材料,并采取适当的表面处理防止污染。当使用的材料耐霉性达不到要求时,必须做防霉处理。对不耐霉材料(如橡胶、塑料、涂料、胶黏剂等)可在材料的生产工艺过程中直接加入防霉剂;用不耐霉材料制成的零部件、元器件,可浸渍、涂刷防霉剂溶液或防霉涂料;含有填料的塑料加工面应涂防霉涂料。防霉处理所使用的防霉剂必须满足下列要求:高效、广谱、有足够的杀菌力、性能稳定、便于操作、低毒、使用安全、对设备的性能无不良影响。

(2) 具有相容性。非金属材料之间及与金属材料接触时应具有相容性,应不会引起金属材料的腐蚀或应力腐蚀。否则应视其为金属,并按GJB 1720《异种金属的腐蚀与防护》的异种金属要求进行处理。非金属材料所逸出的气体不应引起金属及镀层腐蚀。

(3) 选择吸湿性低和透湿性小的材料或经过处理后具有低吸湿性和低透湿性的材料。

(4) 选择复合材料时必须考虑其使用环境、系统要求、结构和功能要求以及使用寿命和可维修性等问题。

(5) 限制使用室温固化型胶接用胶黏剂,热固性塑料应使其固化完全,以提高其耐霉性。

(6) 有机材料应选择具有抗裂解和抗老化性能(包括在大气中抗水解、抗臭氧分解和其他化学分解副产物),并符合性能要求和相应规范的最小易燃性的材料。

4.3.3.2 结构防护设计

4.3.3.2.1 结构防护设计原则

(1) 结构外形轮廓应尽可能简单。简单的外形结构便于实施防护、检查、维修和故障排除。无法简化结构的设备，可以设计为分舱结构，使腐蚀严重的部位易于拆卸和更换。

（2）对于暴露在机体外部的设备，或不常维护的设备应采取多重防护体系设计。

（3）零部件在改变形状和尺寸时应有足够的圆弧过渡。避免折线、尖角，避免灰尘杂质、腐蚀介质的积累和滞留。

（4）避免设备中存在能聚集水或冷凝液的阱和类似结构形式，如果这种情况不可避免，设备本身又不密封，则应采取排水措施，而不能使用干燥剂或吸湿材料。

（5）避免或减少结构缝隙，避免出现狭窄和有害介质的滞留区，减少不必要的开口，用密封剂充填任何可能有积水或其他外来物的缝隙、沟槽、凹坑和接合面。在设计带有垫片的连接件时，应注意垫片的大小，避免形成缝隙而发生缝隙腐蚀。

（6）增加防潮涂覆工艺。

（7）生产过程中应避免酸、碱、盐及溶液的污染，装配过程中应避免手汗、污物的污染。

（8）采取足够的密封隔离措施。

（9）消除残余应力，避免应力集中。

（10）避免异种金属电偶腐蚀。

（11）尽可能避免或减少接触表面间的微幅振动或相对微动。在设计时采用整体结构或焊接结构代替铆接或螺栓连接结构，使用树脂胶黏剂将接触表面黏接在一起。对于低应力长寿命的紧固件连接结构，可采取胶铆结构设计。接触表面应采用适当低的粗糙度，避免应力集中区域与发生微动磨损区域的重合，从而产生微动磨损表面的分离。

4.3.3.2.2 密封结构设计

（1）全密封机箱。要求能在规定期限内保持密封，以防止空气、气体或潮气的传递。应采用无细孔材料，用熔接工艺焊封。条件允许的情况下，采用全密封式机箱设计是最佳的选择，但必须考虑由此带来的散热问题。在电路设计、元器件选用上应强化热耗问题。为了改善抗氧化性能及提高密封效果，对于有条件的设备可以进行充氮密封。

（2）空气密封机箱。要求能防止内外之间空气传递。当内外压差达到 69kPa 时，设计要求在 24h 内压力差变化不超过初始压差的 6%。接合面应采用台阶式结构或凹槽结构，并辅以密封橡胶圈（板）进行气密设计。密封件所用的材料应选用耐高温、防潮、防霉、防盐雾、性能好的弹性材料。

（3）密封结构内部应避免使用能产生腐蚀性挥发气体的材料。若必须使用时，应对易受影响的零件进行专门防护。

（4）密封结构外的非密封零、组件，如紧固螺丝、安装支架等，应按恶劣环境进行防护设计。

（5）对要求外部冷却空气冷却的设备，在保证气密的条件下，应利用冷却或热交换器，以避免冷却空气直接接触内部元器件和电路。

4.3.3.2.3 非密封结构设计

（1）非密封的设备应设置湿气阱。湿气阱内应采取排水措施，而不使用干燥剂或吸湿材料。安装在机体外部的非密封设备，应合理开设排水口，排水孔直径最小为5mm。在排水孔处及易积水部位/区域应采用涂缓蚀剂和防霉涂料等作为防护措施。排水孔不应施加密封剂，以防止被密封剂和缓蚀剂堵塞。排水装置应选用耐蚀钢材、浇注塑料件等。

（2）非密封设备内表面及内部组件必须进行涂覆保护。用于非密封设备中的元器件、零部件应是耐腐蚀、耐霉菌的，或经过防腐蚀、防霉菌处理的。

4.3.3.3　工艺防护设计

防护体系通常由材料表面的金属镀覆层或化学覆盖层外加有机涂层组成，其选择主要应遵循以下原则。

（1）应将环境—基体材料—防护体系视为一体，综合进行优选组合。对处于恶劣环境中的结构/细节应采用重防体系。所有暴露于外部环境中的内表面以及经常处于腐蚀环境中的内表面，应视为外表面，并按外表面要求进行防护。

（2）金属镀覆层和化学覆盖层的选择应符合GJB/Z 594A《金属镀覆层和化学覆盖层选择原则与厚度》的规定，并按相应的环境条件要求确定，否则应通过试验进行评估。

（3）金属镀覆层和化学覆盖层应根据结构/细节的工作环境、材料特性、结构形状、公差配合要求、热处理状态、加工工艺、连接方法等进行选择。

（4）有机涂层的选择应根据工作环境，综合考虑涂镀层之间与基体的附着力、涂层的耐蚀性、耐大气老化性能、耐湿热、盐雾、霉菌的“三防性能”以及涂层系统各层之间的适配性和工艺性等。

（5）应对防护体系进行权衡分析，表面涂镀层及其厚度的选择与施工工艺、涂镀层寿命应尽可能与设备寿命匹配，尽可能实现高性能、长寿命、低成本。

（6）零件的切削、开孔、锉修等最好在表面处理前进行，以保证零件表面防护层的完整性。装配中不可避免地锉修等，应对被加工表面重新进行防护处理。

（7）尽可能采取零（部）件级三防，以消除生产环境引起的早期腐蚀和个别部位三防不彻底而造成的事故隐患，同时要求在设备使用过程中定期进行三防维护。

金属镀层按工艺方法分类如表4-3所示。

表4-3　金属镀层按工艺方法分类

镀层	工艺方法	工艺特点	举例
电镀层	在电解质溶液中，用电化学方法在金属或非金属基体上电沉积金属或合金镀层或沉积金属与金属氧化物、非金属的复合镀层	（1）可在不同材料、不同形状和大小的工件上电沉积各种金属或合金或复合镀层； （2）可在较宽的温度范围内使用和较精确地控制镀层厚度（常用0.25～38μm）； （3）工艺温度较低（16～93℃）； （4）镀层平滑，细致较均匀，纯度高，加工成本低	镀锌、镀银、镀金、镀Pb-Sn合金、镀Ni-SiO_2复合镀层

表 4-3（续）

镀层	工艺方法	工艺特点	举例
化学镀层和化学层	利用溶液中的还原剂，使金属离子在零件表面沉积成金属镀层，或沉积成金属与氧化物或金属与非金属的复合镀层	(1) 适用各种金属和非金属基体材料； (2) 在形状复杂的零件上可获得厚度十分均匀的镀层； (3) 能够用于电子工业精密零件件、微电子电路等特殊用途的镀层； (4) 设备简单，加工成本较低	化学镀 Ni、化学镀金、镀金、化学镀 Pb-Sn、化学镀 Ni-聚四氟乙烯复合镀层
阳极氧化膜层	是用直流电、交直流电等电解方式在零件表面形成自身氧化的膜层，是用电化学方法而获得的化学覆盖层	(1) 氧化膜在基体金属上直接生成，其附着力好，防护效果好； (2) 可用于防护、装饰和功能性镀覆层； (3) 工艺设备简单，加工成本低	铝和铝合金的阳极氧化、钛及钛合金的阳极氧化、镁及镁合金的阳极氧化
化学覆盖层	也叫转化膜层，是用化学方法在零件上获得的含金属自身氧化物、盐类等的复合膜层	(1) 化学覆盖层有一定的防护性，有的有较高的防护性；但一般耐磨性较差； (2) 适用于各种形状的零件； (3) 工艺简单，加工成本最低	铝的化学氧化、镁的化学氧化、钢铁磷化、钢铁氧化等
物理沉积层	包括真空蒸发沉积，真空电子物理蒸发沉积，离子镀，阴极溅射，机械镀等物理方法在零件表面沉积，金属或合金或非金属覆盖层	(1) 无或少许污染环境； (2) 对工件原来的机械性能无影响； (3) 设备昂贵，费用高	真空镀铝、离子镀铝、真空沉积镀层、阴极溅射氮化钛、机械镀锌等
喷镀和喷涂层	一般是用金属丝材或合金粉末，通过加热熔化喷镀在金属零件表面形成的涂层	(1) 可喷镀大型工件得到较厚的涂层 (130～1500μm)； (2) 喷镀层孔隙多、韧性低； (3) 与基体多为机械结合，厚度不匀，设备费用高	喷锌、喷铝
热浸镀层	将零件浸入熔融的金属液中，取出后在零件表面覆盖一层金属膜层	(1) 镀层多为低熔点金属，如 Zn、Sn、Pb、Al 等； (2)钢上浸 Zn，厚度一般为 38～86μm； (3) 工艺简单，但能量消耗大	热浸镀 Zn、热浸镀 Sn
离子注入表面改性与合金化层	把一种和几种元素的离子(金属、非金属或气体元素)用离子注入法或激光、离子或离子束脉冲加热相结合，形成表面改性层，可得某种特定的优良物理化学性能	(1) 可以注入各种元素离子，表面改性层可以是平衡态、非平衡态或非晶态； (2) 表面改性层很薄(0.1μm)，不改变零件宏观尺寸与精度； (3) 可得优异的抗蚀性； (4) 设备昂贵	如铝合金用离子注入硅法可得高耐蚀性的表面改性层。抗中性盐雾试验 2000h 以上

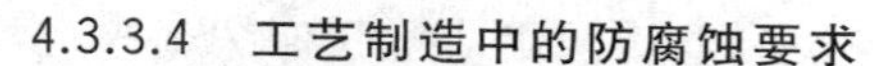

4.3.3.4　工艺制造中的防腐蚀要求

4.3.3.4.1　机械加工

机械加工时应采用无冷、热应力集中的工艺，避免使用应力、装配应力和残余应力在同一方向上叠加，严格按热处理规范进行处理。材料最好在退火状态下进行机械加工或弯曲、冲压等成型工艺。在退火状态下加工零件的残余应力较小，如果能在加工以后进行消除热处理残余应力，则可降低发生腐蚀的可能。机载设备、附件应选择精密铸造工艺，有利于耐蚀性的提高。在设计铸件时，对于要求质量轻、受力小，又有一定刚度的零件可采用铝合金铸件；对于受力较大的零件，可采用钢铸件；对于受振动、冲击较大的零件，不宜采用铸件。机载电子设备可用钣金结构或焊接结构制造。通常钣金件应选用退火材料制造，但对于加工变形量不大的零件可选用淬火材料制造。受力较大的部位和要求刚度较高的部位，可选用冷硬状态的板材制造。尽量避免在加工过程中退火而二次淬火。零件加工后和设备组装后，应清除多余物，螺纹件不应有毛刺或有伤痕，轴承件转动应灵活，接触面不应有锈蚀、痕迹等缺陷。

4.3.3.4.2　表面处理

零件经预处理后应严格按相关工艺进行表面处理，以防腐蚀；为提高镀层、阳极氧化和化学转化膜层的防护性能，须进行封闭处理（铝合金阳极化后采用重铬酸盐填充其效果优于热水封闭）；铆接件、点焊件应先镀涂或化学处理，而后再铆接或点焊。热固性材料、层压材料及吸湿性高、透湿性大的材料，在切削加工后，应进行浸涂处理。对经电镀、化学镀、盐浴处理，钎焊和熔焊的零件应彻底清洗，除去腐蚀性介质，尤其是孔隙、缝隙、焊接件与盲孔等部位，然后进行干燥处理。

4.3.3.4.3　过程控制

采用的加工工艺包括锻造、铸造、机械加工、化学铣切、热处理、表面处理、焊接、装配等，应提高而不降低零件与材质的综合性能，包括耐腐蚀性能。加工过程中不应有划伤、腐蚀损伤，不应残留腐蚀介质。由于腐蚀往往从表面开始，表面的划伤、残余应力、渗氢、氧和低熔点金属的污染等会使表面完整性被破坏，都可能加速零件的腐蚀，致使设备结构提前失效。因此，制造工艺过程和所用工艺材料不应给设备结构带来腐蚀隐患。

4.3.3.4.4　涂层质量控制

涂层质量的优劣，不但取决于涂料本身的质量，还取决于施工工艺的质量。工艺质量包括涂漆前的表面准备、涂料的准备、施工环境条件、施工要点和涂层的检验等，应严格按相关工艺执行。应特别注意涂漆前零部件的表面准备。涂漆前零部件的表面清洁程度，直接影响涂层的附着力。因此，脏污表面必须清洗干净；表面处理后的零部件应尽快涂漆。整个过程中应避免徒手触摸，以防汗渍污染。

4.3.3.4.5　装配

凡使用燃油、液压油和润滑油工作的产品，在装配过程中可在油路冲洗和润滑用的油料中添加少量的缓蚀剂；不用油料作介质的装配工序，应有相应的防锈措施；经用腐蚀性介质组装后的零组件，应及时洗净残留介质；带有不耐油的非金属组合件（如天然橡胶）不应用汽油清洗；装配中使用的压缩空气必须是经过油水分离器干燥和清洁过的。对电子设备选用各种高低频接插件，在装接前可浸涂电接触固体薄膜保护剂进行处理，以增强表面防护能力和降低插拔力。各模块电装调试后，对印制板、元器件和焊点进行三防保护。一般电路板可涂覆清漆、绝缘漆、三防漆。高频板可涂覆电性能和防潮性能均优良的有机硅树脂保护。目前还可使用真空涂覆设备对高频元器件进行三防涂覆，效果较好。依靠自身引线支撑、每一引线受力超过 5g 以及有特殊要求的元器件应加固处理。需要灌封可用硅凝胶进行处理。高低频连接电缆在插头座尾端与电缆连接处用带胶热缩套管热缩后进行连接密封处理，以保护电缆焊点不被腐蚀。

4.3.3.5 异种金属接触防护

当两种不允许接触的金属必须连接时，除可采用加入金属垫片的方法进行调整、过渡、减少电位差之外，还可选择好的零件镀覆体系实现调整、过渡。应采用小阴极、大阳极结构：电偶腐蚀速度随阴/阳极面积比值增大而增大，减少阴极面积可以减少阳极腐蚀量。关键件应采用阴极性材料制作。避免电偶腐蚀的保护方法：涂漆（不同金属接触面涂底漆）、密封胶隔离或填充（不同金属接触面涂密封剂）、粘贴不干胶带（禁止使用布基胶带）。

绝缘隔离材料应是良好的电绝缘体。侵蚀性越强、电位差越大，连接部位所选用的绝缘隔离材料的电阻值应越大。绝缘隔离材料不应吸水吸潮。用绝缘隔离材料制成的隔离件（如垫圈）应有足够的厚度。绝缘隔离件的化学成分和结构形式应对连接件材料无有害影响。

对于紧固连接结构，应选取具有密封效果的紧固件，如密封铆钉、干涉铆钉、锥形螺栓等；尽量压缩品种、规格；优先采用十字槽螺钉，不应使用自攻螺钉；凡适用处，应采用快速、可靠脱扣、自锁紧和不脱落的紧固件；在铝合金中旋入螺钉时，应使用钢丝螺套。紧固件装配除不宜采用湿装配的部位外，原则上全部采用湿装配，湿装配材料根据具体需要可选用底漆、密封剂、润滑脂，涂覆量应保证使紧固件装配后连续挤出且不过量。所选用的紧固件应能保证设备在整个寿命期内安全可靠，应根据被紧固零件的材料性质（硬性、软性和脆性）及连接方式，选用合适的紧固件和紧固方法。考虑变形对密封的影响，选择最佳结构布局形式。采取措施控制接缝变形：增加紧固连接部位的局部刚度，使连接部位的刚度匹配；选择与结构件亲合力强而又具有一定柔韧性的密封剂；缝外密封应安排在不受力的连接缝上。控制连接件层数：密封部位应尽可能减少结构的结合层数，减少结合部位造成的空腔（如下陷），尽量简化结构间的协调关系。除埋头铆钉外，铆钉安装时应将钉杆膨胀部位置于渗漏通道的初始端。

4.3.3.6 腐蚀性环境控制

防腐蚀密封设计应遵循的一般要求包括：选用密封效果最佳的密封材料和密封类型；正确定位密封面和密封部位，使密封缝在载荷下引起的相对变形量较小，或使变形有利于结构密封，避免密封剂承受撕裂力；被密封零件应有相近的刚度，把破坏密封的挠曲限制到最小；应将密封结构需密封的零件数限制到最少，以减少泄漏通道；实施密封的区域应具有良好的可达性、可见性，以便实施密封、检查和维修；密封间隙或间隔尺寸应恰当，保证密封材料涂敷的适宜面积，并能使密封材料黏结可靠；应有合适的边缘条件，避免将齐平或凹陷的边缘留作密封；在满足密封要求的情况下，尽量缩短密封长

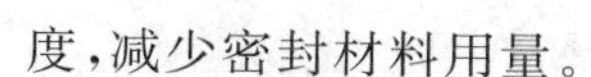

度，减少密封材料用量。

密封剂的选取应根据密封部位的密封要求、使用环境温度、密封剂活性期、使用经验及使用的广泛程度慎重加以选择，选择材料应具有最佳综合性能。应使用通过鉴定并已在正式使用或在国外已有成熟使用经验或经可靠性试验验证的密封材料；密封剂活性期应适合设备密封装配周期，并可在一定范围内选择，应有较宽的涂敷和施工温度、湿度范围，并具有一定的强度；密封剂应具有良好的抗渗透性，不得渗透被隔离的液体或气体，并且有良好的化学稳定性，较好的耐老化性能、耐温变性能、耐油、耐盐雾和耐高湿度大气性能。密封剂对金属与非金属材料不得有腐蚀性，毒性小，对人体不产生有害作用；在容易孳生微生物的地方，应选用能防止微生物腐蚀的密封剂，或采用有效的防微生物腐蚀措施；在空调系统中工作并要求保持气密的设备应选用耐空气性能良好的有机硅类、聚硫类密封剂；在燃油系统中工作的结构应选用具有优良耐燃油性能的聚硫型或氟硅密封剂；可拆卸的密封定位，应选用低黏结力密封剂；电器零件防湿密封应用有机硅、聚氨酯或聚硫类密封剂；设备特别要求阻蚀时，应选用阻蚀密封剂。

4.3.4　低气压环境适应性设计

低气压环境适应性设计包括材料、元器件(零部件)选择、正确的结构设计和利用密封、增压技术 3 个主要方面。

4.3.4.1　材料、元器件(零部件)选择

在成本和设计允许的范围内适当选择材料是防止低气压产生不利影响的重要手段。各种材料在其承压能力方面以及在气压迅速改变造成压差下保持密封能力方面大不相同。当可能产生渗漏气体或液体时，应当考虑与其接触材料的渗透性。根据蒸发对气压敏感性的不同，选择润滑剂和燃油。适当地选择绝缘材料可将电晕放电和电弧放电的破坏性影响减少到最小程度。元器件(零部件)选择应满足 GJB/Z 457《机载电子设备通用规范》的要求。

4.3.4.2　结构设计

通过修改结构设计弥补潜在问题，可使低气压产生的许多有害影响减小到最低程度或者完全防止。这特别适用于电气和电子设备，因为这些设备在低气压条件下电压击穿是常见的潜在危险，其中接触器的形状和间隙能影响不同电压和不同气压下的击穿电阻。常用的结构设计方法有：增加电路间隙以便增加气体绝缘距离；增加灭弧电路；空气绝缘部分采用绝缘胶层避免尖端结构与残留毛刺，防止尖端放电发生等。

4.3.4.3　密封和增压

对具有活动电气触点的产品采取密封是防止低气压环境下接触器分开时产生电晕或电弧放电的主要措施。对低气压环境进行控制的另一项主要方法是建造密封舱段，按机载设备气压要求或乘员要求控制补齐量，保持其舱内压力在设备允许和乘员正常活动要求以内，且压力不随高空环境气压降低而过多降低。

4.3.5　防雨设计

4.3.5.1　设计原则

飞机结构的防雨和排水设计，应简单实用且质量较轻。除应满足有关标准要求外，

还应遵循以下设计原则：

（1）飞机机体结构尽量采取密封形式；

（2）防止机体外部的水进入乘员进入区、指定的维修区或发动机罩内；

（3）飞机内易于积水的部位，应有排水措施，限制积水在机体内跨区域流动，并将其排出机外；

（4）应在结构设计中采取有效措施，使零件、构件和部件任何部位，尽可能不出现液体积聚；

（5）为防止机内液体积聚，机体下部蒙皮应开有足够的排水孔，内部结构应有合适的孔或缺口，并保证液体排泄通道畅通，使液体经排水孔排出机外；

（6）所采用的胶管、橡胶垫和胶膜等非金属材料密封件，应与机体牢固连接，并具有较好的耐水、耐油和耐老化等性能，且耐久可靠性高，密封件应容易更换。

4.3.5.2 防雨和排水设计措施

总体上，飞机防雨和排水设计的通用措施主要包括：电子设备布置在飞机结构内部干燥处；气动布局应保证机体上部外形尽量光滑，以免水分积聚；结构布置时，应考虑设置通畅的排水通道，并应有切实可行的方法，能将液体排出机外；在潮湿水气易于积聚的区域，应尽可能布置合适的通风设施，以防止湿气的汇集和凝结；在位于结构上部的系统设备舱底部，应设置排水通道，将水排出机外；合理布置排水通道，且该通道应便于维护（或更换）；排放口应位于机体下部。

具体地讲，飞机防雨设计包含防水密封设计、机身结构防水设计、翼面结构防水设计、紧固件防水设计、口盖防水设计等多方面，每个方面都具有一些特殊的防护措施或具体要求，在此不做赘述。需要指出的是，前文介绍的防潮湿、防盐雾等措施均能有效防止淋雨对装备造成的不利影响。

4.3.5.3 防高速雨水冲蚀设计

在防雨设计中，比较难处理的问题是在高速运动状态下防止雨的冲蚀。通常的方法是选择更适应其运行要求的材料和设计。玻璃、塑料、陶瓷和金属，其耐冲蚀性能依次递增。环氧玻璃最不耐受冲蚀，而氯丁橡胶和聚氨基甲酸酯合成橡胶制备的涂层可以在马赫数为2时耐受雨水的冲蚀。对于导弹等装备来讲，耐冲蚀的性能与头锥的半径以及被冲蚀材料的厚度有关，随着半径的加大和被冲蚀材料厚度的增大而减小。

4.3.6 防沙尘设计

除了降低能见度这一明显影响外，沙尘主要通过以下三方面使设备性能退化：一是冲蚀磨损表面；二是引起磨损加剧；三是阻塞过滤器、小孔径和精巧设备。防沙尘设计也主要是针对沙尘3种影响途径来展开。

在防冲蚀磨损设计方面，要求机体外表面光滑平整，尽可能减少突出物和蒙皮连接处的阶差；对暴露表面，应选择耐磨损的材料，比如蒙皮外表面、直升机金属旋翼叶片表面应涂覆耐沙尘冲蚀、磨蚀性能良好的保护层，座舱挡风玻璃应采用耐沙尘危害性能好的强化玻璃或安全玻璃，玻璃表面可采用防沙尘透明涂层保护等。

在防磨损设计方面，应尽量防止沙尘侵入，减缓沙尘影响。例如，容易受沙尘侵蚀的轴承，应安装防尘罩，并频繁地涂换润滑油和清洗设备；在发动机吸气系统的进气口部位安装过滤器，使流入的外界空气保持干净；凡可活动的操纵系统部件与机体结构之间的向外通道或间隙，根据需要应采取密封措施，未采取密封措施的部件，也应有减少砂尘侵入和便于清除沉积沙尘的措施。

在机载设备防沙尘设计方面，安装在驾驶舱、设备舱或密封舱内的机载设备，可采用防尘机箱，防止沙尘的渗透作用；安装在机舱外的机载设备，采用灰尘密封机箱，以完全防止沙尘侵入设备；暴露在机舱外的设备和部件（如：镜头、探测传感器、天线）、随动装置、通风道进气孔和活动部件等必须有相应的防沙尘、清除沙尘装置；处于有高沙尘危害处的电子设备，要进行接地或进行正确的全面防护，防止静电荷的产生；电缆在机上敷设一般不宜直接暴露在沙尘环境中，当不能避免时，所敷设的电缆应有防沙尘措施，电缆接口应采用密封措施。

4.3.7　防太阳辐射设计

与太阳辐射有关的设计问题主要针对太阳辐射对材料的破坏作用，可从选用对光老化性能优异的材料以及采取适当的屏蔽措施的两个途径实施。对于由太阳辐射引起的高温环境防护，可借鉴前文所述的温度环境适应性设计的相关内容。

暴露结构和设备上安装的塑料或橡胶零件、复合材料部件、涂覆的有机涂层、纺织品以及驾驶舱罩、仪表盘等设备上使用的透明高分子材料等均会在太阳辐射环境中由于光老化作用而逐渐老化、损坏。因此，这些易受太阳辐射影响的结构或设备应尽可能选用耐光老化性能优异的材料。这些材料包括：甲基丙烯酸酯、苯乙烯共聚物、氟塑料等热塑性塑料；邻苯二甲酸二丙烯、呋喃、聚丙烯酯等热固性塑料；氯丁橡胶、硅橡胶、氟化橡胶、聚酯橡胶等合成橡胶材料；氟聚氨酯、环氧、丙烯酸等有机涂层面漆，等等。另外，在外部涂装涂料中还应添加诸如碳酸镁、氧化锆等颜料，也能够有效地反射太阳光中的紫外线，起到有效保护载体的作用。

屏蔽措施包括对整机实施屏蔽（如修建机棚、加盖机衣等）和对关键设备实施屏蔽（如对驾驶舱内关键仪表加装防护罩等）2 个层次。这些措施可直接阻挡太阳辐射对装备的影响，可减少装备非使用状态下的光老化损伤。

4.3.8　抗声疲劳设计

声疲劳由飞行中的随机噪声和发动机与机体设备运行时的振动引起，这种振动会在飞机飞过湍流等复杂气流层时发生。某些类型的结构对声疲劳特别敏感，表 4-4 列出了一些常见制造方法与结构对声疲劳的相对敏感指数。一般来说，结构对声激励的响应随结构阻尼的增加而减小。因此，在其他因素相同的条件下，阻尼较高的结构对声疲劳的敏感性比阻尼较小的结构要小一些。表 4-5 列出了常见结构形式的阻尼率。

表 4-4　声疲劳敏感指数

结构与工艺	敏感指数
带湿法铺层边缘的玻璃纤维蜂窝	1(最好)
钎焊的钢制蜂窝结构	2

表 4-4（续）

结构与工艺	敏感指数
重质板翼肋结构	2
整体加强板	2
平板与压梗板的胶结结构	3
铆接波纹板结构	4
结构与工艺	敏感指数
紧固件、角材、支座和角撑	5
铆接的桁架结构	8
轻质板翼肋结构	11(最差)

表 4-5　不同结构形式的阻尼率

结构形式	阻尼比
大长宽比铆接板	0.010～0.020
翼梁和翼肋	0.020～0.025
层合板	0.025～0.035
胶结压梗板蒙皮	0.020～0.030
蜂窝夹层结构	0.020～0.040

4.3.8.1　避免应力集中的结构设计

声疲劳破坏通常起始于高应力集中区域。为了减小临界区的应力，应遵循以下设计原则：

(1) 避免横截面突然变化；

(2) 避免桁条之类的构件彼此拼接；

(3) 避免在主要构件的高应力区连接主要元件；

(4) 尽量加大成形元件的弯曲半径；

(5) 在所有结构元件交叉连接的地方采用较大的圆角(半径)；

(6) 边缘上所有的棱角应倒圆；

(7) 在蒙皮壁板或腹板上有开口的地方，每个转角处尽可能采用最大的转角半径。

4.3.8.2　材料的优选

无论是夹层形式或层合形式的复合材料，对声疲劳都有很好的阻抗能力，因为这些材料具有很高的振动阻尼特性。某些金属材料(如镁合金)制成的结构因为在铆钉孔、划痕、切口等处产生较高应力，所以对声疲劳非常敏感，因此，在声压水平超过 140dB 处，除非已经做过充分的声疲劳试验，否则不宜使用这些材料。

4.3.8.3 制造方式的优选

首先，应采用残余应力最小的机械加工和热处理方法，必要时应进行残余应力消除处理。表面应尽可能光滑；要避免使用粗砂轮或以高速磨削表面，以免造成局部过热。其次，为减少疲劳发生的可能性，钻孔要比冲孔好。再次，挤压件通常比同样形状的滚压成型件优越。最后，其他因素还包括标注零件号的方法和打记号的位置，应采用对零件无损伤的标记方法或者标记在应力最小的位置；采用适当的保护方法使腐蚀减至最小；在可能的范围内，使材料晶粒方向与应变(应力)方向保持一致。

4.3.8.4 接头与拼接设计

使用简单紧固件的连接形式；在紧固件与孔之间选择适当的公差和配合，使接合面之间的磨损减至最小；在任何一接头中，避免不同类型的紧固件(如螺栓、铆钉等)混用。在可能的范围内，尽量采用高精度公差的螺栓孔；在可互换使用的构件中不宜采用高精度公差的孔，在螺栓头和螺帽下面应加上特制垫圈作为保护。尽可能将接头设计为对称结构。板之间的拼接连接避免太长，并且通常采用斜面拼接或鱼尾式拼接形式，而不用阶梯拼接。

4.3.8.5 加强板结构设计

在一般情况下，声激励所引起正方形板边缘的振动应力往往大于相同面积的长方形板边缘上的应力。但是，不管板的构型如何，都必须仔细注意板的边缘，因为该处的任何不连续都会使疲劳问题变得非常突出，以下介绍几种典型的加强板结构：

4.3.8.5.1 桁条加强板

使用对称的桁条和对称的连接可以延长桁条加强板的声疲劳寿命。如果出于制造的考虑需要使用非对称加强件时，那么在该处必须通过适当的局部加强或加固来抵消结构偏心的影响。

4.3.8.5.2 整体加强板

整体加强板比桁条加强板优越，因为它可以在应力集中较高的区域增加材料却不会使结构的剖面特性发生急剧的变化。

4.3.8.5.3 胶结压梗蒙皮壁板

胶结压梗板常常用于大面积无支持的板件上，其四周接合处通常都是会有问题的地方。如果大部分区域没有支持，壁板会像一个大隔板那样发生振动。这样一来，由于受力状态较严重，板的压梗两端很快就会出现裂纹。在其两端的边缘处采用双头压梗或加上加强片，就可以使其使用寿命增加50%～100%。

4.3.8.5.4 波纹加强板

波纹加强板的主要声疲劳问题是，在整块板上只有有限的部分可用来把板的载荷传递到支撑结构上。因此，在波纹板抗声疲劳设计时，重点应是设法把载荷尽量均匀地分布到连接区域内，并在其支撑结构的连接处使用对称构件。

4.3.8.5.5 蒙皮翼肋结构

在飞机设计中，这种结构构型使用得最为广泛。从声疲劳设计角度，常规的蒙皮与翼肋组成的结构在有成排紧固件处，在形成翼肋凸缘时有弯曲半径处，或在拉力作用下紧固件可能破坏处常被认为是关键区域。因此，设计时应特别注意每块板的边缘情况和翼肋腹板的厚度。如果结构有声疲劳破坏发生，最好出现在蒙皮上部而不在其翼肋上，因为一般进行飞机检查时最容易发现外表蒙皮裂纹，而其内部支撑结构的损坏就很不容易发现，并且随着飞行时间的增加而不断扩展，最后可能造成严重的结构破坏。

4.3.8.5.6　蜂窝夹层设计

蜂窝结构具有很高的刚度与质量比。在抗声疲劳结构设计中，它是最好的结构形式之一。就声疲劳损坏而言，蜂窝夹层板的边缘区域是最薄弱的环节，因此，必须对其进行严格的检查，以保证具有足够的使用寿命。这些检查包括选择适当的面板、边缘加强件的厚度以及边缘闭合元件等。试验证明，蜂窝夹层结构在抗声疲劳方面是一种极好的结构形式；在需要承受高强度声压处，它是最好而且最轻的结构。然而，对于声压水平作用较低处，由于制造和维护要求的原因，蜂窝夹层结构通常不如其他结构形式优越。

4.4　环境适应性设计型号应用

GJB 4239《装备环竟工程通用要求》中虽然把环境适应性设计作为一个工作项目，但在目前型号研制中，尚未把它作为一个设计工作项目纳入型号研制工作计划，并在进行过程做检查评审。设计人员可能自发地应用耐环境设计技术提高产品对某种环境的适应能力，但由于没有明确要求，一般也不编写环境适应性设计报告。研制人员一般都不进行研制试验来发现设计缺陷和薄弱环节以改进设计，更不会设法使产品具有一定的耐环境应力裕度，而只是应用摸底试验看看产品能不能通过鉴定试验。因而型号研制中这一设计工作至今尚未得到开展。

第5章 实验室环境试验剪裁技术

5.1 概述

5.1.1 实验室环境试验剪裁的定义和说明

5.1.1.1 定义

GJB 6117《装备环境工程术语》将实验室环境试验定义为"对装备寿命期各阶段实验室环境试验工作及其内容等进行的剪裁，是环境工程剪裁的组成部分。"标准正文中的该定义比较笼统，因此用"注"的形式进一步阐述其内涵，该注的内容为："实验室环境试验剪裁是以有关标准或规范规定的试验方法为基础，根据装备（产品）的环境适应性要求、自身特征、相似设备情况、寿命期阶段、设备、人员等资源进行分析和权衡，确定装备（产品）寿命周期各阶段环境试验要求及其具体内容的过程，包括试验项目、试验项目顺序、试验条件和试验程序等方面的剪裁。"

5.1.1.2 说明

这一定义概括说明，装备寿命期不同阶段有不同的环境试验类型和要求，环境试验剪裁的基础是环境试验方法通用标准和相关的产品规范，其主要依据是受试产品的环境适应性要求，考虑的因素有受试产品自身特点、试验实施的寿命阶段即试验的目的和相似设备情况和测试设备等，剪裁的主要内容包括试验项目、试验条件、试验项目顺序和试验程序（步骤）等。

5.1.2 实验室环境试验剪裁是装备环境工程剪裁的组成部分

5.1.2.1 装备环境工程剪裁的定义和说明

5.1.2.1.1 定义

GJB 6117《装备环境工程术语》中装备环境工程剪裁的定义为："对装备（产品）寿命周期各阶段开展的环境工程工作项目及其内容的剪裁。"该标准同样以"注"的形式进一步阐述装备环境工程剪裁的内涵：环境工程剪裁包括环境工程管理、环境分析、环境适应性设计和环境试验与评价4个方面。剪裁是以有关标准规定的通用工作项目为基础，根据装备（产品）预期的寿命期剖面与研制要求、装备（产品）研制的起点或相似装备（产品）情况、时间和人力等可得资源进行分析和权衡，确定其具体工作项目及其内容的过程。

5.1.2.1.2 说明

这一定义说明剪裁的基础是GJB 4239《装备环境工程通用要求》规定的有关环境工程通用工作项目，其主要依据是装备（产品）预期的寿命期剖面和研制任务书和研制总要求，主要考虑的因素包括研制起点、相似装备（产品）情况、时间和人力资源等，其内容包括环境工程工作管理及其文件剪裁，环境适应性要求即耐环境设计要求剪裁，环境适应性设计技术应用剪裁和环境试验剪裁 4 个方面。

5.1.2.2 环境试验剪裁是环境工程剪裁的组成部分

环境工程剪裁工作几乎贯穿产品寿命期全过程，涉及每一阶段的技术和管理工作。装备环境工程剪裁工作与 GJB 4239《装备环境工程通用要求》中规定的各项环境工程工作项目之间的关系和对有关工作剪裁的要点如图 5-1 所示。从图 5-1 可以看出，其中任何一个工作项目都有剪裁工作可做。在这些剪裁工作中，环境工程管理工作项目的剪裁主要以环境适应性分析工作输出的环境适应性要求和试验要求作为基础和依据，结合产品特点和可得到的时间、经费、人力、试样（试品）、设备、信息等资源进行权衡和取舍，编制出一个环境工程工作管理和评价计划，并纳入装备研制网络以确保各项环境工作项目得到有效的实施。典型的网络图如图 5-2 所示，从图 5-2 可以看出，环境试验在主机所和成品厂环境工程工作中占有很大比例。环境工程剪裁的重点是确定环境适应性设计要求、环境试验要求和编写试验大纲与评价计划。环境试验与评价剪裁仅是环境工程剪裁 4 项工作之一，而实验室环境试验剪裁又仅是环境试验剪裁的一部分，主要应用于装备、产品的研制和生产阶段。

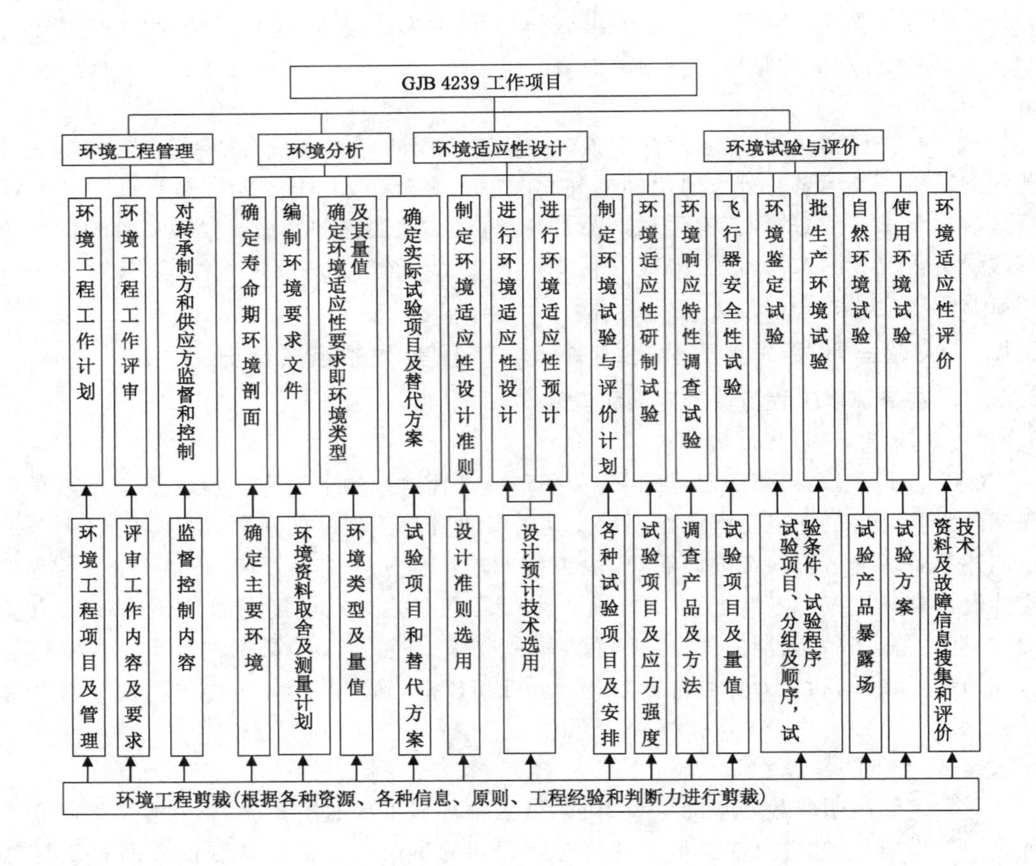

图 5-1 环境工程剪裁与 GJB 4239 工作项目的关系

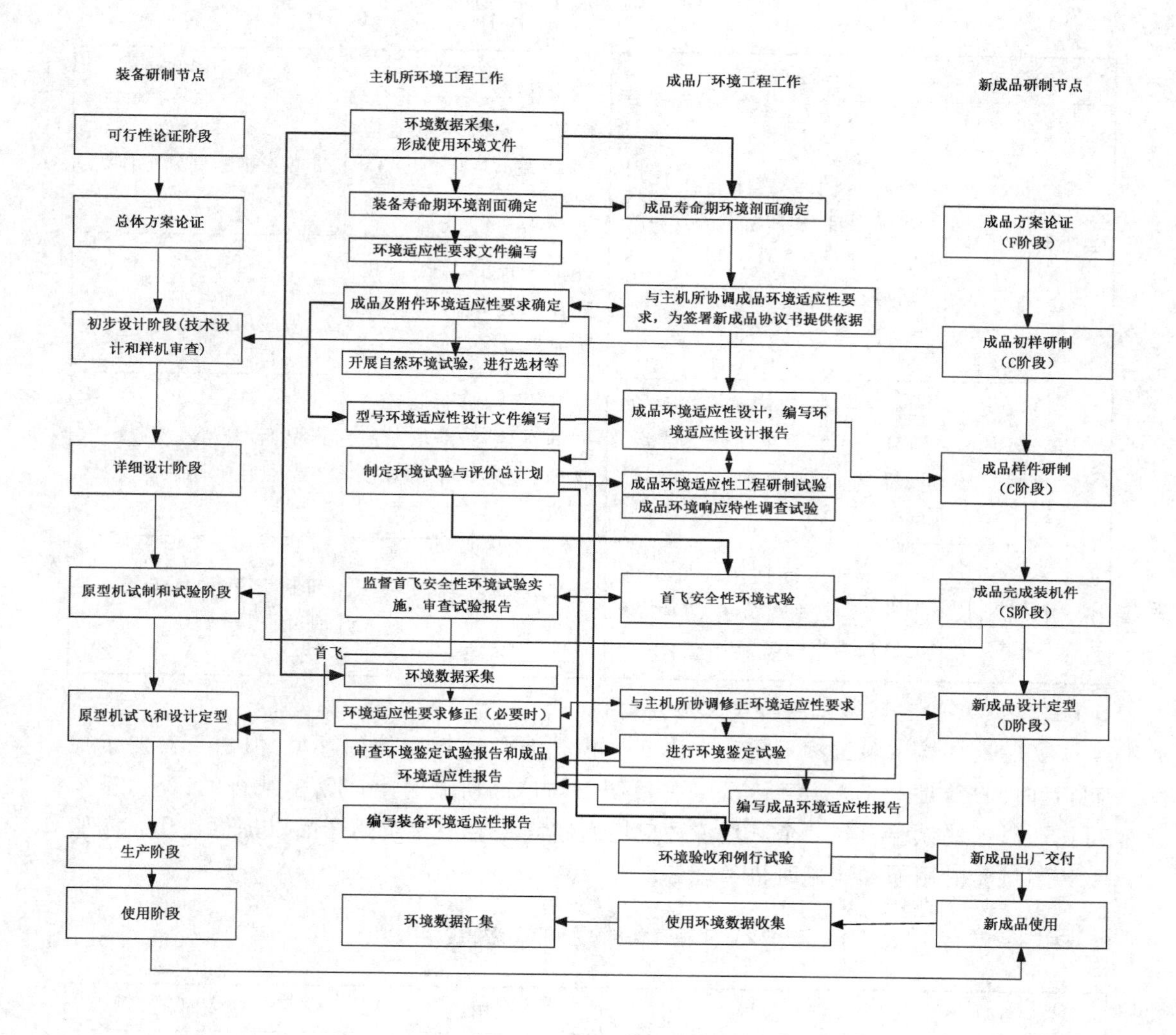

图 5-2　航空装备环境工程工作网络图示例

5.1.2.3　符合性验证试验是实验室环境试验剪裁的重点

5.1.2.3.1　环境试验的类别和用途

环境试验分为自然环境试验、实验室环境试验和使用环境试验三大类，这三类试验有其不同的目的和应用时机，综合应用这些试验手段，可为提高和改善产品环境适应性、考核和评价产品环境适应性、掌握产品环境响应和耐环境应力特性等方面将发挥重要作用，以确保获得一个环境适应性高、可用性好的产品。各类环境试验的用途和应用时机如表 5-1 所示。

表 5-1 各类试验的用途和应用时机

试验类型	定义及说明	用途	应用时机
自然环境试验	(产品)长期暴露于自然环境中,确定自然环境对其影响的试验。自然环境包括大气环境、海水环境、土壤环境等	筛选对自然环境适应性好的材料、工艺、器件	日常安排的基础工作
		评价产品自然环境中贮存和使用时的环境适应性	产品研制阶段 产品使用阶段
实验室环境试验	在实验室按其环境条件和负荷分为环境适应性研制试验、环境鉴定试验和环境例行试验	发现设计缺陷,验证合同的符合性,获取产品物理特性和耐应力极限信息	产品研制阶段 产品批生产阶段
使用环境试验	在规定和实际使用环境条件下考核、评定装备(产品)环境适应性水平的试验	评价产品环境适应性水平	研制阶段(如可能) 使用阶段

5.1.2.3.2 实验室环境试验种类和应用时机

实验室环境试验虽然不能完全真实地模拟自然环境和使用环境,但由于其便于控制,且时间短,是上述 3 类环境试验中最便于与产品研制与生产紧密结合的试验,至少可以通过这些试验得到一个其环境适应性基本满足合同要求的产品以提供使用。实验室环境试验的用途和应用时机如表 5-2 所示。

表 5-2 实验室各种试验的用途和应用时机

试验类型	定义及说明	用途	应用时机
环境适应性研制试验	为寻找设计和工艺等方面缺陷,采取纠正措施,增强产品环境适应性,在工程研制阶段早期进行,是产品工程研制试验的组成部分	发现设计、工艺缺陷,获取产品薄弱环节和耐应力极限信息	产品研制阶段早期、中期
环境响应特性调查试验	确定产品对某些主要环境(如温度和振动)的物理响应特性和产品耐环境性能极限值	为后续试验控制和实施及用户使用装备提供基本信息	研制阶段中期
飞行器安全性环境试验	飞行器首飞前对涉及飞行安全的产品选择关键(敏感)环境因素安排相应的环境试验	确保飞行器首飞安全	研制阶段中期、后期

表 5-2（续）

试验类型	定义及说明	用途	应用时机
环境鉴定试验	为考虑产品的环境适应性是否满足要求，在规定的条件下，对规定的环境项目按一定顺序进行的一系列试验，是产品定型鉴定试验的组成部分	为产品定型提供决策依据	研制阶段后期定型时
环境例行试验	为考核生产过程稳定性，按规定的环境项目及环境条件，对批生产中通过出厂验收检验的产品按定数抽样进行的环境试验，是批生产例行试验的组成部分	检验工艺稳定性，作为验收的最后依据	批生产出厂检验后

5.1.2.3.3 环境鉴定试验和环境例行试验是剪裁的重点

军用装备研制阶段后期的设计定型或技术鉴定要进行环境鉴定试验，以确定所研制军工产品的环境适应能力是否满足研制总要求和成品技术协议书规定的环境适应性要求，作为其定型决策的依据；军用装备批生产阶段要进行环境例行试验，概念批生产工艺的稳定性确定定型后投入批生产的军工产品的环境适应能力是否还能保持满足总要求和成品技术协议书规定的环境适应性要求，作为批产品验收的依据，因此这两种试验均是验证产品环境适应性是否满足规定要求的试验，称之为符合性验证试验，是军工产品研制程序中必不可少的关键性试验，是使用方和研制方关注的重点，因而也是环境试验剪裁工作的重点。本章重点介绍实验室环境试验剪裁技术。

5.2 实验室环境试验剪裁方法

5.2.1 实验室环境试验剪裁的必要性

5.2.1.1 通用基础环境试验标准不能完全套用于具体产品

目前通用环境试验标准的典型代表，在军用产品方面是 GJB 150《军用设备环境试验方法》、GJB 150A《军用装备实验室环境试验方法》和美军标 MIL-STD-810F/G《环境工程考虑和实验室试验》，在民用产品方面是 GB/T 2423《电工电子产品环境试验　第2部分　试验方法》和欧洲电工协会的 68 号出版物，这些标准有以下特点：

(1) 有的规定了统一的环境试验条件或等级，如 GJB 150《军用设备环境试验方法》和 GB/T 2423《电工电子产品环境试验　第 2 部分　试验方法》；有的只提供剪裁指南如 GJB 150A《军用装备实验室环境试验方法》；

(2) 提供了一个或多个统一的试验方法或试验程序(步骤)供选用;

(3) 即使规定了环境条件(特别是气候环境条件),也往往是以自然界记录的或从载体上测量得到最严酷的环境条件为基础来确定的,即用以往遇到的最严酷的环境来代表某一特定产品的未知环境,以确保安全可靠;

(4) 规定了一些试验条件选择的灵活性条款,但如何选择这些条件未做具体规定;

(5) 有些标准如GJB 150《军用设备环境试验方法》和MIL-STD-810C《空间及陆用设备环境试验方法》,基本上是一个固定的可供产品规范直接引用的例行文件,不可作任意改动,美国人称MIL-STD-810C《空间及陆用设备环境试验方法》为"食谱",点到哪个试验方法就直接照搬哪个试验方法。即使是这种标准,对平台诱发环境也不会做出具体规定,需要根据平台的具体情况进行剪裁。

上述特点表明,现有标准要么采用以严酷代替温和,确保以安全性为基础的简单化处理方法,要么给出等级序列或者什么也不给,让你自行确定。前一种方法容易导致军用装备受到过试验,大大提高产品研制和生产成本。这种办法是在以往缺乏环境基础数据、经验和技术的历史条件下的必然产物。后一种方法实际上是要求独自根据产品实际情况剪裁确定环境试验要求。因此,无论是从哪个角度或从哪个标准出发,都必须根据军用装备寿命期遇到的环境特点和设计要求,开展环境试验剪裁,而不是简单套用通用标准中的各个试验方法。

5.2.1.2　产品研制生产不同阶段对环境试验有不同要求

通用基础环境标准所列的试验项目不可能对其包括的所有项目都有必要使用,即有必要删除某些试验项目或增加必要的试验项目。例如GJB 150《军用设备环境试验方法》规定了24个试验方法共56个试验项目,GJB 150A《军用装备实验室环境试验方法》规定了26个试验方法共71个试验项目,GB/T 2423《电工电子产品环境试验　第2部分　试验方法》规定的试验方法共有50多个试验项目。这些试验项目在产品研制和生产的不同阶段如何应用,通用标准均未加充分说明。而实际上,在研制生产的不同阶段,由于进行环境试验的目的不同,因此所用的试验项目乃至具体的试验条件也应有所区别。所以必须根据不同阶段环境试验的性质对试验项目进行剪裁。

5.2.2　实验室环境试验剪裁主要考虑因素

环境试验剪裁一般主要包括试验项目剪裁、试验条件剪裁、试验程序/试验步骤剪裁和试验项目顺序剪裁4方面,当然还包括一些其他方面的剪裁,如试验条件允差、故障准则、试验文件要求等的剪裁。

(1) 进行试验项目和试验条件剪裁时,应考虑以下因素:

① 环境适应性要求;

② 试验性质。是研制阶段的环境适应性研制试验,还是批生产阶段的验收试验和例行试验或其他性质的实验室环境试验。

(2) 进行试验项目顺序和试验步骤剪裁时,应考虑以下因素:

① 受试装备的物理特性(尺寸、形状、热容量、质量等);

② 受试装备的性能检测要求和检测时间和检测时机;

③ 各试验项目间相互影响;

④ 受试装备的应用场合(地域、空域);

⑤ 试验中试验设备施加应力和受试设备应力响应的监测,负载和冷却的施加方法。

上述考虑因素主要从技术角度出发。实际工作中,剪裁还应考虑受到计划进度、经费和试验设备能力的影响。

5.2.3 试验方法和试验项目剪裁

5.2.3.1 概述

环境试验标准往往规定一系列的试验方法,这些方法并不都适用每个产品,每个试验方法往往还规定了多个试验程序,这些程序也不一定都用于每个产品。因此,制定产品环境试验大纲时,必须按一定的原则选择确定使用哪个试验方法以及该方法中的哪个试验程序。

通常将每个试验程序视为一个试验项目,因为标准的每个试验程序都规定了从初始检测到最终检测的环境试验基本要素,作为基本单元安排计划和进行管理。这一剪裁工作一般首先应考虑是否来用标准中规定的某一试验方法,而后进一步考虑用该试验方法的哪一个或哪一些试验程序。

5.2.3.2 剪裁依据和考虑因素

5.2.3.2.1 剪裁依据

试验方法和试验程序(试验项目)剪裁以装备研制总要求和合同(协议书)规定的环境适应性要求为依据,包括定性要求和定量指标,其内容和格式可参考表5-1～表5-3中的要求,环境适应性是要通过设计才能纳入装备的质量特性,并且大多要通过试验来验证是否达到合同规定的要求,因此它不仅是设计人员进行环境适应性设计的目标,同时也是环境鉴定试验验证的目标,而且还是确定鉴定和例行试验以外其他环境试验项目和条件的依据。

5.2.3.2.2 剪裁考虑因素

1. 试验方法剪裁考虑因素

(1) 试验应用阶段和具体目的。由于装备研制生产不同阶段开展环境试验的目的和用途不一样,因而选用的试验方法数量也不同。试验目的包括:激发设计工艺缺陷,为改进设计提供信息;获取装备环境响应特性和应力极限信息;保证飞行器首飞安全以及验证研制产品的环境适应水平是否符合规定要求等。

(2) 产品未来使用环境对装备预期使用影响最大或环境适应性不易满足的环境因素。

(3) 合同或协议书有无耐环境裕度设计要求。

(4) 合同或协议书有无确定装备耐环境应力的工作极限和破坏极限要求。

(5) 装备是航空航天等飞行器还是其他产品。

2. 试验程序(试验项目)剪裁考虑因素

(1) 环境因素作用于装备的方式或作用于装备其所处的状态。如装备是贮存状态还是工作状态,应力是快速作用还是慢速作用等,以选用相应的程序。

(2) 模拟方式。考虑用真实模拟还是环境影响模拟,以选用相应的试验程序。

(3) 已有的试验设备。有些试验方法的试验程序与所用试验设备或场地有关,应选用相应的试验设备和与场地对应的试验程序。

(4) 具备的试验技术能力。有些试验方法中有多个试验程序,各程序的实施需要具备不同的技术能力。应根据试验技术人员的能力选用相应的试验程序,例如:GJB 150A《军用装备实验室环境试验方法》的炮击振动试验共有 4 个试验程序,其中 3 个新增的试验程序比较复杂,特别是程序Ⅱ《统计产生重复脉动》程序,要求对实际响应数据进行统计拟合,建立实际炮击振动装备响应统计特征模型。建立这种模型要求有较高的技术水平,难度较大。

(5) 试验方法标准中对每一程序界定的适用范围和该试验的应用阶段。

5.2.3.3 剪裁方法

5.2.3.3.1 符合性验证试验

符合性验证试验包括研制阶段定型过程的环境鉴定试验和批生产阶段验收过程的环境例行试验。

1. 环境鉴定试验

定型过程的环境鉴定试验,其目的是为验证设计制造的产品其环境适应性是否符合研制总要求和合同(协议书)规定的环境适应性要求,为定型(鉴定)决策提供依据,因此对每个环境适应性指标均应从 GJB 150/150A 中选取相应环境因素对应的试验方法及其试验程序进行试验验证,除非产品结构设计特性表明不必进行试验验证或者已有相似产品环境鉴定试验报告可证明其能满足这一环境适应性要求。

如果 GJB 150/150A 中没有相应的试验方法,则可从其他军用标准或民用标准中选取。如军用标准有英国国防部标准 DEF 07-55《国防装备环境手册　第三部分"环境试验方法"》;北大西洋公约组织标准化协议 NATO STANAG 4370 中的 AECTP300 气候环境试验和 AECTP400 机械环境试验;民用标准有 RTCA DO 160A/B/C/D/E/F《机载设备环境条件和试验程序》和 GB/T 2423《电工电子产品环境试验　第 2 部分　试验方法》。采用 GJB 150A《军用装备实验室环境试验方法》以外标准试验方法中的试验程序时,应确认此方法对验证环境适应性指标的合理性并经有关方认可。

如果现有国内外环境试验方法标准中没有可选用试验程序,则应自行设计和编写验证试验方法,需经相应范围(或级别)专家评审并取得有关方认可。

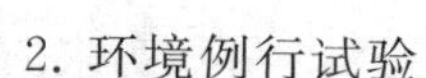

2. 环境例行试验

批生产阶段环境例行试验主要目的是验证批生产工艺过程的稳定性，并为使用方接收产品提供决策依据，因此试验方法数量与环境鉴定试验相差不多。一般情况下，主要取决于材料和工艺特性的盐雾和霉菌试验方法的试验程序则不再选用。

5.2.3.3.2 工程研制试验

工程研制试验包括环境适应性研制试验和环境响应特性调查试验。

1. 环境适应性研制试验

当认为环境适应性指标中某一环境因素要求较高、设计人员又没有充分把握时，则应针对这一环境因素选用 GJB 150/150A 中相应试验方法中的有关试验程序，用加大应力的方法进行环境适应性研制试验。当研制合同(协议书)有耐某一环境应力裕度要求时，则更应安排这一试验，以确保达到设计裕度要求。

2. 环境响应特性调查试验

环境响应特性调查试验主要用于温度试验和振动试验，GJB 150/150A 没有实施这种试验的具体方法和试验工作程序，而应另行设计。

GJB 4239《装备环境工程通用要求》中对这一试验还规定了要确定装备可耐受的最大环境应力量值，如工作应力极限和破坏应力极限，GJB 150/150A 中也没有实施这种试验的步进应力的具体方法，可参考高加速寿命试验(HALT)的有关资料和国内外企业标准另行设计。

5.2.3.3.3 飞行器安全性环境试验

GJB 4239《装备环境工程通用要求》中规定该试验的目的是确保飞行器首飞安全，仅对涉及飞行安全的产品选择其关键(敏感)环境因素从 GJB 150A《军用装备实验室环境试验方法》中选择相应试验方法中的试验程序。一般不包括试验时间长和有破坏性的试验项目，如霉菌、盐雾和振动耐久试验等。

5.2.3.4 剪裁时机(仅适用于环境鉴定试验)

型号总师(体)单位制定"型号环境技术要求"时(该要求不仅包括环境适应性要求指标，还应包括环境适应性试验验证要求)。

型号总师(体)单位的技术主管根据"型号环境技术要求"在与成品承研单位签订具体成品研制技术协议(合同)前。

型号总师(体)单位制定的"型号环境技术要求"若不包括环境适应性试验验证要求或验证要求不够完整，待装备研制进入设计定型/技术鉴定阶段，追加制定环境鉴定试验大纲时。

5.2.3.5 剪裁由谁来进行和认可(仅适用于环境鉴定试验)

"型号环境技术要求"中的环境适应性试验验证要求一般应由型号总师(体)单位总体部门负责环境适应性的技术人员来剪裁，其结果应取得使用方认可。

成品技术协议(合同)中除了环境适应性要求外，如果还有环境适应性验证要求，该要求应由总师(体)单位负责某一装备相应的技术主管,根据"型号环境技术要求"剪裁确定相应的环境适应性验证要求。

5.2.4 环境试验程序(试验项目)实施顺序剪裁

5.2.4.1 概述

环境鉴定试验和环境例行试验往往涉及气候、生化和动力学等方面多个环境试验项目,一般来说,由于某些环境试验项目如振动耐久试验、爆炸大气试验等具有破坏性,往往不可能用一个试验样品做完所有项目的环境试验,而不得不分成2～3组,用2～3个试验样品完成所有试验项目。当用同一个试验样品进行若干个试验项目时,由于各试验项目应力作用或遗留介质会产生叠加或减缓作用,不同的试验项目顺序将会产生不同的结果,因此应注意每个试验样品实施试验项目顺序的安排,通过剪裁确定合理科学的顺序。

5.2.4.2 剪裁依据和考虑因素

5.2.4.2.1 剪裁依据

(1) 环境鉴定试验大纲中明确应进行的环境试验项目。

(2) 去除打算用借用或分析的方法替代而不进行的试验项目外,实际要进行的试验项目(仅适用于环境鉴定试验)。

(3) 准备提供试验样本的数量。

(4) 准备在每一样本上进行的试验项目。

5.2.4.2.2 考虑因素

(1) 试验目的、性质和应用阶段,是符合性验证试验还是工程研制试验。

(2) 施加应力所用介质残留物对后续试验的潜在影响。

(3) 前一试验项目试验应力特点和破坏作用会否在后续试验中更易暴露或产生。

(4) 试验项目是否具有破坏性或产生潜在的破坏性影响。

5.2.4.3 剪裁方法

5.2.4.3.1 符合性验证试验

该类试验一般包括设计定型/技术鉴定的环境鉴定试验和批生产阶段的环境例行试验。试验项目顺序安排应遵循以下原则。

(1) 一般应按前一个试验所产生的结果由后一个试验来暴露或加强的原则排序,这是最为严酷的顺序。

(2) GJB 150/150A 中也提出按产品实际可能遇到且起主要作用的环境因素出现次序排序。这一原则虽然正确,但并不实际,因为不管重复使用或一次使用的装备,在最终使用前必然会反复遇到起主要作用环境因素的作用,因此必须有一定的使用统计量才能得到一个典型的次序,显然这在一般情况下是不实际的。

(3) 具有破坏性或是潜在破坏性的试验项目放在最后进行。

(4) 可以把 GJB 150.1《军用设备环境试验方法　总则》附录 A"环境试验顺序表"作为基础,参考 GJB 150A《军用装备实验室环境试验方法》各试验方法 4.1.3 节"选择试验顺序"中阐述的原则或建议(见表 5-3),以权衡确定一个最为严酷的试验顺序。

表 5-3 GJB 150 对飞机和导弹用设备推荐的试验顺序

设备类别	推荐试验顺序																	
	1	2	3	4	5	6	7	8	9	10	11	12	13	14	15	16	17	18
辅助动力及动力装置附属设备(主动力装置除外)	高温	低温	1)2)温冲	低气压	5)温—高	浸渍	沙尘	湿热	霉菌	1)盐葬	加速度	3)爆炸大气	冲击	振动	1)4)噪声	1)温—湿—高	1)飞机炮振	
液体系统包括装载液体设备或液压系统设备	高温	1)低气压	1)低温	5)温—高	1)2)温冲	浸渍	1)淋雨	1)湿热	1)霉菌	1)盐雾	3)沙尘	加速度	冲击	振动	1)4)噪声	1)温—湿—高	1)飞机炮振	
气体系坑包括装载气体的设备或气动设备	高温	低气压	低温	5)温—高	1)2)温冲	浸渍	1)淋雨	湿热	霉菌	1)盐雾	3)沙尘	加速度	冲击	振动	1)4)噪声	1)温—湿—高	1)飞机炮振	
电气设备	低温	低气压	高温	5)温—高	1)2)温冲	浸渍	沙尘	1)淋雨	湿热	霉菌	1)盐雾	加速度	3)爆炸大气	冲击	振动	噪声	1)温—湿—高	1)飞机炮振
机械设备(只有机械件)	高温	低气压	1)2)温冲	低温	1)2)5)温—高	浸渍	1)5)淋雨	5)湿热	1)3)霉菌	1)3)盐雾	沙尘	加速度	冲击	振动	噪声	1)温—湿—高	1)飞机炮振	
自动驾驶仪陀螺仪及制导设备及其辅助设备(非电子)	高温	低温	1)2)低气压	5)温—高	1)2)温冲	浸渍	湿热	霉菌	1)盐雾	沙尘	加速度	3)爆炸大气	冲击	振动	噪声	1)温—湿—高	1)飞机炮振	
仪表包括指示仪表、信号装置等(不包括电子设备)	高温	温冲	低温	低气压	5)温—高	3)太阳辐射	浸渍	沙尘	湿热	霉菌	1)3)盐雾	加速度	3)爆炸大气	振动	冲击	1)噪声	1)温—湿—高	1)飞机炮振
机炮、炸弹、火箭	高温	低温	低气压	5)温冲	5)温—高	浸渍	1)3)淋雨	湿热	霉菌	3)盐雾	沙尘	加速度	爆炸大气	冲击	振动	1)噪声	1)温—湿—高	1)飞机炮振
照相设备和光学仪器	高温	低气压	低温	5)温—高	1)3)温冲	浸渍	1)湿热	1)3)霉菌	1)3)盐雾	3)沙尘	加速度	1)2)爆炸大气	冲击	振动	噪声	1)温—湿—高	1)飞机炮振	
电子和通信设备	低温	高温	低气压	5)温—高	1)2)温冲	浸渍	沙尘	加速度	1)2)爆炸大气	冲击	振动	湿热	霉菌	1)3)盐雾	噪声	1)温—湿—高	1)飞机炮振	

注：在该类设备中：1) 试验用途有限；2) 适用于导弹设备；3) 不适用于空间和地面发射导弹；4) 不适用于飞机或直升机；5) 不适用于地面发射设备。

5.2.4.3.2 工程研制试验

该类试验主要包括环境适应性研制试验和环境响应特性调查试验，构成工程研制试验的组成部分。

1. 环境适应性研制试验

该试验的试验项目顺序安排应遵循以下原则：

（1）从最严酷的试验项目开始，以便及早得到在研产品的薄弱环节或失效（趋势）信息，尽早改进设计，提高研制产品耐受环境作用的能力。

（2）从最不严酷的试验项目开始，以便在研制产品损坏前尽可能得到更多的信息，节省试验样品数和成本。当可用于试验的样品受到限制时，往往采用这一方法。

（3）可根据 GJB 150A《军用装备实验室环境试验方法》各试验方法 4.1.3 节“选择试验顺序”中阐述的原则或建议，尽量以前一个试验结果由后一个试验来暴露或加强的原则安排其顺序，以便最大限度和最快地暴露设计工艺缺陷和薄弱环节，具体见表 5-4。

表 5-4 来源于美军标 MIL-STD-810F/G《环境工程考虑和实验室试验》第Ⅱ部分，所列各试验方法有关试验顺序安排的建议，有助于设计人员在研制阶段有效地发现研制产品的设计和工艺缺陷。

表 5-4　美国军标 810F 24 个试验方法对于试验顺序安排的建议

试验项目	有关试验项目间的影响和安排次序建议
低气压	正常情况下，应在试验序列的早期进行，因为低气压的破坏潜力有限，而且通常都在寿命期的早期出现。但是，若其他试验对试件低气压试验效应会产生很大影响，这些试验可能必须在本方法之前安排。这些试验及其影响的情况是： （1）低温和高温试验可能影响密封； （2）动力学试验可能影响试件的结构完整性 （3）非金属零部件的老化可能降低其强度
高温	至少有两个确定试验顺序的原则。一个原则是首先施加被认为对试件损伤最小的环境，以节省其寿命。根据这一原则，通常在试验序列中应尽早进行高温试验。另一个原则是采用最可能暴露叠加效应的环境。根据这一原则，应考虑在动力学试验（如振动和冲击）之后进行高温试验。高温试验可以与振动和冲击试验结合起来进行，以评价动力学事件（即运输、装卸和冲击）对装备的热影响。同时，高温试验也会显著影响密封产品低气压试验的结果
低温	和高温试验相同
温度冲击	利用高、低温试验获得的试件温度响应特性和性能测定信息，可更好地规定本试验程序要采用的试验条件，因此安排在高、低温试验后进行
流体污染	不要在其他气候环境试验之前进行本试验，因为污染物或用去污剂去除这些污染物会带来潜在影响

表5-4(续)

试验项目	有关试验项目间的影响和安排次序建议
太阳辐射	通常在试验的任何阶段都可考虑应用太阳辐射试验。但要注意高温或光化效应可能影响材料的强度或尺寸，从而影响后续试验(如振动)的结果
淋雨	本方法可在试验的任何阶段进行。但若在动力学试验后进行，则可最有效地确定机壳结构的完整性
湿热	湿热试验可能会引起不可逆的影响。如果这些影响可能对同一个试件的后续试验产生与实际不符的结果，则应在这些试验之后进行湿热试验。同样，不应在前面已做过盐雾、砂尘或霉菌试验的同一个试样上进行湿热试验，因为这些环境效应的综合不具代表性
霉菌	已做过盐雾试验、沙尘试验或潮湿试验的同一试样不适合再进行本项试验，因为这些环境效应的综合不具代表性。霉菌试验应在盐雾试验和沙尘试验之前进行。因为高浓度的盐可能影响霉菌生长，而沙尘能为霉菌提供营养物质，因此可能对试件的生物敏感性造成假象
盐雾	如果使用同一试验样品进行多项气候试验，在大多数情况下，盐雾试验应在其他气候试验之后进行。因为盐的沉积会干扰其他试验的效果。一般不用同一试验样品进行盐雾、霉菌和湿热试验。如果必需这么做，盐雾试验应在霉菌和湿热试验之后进行。但是如果要求用同一试样进行沙尘试验，则会在盐雾试验之后进行沙尘试验
沙尘	本方法将在试件上产生尘覆盖层或严重的磨蚀，尘与其他环境参数共同存在会引起腐蚀或霉菌生长。在存在化学侵蚀性灰尘的情况下，暖湿环境能够引起腐蚀，因此会影响湿热、霉菌和盐雾试验的结果。另外，可能需要根据高温试验获得的结果来确定本方法使用的温度参数
爆炸大气	为节省试件寿命，考虑首先施加被认为损伤最小的环境试验，通常爆炸性大气试验的次序比较靠后。振动和温度应力可能影响产品的密封并降低它们的效能，因此更可能点燃易燃大气。因此，振动和/或温度试验应在爆炸大气试验之前进行
浸渍	至少有两个原则与试验顺序相关。一个原则是首先施加被认为损伤最小的环境以节省试件寿命。根据这一原则，浸渍试验通常在大多数其他气候试验前进行；另一个原则是施加的环境条件应能最大程度地揭示叠加效应的可能性。根据这一原则，浸渍试验应在结构试验如冲击和振动试验前后都要进行，以帮助确定试件耐受动力学试验的能力

表 5-4（续）

试验项目	有关试验项目间的影响和安排次序建议
振动	(1) 一般要求。由振动引起应力的累积结果可能在其他环境条件(如温度、高度、湿度、浸渍或电磁干扰/兼容)的共同作用下影响装备性能。在评价振动和其他环境因素的累积作用时,要将单个试件经受所有环境条件,一般情况下首先进行振动试验。如果另一环境因素(比如温度循环)预计会对装备造成比振动更严重的损伤,例如,温度循环可能会导致疲劳裂纹,而裂纹会在振动下扩展,则应在振动试验前先进行这项环境试验 (2) 特殊要求。一般来讲,试验样品要根据寿命期的顺序经受一系列单独的振动试验。对于大多数试验,如果有必要和试验设备安排或其他原因进行协调,试验顺序可以改变。然而某些试验总是按寿命期顺序进行。在任何振动试验前必须完成所有与制造有关的预处理(包括 ESS)。在实施典型的任务环境试验前,必须完成所有与维修有关的预处理(包括 ESS)。最后进行关键的代表任务结束时的环境试验
噪声	像振动一样,在其他环境(例如温度、湿度、压力和电磁等)条件下,噪声诱导应力的效应会影响产品的性能。当需要评估噪声与其他环境的综合效应时,在综合试验不能实施的情况下,一个试件需依次经受所有相关环境条件的试验。试验顺序应考虑与试件的寿命周期环境剖面一致
冲击	与其他试验方法的排序取决于试验的类型(例如研制、鉴定、耐久性等)以及是否有可用于试验的试件。正常情况下,冲击试验安排在试验序列的前面,但应在任何振动试验之后
冲击	(1) 如果认为冲击环境很严酷,在装备主要结构或功能不失效的条件下装备生存的机率较小,那么冲击试验应放在试验序列的首位。以便在进行更多缓和环境试验之前,有机会改进装备设计以满足冲击技术要求,同时节省费用 (2) 如果认为冲击环境虽很严酷,但在装备主要结构或功能不失效的条件下装备生存的机率较大,那么在振动试验和温度试验之后进行冲击试验,允许在冲击试验之前对试件施加应力,以暴露综合振动、温度和冲击环境下的失效 (3) 如果认为冲击试验量级与振动试验量级相比并不严重,那么冲击试验可以从试验序列中去掉 (4) 在气候试验前进行冲击试验通常是有利的,只要这个顺序可代表实际的使用条件。然而,试验经验表明,对气候敏感的缺陷在施加冲击环境后会更加清晰地显示出来。因为内部或外部的热应力会永久地减弱产品对振动和冲击的抵抗力。因此,冲击试验应在气候试验后进行,如果在气候试验之前进行,这些缺陷就不能检测到
爆炸分离冲击	除非寿命期剖面中另有规定,由于正常情况下在接近寿命期结束时经受爆炸分离冲击,所以应把爆炸分离冲击试验排在试验顺序的后面。由于爆炸分离冲击试验特有的性质,一般可以认为与其他试验无关

表 5-4(续)

试验项目	有关试验项目间的影响和安排次序建议
酸性大气	至少有两个基本原则与试验顺序有关。一个原则是首先施加被认为损伤最小的环境,以节省试件寿命。根据这一原则,酸性大气试验一般在试验顺序的后期进行。另一个原则是,施加的环境应能最大程度地揭示叠加效应的可能性。根据这一原则,考虑酸性大气试验在动力学试验(如振动和冲击)之后进行。且酸性大气试验必须在任何一种湿热或霉菌试验之后,沙尘试验或者其他会损害防护涂镀层的试验之前进行。因为本试验严酷程度和盐雾试验类似,所以建议用不同的试件分别进行这两种试验。沙尘试验的沉积物可能会抑制酸的影响,并且会磨损防护涂镀层;酸的沉积可能会抑制霉菌/真菌的生长;在湿热试验期间,残留的沉积酸可能加速化学反应
炮击振动	在其他方法中的排序取决于试验的类型(如研制、鉴定、耐久等)及是否有可用于试验的试件。正常情况下,炮击振动试验安排在试验程序的前面,但是排在振动和冲击试验之后 (1) 如果认为炮击环境特别严酷,并且装备在主要结构或功能不失效的情况下承受住这种炮击环境的机会很小,那么在试验次序中应首先安排炮击振动试验,以便在进行更多的温和环境下的试验之前,先来改进装备设计以满足炮击振动的要求 (2) 如果认为炮击环境虽然严酷,但装备在主要结构或功能不失效的情况下承受住这种炮击环境的可能性较大,炮击振动试验可以在振动、温度和冲击试验之后进行。这样可以暴露振动、温度冲击和炮击振动引起的综合故障(假如这个次序代表了实际的工作情况)。炮击试验在气候试验之前进行是有利的,因为在经受了严酷的炮击环境之后,对气候敏感的缺陷经常会显示得更清楚。然而,随后气候试验造成的内部和外部热应力可能永久地削弱设备耐振动、冲击和炮击的能力,这些缺陷就可能无法找到 (3) 在认为炮击振动试验量值不如振动试验量值严酷的情况下,炮击振动试验可以从试验序列中删除 (4) 当同时与其他环境条件一起进行试验,如:振动、冲击、强度、湿度、压力等,炮击环境可能影响设备的性能。如果设备对综合环境很敏感,试验时应该同时施加这些环境。如果同时综合这些环境进行试验是不实际的,并且有必要同其他环境一起估计炮击环境影响,那么将单个试件依次暴露在所有相关的环境条件下。一般情况下,在规定工作条件期间的任何时间都可能发生炮击,所以,应尽可能接近实际的寿命期环境剖面来安排试验次序。如果无法确定,则在完成振动和冲击试验后立即进行炮击试验
温度—湿度—振动—高度	程序Ⅰ用于设备最终设计定型之前。如果分开进行,振动应先于其他环境进行
积冰/冻雨	根据首先施加被认为损伤最小的环境,以节省试件寿命这一原则。该试验通常在淋雨试验后、盐雾试验前进行,因为残留的盐将影响冰的形成。同样,因为动力学试验能使零件松动,该试验要在动力学试验前进行

表 5-4（续）

试验项目	有关试验项目间的影响和安排次序建议
弹道冲击	除非在寿命期剖面中另有规定，由于弹道冲击通常在战斗中出现，并且可能接近寿命期的末尾，正常计划的弹道冲击试验安排在试验顺序的后面。由于弹道冲击试验的独特性质，一般可以认为与其他试验无关
振声/温度	本方法适用于外挂物环境寿命周期最后阶段发生的环境应力。当单个试验产品要经受该试验和本标准中的其他环境试验时，应在进行过能反映寿命周期早期阶段的试验以后进行本试验。但应在外挂物弹射/发射、自由飞和打靶等试验前进行

2. 环境响应特性调查试验

该试验主要包括温度和振动试验，目的是确定研制装备对施加温度和振动应力的响应特性和耐温度振动应力的极限，从而获取装备的各种信息。

（1）环境响应特性调查试验没有破坏性，且仅是为了获取一些响应信息，温度试验和振动试验谁先进行并不重要。

（2）应力极限试验一般应采取步进应力的方法进行，从等于或低于环境适应性要求的应力量值开始，逐步加大应力，一旦发现故障或设计缺陷时，则改进设计，改进后再用这一应力进行试验，若经试验验证表明改进成功则进一步加大应力。不出故障时继续步进加大应力，出现故障再改进和验证直至达到技术基本极限或资源（试验设备、费用、进度）允许的程度为止，并进一步确定研制产品工作极限和破坏极限。一般先进行温度试验，而后进行振动试验。

5.2.4.4 剪裁时机

5.2.4.4.1 符合性验证试验

制定环境鉴定试验大纲时，一般已经能够明确投试的试验样品数量和每个样本要进行的试验项目，因而是试验顺序剪裁的最佳或最后时机。

环境例行试验的项目及其顺序应在制定产品技术规范时进行剪裁，一般纳入产品技术规范的质量一致性检验表中。待制定例行试验大纲时，再最后确定试验项目顺序。

5.2.4.4.2 工程研制试验

工程研制试验仅是为了发现研制产品的缺陷和确定应力极限，其试验项目顺序由设计人员在试验前根据表 5-4 原则和产品具体情况确定。

5.2.4.5 剪裁由谁进行和认可

5.2.4.5.1 符合性验证试验

环境鉴定试验项目顺序应由负责环境鉴定试验大纲的单位进行剪裁，例如航空装备设计定型环境鉴定试验大纲中的试验项目顺序应由定型机构指定的第三方试验室在制定试验大纲时进行，技术鉴定的环境鉴定试验大纲可由负责鉴定试验的装备研制单位的试验室在制定试验大纲时进行。制定的环境试验项目分组及顺序纳入环境鉴定试验大纲并接受专家评审，通过评审的大纲报定型机构批准后方可生效。

批生产例行试验各环境试验项目的顺序剪裁应由装备研制单位在制定产品技术规范时进行。目前管理上还没有对产品技术规范中质量一致性检验表中试验项目及其排序和例行试验大纲进行评审和确认的专门程序。

5.2.4.5.2　**工程研制试验**

工程研制试验中试验项目顺序剪裁工作由研制单位设计人员自行确定。如前所述,这一顺序不必安排评审或进行确认。

5.2.5　试验条件剪裁

5.2.5.1　概述

试验条件的概念比较大,至少包括施加的环境条件,模拟负载和冷却通风条件,试验设备、附加设施,测量系统等各种条件。本书的试验条件仅指环境试验中施加的环境应力条件,包括应力量值(参数),应力作用方式(方向)、应力作用时间或周期数等。环境试验条件与环境适应性要求指标的主要差别在于环境适应性指标仅包括应力类型和应力强度,不纳入应力作用时间(次数和方向),这是因为难以得到这些参数准确的统计量,何况完全按寿命期统计量进行试验也不实际。因此,往往只在试验方法标准中规定认为能体现寿命期各环境应力作用效果的时间、循环次数或方法。例如,高温贮存试验 GJB 150《军用设备环境实验方法》规定温度为 70℃保持 48h,而 GJB 150A《军用装备实验室环境试验方法》改用同样风险率的峰值温度为 71℃日循环,时间至少 7 个循环(7d)。可见,GJB 150/150A 两个标准分别用恒温和日循环两种方式来模拟装备寿命期的高温贮存温度应力。

5.2.5.2　剪裁依据和考虑因素

5.2.5.2.1　剪裁依据

(1) 研制任务书和合同(协议)书规定的环境适应性要求指标和其他要求。

(2) 通用试验方法如 GJB 150/150A 规定的应力施加方式和作用时间或次数。

5.2.5.2.2　考虑因素

(1) 试验的目的和性质(应用阶段)。

(2) 受试产品的结构特性(如对称性)。

(3) 受试产品实际使用中经受该环境因素作用的方式(方向)和时间(次数)等。

5.2.5.3　剪裁方法

5.2.5.3.1　试验量值剪裁

1. 符合性验证试验

环境鉴定试验和批生产环境例行试验的试验应力量值应与环境适应性要求指标一致。如果研制合同(协议书)还规定有应力裕度,则环境鉴定试验是加上裕量后的值,批生产例行试验则不必加裕量。

2. 工程研制试验

1) 环境适应性研制试验

试验量值高于环境适应性指标中规定的量值。应当主动安排环境适应性研制试验,使装备的耐环境能力有一定的裕度。

目前,型号中一般不主动安排这种试验,大多数情况下只是安排一个摸底试验,其量值为环境适应性要求规定的量值。这种做法很可能会造成那些环境适应性水平处于临界状态的产品得以侥幸通过鉴定试验,而在使用中又常会出现故障。因此,应当主动安排环境适应性研制试验，使装备的耐环境能力有一定的裕度。

2）环境响应特性调查试验

试验量值等于或小于环境适应性指标中规定的量值。温度稳定时间调查试验的温度应与鉴定试验的温度一致，温度分布调查试验的温度尽量与使用中遇到的最高温度一致；受试产品共振频率或优势频率的调查可用低于环境适应性指标规定的量值进行，以减少累积疲劳损坏，也可用正弦扫频振动方法进行。重要的是要在研制产品各关键部位布置温度和振动传感器，而所用传感器的热惯量和质量不得影响产品的热特性或动力学特性，以免影响测量结果的准确性。

3）确定应力极限的试验

试验量值以一定的步长增加，其最高量值远高于环境适应性指标的规定值，具体取决于试验方案设计和实际可能性，可以把环境适应性指标规定的值或略低的值作为起始量值。

3. 飞行器安全性环境试验

与环境鉴定试验相同，使用环境适应性指标中规定的应力量值。

5.2.5.3.2 试验持续时间剪裁

验证符合性的环境试验其试验持续时间一般按试验方法标准的规定。也可依据试验方法标准的指导和受试产品的使用特点适当增加或减少，但其可剪裁性不大。

其他类型的试验应根据实际需要确定。

5.2.5.3.3 方向、轴向等其他条件的剪裁

验证符合性的环境试验一般按试验方法标准规定的应力作用于受试产品的方向、轴向和数量等，也可按照产品结构特性和使用中暴露于应力作用下的方式适当剪裁。如轴对称的产品仅需在其一个方向进行试验，或仅在实际经受应力作用的方向进行试验等。

其他类型的试验按实际需要确定。

5.2.5.3.4 受试产品技术状态剪裁

GJB 150A《军用装备实验室环境试验方法》中把受试产品的结构技术状态也作为一个剪裁内容，即一定要明确受试产品经受应力时的结构状态，因为结构状态会影响应力作用于其内部或关键部位的强度。

5.2.5.4 剪裁时机

同 5.2.3.4。

5.2.5.5 剪裁由谁来进行和认可

同 5.2.3.5。

5.2.6 试验步骤剪裁

环境试验方法标准每一个试验程序中均规定了实施步骤，这些步骤仅限于受试产品安装，初始检测，启动试验设备施加应力，使受试产品工作和进行中间检测，关闭试验设备停止施加应力和最终检测等通用步骤。实际开展试验时，试验实施操作的步骤还要增加施加负载和/或冷却通风相关的步骤和安装各种传感器和测量系统并进行测量记录的步骤；一些功能和性能测量较复杂的受试产品还应有特别的功能检查和性能测

量的操作步骤。试验步骤的剪裁实际上是将标准规定的步骤结合受试产品试验时可能涉及的上述操作步骤细化并形成一个完整步骤的过程。

5.3　实验室环境试验剪裁技术的应用

5.3.1　实验室环境试验剪裁的依据

5.3.1.1　按合同制研制的军工产品

按合同制研制的军工产品，由于其使用对象十分明确，通常以使用方提出的研制任务书和研制总要求为依据，并在合同中明确规定研制产品的环境适应性要求或环境适应性验证试验要求(通常包括试验项目和试验条件)。承研单位应按合同规定的环境适应性要求进行设计，并按合同规定的试验项目或按以环境适应性要求为依据编制、并经定型机构批准的环境鉴定试验大纲进行符合性验证试验，因此合同规定的环境适应性要求和/或试验项目是进行各阶段环境试验剪裁的依据。环境适应性要求或环境试验验证要求一般应由使用方和总体单位负责进行剪裁。

5.3.1.2　货架产品

民用产品研制生产单位或军工企业设计研制货架产品时，由于没有明确的应用对象，无法也没有必要事先规定其环境适应性要求并按此要求进行耐环境设计和进行符合性验证，但这不等于货架产品不需要考虑环境适应性，环境适应性差就等于缺乏竞争力，而易被挤出市场。因此，研制单位的开发部门会自行根据其未来市场竞争需要和应用场合，确定其研制货架产品的耐环境能力应达到的大致水平并开展相应的环境试验工作，以提高其货架产品的环境适应能力，并通过试验来确定其产品最后能达到的耐环境应力强度(如使用温度范围)，并纳入使用说明书。批生产阶段开展适当的环境试验来保证产品的质量。因此，其环境试验剪裁的应用由其独自进行，剪裁的依据是其对未来应用环境和应用平台环境分析的结果。不一定有明确的环境适应性要求文件，即使有也只是一个努力目标，不会像军工产品那样，严格按事先规定的要求进行定型和验收。其研制的货架产品最终要靠市场来认可，如果其环境适应性差、使用中故障频发，必然会失去市场，迫使其改进设计和提高其环境适应性。例如，我国著名的跨国公司华为公司，对其研制的通讯机站，按适应世界最严酷的气候环境的要求进行设计和试验，并积极采用高加速寿命试验方法来加大其耐环境应力裕度，采用高加速应力筛选的方法剔除早期故障，从而使其产品获得了市场优势。

5.3.2　实验室环境试验剪裁应用误区

GJB 150A《军用装备实验室环境试验方法》和 MIL-STD-810F《环境工程考虑和实验室环境试验》两标准中有关剪裁指南一节强调根据装备未来寿命周期将遇到的环境、装备特性和受环境影响程度等，剪裁确定是否选用某种试验方法及和该方法有关的试验程序，以及确定各程序对应的试验条件。这一过程与我国军用产品的研制体制和程序不符，也不符合 GJB 4239《装备环境工程通用要求》规定的环境工程工作程序，因而易造成以下一些误解。

5.3.2.1　产品研制过程中没有环境适应性设计要求而只有试验要求

环境适应性作为一个质量特性，在立项论证阶段和研制阶段早期就应通过应用

GJB 4239《装备环境工程通用要求》环境分析规定的一系列工作项目或 MIL-STD-810F《环境工程考虑和实验室试验》第Ⅰ部分 4.2.2 节和附录 A、附录 C 提供的指导，剪裁确定装备环境适应性要求的定量和定性要求，然后设计人员按此要求在工程研制阶段进行耐环境设计，制成硬件后才逐步开展各种实验室环境试验。

GJB 150A《军用装备实验室环境试验方法》和 MIL-STD-810F《环境工程考虑和实验室试验》总则(3.7 节)“确定试验条件”和各试验方法的 4-3 节“确定试验条件”都规定直接按上述方法导出试验条件，而未提及设计要求，给人的印象就是环境工程工作只是进行事后把关的环境试验。这与 MIL-STD-810F《环境工程考虑和实验室试验》中一再强调“首要的是剪裁设计要求，工程研制阶段再用环境试验发现装备设计工艺薄弱点和探讨装备设计的环境阈值等”的规定是不相符的。

5.3.2.2 环境试验条件由承研或承试单位确定

对于军工产品研制来说，实施环境试验的单位不是第三方就是装备成品研制单位，他们并不具备确定环境试验条件所需的数据，尤其是不掌握诱发平台环境数据，而且不是他们应有的职责。事实上环境适应性要求早就应在研制任务书、合同或协议书中明确，因而环境适应性要求的剪裁在上述文件形成前就应进行并将结果固化在该文件中。准确地说，应当根据研制任务书、合同或协议中规定的环境适应性要求来剪裁试验方法、试验程序和试验条件，不同阶段的环境试验均应以环境适应性要求为基础剪裁其环境试验项目和试验条件等。

要指出的是，研制货架产品的民用部门或军工单位，并不存在由用户确定研制任务和签订研制合同和协议书的问题，因而没有用户规定的要求，谈不上按要求的指标进行相应的鉴定和验收环境试验，其环境适应性的好坏由用户来评价，因此研制单位可以自行确定环境适应性要求和试验项目等，甚至可不事先确定环境适应性要求，而只确定环境试验项目和进行相应的环境试验。

5.3.2.3 环境试验剪裁不明确由谁来实施

剪裁工作由谁进行和由谁来认可没有明确。实验室环境试验剪裁涉及多方面内容，有些项目的剪裁应由使用方进行，有的则由承试单位进行，甚至由承研单位进行，其最终结果应纳入试验大纲，环境鉴定试验大纲则应经过评审并得到相应机构的批准。这是一个管理问题。GJB 150A《军用装备实验室环境试验方法》中没有相应的说明，因此实施起来容易造成混乱或无所适从，急需加以明确。

5.3.3 GJB 150A/MIL-STD-810F 试验方法可剪裁性

需要指出，人们往往把 GJB 150A《军用装备实验室环境试验方法》的应用剪裁工作看得很困难，其实不然，因为并非标准中的每个试验方法剪裁均需大量的资料数据和复杂的剪裁技术。MIL-STD-810F/G《环境工程考虑和实验室试验》前言中指出：“每个试验方法中都包含有一些环境数据和参考文件，且阐明了该试验方法剪裁的可能性，有些方法有很宽的剪裁余地，有些方法可通过剪裁达到既定的极限(限度)，有些方法的剪裁选择相对较少，每个试验方法都包含基本原则以帮助确定适当的剪裁水平，这些试验方法中所包含的任何具体的剪裁信息和量值均可被可得到的最新信息或装备的具体信息所取代”。MIL-STD-810F《环境工程考虑和实验室试验》前言的这一段描述不仅说明了剪裁工作的灵活性，即随时可用新的信息取代原有剪裁的结果，也说明了各试验方法的可剪裁性有很大的差别。应当具体分析和区别对待。包括如下3种类型。

5.3.3.1 有很大剪裁余地的试验方法

一般说来，模拟平台诱发环境的试验方法，有很大的剪裁余地。剪裁余地大不仅是由于平台诱发环境随平台种类和在同一平台上位置的不同而变化，而且试验方法中模拟这种环境的试验程序也具有多样性。典型的试验方法是高温工作试验和振动、冲击等力学环境试验。这些试验方法在其确定试验条件一节明确规定："尽可能使用装备安装平台上的实测数据确定试验激励参数，以获得对真实环境更好的模拟；或者作为替代，使用相同类型平台装备位置上的数据。"因此，标准正文或附录提供的环境数据或试验参数量值只有在不具备上述条件的情况下才使用。此外，同一试验方法中往往提供多个试验程序或试验参数控制方式，因而也需要根据装备实际情况和可用模拟方式的不同等选择试验程序。可见，这些方法在确定试验条件和试验程序方面都有较大的剪裁余地。

5.3.3.2 剪裁和选择相对较少的试验方法

一般说来，模拟自然环境因素作用的一些试验方法，其剪裁和选择的可能性相对较小。这是因为自然环境是自然界产生的，与平台本身没有直接关系，不管是什么类型的装备，其寿命周期在同样区域和同样时期遇到的主要自然环境因素种类和强度都是相同的，只是由于装备本身的遮挡作用使其内部不同位置或许会有差别。典型的环境如淋雨、砂尘、盐雾、风压、积冰/冻雨有关环境等，这些环境因素的作用强度往往是通过对自然界环境因素数据多年的测量记录和统计分析得出的，对于具体装备来说，只要根据这些数据制定的相应标准如GJB 1172《军用设备气候极值》和MIL-HDBK-310《军用产品研制用的全球气候数据》中选择就可以了。这些标准按1%，5%，10%等时间风险提供相应的数据。确定环境适应性设计要求和验证试验要求时，只要确定选用的时间风险值后即可从标准中直接查到相应的数据。

要指出的是，GJB 150A《军用装备实验室环境试验方法》中的湿热试验不仅提供了一个程序，其试验条件也是明确的，因而几乎没有剪裁或选择的余地，其不可剪裁是因为这一试验设计原则已改为不打算模拟湿热环境，而只追求能够充分发现由湿热环境引起的问题。

5.3.3.3 可以剪裁但有一定限度的试验方法

一般说来，气候环境因素的一些环境因素如温度也可成为诱发环境因素。其对应的试验方法要进行剪裁，但十分有限。典型的试验方法是高温日循环贮存、日循环工作试验和太阳辐射试验。这3种试验的温度条件，均是太阳辐射诱发产生的，而太阳辐射诱发温度的高低往往取决于装备部署所在地区的纬度和相关的一些其他因素，因此标准提供了几种类型的日循环，需要根据部署地域从中选取，其可选程度极为有限。

需要指出的是，霉菌作为一种生物环境因素，与气候环境因素不同，没有时间风险率的问题。标准给出美国的5个菌种和欧洲的7个菌种，可按产品应用场合从这两类菌种中选择。流体污染试验标准中，虽然提供了20多种流体，具体产品试验选用哪种试验流体，可根据特定的实际情况选择。可见它们的选择同样也很有限。

5.4 实验室环境试验剪裁型号应用情况

美国军标 MIL-STD-810F/G《环境工程考虑和实验室试验》提倡和推行环境工程剪裁、特别是实验室环境试验剪裁的目的是为军工产品的设计和试验提供更正确、合理的环境适应性要求和环境试验要求，避免过设计和过试验或欠设计和欠试验，这一出发点是大家都赞成和推崇的。然而进行剪裁不是无条件的，只有具备这些条件才能开展剪裁且得到预期的结果。这些条件包括对剪裁的正确认识，实施剪裁人员的技术水平和能够提供的资料和信息，包括装备寿命期环境信息和环境数据，装备自身的结构特性和对环境的敏感性等。GJB 150A《军用装备实验室环境试验方法》自 2009 年颁布以来，作为一个剪裁标准其真正实施由于遇到以下三方面问题，因而 GJB 150A《军用装备实验室环境试验方法》的剪裁使用还远未真正得到开展。

（1）认识不足。许多人十分欢迎剪裁是认为它提供了降低要求的机会，把剪裁理解为裁减，因而以剪裁的名义，尽可能减少试验项目，降低试验条件减少检测项目，简化试验步骤和记录表。这种做法导致降低试验严酷度和丢失受试产品故障等信息。这对于符合性验证试验来说是不可取的。还有一些人反而觉得剪裁太麻烦，还不如使用 GJB 150《军用设备环境试验方法》和 RTCA DO 160《机载设备环境条件和试验程序》那样的菜单标准，干脆利索。因为进行剪裁不仅需要主动收集许多信息，深入理解和掌握试验技术，还要对剪裁结果担负责任和向使用方或其他方面做解释，从而以不愿做这些工作的心态导致剪裁工作停滞不前，难以开展。

（2）缺少资料数据。如果想要进行剪裁，首当其冲的问题是要占有各种信息，包括寿命期环境剖面和相应的自然和平台环境数据，自然环境数据可以从 MIL-HDBK-310《军用产品研制用全球气候数据》和 GJB 1172《军用设备气候极值》等标准中查到，但平台诱发环境数据必须通过实测才能得到或者根据相似平台的数据推算得到。目前，我国军用装备平台环境数据实测工作虽已局部开展，但还很少，而且由于认识和经费上等原因，即使进行了实测，也远未开展全寿命剖面、全任务剖面的实测，以致得不到装备寿命期最严酷的平台环境数据。而没有实测数据，平台诱发环境的剪裁就无法进行，这是开展环境适应性要求剪裁的最大障碍。因此，振动、冲击、加速度和温度等大多数平台环境数据目前多半是采用 GJB 150《军用设备环境实验方法》中的规定或 GJB 150A《军用装备实验室环境试验方法》附录中推荐的数据或利用其计算公式计算得到，谈不上剪裁。

（3）缺乏必要知识。试验剪裁的依据是装备的环境适应要求，而环境适应性要求应通过剪裁得到。即使对剪裁认识正确，而且有条件掌握一定的数据和信息，如果剪裁实施者缺乏环境工程知识、数据处理技术，对 GJB 1172《军用设备气候极值》和 MIL-HDBK-310《军用产品研制用全球气候数据》标准的数据及其风险值不甚理解，对 GJB 150A《军用装备实验室环境试验方法》各试验方法，试验程序的目的和应用对象了解不够，对产品本身的材料和结构及其对要考虑环境的敏感性和故障模式、故障机理也不掌握，仍然是无法剪裁出合理的结果。

综上所述，能够真正利用实验室环境试验剪裁技术，设计一个科学合理的环境鉴定试验大纲尚有差距，而要得到根本转变则更需时日。

第6章 装备环境工程标准

6.1 环境工程标准概况

我国装备环境工程标准有两种。一种是国家级标准(GB)和国军标(GJB),另一种是行业标准,如航空标准(HB)、航天标准(QJ)、兵器标准(WJ)和舰船标准(CB)等,按照标准制定原则,行业标准应以国家标准为基础,结合行业需要和行业内的共性特点制定。因此,应比国家级标准更具体、更具可操作性和实用性。事实上,我国许多现行行业标准特别是环境试验方法标准,往往与国家级标准几乎完全一样,此外,许多本应在产品规范中规定的环境要求和试验方法却往往独立制定出一项环境标准,从而造成有一种或一类装备,就出现一套环境要求和试验方法标准,使环境标准数量大大增加,内容重复。造成这种不正常现象的原因,一方面是对各层次标准用途认识不足,界面不清,更主要的是许多技术人员缺乏环境工程知识和剪裁能力,而直接应用通用环境标准又有困难,就要求有能够直接引用的标准;而各行业对标准求全、求独立及为获取标准制定费用也促成类同标准的增加,造成标准的混乱局面。这种情况在国防科技工业行业比较明显。就国家级标准而言,可分为国标和国军标两类,这两类标准的内容和分布如下所述。

6.1.1 民用环境标准

我国国家级环境标准的制定基本上是等效采用国际电工委员会(IEC TC 104)有关环境条件和试验方法标准,其分布情况如图6-1所示。

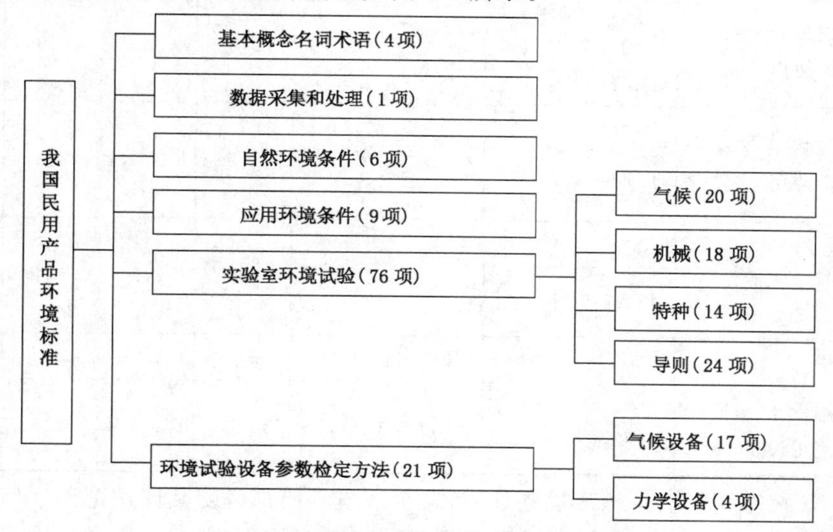

图6-1 我国电工电子产品环境标准分布

GB系列的环境标准主要适用对象是民用电工电子产品，图 6-1 表明，目前名词术语标准有 4 个，数据处理标准有 1 个，自然环境条件标准有 6 个，应用环境条件标准有 9 个，实验室试验方法标准有 76 个，试验设备检定方法标准有 21 个。这一分布情况可说明以下问题。

(1) 没有环境工程管理标准。

(2) 没有环境适应性设计标准。

(3) 没有规范环境分析过程的标准，但有应用环境条件标准，即 GB 4798《军用物资运输环境条件》系列标准。这一系列标准是按电工电子产品贮存、运输、有气候防护场所固定使用、无气候防护场所固定使用、地面车辆使用、船用，以及携带和非固定使用产品内部微气候及导言分别给出的，每个状态还涉及气候、特殊气候、生物、化学活性、机械活性和机械 6 种环境类型，每类环境还根据状态特点分成若干等级，最多可分为 13 个等级，这个系列标准给出了大约 200 个应用条件，如表 6-1 所示。

表 6-1　GB 4798 的环境条件等级

序号	寿命期状态	环境类别					
		气候(K)	特殊气候(Z)	生物(B)	化学活性(C)	机械活性(S)	机械(M)
		严酷等级号					
1	贮存	1,2,3,3L,4,4L,5,6,7,8,9L	1,2,3,4,5,6	1,2,3	1,2,3	1,2,3,4	1,2,3,4
2	运输	1,2,3,4,4P,5,5H,5L	1,2,3,4,5,6,7,8,9,10	1,2,3	1,2,3	1,2,3	1,2,3,4
3	有气候防护场所固定使用	1,2,3,4,5,5L,6,6L,7,7L,8.8L,8H	1,2,3,4,5,6,7,8,9	1,2,3	1,2,3,4	1,2,3,4	1,2,3,4,5,6,7,8
4	无气候防护场所固定使用	1,2,3,3L,4,4L,4H		1,2	1,2,3,4	1,2,3,4	1,2,3,4,5,6,7,8
5	地面车辆使用	1,2.3,3C,4,4H,4L		1,2.3	1,2,3	1,2,3(F1,F2,F3)	1,2,3,4
6	船用	1,2,3,4,5	1,2,3,4,5,6,7	1,2	1,2,3	1,2,3	1,2,3,4
7	携带式和非固定式使用设备	1,2,3,4,5	8,9,10,l1,12,13	1,2,3	1,2,3,4	1,2,3	1,2,3

GB 4798《军用物资运输环境条件》对每个环境等级都说明其应用范围和特点，以便根据具体产品应用环境选择相应等级。按 GB 4798《军用物资运输环境条件》选定设计

环境条件后，其环境条件可以很清楚地用符号表示，例如贮存状态每个环境因素都采用第一个严酷度等级时，就可用1K1，1Z1，1B1，1C1，1S1，1M1表示。GB 4798《军用物资运输环境条件》采用应用条件与严酷度等级标准化相结合的思路来确定环境条件，而不像美国军标那样完全按实际平台环境情况进行剪裁，不考虑环境条件的分等分级。这一方法的优点是可以简化环境分析过程，缺点是确定的环境条件不完全能代表真实环境。这一方法更适用于大量生产的民用货架产品的设计和研制。军用产品由于其环境要求更严酷，不考虑环境要求数字上的圆整化，而更重视条件要求的真实性。事实上在环境条件很严酷的情况下（例如低温－54℃），环境条件稍微变化（如圆整为－55℃），对产品研制难度和经费都会产生重大影响。因此，军用产品不考虑非得将温度－54℃圆整化到－55℃这一等级。

（4）实验室试验方法标准占标准的绝大部分。从图6-1可以看出，76项实验室试验方法标准中，气候试验标准占20项，机械试验方法标准占18项，特种试验方法标准占14项，试验导则标准占24项。特种试验方法标准主要是密封、锡焊、引出端强度、金属化层、耐熔性等电器产品物理特性试验方法标准和着火试验方法和评价标准。这些标准实际上并不完全属于环境标准范畴。国家环境标准的另一个特点是几乎为每一个或每一类试验方法单独制定一个导则标准，以指导试验方法标准的应用。

（5）有一套较为完整的环境试验设备参数检定方法标准，即GB 5170《电工电子产品环境试验设备基本参数检定方法》。这套标准共有21个分标准，其中有17个气候试验设备基本参数检定方法标准和4个力学设备检定方法标准。目前军用产品尚未制定出这类国军标，而航空行业虽制定有相应的标准，但不成套。

6.1.2 军用环境标准

军用环境标准包括国家军用环境标准和行业军用环境标准两部分。根据初步调查，我国军用产品的环境标准大约有130多项，涉及名词术语、自然环境数据、数据采集处理、环境工程管理、环境分析、环境适应性设计、环境试验和试验设备检定8个方面。如图6-2所示。图6-2中还给出了各类标准在各行业中的分布情况，表明各个行业在标准制定方面的特点。对比图6-2和图6-1可以看出，军用环境标准有以下特点。

（1）标准分布已遍及环境工程，不仅限于环境条件和环境试验。民用标准中90%（104项）都与环境条件和试验方法有关，军用标准中73%（96项）是与环境条件和试验方法有关的标准。显然环境试验条件和试验标准所占比例下降，更重要的是包括了环境工程管理、环境适应性设计标准，而且环境试验标准还扩大到自然环境试验和使用环境试验。

（2）一些重要标准类别均有国军标级的基础通用标准，如自然环境数据有GJB 1172《军用设备气候极值》标准，数据采集与处理有GJB/Z 126《振动冲击环境测量数据归纳方法》标准，环境工程管理有GJB 4239《装备环境工程通用要求》标准，名词术语有GJB 6117《装备环境工程术语》标准，实验室环境试验有GJB 150/150A标准，但在环境分析、环境适应性设计、自然环境试验、使用环境试验和试验设备检定等方面尚缺少国军标级的通用标准。

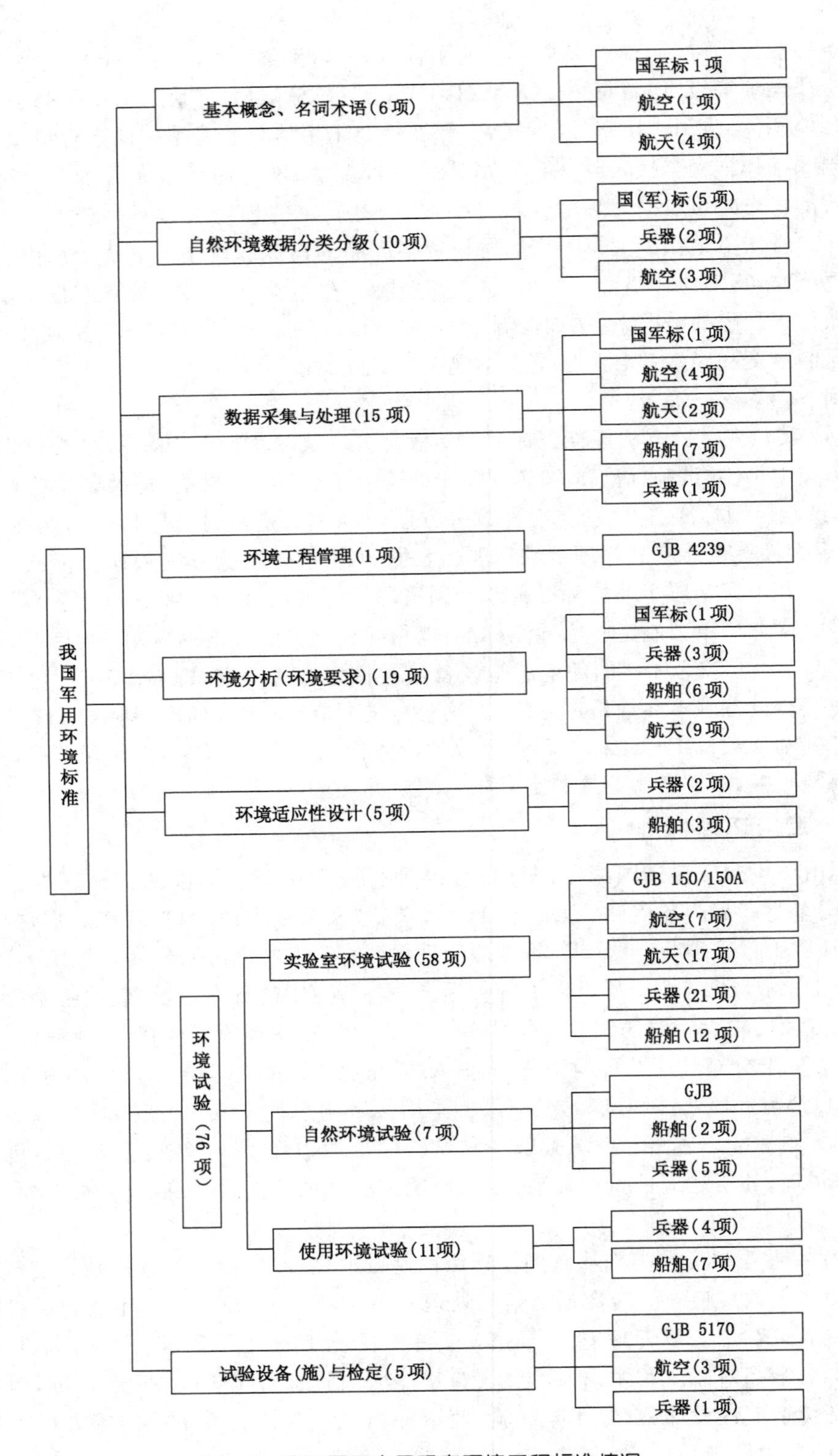

图 6-2　我国军用产品现有环境工程标准情况

(3) 虽然从总体上，军用产品环境标准已涉及管理、分析、设计和试验等环境工程工作 4 个主要方面，但在国军标级通用基础标准层次上，尚未达到相应水平，例如没有环境适应性设计标准，环境分析标准也基本是空白，图 6-2 中名义上的 19 项分析标准实际上是有关行业的环境试验条件标准，目的是通过这些标准规定某类装备的具体环境条件，实际是第二或第三层次的标准。

(4) 各行业环境标准的分布情况不同，例如航空行业没有制定环境条件和环境适应性设计方面标准，航天等行业则制定了此类标准，兵器、船舶行业有少量环境适应性设计标准；航空行业实验室环境试验方法标准制定得较少，而其他行业则制定了大量试验方法标准；只有兵器和船舶行业制定了使用环境试验标准，还制定了一些自然环境试验方法标准。

(5) 各行业都制定了数据采集和处理标准。由于这种标准与测量分析仪器技术水平密切相关，应随着它的更新而修订，并对以往制定的此类标准进行审查，将其尽量纳入 GJB/Z 126《振动、冲击环境测量数据归纳方法》中，使国防工业有一个统一的数据采集和处理方法。

(6) 军用产品环境标准中尚未制定试验设备检定方法标准，许多单位目前不是使用 GB 5170《电工电子产品环境试验设备基本参数检定方法》，就是使用行业(如航空行业)标准进行试验设备的检定。

6.1.3　存在问题

我国的民用环境标准和军用环境标准目前共有 250 项左右，两者都存在一个共同问题，即标准均以环境试验为基础，而不以环境工程技术体系为基础设置，因此标准以环境试验标准为主体，包括环境条件标准、试验方法标准和设备检定方法标准。

可见，我国尚没有一套完善的基础标准和应用标准来支持日常的环境工作和产品研制生产使用中的环境工程工作。虽然军用产品已制定了 GJB 4239《装备环境工程通用要求》标准，该标准规定了 20 个环境工程工作项目，但支持这些工作项目的标准还很少。满足不了环境工程专业自身发展和产品研制的需要。

6.2　环境工程标准体系

近年来，随着对环境适应性和推行环境工程工作认识的不断提高和对环境工程技术体系研究的进展，已得出应以环境工程技术体系为基础设计新的环境工程标准体系的共识，标准体系框图如图 6-3 所示。

从图 6-3 可以看出，环境工程标准体系分为环境工程基础标准和产品(装备)环境工程标准两大部分。

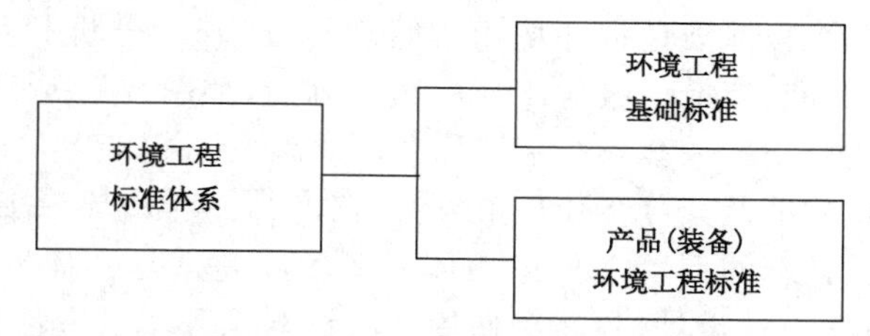

图 6-3　以环境工程技术体系为基础的环境工程标准体系

环境工程基础标准内容见图 6-4，分为基本概念标准、基础数据标准、环境数据采集和处理标准、环境适应性设计技术标准、环境影响评价技术标准、环境试验设备仪器和辅助装置标准 6 部分。

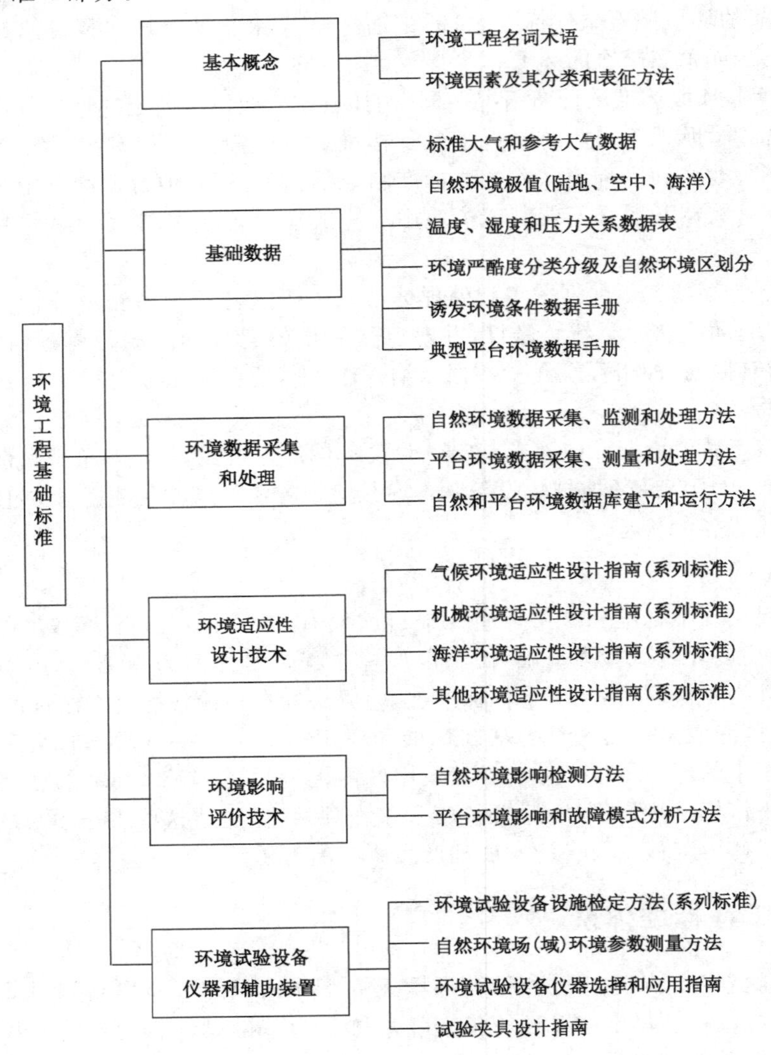

图 6-4　环境工程基础标准

产品(装备)环境工程标准包括环境工程管理标准、环境分析和环境适应性要求标准、环境适应性设计标准、环境试验与评价标准 4 方面，如图 6-5 所示。同样，对图中有些层次的标准也可能要制定一套或一系列标准才能满足要求。

从我国现有环境标准及其分布和数量来看，在产品(装备)环境工程标准方面，与按环境工程技术体系设计新的环境工程标准体系要求相差甚远。环境工程管理、环境分析和环境要求、环境适应性设计、自然和使用环境试验及环境适应性评价方面基本都是空白，无法支持相应环境工作的开展，其中仅有 GJB 150/150A 标准可以支持实验室环境试验的开展。在环境工程基础标准方面，国军标级的名词术语、基础数据、环境适应性设计指南和环境影响评价技术方面标准目前都很少。仅有的GJB 1172《军用设备气候极值》、GJB/Z 126《振动、冲击环境测量数据归纳方法》等标准无法满足推行环境工程对数据和技术的要求。因此，环境工程专业面临十分紧迫的任务是制定标准。由于有些环境工程技术本身不够成熟，不可能立即制定标准，因此还必须开展必要的标准预研或应用研究。

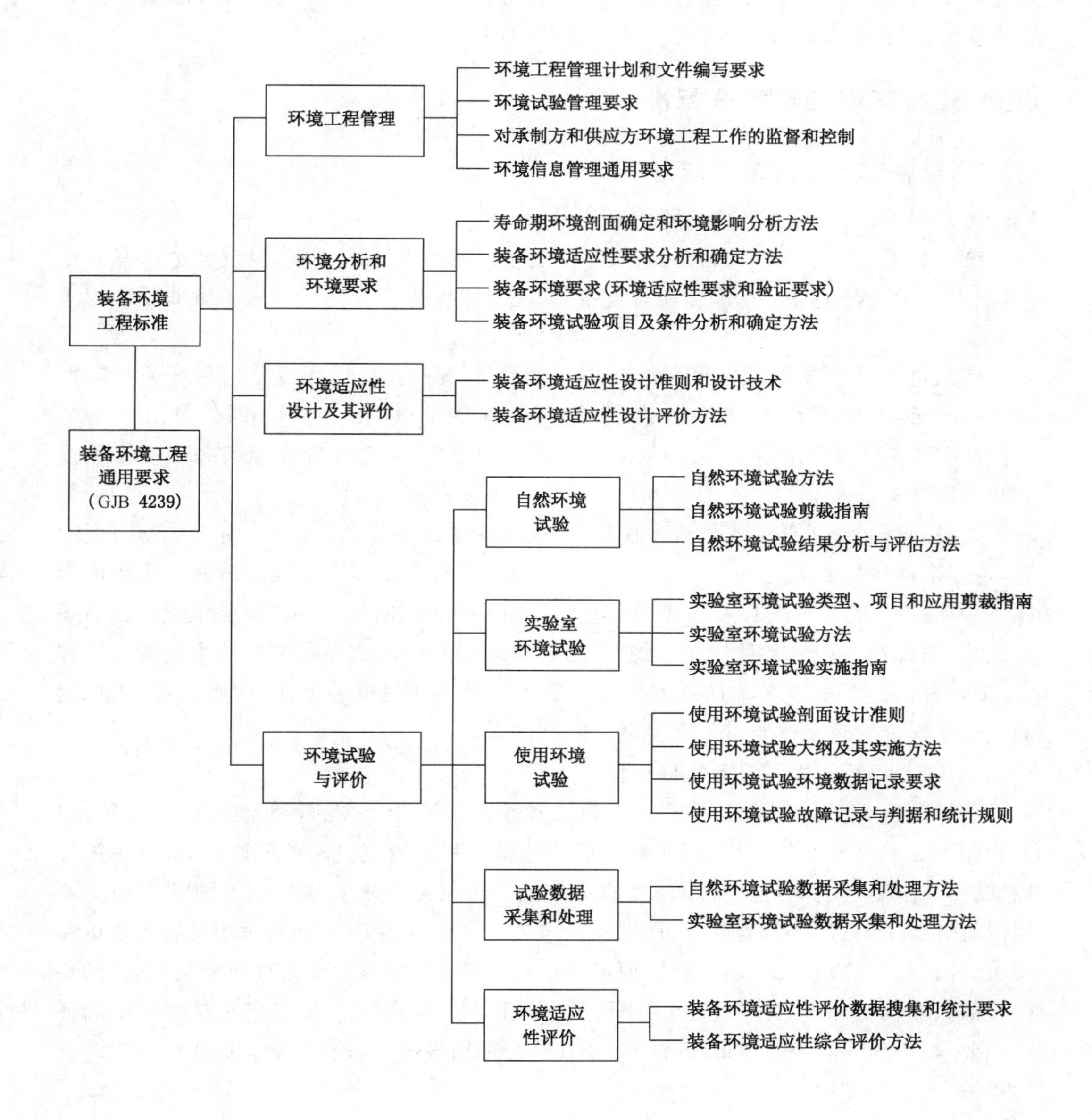

图6-5 产品环境工程标准

虽然环境工程技术标准可为推行环境工程提供技术支持，但由于标准是推荐性的，若不纳入合同则无法律效力，所以，这些标准的应用还取决于产品设计管理人员的认识水平。产品研制生产中每增加一项工作就会增加研制经费和人力需求，并影响研制进度，因此产品研制部门往往不可能主动自觉地采用各种环境技术标准。还必须有政府文件来规定和规范产品研制过程和日常工作中的环境工程工作。根据经验，最好的办法就是制定相应的环境管理文件，一套完整的环境工程技术标准和相应的环境工程管理文件是确保产品环境适应性满足规定要求、并对产品的环境适应性进行准确评价的有力保证，因此必须重视这两方面文件的制定工作。

6.3 装备环境工程重要标准

6.3.1 装备环境工程基础标准

6.3.1.1 GJB 6117《装备环境工程术语》

该标准于2007年由中国人民解放军总装备部批准和发布实施，虽然至今已有6年多，但由于对这种基础性标准重视程度不够，也未组织进行宣贯，因此，了解此标准的人不多。

标准包括装备与环境以及环境工程、环境因素、环境效应、环境分析和环境适应性设计、环境试验和实施等方面400多个词条和4个附录中260条术语，具体见图6-6。

从图6-6可以看出，该标准涉及的术语范围广泛，内容基本能覆盖装备环境工程技术和管理的各个方面。

装备环境工程术语能起到统一认识，规范行业语言的作用。然而，由于贯彻力度不够，该标准尚未发挥其应有作用，军工产品行业仍然存在诸多错误的理解和不正确的表述。例如，有许多型号总师单位把GJB 150/150A中规定的气候环境试验说成是自然环境试验，总师单位型号文件中这一说法，使所有与之相关的成品研制单位也跟着这样称呼，影响极大。大家知道，GJB 150A《军用装备实验室环境试验方法》明确说明，它规定的试验是实验室环境试验，而不是自然环境试验。

6.3.1.2 GJB 1172《军用设备气候极值》

该标准于1991年由原国防科工委批准和颁发实施，虽然发布至今已有20多年，由于我国军工产品研制体制原因，对环境适应性设计和环境试验两项工作，一直仅重视环境试验，特别是环境例行试验和环境鉴定试验。研制总要求和成品技术协议书中并不规定设计要求，只规定试验要求，而试验要求主要直接引用GJB 150《军用设备环境试验方法》各试验方法规定的试验条件，而不是根据GJB 1172《军用设备气候极值》提供的相关极值数据自行确定，更不按照GJB 1172《军用设备气候极值》先确定对自然环境的适应性要求，进而确定环境试验要求。GJB 1172《军用设备气候极值》标准没有得到应有的重视和关注，了解其用途的人较少。

该标准提供了基于我国150个气象台站近20年的气象数据确定的各种气候极值，这些极值数据可作为确定军用设备耐气候环境要求（气候环境适应性要求）和环境试验要求的依据。

图 6-6 GJB 6117 中规定术语种类和分布情况

气候环境极值是指某一气候要素例如温度在一定时空范围内和一定风险率条件下的最高值或最低值。这种极值有记录极值、工作极值和承受极值3种类型,每类极值有单站极值和全国极值。

风险值包括时间风险率,面积风险率和再现风险率。GJB 1172.1《军用设备气候极值　总则》中对上述极值都有明确的定义。上述极值和风险率用得最普遍的是工作极值和时间风险率。工作极值是指某气象要素在最严酷地区最严酷月中逐时的记录值,按时间风险率确定的某一记录值。把这一记录值作为装备设计目标,从而保证装备在等于和低于或高于此记录值的情况下均能正常工作,在高于或低于此记录值的情况下可能出现故障,以致出现危险。高于或低于此记录值所估的小时数与最酷月小时数之比,称为时间风险率。例如,就温度而言,如果对严酷的高温月31d 744h的温度逐时记录,得到744个温度数据,其中8个最高温度为49℃,50℃,51℃,52℃,53℃,54℃,55℃,57℃,如果按照能承受49℃这一温度来设计装备,而不考虑其余7个温度的破坏作用或影响,则该装备使用中如果遇到这7个温度就可能不能正常工作,存在风险,这7个温度对应的7h占744h的1%左右,就认为有1%的风险。GJB 150/150A中规定或提供干热地区的49℃或对应于49℃的日循环就是进行高温的1%风险极值的极值循环。

该标准提供的气候环境数据如表6-2所示。

表 6-2　GJB 1172 中的气候极值数据

气候因素	极值种类	极值数据											
		记录极值		工作极值(风险值)/条件					承受极值(条件)				
		相关条件	记录值	相关条件	1%	5%	10%	20%	条件	2 年	5 年	10 年	25 年
地面气温	高气温极值	地面/℃	47.7	地面	5.5	42.9	41.1	40.0	10%风险	48.4	49.5	50.3	51.3
	低气温极值	地面/℃	−52.3	地面	−48.8	−46.1	−44.1	−41.3	10%风险	−52.4	−54.6	−56.0	−58.1
地面空气湿度	高绝对湿度	露点/℃	35	露点/℃	81.4	28.5	28.0	27.0	见 GJB 117.3—91 表 1				
		水汽压/hPa	51.7	水汽压/hPa	46.0	38.9	37.8	35.6					
		混合比 $\times10^{-3}$	34	混合比 $\times10^{-3}$	30	25	24	23					
	低绝对湿度	露点温度/℃	−53.1	露点温度/℃	−49.7	−47	−45	−42.2	露点/℃	−53.2	−55.4	−56.8	−58.9
		水汽压/hPa	0.027	水汽压/hPa	0.041	0.057	0.072	0.100	水汽压/hPa	0.026	0.020	0.016	0.012
		混合比 $\times10^{-6}$	17	混合比 $\times10^{-6}$	26	35	45	62	混合比 $\times10^{-6}$	16	12	10	7
	高温度相对湿度	相对湿度/%	100	见 GJB 1172.3 表 6 高相对湿度、气候和风速日循环工作条件					见 GJB 1172.3 表 6 高相对湿度气温和风速日循环承受条件				
		温度/℃	30.4										
	低温度相对湿度	相对湿度/%	100	相对温度/%	100	100	100	100	相对湿度/%	100	100	100	100
		温度/℃	−52.3										
		水汽压/hPa	0.028	气温	−8.8	−46.1	−44.1	−41.3	气温/℃	−52.4	−54.6	−56.0	−58.1
		混合比 $\times10^{-6}$	18										

表 6-2（续）

气候因素	极值种类	极值数据											
		记录极值		工作极值（风险值）/条件					承受极值（条件）				
		相关条件	记录值	相关条件	1%	5%	10%	20%	条件	2 年	5 年	10 年	25 年
地面空气湿度	高温低相对湿度	相对湿度/%	4	见 GJB 1172.3 表 7 高温下低相对湿度合同工作条件					见 GJB 1172.3 表 8 高温下低相对湿度合同承受条件				
		温度/℃	42.7										
地面风速	稳定风速和瞬时风速	稳定风速/（m/s）	46.0	稳定风速/（m/s）	32.0	21.0	18.0	14.0	稳定风速/（m/s）	48	54	58	65
		瞬时风速/（m/s）	60.4										
地面降水强度	普通降水/mm	1min	27.0mm	1min 降水/（mm/min）	1% 0.4	0.7(0.5%)	1.7(0.1%)		普通降水/（mm/d） 10%风险	391	457	507	574
		60min	252.8mm										
		6h	830.1mm										
		24h	1672mm										
		2d	2749mm										
	稀遇降水								稀遇降水的日降水量区域投值见 GJB 1172.5 中表 4				
雪	高吹雪/（$g/m^2 \cdot s$）	10m 高	3.1	0.03～10m 高度范围	146	25			无				
		5m 高	22.3										
		2.5m 高	60.1										
		1m 高	136.7										
		0.5m 高	196.3										

表 6-2（续）

气候因素	极值种类	极值数据											
		记录极值		工作极值(风险值)/条件					承受极值(条件)				
		相关条件	记录值	相关条件	1%	5%	10%	20%	条件	2年	5年	10年	25年
雪	高吹雪/(g/m²·s)	0.25m 高	446.7	0.03～10m 高度范围	146	25			无				
		0.10m 高	1165.9										
		0.05m 高	205.7										
	雪负荷/kPa								10%再现风险				
		日雪量	0.51		无				日雪量	0.17	0.21	0.24	0.27
		过程雪量	0.78						过程雪量	0.35	0.42	0.47	0.54
		雪深	2.16						雪深	1.73	2.06	2.32	2.66
雨松和雾松	雨松								10%再现风险				
		直径/mm	1200	直径/mm	0.77				最大直径/m	0.89	1.05	1.18	1.34
		质量/(g/m)	23016	质量/(g/m)	13.5				最大质量/(kg/m)	15.8	18.8	21.0	24.1
	雾松								10%再现风险				
		直径/mm	597	直径/mm	0.28				最大直径/m	0.33	0.39	0.43	0.50
		质量/(g/m)	3020	质量/(g/m)	2.2				最大质量/(kg/m)	2.5	3.0	3.4	3.9
冰雹	冰雹直径/mm	直径（20年记录）	10	月雹日数为4d持续时间10min	见 GJB 1172.8 表 1				取极端地区年雹日数15d,10%再现风险				
									直径/m	7	8	9	10
									质量/kg	0.16	0.24	0.34	0.47

表 6-2（续）

气候因素	极值种类	极值数据												
		记录极值		工作极值(风险值)/条件					承受极值(条件)					
		相关条件	记录值	相关条件	1%	5%	10%	20%	条件	2年	5年	10年	25年	
地面气压	高气压/kPa	新疆吐鲁番海拔 34.5m	1067.9		无				无					
	低气压/hPa	西藏班戈 4700m	553.4	西藏班戈/hPa	554.7	557.9	559.0	560.3	GJB 1172.9 中视记录极值作为承受极值					
地面空气密度	高密度/(kg/m²)	漠河 296m 气温 −51.5℃ 气压为 1013hPa	1.574	出现于漠河	1.554	1.532	1.515	1.490	GJB 1172.10 中视记录数值作为承受极值					
	低密度/(kg/m²)	西藏班戈 4700m，20.6℃，568.3hPa	0.671	西藏班戈	0.673	0.678	0.681	0.687	GJB 1172.11 中视记录极值为承受极值					
		新疆吐鲁番 345m，471℃，989.4hPa	1.070	新疆吐鲁番	1.078	1.086	1.093	1.102						

表 6-2（续）

气候因素	极值种类	极值数据											
		记录极值		工作极值(风险值)/条件					承受极值(条件)				
		相关条件	记录值	相关条件	1%	5%	10%	20%	条件	2年	5年	10年	25年
地表温度、冻上深度和冻融循环日数	高地表温度/℃	云南元江 39.6m	80.4		无				无				
	低地表温度/℃	新疆青河 1218m	−59.2										
	冻土深度/cm	新疆巴音布鲁克 2458m	439										
地表温度、冻上深度和冻融循环日数	冻融循环日数(年日数)/d	西藏定日 4300m	257		无				无				
	冻融循环日数(月日数)/d	西藏隆文	31										
空中气温(1～30km)	高气温	GJB 1172.12 表 1		GJB 1172.12 表 4、表 5、表 6、表 8 和附录 A、B					说明不同高度上的高低气温值不同，数据量大，此表中难以一一列出，请参见 GJB 1172.12 相应表				
	低气温	GJB 1172.12 表 9		GJB 1172.12 表 12、表 13、表 14、表 15 和表 16									

6.3.1.3 MIL-HDBK-310《军用产品研制用全球气候数据》

6.3.1.3.1 概述

1. 基本内容

该标准主要提供了在军用装备研制和试验中用于进行工程分析、确定其设计用的自然环境要求和实验室试验要求的气候数据，包括世界范围陆地、海洋和空中的气候环境数据，陆地气候环境数据包括世界范围地面极端环境和区域性地面环境数据。这些环境数据代表自由空气条件，而不是装备或平台对这些条件响应的诱发环境数据，两者不能混淆。

标准中的气候数据不能直接用作设计要求或试验条件，必须考虑对环境试验方法标准中的有关要求进行处理后才能使用。标准中某一气候因素的记录极值数据，并不与由其提供的其他气候因素记录极值数据出现在同一时刻和/或同一地点。

2. 极值

(1) 记录极值：标准中某一气候因素在一定时期内记录到的最严酷值。这一值不与由其提供的其他气候因素极值出现在同一时刻和/或同一地点。

(2) 出现频率(极值)：标准中的气候数据一般以出现频率的形式列出。无论是应用于世界范围还是地区性范围，各气候因素(例如温度)的出现频率尽可能根据每小时的统计数据。根据该数据，能确定某规定气候因素值出现或被超过的总小时数。例如，如果在31d月份(744h)中，平均有7个不出现或超过某一温度值，则该温度在这一个月份中的出现时间约为该月小时数的1%；如果在其中平均有74h出现或超过此温度，那么，该温度的出现频率为10%，等等。1%时间中出现或被超过的值称之为1%值。

(3) 长期极值

标准还提供了大多数气候因素的长期气候极值数据。这些数据指的是在大约10年、30年和60年显露期内，预期至少出现一次且持续时间很短(≤3h)的值。

3. 数据说明

(1) 每一因素(或若干因素的综合)的世界范围气候资料代表这一因素(或各因素综合)在世界上最严酷的非特殊地区出现的条件。

(2) 每一因素(或综合)的地区性气候资料代表在该地区最严酷的非特殊地区出现的条件。

(3) 最恶劣的月份以某一特定频率出现的气候因素值也可能在其他月份以较低的频率出现。

(4) 每一因素(或综合)的气候资料一般包括记录极值，一年中与最严酷月份期间某记录极值相对应的出现频率，和长期气候极值。只要可能，均列出日循环数据。可用内插法得到介于两个规定频率之间的气候因素中间值，但不得用外推法去估计未做规定的值。

(5) 空中每一气候因素的数据都是高度的函数。这些数据列在出现频率分别为1%，5%，10%和20%的各个表中，在这些表中还列出记录极值，由这些数据构成每一高度上极值条件的包线，但不代表内在一致的剖面，因为每一高度上的这些值并不在任何位置或地区同时同地出现。也列出了同时同地空中出现的、与高度有关的温度、密度和降雨速率/含水量相一致的剖面。对于温度和密度来说，这些剖面根据在选定高度上规定的百分数给出。降水率剖面则根据规定的地面极值给出。

4. 数据应用

(1) 使用该标准的气候资料时，必须了解设备在寿命期内可能遇到的世界区域范围，包括产品运输通过的地理位置、贮存的地理位置和将部署的地理位置，还有必要知道运输的方式和保护产品不受环境影响的情况。

(2) 要设计一个器材，使其能在业已记录到的最极端环境条件下工作，成本常常会很高，而且在技术上往往也不可能。因此，往往将设备设计成除了某个小百分比时间外的几乎所有其他时间内出现的环境应力下都能工作。应首先确定产品或系统的工作要求，而后根据这些要求确定某一气候因素可接受的出现频率。推荐首先考虑"世界范围地面环境"。

(3) 对于某些器材来说，在极端气候中暴露一次就会使它永久不能使用或带有危险性(如军械)，在这种器材设计时若不采取环境防护措施，那么采用长期气候极值或记录极值则更为恰当(应当注意，最高(最低)记录极值取决于记录时间的长短，而不应看作是"所有时间"的极值)。是否采用这些更极端的值，而不用每年最严酷月份某一百分比时间出现的值，应由负责研制工作的机构或部门决定。

6.3.1.3.2 各种数据

1. 世界范围地面环境数据

这些数据是根据大陆区域范围气象观测值得到的，一般给出记录极值、出现频率极值和长期极值3种数据。一旦确定可以接受的出现频率，就可以查到相应的气候极值。除了低温极值推荐用20%出现频率和降雨用0.5%出现频率外，大多数气候因素考虑用1%出现频率。有关数据汇总于表6-3中。

2. 区域性地区环境及数据

为了确定不在世界范围应用器材的气候设计准则，将世界上陆地和海洋表面区域分为5种区域性气候类型。描述陆地环境的4种类型根据在区域类型最恶劣、最差月份的温度划分。4种陆地区域类型和它们的定义温度如下。

(1) 基本区域类型：在该区域类型最冷和最热地区的最差月份，其1%风险率的高低温分别为−31.7℃和43.3℃。

(2) 热区域类型：比基本区域类型热些，在最热部分1%风险率的温度为49℃。

(3) 冷区域类型：比基本区域类型冷些，在最冷部分1%风险率的温度为−45.6℃。

(4) 极冷区域类型：比冷区域类型更冷，在最冷部分20%风险率的温度为−51℃。

陆地区域类型气候数据的表达方式不同于沿海/海洋区域类型、世界范围地面环境和世界范围空中环境的气候数据。这些数据为大范围的气候因素提供气候资料。这种陆地类型的气候数据则以气候日循环形式表示，这种日循环具有定义每一个区域类型

1％风险率的高温值和低温值(20％风险率用于极冷类型)以及1％风险率的湿度值。4种类型中占地面积最大的基本区域类型有5种不同的气候日循环；热类型有2种循环；而冷类型和极冷类型每一种只需用一种循环来确定它们的条件。

基本区域类型包括基本/冷、基本/热、基本/恒定高温，基本/交变高温和基本/湿冷5种日循环；热区域类型包括干热和湿热2种日循环；冷区域类型仅有一个冷日循环；极冷区域无日循环，有关具体数据汇总于表6-4中。

3. 世界沿海/海洋区域类型及其数据。

该区域类型包括南纬60°以北不冰封海域和沿海港口，而由于海冰而封锁航行期间的气候数据未被考虑。每个因素的数据曾经记录到的最极端值，以特定出现频率出现在最极端月份期间的值和暴露10～60年期间至少一次等于或被超过的长期气候极值。

有关具体数据汇总于表6-5中。

4. 世界范围空中环境数据(80km以下)

标准提供的气候条件，用于设计世界某军事基地在全球升空和空中发射的战斗设备，这些数据也适用于通过大气层空运的(在气密货舱外面的)或空投的地面设备。这些值是“自由大气”条件，而不是空气动力诱发条件(如空气动力加热)。对应于高度为2km，4km，6km等的值不适用处于这些高度的地面位置。

表 6-3　世界范围陆地地面气候环境数据(摘自 MIL-HDBK-310)

气候因素	极值种类	极值数据										
		记录极值		工作频率极值					长期极值			
		条件	记录值	条件	1%	5%	10%	2%	条件	10 年	30 年	60 年
地面温度	高温/℃	利比亚 Aziza 112m	58	北非撒哈拉沙漠	49	46	45		撒哈拉沙漠	53	54	55
	低温/℃	苏联上杨期克 105m	−68	格陵兰冰帽 西伯利亚 500m	−61	−57	−54	−51	苏联奥伊米亚康	−65	−67	−69
地面温度湿度(不存低温低相对温度情况)	高绝对湿度/℃ 1×10^3	波期湾阿拉件沙加露点混合比	34	伊郎阿巴丹和伯利兹	31	30	29	28	使用长是高温对湿度而不同短时间的长期极值33℃,使用较低露点的日循环即露点26~28℃,环境温度在27~30℃之间变化,1个月			
			35			28	26	25				
	低绝对湿度/℃	与低温极值有关,假设相对湿度为90%,用低温极值确定	−68.4(低温极值为−68)	与低温极值有关,假设90%相对湿度,用低温极值确定	−62(低温极值为−61℃)				与低温极值有关假设相对湿度为90%,相对于出现一次极值和对应的低温极值	−66.1(−65)	−67.8(−67)	−69.5(−69)
	高温、高湿,%/℃	伊朗阿巴丹温度/露点	48.3/29.4	伊朗阿巴丹温度/露点	46.1/27.2	46.1/21.7	不会出现		数据不足,使用0.1%温度和露点	具有 0.1%同时出现频率		
					43.3/27.8	43.3/24.4	43.3/20			48.9/25.6	46.1/31.1	43.3/31.1
	高相对湿度和高温,%/℃	巴布新几内亚的多布库拉相对湿度和温度	100/30	仅提供典型日循环(东南亚地区)	温度变化范围 25.6~35℃,相对湿度 71~100%				仅提供典型日循环、出现于热带雨林树冠下	相对湿度长期处于95%和95%以上经常出现		
	高相对湿度和低温,%/℃	低温会使干燥的空气达到相对湿度低温	100/68	低温会使干燥空气达到高相对湿度	100/61	100/57	100/54	100/51	低温会使干燥空气达到高相对湿度和低温,%/℃	100/65	100/67	100/69

表 6-3（续）

气候因素	极值种类	极值数据														
		记录极值			工作频率极值					长期极值						
		条件	记录值		条件	1%	5%	10%	2%	条件	10 年		30 年		60 年	
风速	1min(稳定)风速和 2s 阵风	稳定风速/kn	185/204		1min	22	19	33		阵风和稳定风速是在据数据预测的。设备尺寸/m,阵风/(m/s)	61		72		80	
		阵风是从稳定风速估算阵风极值要考虑设备尺寸。稳定风/阵风			阵风是从稳定风速根据设备最小尺寸(m)估算得到	<0.6/32	<0.6/27	<0.6/25			77(≤0.6)		87(≤0.6)		95(≤0.6)	
						1.5/30	1.5/25	1.5/23			74(1.5)		85(1.5)		93(1.5)	
						3/29	3/24	3/22			74(3)		83(3)		91(3)	
						8/27	8/23	8/21			71(8)		81(8)		89(8)	
						15/26	15/22	15/20			69(15)		80(15)		88(15)	
						30/25	30/21	30/19								
降雨量	降雨量/mm 和降雨速率/(mm/min)	普马里兰州 1min 记录	雨量 31.2	速率 31.2	高降雨速率十分广泛出现,出现频率值降低	0.5%	0.1%	0.01%		给出不同时间长度至少一次的极值/(cm/h)	持续时间	速率	持续时间	速率	持续时间	速率
		Holt 1h 记录	305	7.25		0.6	1.4	2.8			1h	10	1h	12	1h	13
		LarReanion 岛 12h 记录	1350	1.87							12h	2.3	12h	2.8	12h	3.0
		Lereaunion 岛 24h 记录	1880	1.31							24h	1.5	24h	1.8	24h	1.8

表 6-3（续）

<table>
<tr><th rowspan="3">气候因素</th><th rowspan="3">极值种类</th><th colspan="13">极值数据</th></tr>
<tr><th colspan="3">记录极值</th><th colspan="6">工作频率极值</th><th colspan="4">长期极值</th></tr>
<tr><th>条件</th><th colspan="2">记录值</th><th>条件</th><th colspan="2">1%</th><th>5%</th><th>10%</th><th>2%</th><th>条件</th><th>10 年</th><th>30 年</th><th>60 年</th></tr>
<tr><td rowspan="10">雪</td><td rowspan="7">高吹雪/(g/m^2s)</td><td rowspan="7">高吹雪参数为质量流，质量流随离地高度迅速下降，一般给出 0.5～10m 范围的质量流</td><td>高度</td><td>质量流</td><td rowspan="7">高度 0.5～10m，3m 高度上的风为 25kn，水平风向质量流</td><td>高度</td><td>质量流</td><td rowspan="7"></td><td rowspan="7"></td><td rowspan="7"></td><td rowspan="7"></td><td colspan="3" rowspan="7">长期极值无应用价值</td></tr>
<tr><td>0.05</td><td>6200</td><td>0.05</td><td>530</td></tr>
<tr><td>0.10</td><td>3000</td><td>0.10</td><td>200</td></tr>
<tr><td>0.50</td><td>800</td><td>0.50</td><td>32</td></tr>
<tr><td>1.0</td><td>560</td><td>1.0</td><td>16</td></tr>
<tr><td>5.0</td><td>330</td><td>5.0</td><td>4</td></tr>
<tr><td>10</td><td>310</td><td>10.0</td><td>2.2</td></tr>
<tr><td rowspan="3">雪负荷/(kg/m^2)</td><td rowspan="3">雪负荷按三类设备分别给出</td><td colspan="2">便携式设备
山区 194
非山区 137</td><td colspan="6" rowspan="3">不适用</td><td rowspan="3">推荐仅使用非山区 10 年中预期最高值</td><td>便携式设备 49(24h)降雪，51cm 比重：1</td><td rowspan="3"></td><td rowspan="3"></td></tr>
<tr><td colspan="2">临时性设备
山区 484
非山区 191</td><td>临时性设备</td></tr>
<tr><td colspan="2">半永久设备
山区 1155
非山区 590</td><td>98(102cm，比重 0.1)半永久设备 246</td></tr>
</table>

表 6-3（续）

气候因素	极值种类	极值数据										
		记录极值		工作频率极值					长期极值			
		条件	记录值	条件	1%	5%	10%	2%	条件	10 年	30 年	60 年
积冰	积冰/mm	不适用		出现频率非常低，无数据					水平延伸到风中的厚度	积冰 75 比重 0.9	硬冰霜 150 比重 0.6	软冰霜 150 比重 0.2
冰雹	冰雹/mm（直径）	美国堪萨斯州	142	极少出现	0.001% 50	0.1% 20			测量时	70	80	90
地面气压	高大气压/mbar	西伯利亚阿哥特	1083	设备耐高大气压，容易设计不提供此极值					设备耐受高大气压，容易设计不提供长期极值			
	低大气压/mbar		870	4572m 高度上的气压	508	514	520	527	推荐用最低估算值 503mbar			
大气密度	高大气密度/（kg/m³）	温度最低压力最高的地方	1.783（−68℃，105mbar）	气压为 1050mbar，1%低温极值 61℃时	1.720				推荐用最高记录值			
	低大气密度	不适用		不同高度的平均温度和 1%密度值表和 5.10.20%极值（表Ⅷ）					不适用			

表 6-3（续）

气候因素	极值种类	极值数据											
		记录极值		工作频率极值					长期极值				
		条件	记录值	条件	1%	5%	10%	2%	条件	10 年	30 年	60 年
臭氧	臭氧/($\mu g/m^3$)	洛彬机	1765	浓度	220	190	145		不适用			
沙和尘	沙和尘	坦克车在多尘地方诱发发动机舱内	6	是装备诱发产生，出现频率不适用	多向强风（直升机）浓度：2.19 g/m^3；粒子尺寸≤500μm 地面运输工具产生浓度：1.068 g/m^3；粒子尺寸 74～1000μm 3m 高度上风速 18m/s 粒子尺寸 74～310μm 自然条件：粒子尺寸 0.177<150μm				不适用			
冻冰-融化		热带高海拔	每年 337d 每月 31d	出现频率不用百分比表示而是每月多少个循环	最坏月为 20 次冻融循环，温度为－2～1℃，少许降水和雾				不采用			

表 6-4 世界区域性地面环境气候日循环数据(摘自 MIL-HDBK-310)

气候类型	说明	分气候类型		分气候类型划分依据		气候日循环				
		类型	出现地区	风险值	温度或湿度	温度/℃	相对湿度/%	太阳辐射/(W/m^2)	露点/℃,风速/(m/s)	310 d 循环表表号
基本区域类型(1%风险率的高低温为43.3℃和−31.7℃)	基本区域类型包括世界上既没有极高温度,也没有极低温度的所有陆地面积。该基本类型包括中纬度的大部分地区。中纬度地区常被叫做气候上的温带、缓和带或中间地带。该基本类型还包括一年中都温暖但记录不到在热区域类型中出现的极高温度的湿热带	基本/热日循环	北半球的美国、墨西哥、北非、西南亚、巴基斯坦和南西班牙区域,以及南半球的南美洲、南非和澳洲的较小区域	1%	43.3	30~43	14~44	0~1120	9~17(露点)	Ⅳ
	该区中恒定高温和交变高温两种循环是与湿热带有关的条件,一年中以高频率出现,它还出现在其亚热带和中纬度带部分地区的夏季,而湿冷循环出现在某些中纬度地区的冬季,其特点是温度在0℃左右,并伴随高相对湿度和频繁降水 基本型区是人们主要的居住区。进行战争可能性最大	基本/冷日循环	大范围的基本冷区域只出现在北半球,在美国北部、阿拉斯加沿海地区、南加拿大、南格陵兰沿海地区、北欧、苏联和中亚。小的孤立的基本冷条件区域有可能在较低纬度的高海拔地区找到	1%	−31.7	−21~31	趋于饱和	可忽略不计		Z

表 6-4（续）

气候类型	说明	分气候类型		分气候类型划分依据		气候日循环				310 d 循环表表号
		类型	出现地区	风险值	温度或湿度	温度/℃	相对湿度/%	太阳辐射/（W/m²）	露点/℃，风速/（m/s）	
基本区域类型（1%风险率的高低温为43.3℃和−31.7℃）	该区中恒定高温和交变高温两种循环是与湿热带有关的条件，一年中以高频率出现，它还出现在其亚热带和中纬度带部分地区的夏季，而湿冷循环出现在某些中纬度地区的冬季，其特点是温度在0℃左右，并伴随高相对湿度和频繁降水 基本型区是人们主要的居住区。进行战争可能性最大	基本/恒定高温日循环	热带浓云覆盖下的稠密森林区域的条件造成。这些条件使地面附近在雨季期间的温度、太阳辐射和湿度趋于恒定	1%	高相对湿度	24	95～100	忽略不计		VII
		基本/交变高温日循环	出现在回归线内的开阔地带。这些开阔地带具有晴朗的天空或周期性无云，其结果是温度和湿度每天受到太阳辐射循环的控制			27～35	74～100	0～970		VI
		基本/湿—准日循环	出现在所有与基本冷条件毗邻的较冷而潮湿的基本区域类型地段，湿—冷条件可出现在给定日期经常受到冰冻和融化影响的基本类型的任何部分，该条件更常在西欧、美国中部和东北亚（中国和日本）找到。在南半球，湿—冷条件仅出现在除南美洲外的中等高海拔地区，在南美洲，它们可在阿根廷和智利的南纬40℃以南找到			2～−4	95～100	可忽略不计	1～−4（露点）	VI

表 6-4（续）

气候类型	说明	分气候类型		分气候类型划分依据		气候日循环					
		类型	出现地区	风险值	温度/℃或湿度/%	温度/℃	相对湿度/%	太阳辐射/(W/m²)	露点/℃，风速/(m/s)	310 d循环表表号
热区域类型（1%风险为49℃）	包括世界上炎热的亚热带沙漠。世界范围地面气候因素极值出现在该区域类型中，该区域型部分虽然不那么热，却易出现世界上最高的绝对湿度	干—热日循环	北撒哈拉向东延伸到印度	1%	49	32～49	3～8	0～1120	3～4（风速）	I
		湿—热日循环	波斯湾沿海、红海、亚丁湾的沿海沙漠，阿巴丹具有最高露点极值	1%	31（露点）	31～41	60～88	0～1080	29～31（露点）	IV
冷区域类型1%风险为－45.6	加拿大的绝大部分，阿拉斯加的大部分，格陵兰、北斯堪的纳维亚、苏联东北部及蒙古。冷条件还存在于中亚西藏高原的部分地区和南北两半球的高海拔地区	冷日循环	波斯湾沿海、红海、其5湾的沿海沙漠，阿马丹具有最高露点彼值			－37～－46	趋于饱和	忽略不计	<5（风速）	VII
极冷区域类型2%风险为－51℃	格陵兰冰帽中部与北纬62°～68°东经125°～45°之间，海拔低于800m的西伯利亚	—	波斯湾沿海、红海、其5湾的沿海沙漠，阿马丹具有最高露点彼值	1%	－61（温度）	24h期间温度太阳和湿度均取于平衡、无日循环				
				5%						
				10%						
				20%	－51（温度）					

表 6-5　世界沿海/海洋气候环境数据（摘自 MIL-HDBK-310）

气候因素	极值种类	极值数据										
		记录数值		工作频率极值/℃					长期极值（至少一次）/℃			
		再现地点	温度/℃	出现地点	1%	5%	10%	20%	出现地点	10 年	30 年	60 年
温度	高温	波斯湾港，阿马丹河口	51	伊朗阿巴丹	48	46	45	43	阿马丹	50	51	51
	低温	阿拉斯加的安克雷奇	−39	安克雷奇	−34	−28	−25	−22	安克雷奇	−37	−38	−39
湿度	高绝对湿度	同表 6-3《世界范围陆地地面气候极值环境数据表》中的高相对湿度和高温、高湿数据										
	低绝对湿度	采用低温记录极值和长期极值和 90% 相对湿度确定	混合比 87.0×10^{-6}，（露点）−39℃	基于−35℃这一露点值确定的混合比（$\times10^{-6}$）	133	表 6-3 给出了包括这一低值的典型湿度范围			基于某露点湿度确定的混合比（$\times10^{-6}$）	105（−38℃）	87.1（−39℃）	76.9（−90℃）
	高温下高相对湿度	沙加沿海港口最高露点 34℃下的相对湿度/%	100	海洋区同高温下的相对湿数严于港口，最大极值区南纬 0°～10°，东经 130°～140°	100	100	表 ZVII 给出了包括温度和太阳辐射的相对湿度 100%相对湿度持续 5h		不适用			

表 6-5（续）

气候因素	极值种类	极值数据										
		记录数值		工作频率极值/℃					长期极值（至少一次）/℃			
		再现地点	温度/℃	出现地点	1%	5%	10%	20%	出现地点	10 年	30 年	60 年
湿度	低温下高相对湿度	低温下相对湿度通常为 100%										
	高温下低相对湿度	靠近沙漠的港口处/%	3		12(45℃) 表 ZVIII 提供了日循环	15 (45℃)	17 (45℃)	21 (45℃)	不适用			
	低温下低相对湿度	低温下不会出现低相对湿度										
风速	冰封海域和不冰封海域上风速	不冰封海域上风速比港口风更强烈	不冰封海域上的风速可以按表 6-3《世界范围陆地地面气候环境数据表》中的风速值作为中间测量值进行推算，该表中的出现频率值可代表沿海地区									
降雨	海面上降雨	可采用表 6-3《世界范围陆地地面气候环境数据》中的值										
雪	高吹雪	不适用										
	雪负荷/(kg/m^2)	航海中雪负荷通常不考虑	191	不适用					水平面	98		

表 6-5（续）

气候因素	极值种类	极值数据										
		记录数值		工作频率极值/℃					长期极值(至少一次)/℃			
		再现地点	温度/℃	出现地点	1%	5%	10%	20%	出现地点	10年	30年	60年
积冰		基于冰岛、英国和苏联使用中的设计需要确定对于冰密度为847kg/m^3的厚度/cm	17	不适用					对于冰密度为847kg/m^3时的积冰厚度/cm	水平面3.4（相当于30kg/m^2）垂直面0.8（相当于15kg/m^2）		
冰雹尺寸	不适用											
低大气气压	不适用(对记录到的最低海平面压力847mbar,设计上并不困难)											
大气密度	高大气密度/（kg/m^3）	−39℃	1.56	1%风险低温−34℃时为1.53					采用最高记录值	1.56		
	低大气密度/（kg/m^3）	出现在温度最高和压力最低之处	1.004	最低记录密度与压力极限相关,1%低密度取决于1%高温值	1.085 1%高温48℃ 1%低密度1000mbar				不适用			

表 6-5（续）

气候因素	极值种类	极值数据										
		记录数值		工作频率极值/℃					长期极值(至少一次)/℃			
		再现地点	温度/℃	出现地点	1%	5%	10%	20%	出现地点	10 年	30 年	60 年
臭氧浓度		浓度单位 kg/m^3	1765	浓度单位 kg/m^3	220	190	145		不适用			
沙和尘		仅适用于港口，使用陆地数据	见表 《世界地面气候环境数据中的砂和尘》									
海面水温	高海面水温/℃	波斯湾	38	波斯湾	36	35	34	34	波斯湾	37	38	38
	低海面水温/℃	加拿大纽带兰冶海区	−6	加拿大纽芬兰沿海区	−2	−2	−1	−1		−6	−6	−6
含盐量	对大洋上方含盐量的易变性没有进行过充分观测，没有极值； 北大平洋和北大西洋上方测得的含盐量分别为 36.0×10^{-12} 和 37.0×10^{-12}； 红海和阿拉伯海北部的平均最大含盐量为 41×10^{-12}，记录数值为 45×10^{-12}											
浪高和波谱	未规定极限标准化值											

世界范围空中环境的气候资料以气候值的包线和温度、密度及降雨速率/含水量的分布图给出。

1）大气包线

这部分的气候数据是每个高度的极限值，而不考虑它们出现的地点或月份。因此，为每个高度提供的值通常不同时同地出现在厚度大于几千米的大气层中，并且不代表整个大气对垂直上升或下降运载工具的影响。该包线最适用于确定关系到运载工具水平穿越大气特定高度的条件，或确定对每个气候因素可能产生最有害影响的高度。

对每个气候因素来说，仅提供该因素在最恶劣地区（包括南纬60°以南地区）最严酷月份期间曾记录到的极限（高至30km）和与出现频率相应的极值。没有提供长期气候极值，这是因为军用设备不会在自由大气中长期使用或储备。还提供了1%，5%，10%和20%出现频率下的值。推荐降雨速率和含水量除首先考虑0.5%值外，推荐所有气候因素均首先考虑1%极值。对暴露于百分比极值期间可能出危险或不工作的装备，使用曾记录到的极值可能更能达到设计目的。

30km以内一般同时给出对应于实际（几何）高度和气压高度的气候数据。在这个高度以上只提供对应于几何高度的值。实际上，到30km的几何高度是位势高度，但就设计目的来说，这些高度可认为是海平面以上的几何高度；例如，在30km，位势高度和几何高度之间的差是143m，而在更低高度，其差值更小。对应于几何高度的数据适用于导弹设计，而对应于气压高度的数据则适用于飞机设计，因为飞机通常是在给定的压力层面飞行。气压高度是在《标准大气》[①]中与给定气压相对应的位势高度。大多数高度表给出的高度以《标准大气》中压力和高度的关系曲线为依据。因为大气条件难得处于标准状态，所以在给定气压高度飞行的飞机可能处于海平面上方很不相同的真实高度上；一架在恒定气压高度上飞行的飞机可能是在上升、下降或水平飞行。

零高度处的极值是海面的极值条件，通常采用世界范围陆地的极值。对本标准没有做出规定的高度，允许在相邻高度之间采用线性内插法获得这一高度上的极值。对气压和密度来说，对数内插法要更精确些。大气包线有关数据如表6-6所示。

2）大气剖面

标准列出的气候数据被看作为与规定高度上极值有关的真实剖面。它们主要打算用于设计垂直方向穿越大气的飞行器或其他需要考虑大气总影响的研究工作。

表6-6 大气包线（各高度上各气候参数的极值）（摘自MIL-HDBK-310）

序号	环境类型		高度范围/km	数据表名称	标准中的章节号/表号
1	高温	记录极值	0～30	各实际高度和压力高度上的温度和大气密度	5.3.1.1.1
		频率极值 1%，5%，10%，20%	0～80	各实际高度和压力高度上各风险值的温度和与实际高度相关的大气密度	5.3.1.1.2/XIX

① 美国国家海洋和大气局与国家航空局和美国空军部1976年出版的《标准大气》，提供了各种幅度上的大气数据，我国1980年颁布了相应标准GB 1920《标准大气》。

表 6-6（续）

序号	环境类型		高度范围/km	数据表名称	标准中的章节号/表号
2	低温	记录极值	0～30	各实际高度和压力高度上的温度和大气密度	5.3.1.2.1
		频率极值 1%,5%,10%,20%	0～80	各实际高度和压力高度上各风险值的温度和与实际高度相关的大气密度	5.3.1.1.2/XX
3	高绝对湿度	记录极值	0～8	各实际高度和压力高度上湿度（露点和混合比）	5.3.1.3.1
		频率极值 1%,5%,10%,20%	0～80	各实际高度和压力高度上各风险值的湿度（露点和混合比）	5.3.1.3.2.1/XXI
4	低绝对湿度	记录极值	0～8	各实际高度和压力高度上的湿度（露点和混合比）	5.3.1.4.1
		频率极值 1%,5%,10%,20%	0～8	各实际高度和压力高度上各风险值的湿度（露点和混合比）	5.3.1.4.1/XXII
5	风速	记录极值	0～30	各实际高度和压力高度上的风速	5.3.1.7.1
		频率极值 1%,5%,10%,20%	0～80	各实际高度和压力高度上各风险的风速	5.3.1.7.2/XXIII
6	风切变	记录极值	0～30	各实际高度和压力高度上 1km 厚大气层风切变	5.3.1.8.1
		频率极值 1%,5%,10%,20%	0～30	≤30km 两种高度上 1km 厚大气层风切变	5.3.1.8.2/XXIV
			30～60	>30km 两种高度上 10km 厚大气层风切变	
7	降水率和降水中的含水量	记录极值	0～20	各实际高度上 1min 地面降水率	5.3.2.5.1
		频率极值 1%,5%,10%,20%	0～20	各实际高度上相当于 0.5%风险的地面降水率（0.6mm/min）的降水率高度剖面	5.1.3.2.5/XXXI
8	冰雹尺寸	记录极值	0～12	到达地面冰雹最大直径 142mm，适用于 12km 以上所有高度	5.3.1.11.1.1
		频率极值 0.1%,1%	0～14	各实际高度上各风险的雹块直径	5.3.1.11.2

表 6-6（续）

序号	环境类型		高度范围/km	数据表名称	标准中的章节号/表号
9	高大气压力	记录极值	0～30	各实际高度上的大气压力	5.3.1.12.1
		频率极值 1%,5%,10%,20%	0～80	各实际高度上各风险的大气压力	5.3.1.12.2/XXV
10	低大气压力	记录极值	0～30	各实际高度上的大气压力	5.3.1.13.1
		频率极值 1%,5%,10%,20%	0～80	各实际高度的各风险的大气压力	5.3.1.13.2/XXVI
11	高大气密度	记录极值	0～30	各实际高度上的密度和与其同时出现的平均温度	5.3.1.4.1
		频率极值 1%,5%,10%,20%	0～80	各实际高度和压力密度上的各风险的密度和与其同时出现的平均温度,各压力高度上各风险的密度	5.3.1.4.2/XXVII
12	低气压密度	记录极值	0～30	各实际高度上高度和与其同时出现的平均温度,各压力高度上的密度	5.3.1.15.1
		频率极值 1%,5%,10%,20%	0～80	各实际高度上各风险的密度和与其同时出现的平均温度,各压力高度上各风险的密度	5.3.1.15.2/XXVIII
13	臭氧	记录极值	0～30	各实际高度上的最高浓度	5.3.1.16.1
		频率极值 1%,5%,10%	0～30	各实际高度上的浓度	5.3.1.16.2

从地面到80km范围的温度和密度剖面是根据在世界上最严酷的地区,最严酷的月份期间在5,10,20,30和40km高度上1%和10%的高低温以及1%和10%的高、低密度得到的。温度剖面中包括有关密度,而密度剖面中又包括有关温度。建立无论是温度剖面还是密度剖面最初的考虑值都采用1%极值。这40个剖面中的每一个都应逐一加以考虑,以确定哪个剖面对给定的应用最合适。MIL-HDBK-310《军用产品研制用的全球气候数据》标准在其附录A中提供了用于导出这些温度和密度剖面的数据和分析方法的细节。

空中降雨速率/含水量剖面与世界范围陆地环境规定的地面降雨率有关。空中的剖面包括降水率和有关的雨滴尺寸分布、降水中液态水含量(或固态等效水量)和云层中水含量。还提供了1min和42min地面降水率世界记录值的剖面和0.01%,0.1%和0.5%最不利地区、最坏月份降水率的剖面。这些剖面中,建议首先考虑0.5%极值。有关大气剖面数据如表6-7所示。

表 6-7 大气剖面(各高度上各气候参数极值)(摘自 MIL-HDBK-310)

气候因素	高度范围/km	风险值	表中数据来源	表名称
高温	0～80	1%和10%每张表中均给出两风险的温度和相关密度典型剖面,即有两个剖面	根据5km高度上1%和10%高温值确定	各实际高度上的温度和有关密度的典型剖面
			根据10km高度上1%和10%高温值确定	各实际高度上的温度和有关密度的典型剖面
			根据20km高度上1%和10%高温值确定	各实际高度上的温度和有关密度的典型剖面
			根据30km高度上1%和10%高温值确定	各实际高度上的温度和有关密度的典型剖面
			根据40km高度上1%和10%高温值确定	各实际高度上的温度和有关密度的典型剖面
低温	0～80	1%和10%每张表中均给出两种风险的温度和相关密度典型剖面,即有两个剖面	根据5km高度上1%和10%高温值确定	各实际高度上的温度和有关密度的典型剖面
			根据10km高度上1%和10%高温值确定	各实际高度上的温度和有关密度的典型剖面
			根据20km高度上1%和10%高温值确定	各实际高度上的温度和有关密度的典型剖面
			根据30km高度上1%和10%高温值确定	各实际高度上的温度和有关密度的典型剖面
			根据40km高度上1%和10%高温值确定	各实际高度上的温度和有关密度的典型剖面
降雨速率和含水量	0～20	记录极值	根据地面降雨率推算。降水量在地面以上6km范围是基本一致的,此高度以上随高度增加而减小	1h的记录极值是305mm。给出了1min地面降雨率(31.2mm/min)记录值的典型剖面表
		频率极值(0.5%)	按地面降水率为0.6mm/min时给出	给出了对应于0.6mm/min地面降水率的典型剖面

6.3.1.4 数据采集、分析处理和统计归纳标准

6.3.1.4.1 国外标准

1. IES-RP-DTE 012.1《动力学数据采集和分析手册》

1993年由美国环境科学技术协会发布,内容涵盖动力学环境测量规划、数据采集、数据确认和编辑以及数据分析的基本方法和实施指南。既适用于军用装备的结构振动、噪声和冲击等动力学环境数据的采集与分析,也适用于其他工程结构动力学数据采

集与分析。该标准规范了动力学环境测试过程的数据采集与分析方法，减少测量结果的易变性和误差，保证试验测量数据的有效性和可比性；并详细阐述了动力学数据采集与分析各阶段的工作，针对其中可能出现的问题提出解决方法，特别是在参数设置出现矛盾时，根据工程实践经验，推荐折衷的处理方法。

2. MIL-STD-810F《环境工程考虑和实验室试验》

2000年由美国国防部发布，基于实测数据确定环境条件的思想体现在剪裁指南中。MIL-STD-810F的方法516.5《冲击试验》附录A中简单介绍有测量数据时确定极值环境条件的方法：若测量数据满足正态或对数正态分布则应用正态单边容差上限（NTL）方法和正态预测上限（NPL）方法来确定极值环境条件；当测量数据不满足概率分布时，使用包络容差上限（ENV）、自由分布容差上限（DFL）和经验容差上限（ETL）等非参数统计的方法来估计极值环境条件。但标准对于各个归纳方法在使用中的优缺点，以及如何选用的介绍则相对简单，没有达到工程实用程度。

3. NASA-HDBK-7005《动力学环境准则》

2001年由美国宇航局发布，内容涵盖了飞行器在其使用寿命周期内所经历的动力学环境、动力学激励预示过程、环境激励下结构响应预示过程，以及为航天器从系统级到零部件级产品的设计和试验所制定的动力学容差准则过程，试验过程等。其中第6章在其最大预期环境计算中，详细介绍了正态单边容差上限方法和正态预测上限方法二种参数归纳方法以及包络容差上限、自由分布容差上限和经验容差上限三种非参数归纳方法的物理意义，每种统计归纳方法在使用中的优缺点，并给出了参数归纳方法和非参数归纳方法的选择原则，同时给出一些实测上限谱向规范谱转化的示例分析，为基于实测数据进行环境极值统计归纳和环境试验条件确定提供了工程技术指导。

6.3.1.4.2 国内标准

1. 军用标准

1）GJB/Z 126《振动、冲击环境测量数据归纳方法》

1999年发布，标准规定了周期性振动、平稳随机振动和冲击环境测量数据的归纳方法，适用于航空器、航天器、车辆、舰船等各类平台振动、冲击环境测量数据的归纳。标准提出的统计容差上限归纳法是振动数据归纳从传统的上限包络到引入统计概念进行归纳的飞跃，明确给出了环境数据归纳的一般要求、详细要求、统计归纳程序，能够清晰地指导平台环境实测数据的测量归纳。但该标准在后续使用过程中显现两点不足，其一，标准中数据归纳方法仅限于参数化归纳方法，未包含非参数化归纳方法，对样本个数较少、非正态分布测量数据无法进行归纳；其二，理论上不够完善，标准中正态容差上限计算的数学原理有误，将两个随机变量和的统计上限简单地按两个随机变量统计上限之和来计算，导致小样本下归纳结果偏严酷，有待进行修正。

2）GJB/Z 222《动力学环境数据采集和分析指南》

2005年发布，主要参考美国环境科学技术协会标准IES-RP-DTE 012.1《动力学采集和分析手册》。该标准改写了数据分析一章，删除了过时的内容（如遥测技术中的PAM等）；对原文中不明确或未涉及的内容作了增补（如倍频程谱分析、冲击相应谱的数值计算、小波分析和参数模型谱分析等）。该标准规定了通用的动力学数据采集和数据分析技术，为环境数据统计归纳，进一步开展环境设计规范和试验条件的制定提供了指导。

3）GJB 150A《军用装备实验室环境试验方法》

2009年发布，主要内容基本等效于MIL-STD-810F《环境工程考虑和实验室试验》，因此在基于实测数据的极值环境条件统计归纳中，存在的问题也相似。

2. 航空行业标准

1）HB/Z 27《飞机飞行振动环境测量一般技术要求》

1994年发布，主要内容包括任务确定、仪器选择、测点布置、飞行状态、飞机改装、测量实施六项，但每项内容仅仅给出了原则性要求，并且测量方法基于模拟式测量，内容陈旧，技术和方法都相对落后，不能反映当前数据测量技术的进展，也不能涵盖数据测量的各个方面，采用该标准很难保证测量数据的准确性，需要制定新的代替标准。

2）HB/Z 86《飞机飞行振动环境测量数据处理一般技术要求》

1985年发布，主要内容包括数字式数据处理、模—数—模混合数据处理、模拟数据处理。该标准大部分内容是针对模拟式数据采集设备，但目前平台环境数据采集已经广泛应用数字式采集系统，模拟式设备大多已遭淘汰。同时，在数字信号的数据预处理中，数据检查、消除奇异项和数据检验方法均未明确，周期分量和随机分量分离方法落后，数字滤波技术内容过于简单等。并且该标准主要适用于平稳随机数据分析，未涉及非平稳数据、瞬态数据的分析，需要制定新的代替标准。

3）HB/Z 87《飞机飞行振动环境测量数据的归纳方法》

1985年发布，主要内容包括数据准备、同一机型测量数据的归纳、同一类别多个机型测量数据归纳和所有频段数据的综合。该标准所分析的数据种类较少，仅为周期数据和随机数据，没有单独分析冲击数据，应用范围受限；其次，归纳方法落后，仍旧采用极值包络法，没有根据数据样本数量和数据统计分布特征进行统一处理，即按一定的置信度和包含数据百分位点来统计环境数据。因此由其得到的环境试验条件与实际的随机振动环境相差较大，不能反映产品实际经历的随机振动环境，需要制定新的代替标准。

综上所述，目前在平台环境数据测量、采集、分析处理与统计归纳中，应用较多的标准为GJB/Z 222《动力学环境数据采集和分析指南》、GJB/Z 126《振动、冲击环境测量数据归纳方法》和NASA-HDBK-7005《动力学环境准则》，其他标准均参考部分内容执行；另外，以上标准均未涉及温度、湿度和压力等缓变环境参数的测量、采集与分析处理，急需针对以上存在的问题，制定或修订一套完整的环境数据采集、分析处理和统计归纳标准，确保获得正确的平台环境数据，并以此为基础提出产品的环境适应性设计要求和试验条件，作为产品开展环境适应性设计和试验工作的依据。

6.3.2 装备环境工程顶层标准（GJB 4239）

6.3.2.1 概述

2001年初，GJB 4239《装备环境工程通用要求》颁布实施，该标准是我国第一个以装备环境工程技术为基础进行设计的武器装备环境工程的顶层标准。该标准系统地规定了武器装备寿命期各个阶段应开展的环境工程工作，是确定武器装备全寿命环境工程工作项目和制定相应管理计划的依据。贯彻这一标准对于规范型号环境工程工作并将其系统地纳入武器装备寿命期全过程，从根本上为提高或确保武器装备的环境适应性满足要求具有重大的推动作用。

6.3.2.2　标准的主要内容

该标准的主要内容分为范围、引用文件、定义、一般要求和详细要求5个部分及附录。

6.3.2.2.1　标准的主题内容和适用范围

该标准规定了环境工程管理、环境分析、环境适应性设计和环境试验与评价4方面的工作项目和通用技术，适用于装备论证、研制、生产和使用阶段。标准应用指南中明确指出其规定的20个工作项目不一定都要照样执行，而是可根据装备的类型、所处的阶段和可获得的资源进行适当剪裁。因此，该标准是一个适用于武器装备全寿命期的，可以进行剪裁的管理标准。为了能很好地进行剪裁，必须搜集和掌握装备研制的起点水平和采购方式，装备的战技指标要求，未来的寿命期环境以及各种可得资源方面的信息，并要有环境工程专家的参与和支持，因此，GJB 4239《装备环境工程通用要求》中规定：对该标准工作项目的剪裁应在为订购方和/或承制方工作的环境工程专家(组)的指导和/或帮助下完成。

6.3.2.2.2　定义

GJB 4239《装备环境工程通用要求》给出一些装备环境工程方面的定义，主要包括环境适应性、装备环境工程、平台和平台环境、寿命期环境剖面、环境工程管理、环境分析、环境适应性设计、自然环境试验、实验室环境试验、使用环境试验、环境适应性研制试验、环境鉴定试验、环境验收试验和环境例行试验等。其中许多术语均是第一次在标准中出现。GJB 4239《装备环境工程通用要求》这一顶层标准规定这些术语对统一环境工程领域的基本概念，特别是各种环境试验的概念，理清思路具有重大意义。后来制订的GJB 6117《装备环境工程术语》标准则更为全面地给出了环境工程有关的各种术语。

6.3.2.2.3　一般要求

GJB 4239《装备环境工程通用要求》按照我国国军标编写规定在其第4章一般要求中，简要地列出装备论证、研制、生产和使用过程中环境工程工作的4项主要任务：即实施环境工程管理，进行环境分析，进行环境适应性设计和环境试验与评价，并明确了这4项任务的基本内容、目的和应用阶段。此外，在其4.6条中提出成立环境工程专家组，规定可根据需要，成立由订购方和承制方组成的型号环境工程专家组，协助双方开展环境工程工作，并要求该环境工程专家组及早参与装备论证、研制过程，协助确定装备寿命期环境适应性剖面、环境要求、环境工程工作计划、环境试验与评价总计划等工作。纳入这一条的目的是要使用方和型号总师系统重视发挥环境工程专家的特殊作用，让他们以专家组的身份参与装备寿命期的环境工程活动，以确保环境工程工作有机地纳入装备研制生产全过程。美国军标MIL-STD-810F《环境工程考虑和实验室试验》明确定义了环境工程专家，并规定了环境工程专家任务，要求在整个采办过程中，环境工程专家作为综合产品小组(IPT)的成员参加工作，以提供环境工程工作支持。

6.3.2.2.4　详细要求和附录A

GJB 4239《装备环境工程通用要求》的详细要求实际上是将一般要求中规定的各项

环境工程工作任务分解为一个个工作项目，说明每个工作项目的重点及应该确定的事项和开展此工作项目所需输入的信息和输出结果及其责任者。各个环境工作项目所属类别、名称代号、应用阶段、主要输入。这些信息在其附录A中以实施表的形式列出如表6-8所示。

表6-8 装备环境工程工作项目实施表(参考GJB 4239附录A)

工作项目类别	工作项目名称及代号	适用阶段	责任单位	主要输入信息	主要输出结果
环境工程管理	制定环境工程工作计划(工作项目101)	论证阶段提出环境工程工作计划初稿；方案阶段完成正式稿；后续阶段按需要进行修改和完善	承制方，需经订购方认可	a. 与订购方的合同文件或相应文件 b. GJB 4239 c. 研制计划网络图	环境工程工作计划
	环境工程工作评审(工作项目102)	研制和生产	在合同中明确	环境工程工作计划	评审报告
	环境信息管理(工作项目103)	寿命周期各阶段	承制方、订购方	a. 使用环境文件 b. GJB 1172 c. 型号FRACAS系统 d. 寿命期涉及的气候区的气候资料	各种经过处理的信息
	对转承制方和供应方的监督和控制(工作项目104)	工程研制阶段、定型阶段和生产阶段	承制方	a. 环境适应性要求和验证要求 b. 环境工程工作要求	a. 合同文件中的有关条款 b. 各种监督和控制报告
环境分析	确定寿命期环境剖面(工作项目201)	论证阶段提出寿命期剖面和初步的寿命期环境剖面；方案阶段提出最终的寿命期环境剖面	订购方，承制方提供必要的协助	a. 使用方案和保障方案 b. 相同或类似装备或平台特性及环境测量数据 c. GJB 1172 d. 有关标准或文件	a. 寿命期剖面 b. 寿命期环境剖面
	编制使用环境文件(工作项目202)	论证阶段、方案阶段，后续阶段进行完善	订购方，承制方提供必要的协助	a. 有关平台环境数据库和相似设备环境数据 b. 数据不足情况分析 c. 寿命期环境剖面	使用环境文件

表6-8（续）

工作项目类别	工作项目名称及代号	适用阶段	责任单位	主要输入信息	主要输出结果
环境分析	确定环境类型及其量值(工作项目203)（确定环境适应性要求和验证要求）	论证阶段、方案阶段	订购方在研制总要求中提出环境适应性要求，承制方提出环境技术文件	a. 寿命期环境剖面 b. 使用环境文件	a. 环境适应性要求 b. 环境技术文件（包括具体的环境适应性要求和验证要求）
	实际产品试验的替代方案(工作项目204)	方案阶段	承制方提出，需经订购方同意	a. 完整的环境条件数据资料 b. 仿真技术有效性评价报告 c. 完整的环境影响数据库/知识库 d. 试样试验的有效性评估资料 e. 相似设备相似性论证资料	a. 不进行试验的产品目录 b. 实际产品试验的替代备选方案和风险评估报告
环境适应性设计	制定环境适应性设计准则（工作项目301）	方案阶段、工程研制阶段早期	承制方	a. 环境适应性要求 b. 环境适应性设计通用手册	在研装备专用的环境适应性设计准则
	环境适应性设计（工作项目302）	工程研制阶段	承制方和转承制方	a. 环境适应性要求 b. 环境适应性设计准则 c. 其他有关设计手册	满足环境适应性要求的产品设计
	环境适应性预计（工作项目303）	工程研制阶段早、中期	承制方和转承制方	a. 环境适应性要求 b. 材料、元器件等有关手册 c. 环境分析计算方法	环境适应性预计报告

表 6-8（续）

工作项目类别	工作项目名称及代号	适用阶段	责任单位	主要输入信息	主要输出结果
环境适应性试验与评价	制定环境试验与评价总计划（工作项目 401）	方案阶段提出初稿，工程研制阶段完成最终稿	承制方，需经订购方认可	环境适应性要求和验证要求	环境试验与评价总计划
	环境适应性研制试验（工作项目 402）	工程研制阶段早期	承制方和转承制方	环境适应性要求和验证要求	环境适应性研制试验报告
	环境响应特性调查试验（工作项目 403）	工程研制阶段后期	承制方和转承制方	环境适应性要求和验证要求	产品特性调查试验报告
	飞行器安全性环境试验（工作项目 404）	工程研制阶段后期，首飞之前	承制方和转承制方	a. 环境适应性要求 b. GJB 150/150A	飞行器安全性环境试验报告
	环境鉴定试验（工作项目 405）	定型阶段	承试方或承制方会同订购方	a. 环境适应性要求 b. 受试产品规范和验证要求 c. GJB 150/150A	环境鉴定试验报告
	批生产装备（产品）环境试验（工作项目 406）	批生产阶段	订购方在承制方协助下进行	a. 环境适应性要求 b. 受试产品规范或文件 c. GJB 150/150A	a. 环境验收试验报告 b. 环境例行试验报告
	自然环境试验（工作项目 407）	方案阶段后期，工程研制阶段早、中期，使用阶段	承制方	a. 寿命期环境剖面 b. 环境适应性设计准则 c. 自然环境试验方法标准	自然环境试验报告
	使用环境试验（工作项目 408）	工程研制阶段后期、定型阶段和使用阶段	承试方（研制阶段）或订购方（使用阶段）	a. 装备的任务剖面 b. 装备的重要设备清单	使用环境试验报告
	环境适应性评价（工作项目 409）	定型阶段和使用阶段	评价部门或机构	a. 自然环境试验报告 b. 使用环境试验报告 c. FRACAS 系统中有关阶段故障信息	装备环境适应性综合评价报告

6.3.3 装备环境适应性设计标准

环境适应性是装备的质量特性，是靠设计纳入的，因此，环境适应性设计是将环境适应性纳入装备的基本手段，遗憾的是至今尚未制定出环境适应性设计标准，目前可以参考的标准有可靠性热设计标准和一些电子设备的冷却设计和振动分析资料、手册，项目如下，但不做具体介绍。

6.3.3.1 标准

环境适应性设计可借鉴的标准有：

(1) GJB/Z 27—1992 电子设备可靠性热设计手册；

(2) GB/T-15428—1995 电子设备用冷板设计导则；

(3) GB/T 7423.2—1987 半导体器件散热器型材散热器；

(4) GB/T 7423.3—1987 半导体器件散热器叉指形散热器；

(5) MIL-HDBK-338 电子设备可靠性设计手册；

(6) MIL-HDBK-251 电子设备冷却设计手册。

6.3.3.2 主要参考资料

(1)《型号可靠性工程手册》第 11 章　电子产品热设计，国防工业出版社，2007 年版，龚庆祥主编；

(2)《电子设备冷却技术》航空工业出版社于 2012 年出版的翻译本，由李明锁，丁其伯翻译，原作者为(美)截夫・S 斯坦伯格；

(3)《电子设备振动分析》航空工业出版社于 2012 年出版的翻译本，由李明锁，丁其伯翻译，原作者为(美)截夫・S 斯坦伯格。

6.3.4 国军标《装备环境工程文件编写要求》

该标准拟于 2015 年颁布实施，编写该标准的目的是用于支持 GJB 4239—2001《装备环境工程通用要求》中一些重要工作项目的开展，规定这些工作项目开展后应输出文件的内容和/或格式，并对相关的技术概念作了更明确的说明。标准中规定的环境工程文件和对应的工作项目如表 6-9 所示。

该标准结合当前军工产品研制生产中环境适应性、环境适应性要求和环境适应性验证要求理解不够正确和完善的现状，在其附录 A 中明确了它们的基本概念及其区别和相互关系及应用场合，同时以示例表的形式列出环境适应性要求定性和定量要求和环境适应性验证要求中的试验条件和试验方法，该表内容如表 6-10 所示。

表 6-9 国军标《装备环境工程文件编写要求》中的表 1 环境工程文件

序号	环境工程文件名称	GJB 4239-2001 中对应工作项目号	输出时机	责任单位
1	环境工程工作计划	101	方案阶段、研制阶段早期	承制方，订购方认可
2	寿命期环境剖面	201	方案阶段、研制阶段早期	承制方，订购方认可

表 6-9（续）

序号	环境工程文件名称	GJB 4239-2001 中对应工作项目号	输出时机	责任单位
3	使用环境文件	202	论证阶段、方案阶段	订购方，承制方提供协助
4	环境适应性要求文件	203	论证阶段、方案阶段、研制阶段早期	订购方提出要求，承制方按订购方提出的要求编写该文件，并得到订购方的认可
5	环境适应性设计文件	301～302	研制阶段	承制方
6	环境试验与评价总计划	401	方案阶段、研制阶段早期	承制方，订购方认可
7	环境试验大纲	402～408	研制阶段、定型阶段、生产阶段和使用阶段	其中，环境鉴定试验大纲应由承试方编制，并需经订购方认可
8	环境试验报告	402～408	研制阶段、定型阶段、生产阶段和使用阶段	承试方
9	环境适应性报告	100～408	定型阶段	承制方，订购方审查

表 6-10　环境适应性要求和环境适应性试验验证要求示例表

环境类型		环境适应性要求		环境适应性试验验证要求	
		定性要求	定量要求	试验环境条件	采用的试验方法
温度环境	高温贮存环境	产品在寿命期贮存阶段遇到的高温环境长期作用下，不会引起由合格判据确定的不可逆损坏	产品露天贮存分为两种情况： a）恒温贮存：70℃（1%风险） b）循环贮存：33～71℃的范围（1%风险的日循环）	根据 GJB 150.3A 或 GJB 150.3确定。如： a）GJB 150.3 中规定为70℃，保温 48h b）GJB 150.3A 中规定的高温日循环为 33～71℃，共进行 7 个循环 GJB 150A 中规定为测量得到的实际温度，达到温度稳定后再加上至少 2h	按 GJB 150.3 或 GJB 150.3A 中规定的方法

表 6-10（续）

环境类型		环境适应性要求		环境适应性试验验证要求	
		定性要求	定量要求	试验环境条件	采用的试验方法
温度环境	低温贮存环境	产品在寿命期贮存阶段遇到的低温环境作用下，不会引起由合格判据确定的不可逆损坏	产品贮存于热湿附近：实测温度陆地地面户外贮存 －51℃（20％风险）加上辐射致冷温降量	根据 GJB 150.4 或 GJB 150.4A确定。如： a）GJB 150.4 中规定为－55℃（已加上了辐射致冷引起的温降量），温度稳定后再保持 24h b）GJB 150.4A 规定为－51℃，温度稳定后再保温 4h/24h/72h（取决于装备特点）（GJB 150A 未辐射致冷量考虑后为－54℃）	按 GJB 150.4 或 GJB 150.4A 中规定的方法
	高、低温工作环境	产品在寿命期使用阶段遇到的高低温环境中应能正常工作，且性能满足允差要求 产品在寿命期使用阶段遇到的高低温环境中应能正常工作，且性能满足允差要求	根据产品工作情况可分为两种情况： a）若产品在暴露于太阳辐射中的户外环境中工作，则高温按 1％风险对应的日循环（35～49℃），低温按 20％风险对应的最低温度（－51℃）；加上辐射致冷量后为－54℃ b）若工作环境温度不取决于日循环太阳辐射诱发温升，而取决于平台微环境则按实测得到的高温或低温	试验环境条件如下： a）高温按 GJB 150.3A 推荐的日循环，至少进行 3d；低温恒定温度按 20％风险极值，51℃再加上辐射致冷量后为－54℃，并在产品达到温度稳定后再保持至少 2h b）温度按照与实测得到的高温或低温，温度稳定后再保持至少 2h	按 GJB 150.4 或 GJB 150.4A 中规定的方法

表 6-10（续）

环境类型		环境适应性要求		环境适应性试验验证要求	
		定性要求	定量要求	试验环境条件	采用的试验方法
温度环境	温度冲击环境	产品在寿命期内遇到温度突变环境后，不产生结构损坏并能正常工作	低温贮存温度和高温贮存温度或日循环中的最高温度： －55℃，＋70℃(71℃)	GJB 150 和 GJB 150A 分别规定如下： a) GJB 150 规定： · －55℃、70℃ · 产品达到温度稳定的时间，不小于 1h · 每个循环进行低高、高低二次冲击、进行 3 个循环 · 转换时间不大于 5min b) GJB 150A 规定 · －55℃、70℃ 或 －55℃，高温日循环温度 · 产品达到温度稳定时间或规定的日期	按 GJB 150.5 或 150.5A 规定的方法
	温度冲击环境	产品在寿命期内遇到温度突变环境后，不产生结构损坏并能正常工作	低温贮存温度和高温贮存温度或日循环中的最高温度： －55℃，＋70℃(71℃)	· 由低温转为高温或相反作为一次冲击 · 冲击次数为 1～3 次 · 转换时间小于 1min	按 GJB 150.5 或 150.5A 规定的方法
霉菌环境		产品在寿命期内表面不应长霉或长霉程度在允许范围，且能正常工作	无法规定应力的定量要求，往往规定长霉等级作为判据	GJB 150 和 GJB 150A 分别规定如下： a) GJB 150.10 规定 · 5 个菌种 · 24～31℃ · ≥90%RH · 28d b) GJB 150.10A 推荐 · 5 个菌种或 7 个菌种(选用) · 31℃ · ≥90%RH · 28d	按 GJB 150.10 或 GJB 150.10A 中规定的方法

表6-10（续）

环境类型	环境适应性要求		环境适应性试验验证要求	
	定性要求	定量要求	试验环境条件	采用的试验方法
盐雾环境	产品在寿命期盐雾环境中受到的腐蚀程度在允许范围之内(具体由合格判断规定)且产品能正常工作	无法规定定量要求,往往用腐蚀深度或面积作为判据	试验环境条件如下： a）盐溶液氯化钠含量:5% b）盐溶液PH值:6.5～7.2(35℃时) c）盐雾沉降率:1～2ml/80cm².h (GJB 150.11)或l～3ml/ 80cm²·h (GJB 150.11A) d）试验时间:48h (GJB 150.11)或96h (GJB 150.11A)	按GJB 150.11中规定的连续喷雾试验方法或GJB 150.11A中规定的间断喷雾试验方法
湿热环境	产品在湿热大气环境中暴露后,其表面、材料性质和电气性能不受严重影响,且暴露期间和暴露之后能正常工作	一般不规定定量要求,或使用GJB 150.9或GJB 150.9A中的湿热条件	GJB 150和GJB 150A分别规定如下： a) GJB 150.9中给3个不同产品类别规定了不同的试验条件,可以从中选取 b) GJB 150.9A仅推荐一种条件即30～60℃ 95%RH的10个交变湿热循环	按GJB 150.9或GJB 150.9A规定的试验方法
工作振动环境	产品在经受使用中遇到振动环境作用下和作用后能正常工作,结构不发生累积疲劳损伤	按照实测振动数据确定。在无实测数据和相似设备环境适应性要求的情况下,使用GJB 150.16规定的或GJB 150.16A中推荐振动谱,数值或公式计算得到的数值,通常给出振动谱的谱型和相关的参数值	GJB 150和GJB 150A分别规定如下： a) GJB 150.16中规定按环境适应性要求中规定的功能试验量值,每个轴向振动1h b) GJB 150.16A中规定按环境适应性要求中规定的功能试验量值,每个轴向在耐勺振中试验前后各振半小时或者和耐久试验合并进行,在每个轴向耐久试验时间的前后半小时分别进行功能试验	按GJB 150.16或GJB 150.16A规定的相应试验方法

该标准还针对当前军工产品研制生产中，环境鉴定试验大纲、环境鉴定试验报告不够规范的现状，以附录C、附录D和附录E分别规定了环境鉴定试验大纲的格式及编写说明，环境鉴定试验报告格式及其编写说明，环境鉴定试验综合报告格式及其编写说明，以及实验室环境鉴定试验有效性评价的相关说明，本书将其列在附件2、3、4中。

该标准为适应当前军工产品研制任务紧和节省研制成本，减少实验室环境试验工作量的客观需要，还以附录B给出了试验结果借用条件和类比分析报告的编写要求，本书将其列在附件1中。

6.3.5 实验室环境试验标准

6.3.5.1 实验室环境试验标准概况

实验室环境试验标准按应用对象分为军工产品的军用标准和用于民用产品的民用标准。

典型的环境试验军用标准有MIL-STD-810F/G《环境工程考虑和实验室试验》，英国军用标准DEF STAN 00-35《国防装备环境手册》第三部分和北大西洋公约组织的NATO STANAG 4370《标准化协议》。我国典型的环境试验标准为GJB 150《军用设备环境试验方法》和GJB 150A《军用装备实验室环境试验方法》，GJB 150《军用设备环境试验方法》以美军标MIL-STD-810C《空间及陆用设备环境试验方法》为蓝本制定，GJB 150A《军用装备实验室环境试验方法》则是等效采用美军标MIL-STD-810F《环境工程考虑和实验室试验》中的相应部分。

民用环境试验标准典型的国际标准是欧洲电工协会IEC的68号出版物和美国航空无线电技术委员会的RTCA DO 160系列标准，这两个系列标准在我国均有相应的等效标准。IEC 68号出版物的等效标准是GB/T 2423《电工电子产品环境试验　第2部分　试验方法》，该系列标准主要适用于电工电子产品；RTCA DO 160系列中RTCA DO 160B《机载设备环境条件和试验程序》的等效标准是HB 6167《民用飞机机载设备环境条件和试验方法》系列标准。DO 160系列标准是民用飞机机载设备适航取证用的环境试验方法标准。鉴于民机适航取证要求和管理制度的特殊性，虽然RTCA DO160系列标准已经修订了7次。HB 6167《民用飞机机载设备环境条件和试验方法》标准仅有两个版本，前一个版本HB6167基本等效采用RTCA DO 160B《机载设备环境条件和试验程序》，适当增加一些与其他国际标准等效的试验方法，而第二个版本HB6167A则等效采用RTCA DO 160F《机载设备环境条件和试验程序》，由于RTCA DO 160F《机载设备环境条件和试验程序》也采用了国际上民机机载设备适航取证所需的其他一些试验方法，因此HB 6167A《民用飞机机载设备环境条件和试验方法》与RT-CA DO 160F基本一致。

6.3.5.2 MIL-STD-810和GJB 150系列标准

6.3.5.2.1 MIL-STD-810系列标准

MIL-STD-810系列标准诞生至今已有50年，期间修订了7次，大体分为3个阶段。

1. 引用标准阶段

从MIL-STD-810～810C这4个版本，标准的修订仅是试验项目，试验条件和试验方法有一些变化，但标准性质一直是典型的引用标准；标准中明确规定试验条件和试验设备要求，试验方法简单易行，完全能起到统一和规范化的作用，确保实现试验实施过程和结果的重现性和可比性。但由于过分强调统一，特别是试验条件的统一导致屡屡出现过试验和欠试验的情况，对军用装备的研制产生过不少负面影响，这种情况在人们对自然环境和平台环境数据掌握得很少或几乎为零的情况下，标准规定的试验条件就像雪中送炭一般为设计试验大纲、确定试验条件提供了有力的支持，其提供的试验设备要求和明确的试验操作步骤，为试验设备的研制和试验实施过程提供了标准依据，因而受到欢迎和广泛应用。

2. 向剪裁标准过渡阶段(MIL-STD 810D《环境试验方法和工程导则》和 MIL-STD-810E《环境试验方法和工程导则》)

随着科学技术的发展，特别是测试技术的进步，人们获取自然环境和平面环境数据的能力增强，掌握的数据越来越丰富。长期的试验工作也积累了许多经验，因此，到20 世纪80 年左右，人们已不再满足于使用 MIL-STD-810C《空间与陆用设备环境试验方法》这类引用标准，开始研究环境试验剪裁和把剪裁的思路纳入试验标准。MIL-STD-810C《空间与陆用设备环境试验方法》修订本 MIL-STD-810D《环境试验方法和工程导则》明确提出："这次修订的结果使本标准不能再称为是一个固定的、相对说来较为简单的例行标准，而是要求环境工程专家针对特定的受试设备去选用标准中列出的程序，并作适当的改变以适应该设备特有的综合环境条件或环境条件出现的次序"，为了达到这一目的，在 MIL-STD-810D《环境试验方法和工程导则》通用要求中重点介绍了环境试验剪裁，并提供了军用硬件环境剪裁过程图。该图要求依据设备技术要求文件弄清其寿命期部署地区自然环境情况和将要安装的平台环境特性，要求考虑平台对自然和平台环境的屏蔽、阻隔和传递等作用以及平台自身运动诱发的各种强迫作用，最终确定设备的环境设计要求，即环境适应性要求，进而根据环境设计要求确定试验要求和试验程序。在不必明确环境设计要求的场合(如民用部门自行研制的货架产品)，可根据平台环境直接剪裁出试验要求和试验程序。为了便于在剪裁过程确定要考虑哪些环境因素，MIL-STD-810D《环境试验方法和工程导则》还提供了军用硬件寿命期一般历程图，图中概括表明装备以各种可能的方式运输、贮存，直到作战或使用过程遇到的自然环境和诱发环境的种类。为了适应剪裁需求，每个试验方法标准的格式和内容也作了重大修改，共分成两部分：第一部分提供简单剪裁指导和可供剪裁的条件，第二部分是试验方法。与 MIL-STD-810C《空间与陆用设备环境试验方法》相比，取消了温度—高度和温度—高度—湿度试验项目，将其纳入新增的温度—湿度—振动—高度试验项目中，还增加了结冰—冻雨和声振—温度两个试验项目，此外，对 MIL-STD-810C《空间与陆用设备环境试验方法》保留的试验项目，在试验程序数量和其他方面均有适当的变化。

MIL-STD-810D《环境试验方法和工程导则》修订后的 MIL-STD-810E《环境试验方法和工程导则》于 1989 年出版，该标准只是在一些细节上做了修改，标准内容与 MIL-STD-810D《环境试验方法和工程导则》基本相同。

3. 剪裁标准及其完善修改阶段(MIL-STD-810F《环境工程考虑和实验室试验》和 MIL-STD-810G《环境工程考虑和实验室试验》)

经过10多年努力，2000年颁布了MIL-STD-810F。MIL-STD-810F是一个全新的标准，其思路、内容、格式等方面均有突破性改进。首先，标准变成一个环境工程管理和环境试验方法组成的混合型标准。将标准分为两部分，第一部分为环境工程工作指南，第二部分为实验室环境试验。其主要思路和特点如下。

（1）提出推行环境工程管理并将其作为项目主任的工作任务之一。要求项目主任把环境工程工作纳入装备采办全过程。

（2）提出环境工程工作由项目主任、环境工程专家和设计领域人员共同完成，并明确他们各自的任务。

（3）强调环境工程专家在推行环境工程中的地位和作用，他们负责帮助项目主任和设计/试验人员完成环境工程各项剪裁任务。它们应作为政府、军方和研制方的专家及早参与研制全过程的环境工作，环境工程专家可作为综合产品组成员参加工作，既是专家，又是联系各方的桥梁。

（4）明确环境试验的目的包括寻找缺陷，为改进设计和工艺提供信息。

（5）明确提出环境试验方法不能用作环境应力筛选、可靠性试验和安全性试验。

（6）提出环境试验包括自然环境试验，实验室环境试验和使用（现场）环境试验三类，应在装备研制的不同阶段，由不同人员去计划和实施试验并相互协调。这些试验各有其特有作用，特别是实验室试验结果，由于其应力不能做到真实模拟，从而不能取代外场使用环境试验。

（7）强调自然环境条件一般不能直接作为装备设计和试验用的环境条件，而应使用经平台转换后的环境数据作为确定平台环境条件的基础。环境条件的确定首先是根据寿命期环境剖面及环境影响信息确定要考虑的环境种类，而后根据数据库的环境数据或相似装备平台上的实测数据，按规定的设计准则确定环境量值。MIL-STD-810F《环境工程考虑和实验室试验》中明确提出当搜集不到现成数据时，应安排对相似平台环境的测量。重点装备投入使用后继续进行平台环境测量，测得的数据存入数据库并用作修改原定的环境条件。

（8）环境条件分为设计用的环境条件和试验用的环境条件，两者不尽然一致，不能混为一谈。即使同一种试验，试验条件还应随试验目的不同而做相应改变。

（9）明确提出环境试验项目可以采取替代硬件的备选方案，即可采用建模仿真，用相似设备模拟件或试样作为试件；甚至不进行试验，但必须对此备选方案的费效/风险进行分析并通过专家评估。

（10）重视环境试验信息的搜集和利用。广义说来，环境试验的目的是为了取得信息，寿命期不同阶段进行不同试验所取得信息的用途不同。例如研制阶段的环境试验，即环境适应性研制试验是为了获取产品故障信息，为改进设计提供依据；定型和批生产阶段的鉴定和验收试验也是为了得到产品是否有故障的信息，但其目的是为定型和批生产验收提供决策依据。环境响应特性调查试验是为了得到产品物理特性信息和产品的耐环境应力极限。因此，MIL-STD-810F《环境工程考虑和实验室试验》标准的通用实验室试验方法指南中特别重视数据和信息的收集和利用。对试验前、试验中和试验后产品的数据和信息、试验设备提供的试验条件信息以及测试设备仪器和传感器的信息等均提出了严格要求。

（11）增加了对仪器仪表和试验设备的环境适应性要求。

（12）强调要对试验箱提供的试验条件参数进行监控，确保环境应力的正确施加，强调对受试产品的监控，以记录试品对环境应力响应及其对试品产生的影响，确保试验过程中以适当时间间隔捕捉试验件性能和应力等动态变化以便进行故障分析。

6.3.5.2.2 **GJB 150/150A 系列标准**

我国军标 GJB 150《军用设备环境试验方法》以 MIL-STD-810C《空间与陆用设备环境试验方法》为蓝本，适当吸收 MIL-STD-810D《环境试验方法和工程导则》的内容编制而成，因而完全具备美国军标 810、810A、810B 和 810C 这四个版本的特点，其性质为引用标准。GJB 150A《军用装备实验室环境试验方法》为 MIL-STD-810F 的等效标准，完全具备 MIL-STD-810F/G《环境工程考虑和实验室试验》标准中相应部分的特点。需要指出的是，MIL-STD-810F/G《环境工程考虑和实验室试验》两个版本的内容均由环境工程工作指南和实验室环境试验两部分组成，GJB 150A《军用装备实验室环境试验方法》只等效采用了 MIL-STD-810F《环境工程考虑和实验室试验》第一部分环境工程工作指南中的第 5 章《通用实验室试验方法指南》和第二部分的实验室试验方法。对 MIL-STD-810F《环境工程考虑和实验室试验》第一部分环境工程工作指南方面的内容，我国则以该指南为基础参考英国标准 00-35《国防装备环境手册》的第一部分《环境工程控制与管理》和北大西洋公约组织 NATO STANAG 4370 中 AECTP《国防装备环境指南》内容，借鉴美国军标 MIL-STD-785B 和 GJB 450《装备研制和生产的可靠性通用大纲》的格式，结合我国的经验编制了 GJB 4239《装备环境工程通用要求》。该标准作为装备环境工程的顶层标准规定了装备寿命期实施环境工程的 20 个工作项目。

我国制订的 GJB 4239《装备环境工程通用要求》和 GJB 150A《军用装备实验室环境试验方法》的内容虽然基本上能与美军标 MIL-STD-810F《环境工程考虑和实验室试验》相对应，需要指出的是，由于当时对 MIL-STD-810F《环境工程考虑和实验室试验》认识上的差距，尚不完全体现 MIL-STD-810F《环境工程考虑和实验室试验》的思路。尤其是 GJB 4239《装备环境工程通用要求》这一顶层标准，未能体现 MIL-STD-810F《环境工程考虑和实验室试验》第 I 部分附录 C《环境工程专家的环境剪裁指南》的主要内容。MIL-STD-810F《环境工程考虑和实验室试验》第 I 部分提出的剪裁包括环境适应性要求的剪裁和环境试验的剪裁，但由于未理清这两个剪裁之间的关系，以及开展剪裁的时机和由哪个部门的环境工程专家来实施剪裁。

MIL-STD-810F/G《环境工程考虑和实验室试验》和 GJB 150A《军用装备实验室环境试验方法》虽然强调剪裁，却没有明确环境试验条件剪裁的依据和实施时机。而在每个试验方法剪裁指南中分别提供了剪裁试验条件用的基础数据，造成可由试验单位或承研单位自行剪裁环境鉴定试验条件的错误印象，这不符合我国军工产品研制体制，环境试验条件剪裁的依据应是合同规定的环境适应性要求和通用环境试验规范，而环境适应性要求的剪裁则是型号总师单位的职责，详细阐述见第 4 章。

6.3.5.2.3 **MIL-STD-810 和 GJB 150 系列标准的通用要求**

任一环境试验方法系列标准均有一个独立的分标准来规定各试验方法都适用的通

用要求，以免在各试验方法中重复阐述这些要求而仅需引用通用要求的相应条款即可。此外，通用要求还有该系列标准应用的一些规定，如适用于研制生产交付阶段，可用关键部件和分机代替整机试验等。通用要求在有些系列标准中也称总则，以 GJB 150.1《军用设备环境试验方法　总则》为例，其总则一般包括实验室大气条件、试验条件允差、测试设备、温度稳定定义、试验顺序，试验样品安装、检测、中断处理、合格判据等方面的规定。

GJB 150 系列标准总则除试验顺序一节适当参考 GB/T 2421《电工电子产品环境试验　第 1 部分　总则》附录 B 规定的四条原则外，内容基本等效于 810C《空间与陆用设备环境试验方法》，而 GJB 150A《军用装备实验室环境试验方法　第 1 部分　通用要求》则完全等效采用 MIL-STD-810F《环境工程考虑和实验室试验》第一部分的第 5 章《通用实验室试验方法指南》。

GJB 150.1A《军用装备实验室环境试验方法　第 1 部分　通用要求》与 GJB 150.1《军用设备环境试验方法　总则》相比，其思路和技术内容均发生较大变化，主要变化如表 6-11 所示。

表 6-11　GJB 150.1A《通用要求》相对于 GJB 150.1《总则》内容的主要变化及说明

1	标准大气试验条件	去除了 GJB 150.1 中的仲裁大气试验条件或类似情况处理的说明
2	试验条件允许误差	· 放宽温度允差要求：试件体积大于 $5m^3$ 时±3℃；试验温度高于 100℃ 时为±5℃ · 试验压力 5%允差增加不大于±200Pa 的制约 · 增加时间允差规定：试验时间大于 8h 时为±5min ≤8h 时为试验时间的 1% · 增加风速±10%的允差规定
3	试验仪器仪表	· 增加对仪器仪表环境适应性要求
4	试验温度稳定	· 取消 GJB 150.1 中关键部件±1℃的规定 · 确定可以使试验箱温度超出试验条件限制范围的方法来缩短不工作试验件达到温度稳定的时间，但不能诱发出超过试验件温度极限的响应温度
5	试验顺序	提供了确定试验顺序一些原则但可操作性差，取消了原来 MIL-STD-810C(GJB 150.1)中的推荐表，也没有 GJB 150.1 中四个原则(这些原则来自 GB/T 2423 附录 B)。
6	试验量值确定	· GJB 150.1 中没有 · MIL-STD-810 中提出了根据平台环境、相似设备或标准进行剪裁的方法
7	供设施操作者使用的试验前信息	· GJB 150.1(MIL-STD-810C/D/E)中没有 · 该内容为完善试验工作提供了有力措施。要求试前掌握设备仪器、试验程序、关键元部件、试验时间、试件技术状态、试验条件及施加、仪器仪表、传感器信息；试件安装布置、冷却方式的所有信息，并纳入试验大纲

表6-11（续）

8	试验准备中试件安装和试件工作	· 相当于 GJB 150.1 总则 3.5.3 节,内容相似 · 增加受试产品之间及与箱壁之间距离>15cm 定量规定 · 增加整机可拆成单元试验的规定 · 增加试前典型工作模式性能和热负载工作的要求
9	试验前基本数据	GJB 150.1 总则 3.9 中提及但没有详细说明,GJB 150.1A 中强调: · 试验件基本数据,特别是试验经历 · 搜集记录试验期间和试验后要检测的性能参数数据,作为比较基线
10	试验中信息	GJB 150.1 中没有像 GJB 150.1A 那样,强调以下内容 · 试验中测性能并与试前数据比较,了解性能变化趋势或故障 · 记录环境条件参数 · 记录试验件对环境响应情况
11	试验中断	GJB 150.1A 比 GJB 150.1 更详细,包括一张通用框图及各试验方法中断处理的办法
12	综合试验	与 GJB 150.1 相似,无变化
13	试验后数据	GJB 150.1 中没有单独章节,只在总则 3.9 中提及,但 GJB 150.1A 中强调: · 要记录试验件、试验设备、附件标识,进行试验实际顺序,试验工作与计划偏离,测得参数数据 · 要记录实验室环境条件 · 要进行初步故障分析 · 要有确认数据的签字
14	环境影响和故障准则	GJB 150.1A 中这一内容在 GJB 150.1 中没有但在其分标准中有
15	环境试验报告	GJB 150 中没有要求,GJB 150.1A 有明确要求
16	水纯度	GJB 150.1A 中增加水纯度规定:25℃,水的 pH 值为 6.5～7.2。推荐使用电阻率 500～2500Ω·m 的水,该纯度远高于 GJB 150 相关分标准中的规定
17	结果分析	GJB 150 中没有此要求,GJB 150.1A 中规定: · 结果分析应以某种适当的格式提供下列信息 施加环境应力,测得的试件环境响应,应力作用下试件的功能性能 · 环境应力与试件功能、性能相关性 · 试件的薄弱点或故障

表 6-11（续）

18	监控	GJB 150.1 中没有此要求 · 强调对试验箱参数的监控，确保应力条件正确施加，考虑内容包括监控频度及其确定原则，超限报警系统，提供参数稳定、保持记录证明，有关监控参数量值的技术 · 强调对受试产品监控，以记录环境应力对试验件产生的影响，确保试验过程中以适当的间隔捕捉试验件动态变化，以进行故障分析。考虑内容包括：合同规定的监控参数要求、监控频度考虑（数据要求和用途不同，监控频度也不同）及确定原则

从表 6-11 可以看出，GJB 150.1A 相对于 GJB 150.1 有较大变化，特别提出要根据 GJB 4239 的相关规定确定试验条件；试验前要详细搜集试验件、试验设备仪器、试验条件和试验程序、试件技术状态、安装和冷却要求等信息；试验前、中、后应收集和记录的各种信息包括试验环境应力数据、试件功能、性能基线数据、试验件应力响应数据、试验故障数据等；试验中要对试验设备提供的试验应力参数监控、对试验件进行监控并记录相关数据；对试验结果要进行分析。GJB 150.1A 这些新规定表明：新标准要求环境试验的实施更加精细化，更加科学合理，以充分利用试验资源获取各种信息，为评价试验的有效性和试验结果的准确性提供数据支持。提出编制试验大纲，试验报告和结果分析要求，进一步促使实验室环境试验向深层次发展，促进试验水平的提高。

6.3.5.2.4 MIL-STD-810 和 GJB 150 系列标准中的试验项目

MIL-STD-810C 和 GJB 150 及 MIL-STD-810F 和 GJB 150A 两组对应标准包括的试验项目（试验程序）如表 6-12 所示。

表 6-12 美军标 MIL-STD-810 和国军标 GJB 150 中的试验程序（试验项目）情况

序号	试验方法	试验方法中包括的试验程序（试验项目）		美国军标		国军标	
				MIL-STD-810C	MIL-STD-810F	GJB 150	GJB 150A
1	低气压（高度）	贮存/空运		√	√	√	√
2		工作/机外挂飞		√	√	√	√
3		快速减压		√	√	√	√
4		爆炸减压			√		√
5	高温	贮存	循环暴露		√		√
6			恒温暴露	√	√	√	√
7		工作	循环暴露		√		√
8			恒温暴露	√	√	√	√
9		贮存和工作		√			

表 6-12（续）

序号	试验方法	试验方法中包括的试验程序(试验项目)	美国军标		国军标	
			MIL-STD-810C	MIL-STD-810F	GJB 150	GJB 150A
10	低温	贮存		√	√	√
11		工作		√	√	√
12		拆装		√		√
13		贮存和工作	√			
14	温度冲击	恒定极值温度冲击	√	√	√	√
15		基于高温循环的冲击		√		√
16	太阳辐射	热效应循环	√	√	√	√
17		光化学效应循环	√	√	√	√
18	温度—高度	温度—高度	√		√	
19	淋雨	有风源淋雨	√	√	√	√
20		滴雨	√	√	√	√
21		防水性		√	√	√
22	湿热	地面和机载电子设备	√	√	√	√
23		地面起动控制设备和舰船器	√		√	
24		弹药和自然环境周期	√		√	
25		机载电子设备	√			
26		地面和机载应付电子设备	√			
27	霉菌	霉菌	√	√	√	√
28	盐雾	盐雾	√	√	√	√
29	沙尘	吹砂	√	√	√	√
30	沙尘	吹尘	√	√	√	√
31		降尘		√		√
32	浸渍	浸渍	√	√	√	√
33		涉水		√		√
34	爆炸大气	在爆炸大气中工作	√	√	√	√
35		防爆	√(3 个程序)	√	√	√

表 6-12（续）

<table>
<tr><th rowspan="2">序号</th><th rowspan="2">试验方法</th><th rowspan="2" colspan="2">试验方法中包括的试验程序（试验项目）</th><th colspan="2">美国军标</th><th colspan="2">国军标</th></tr>
<tr><th>MIL-STD-810C</th><th>MIL-STD-810F</th><th>GJB 150</th><th>GJB 150A</th></tr>
<tr><td>36</td><td rowspan="3">加速度</td><td colspan="2">加速度性能</td><td>√</td><td>√</td><td>√</td><td>√</td></tr>
<tr><td>37</td><td colspan="2">加速度结构</td><td>√</td><td>√</td><td>√</td><td>√</td></tr>
<tr><td>38</td><td colspan="2">坠撞安全</td><td></td><td>√</td><td></td><td>√</td></tr>
<tr><td>39</td><td rowspan="4">振动</td><td colspan="2">一般振动</td><td>√</td><td>√</td><td>√</td><td>√</td></tr>
<tr><td>40</td><td colspan="2">散装件货物运输</td><td>√</td><td>√</td><td>√</td><td>√</td></tr>
<tr><td>41</td><td colspan="2">组合式飞机外挂挂飞和自由飞</td><td>√</td><td>√</td><td>√</td><td>√</td></tr>
<tr><td>42</td><td colspan="2">大型组件运输</td><td>√</td><td>√</td><td>√</td><td>√</td></tr>
<tr><td>43</td><td rowspan="6">噪声</td><td colspan="2">设计研究</td><td></td><td></td><td>√</td><td></td></tr>
<tr><td>44</td><td colspan="2">鉴定（考核）</td><td>（√）</td><td></td><td>√</td><td></td></tr>
<tr><td>45</td><td colspan="2">飞行剖面
（组合式外挂噪声）</td><td>（√）</td><td></td><td>√</td><td></td></tr>
<tr><td>46</td><td colspan="2">扩散场（混响场）</td><td></td><td>（√）</td><td></td><td>√</td></tr>
<tr><td>47</td><td colspan="2">掠入射噪声</td><td></td><td>√</td><td></td><td>√</td></tr>
<tr><td>48</td><td colspan="2">空旷共鸣噪声</td><td></td><td>√</td><td></td><td>√</td></tr>
<tr><td>49</td><td rowspan="2">冲击</td><td colspan="2">基本设计冲击/功能性冲击</td><td>√（基本设计冲击）</td><td>√（功能冲击）</td><td>√（基本设计冲击）</td><td>√（功能冲击）</td></tr>
<tr><td>50</td><td colspan="2">运输冲击</td><td>√</td><td></td><td></td><td></td></tr>
<tr><td>51</td><td rowspan="9">冲击</td><td colspan="2">坠接安全冲击</td><td>√</td><td>√</td><td>√</td><td>√</td></tr>
<tr><td>52</td><td colspan="2">高强度试验/强冲击</td><td>√</td><td></td><td>√（强冲）</td><td></td></tr>
<tr><td>53</td><td colspan="2">试验空装部</td><td>√</td><td></td><td></td><td></td></tr>
<tr><td>54</td><td colspan="2">铁路冲击</td><td>√</td><td>√</td><td>√</td><td>√</td></tr>
<tr><td>55</td><td rowspan="5">其他冲击</td><td>高强度碰撞</td><td>√</td><td></td><td></td><td></td></tr>
<tr><td>56</td><td>船运装备</td><td>√</td><td></td><td></td><td></td></tr>
<tr><td>57</td><td>对包装件的粗暴装卸</td><td>√</td><td></td><td>√</td><td></td></tr>
<tr><td>58</td><td>引信系列信文件</td><td>√</td><td></td><td>√</td><td></td></tr>
<tr><td>59</td><td>温度冲击综合</td><td>√</td><td></td><td>√</td><td></td></tr>
</table>

表 6-12（续）

序号	试验方法	试验方法中包括的试验程序(试验项目)	美国军标		国军标	
			MIL-STD-810C	MIL-STD-810F	GJB 150	GJB 150A
60	冲击	有包装的装备		√		√
61		易损性		√		√
62		运输跌落		√	√	√
63		工作台操作		√	√	√
64		弹射起飞/拦阻着落		√		√
65		舰船设备冲击			√	
66	振动—噪声—温度试验	仅一个试验程序		√	√	√
67	流体污染试验	仅一个试验程序		√		√
68	爆炸分离冲击试验	使用真实配置的近场模拟		√		√
69		使用机械试验装置的远场模拟		√		√
70		使用电动振动台的远场模拟		√		√
71	酸性大气试验	仅一个试验程序		√		√
72	弹道冲击试验	采用防弹车体和炮塔		√		√
73		采用大尺寸弹道模拟冲击器		√		√
74		采用轻型冲击机		√		√
75		采用中型冲击机		√		√
76		采用跌落冲击台		√		√
77	舰船冲击试验	仅一个程序				（未颁布）
78	温度—湿度—高度	温度—湿度—高度	√		√	—

表 6-12（续）

序号	试验方法	试验方法中包括的试验程序(试验项目)	美国军标		国军标	
			MIL-STD-810C	MIL-STD-810F	GJB 150	GJB 150A
79	（飞机）炮振	宽带随机迭加窄带随机峰值试验			√	
80		宽带随机和窄带随机或正弦扫频分别进行	√		√	
81		单向试验(只进行蒙皮法向)	√			
82		交替试验(脉冲水平)	√			
83		实测装备响应数据的直接再现		√		√
84		统计生成重复脉冲		√		√
85		重复脉冲冲击响应谱		√		√
86		高量级随机振动/正弦加随机振动/窄带随机加宽带随机振动		√		√
87	风压试验	抗风稳定性			√	√
88		耐风强度			√	√
89	积冰/冻雨试验	仅一个程序		√	√	√
90	倾斜和摇摆试验	倾斜			√	√
91		摇摆			√	√
92		倾斜和摇摆综合			√	√
93	温度—湿度—振动—高度试验	工程研制			√	√
94		飞行和使用支持			√	√
95		鉴定			√	√

从表 6-12 可以看出试验方法数量从 GJB 150《军用设备环境试验方法》的 24 个方法增加到 27 个，其中删去 GJB 150《军用设备环境试验方法》的温度—高度和温度—高度—湿度 2 个试验方法，但增加了流体污染、爆炸分离冲击、酸性大气、弹道冲击和舰船冲击共 5 个试验方法，因此实际上 GJB 150A《军用装备实验室环境试验方法》比 GJB 150《军用设备环境试验方法》只增加了 3 个试验方法，要说明的是增加的舰船冲击试验方法原来是 GJB 150.7《军用设备环境试验方法　冲击试验》中的第 10 试验程序。此外 GJB 150《军用设备环境试验方法》有两个版本，第一个版本只有 19 个试验方法，第二个版本于 1992 年前后根据舰船环境试验需要，增加了风压试验和倾斜和摇摆试验 2 个试验方法，又根据当时的 MIL-STD-810E《环境试验方法和工程导则》版本等效编写发布

了积冰/冻雨、振动动—噪声—温度、温度—湿度—高度—振动3个试验方法,因此GJB 150《军用设备环境试验方法》修订时实际已有24个试验方法,一般只知道GJB 150《军用设备环境试验方法》前的19个试验方法。

从表6-12还可看出,每个试验方法均有多个试验程序,通常一个试验程序均按环境试验规定的模式包括初始检测,施加应力到最检测全过程,以构成一个独立试验计划单元,因而通常也称为一个试验项目。据此可从表6-12看出,GJB 150《军用设备环境试验方法》一共有56个试验程序(试验项目),而GJB 150A《军用装备实验室环境试验方法》中有26个试验方法共71个试验程序(试验项目),增加了15个试验程序(试验项目)。这15个试验程序(试验项目)中新增加的4个试验方法共有10个试验程序,而原有的试验方法因去除2个试验方法的2个程序和将冲击试验的第10种冲击舰船冲击单独列为一个试验方法,因而减少了3个试验程序,另外湿热试验减少了2个程序,冲击试验中减少了强冲击1个程序,共减少6个程序,因而实际增加了9个试验程序,它们是高温贮存循环暴露、高温工作循环暴露、低温拆装、基于高温循环的温度冲击、降尘、涉水、坠撞安全、爆炸减压、有包装设备冲击、易损性冲击和弹射起飞拦阻着落冲击。必须指出,有关试验程序的概念在GJB 150A《军用装备实验室环境试验方法》和MIL-STD-810F《环境工程考虑和实验室试验》存有错误的解读,例如表6-12温度—湿度—高度—振动试验中工程研制、飞行和使用支持和鉴定不是什么试验程序,而是该试验的应用阶段,本文遵从标准给的提法,计为3个程序,但并不准确。此外,一些力学试验中(如炮振)程序数量虽未增加,但程序内容却有所变化。因此,从程序数量角度看两个标准的差别并不全然合理,只能基本反映情况。

6.3.5.3 英国国防装备环境手册,第三部分-环境试验方法

6.3.5.3.1 概述

英国《国防装备环境手册》(DEF STAN 00-35)是一个内容涉及环境工程管理,环境试验和环境数据等多方面内容的系列化标准,分为6个部分。

第一部分为《控制与管理》,主要包括环境工程控制与管理流程、流程文件和剪裁过程;采购方式主要包括按总体技术要求采购,按环境要求采购,按环境试验规范采购和按现货等4种方式;试验类型不仅包括环境鉴定和验收试验,还包括寿命、可靠性和安全性及环境应力筛选等可靠性方面的试验与评价内容。

第二部分为《环境试验程序设计与评价》,内容包括设计一系列环境试验及其顺序的方法;设计环境要求用到的各类装备的典型使用剖面,各类装备寿命周期各阶段的持续时间和各种自然和诱发环境的类型数据和/或简单说明(包括可查找这些数据的标准)。

第三部分为《环境试验方法》,包括总则和各试验方法(具体内容随后阐述)。

第四部分为《自然环境》,内容包括温度、太阳辐射、湿度、风、雨、冰雹、雷和冰,有毒大气、尘和沙、大气压、生物和大气电等12种自然界环境的说明,及其统计数据和对装备影响的详细描述。

第五部分为《诱发机械环境》包括运输、装卸、贮存以及在不同平台如地面车辆、飞机、舰船上使用产生的诱发机械环境的特点描述,并提供各种环境数据,与第四章不同的是由于机械环境对装备的影响机理相同,因此没有针对每种状态下的机械环境进行

环境影响描述，以避免重复。但增加了如何针对每种诱发环境选择第三部分中规定的试验方法及选择试验严酷度的指导性说明。

第六部分为《诱发气候、化学与生物环境》，内容包括在运输贮存和装卸过程和各种类型装备如车辆、飞机、舰船和武器上部署和使用时诱发产生的温度、湿度、沙尘、滴水，含盐大气，酸性大气，流体污染，霉毒和细菌，野生动物如耗子、鸟和昆虫等环境的特点，基本数据以及对装备的影响和试验方法选用指南。

应当指出，DEF STAN 00-35 标准将诱发环境分为诱发机械环境和诱发气候、化学与生物环境分开描述更为合理。人们往往简单地认为诱发环境都是机械环境而且只有在装备使用(运动)状态下产生，这是不全面的，DEF STAN 00-35 第六章内容全面展示了装备在各种状态下都可能诱发产生气候、生物和化学环境的种类和特点及其造成的危害。

以上介绍的是英国国防装备环境手册(DEF STAN 00-35)第四版的内容，该标准于 1986 年首次颁布，经过 3 次修订，内容不段充实和完善，制定过程中逐步吸收和替代了英国和北约以下标准的内容：

(1) DEF-133　1963 年　《服役设备的气候冲击和振动试验》；

(2) AVP 1966 年　《制导武器环境手册》；

(3) DEF STAN 00-1　1969 年　《影响此大西洋公约组织(NATO)军队地面使用的装备的设计的气候环境条件》；

(4) STANAG 2831—1997 年　《影响北约地面部队使用装备的设计的气候环境条件》；

(5) DEF STAN 07-55　1975 年　《军用装备的环境试验》。

6.3.5.3.2　国防装备环境手册第三部分《环境试验方法》中的试验项目

《环境试验方法》仅是 DEF STAN 00-35 中的第三部分，内容包括总则和试验方法两部分。

总则内容与其他同类标准相比，增加了振动和冲击试验设备及其夹具设计安装和使用等方面指导性说明、振动冲击控制方面的技术指导、失效模式和性能检测和评估要求，以及 388 条术语。

环境试验方法部分按照力学、气候、化学、生物和异常环境分别列于表 6-13 中，从表中可以看出，英国国防环控手册第三部分共有 59 项试验方法，包括 31 项气候试验方法(这些气候试验方法中，CL30 密封试验不属于环境试验范围)；生物化学试验方法 5 项；力学试验方法 19 项；异常环境试验方法 5 项。59 项试验方法共有 86 个试验程序(试验项目)，其中 30 项气候试验方法有 56 个试验程序(试验项目)，5 项生物化学试验 6 个试验程序(试验项目)，力学试验方法和异常环境试验方法的每一个方法均包含一个试验程序(试验项目)。气候试验方法包含的试验程序很多，覆盖了各种各样的气候环境因素及其综合的情况，远远超过 GJB 150/150A 或 MIL-STD-810 系列标准可选的试验程序数量。力学试验方法和试验程序数量也多于 GJB 150/150A。异常环境试验的 5 个方法属于特种试验，是 MIL-STD-810 系列标准所没有的。因此，英国国防环境手册为军用装备研制生产提供了更多的试验选择。

表 6-13　英国国防环境手册规定的环境试验方法

试验类型	试验方法编号	试验方法名称	试验程序(试验项目)	备注
气候环境试验方法	试验 CL1	恒定高温—低湿试验	仅一个试验程序	已并入 CL2 类试验
	试验 CL2	高温、低湿和阳光加热试验	气候试验程序	按自然环境中气候日循环(A1、A2、A3)
			温度试验程序	按自然环境峰值温度恒温试验
			温度修正试验程序	按修正温度恒温试验(适用于发热产品)
	试验 CL3	太阳辐射试验	D 程序(一个循环 24h)	按 A1(极干热)、A2(干热)和 A3(中等)气候区的温度和辐射强度日循环
			E 程序(一个循环 24h)	4h 规定强度照射,12h 无辐射
			F 程序(一个循环 24h)	8h 最大强度照射,16h 无照射
			G 程序	20h 最大强度照射,4h 无照射
	试验 CL4	恒定低温试验	—	已并入 CL5 类
	试验 CL5	低温试验	气候试验程序(自然光位循环 4d)	按 C0、C1、C2 类气候日循环
			温度试验程序	按 C3、C4 气候类中最低温度
			温度修正试验程序	按修正的温度进行
	试验 CL6	高温、湿度和阳光加热昼夜循环试验	气候试验程序(至少 4d)	按温湿(B1),湿热(B2、B3)气候类的日循环
			温度/湿度试验程序(恒定温度、恒湿度试验)	按 B.1、B.2、B2 典型温湿度
			温度修正试验程序	取决于试验设备,通过受试产品进行温度修正
	试验 CL7	恒定高温—高湿试验	—	已并入 CL6 试验

表 6-13（续）

试验类型	试验方法编号	试验方法名称	试验程序（试验项目）	备注
气候环境试验方法	试验 CL8	动力（空气动力）加热	仅一个试验程序	仅适用于高性能飞机、制导武器和火箭弹
	试验 CL9	快速和爆炸减压	仅一个试验程序	MIL-STD-810F/G 中为两个程序，此处合并为一个是可以的，但快速减压时间为 1min，比 MIL-STD-810F/G 的 15s 要慢
	试验 CL10	结冰	程序 A	适用于陆基平台，水面船只和潜艇上用的会结冰的设备
			程序 B	适用于评定与光学系统和透明物体有关的除冰功能
	试验 CL11	高温—低气压	程序 A	暴露的高温/低气压环境是稳定的条件
			程序 B（导弹挂飞自由飞）	温度、低气压时间短且变化的条件
	试验 CL12	低温—低气压	仅一个试验程序（稳态条件模拟）	适用于军用飞机及其外挂
	试验 CL13	低温—低气压—高湿	程序 A	适用于飞机上控温增压区封闭结构内设备
			程序 B	适用于飞行平台上部分控温不增压或无空调区的封闭结构设备，飞行升降过程会受结冰、结霜影响设备
			程序 C（分为 C1、C2 类）	开放结构性能对凝落和结冰敏感对压力变化不改变

表 6-13（续）

试验类型	试验方法编号	试验方法名称	试验程序(试验项目)	备注
气候环境试验方法	试验 CL14	温度冲击和快速温度变化	程序 A(空气—空气)	常温—低温,常温—高温,高温—低温
			程序 B(空气—空气)	实际上是温度变化试验(高温—低温)
			程序 C(空气—空气)	辅助电池热冲击(−40～+65℃)
			程序 D(高温空气—水)	热冲击(高温到 25℃的水)
			程序 E 高温(低温空气—水)	热冲击(低温到 25℃的水)
	试验 CL15	空气压力(高于标准大气压)	仅一个试验程序	压力为 114,131,141,191,216,506kPa 6 个等级
	试验 CL16	大风	程序 A 和程序 B 工作性能试验	程序 B 为可选程序,程序 A 为首选程序<36m/s
			程序 C 耐久试验程序	风速大 50～54m/s,变化快<5s
			程序 D 冷却系统	考核风对冷却系统性能的影响
	试验 CL17	高海拔地面—温度/湿度日循环	借用 CL2 程序 A、CL3 程序 D、CL6 程序 A	
	试验 CL18	吹雪	仅一个试验程序	严酷度取决于吹雪强度(质量流)风速、温度和持续时间
	试验 CL19	飞行中雨、冰雹、沙尘造成的侵蚀和结构损伤	仅一个试验程序	严酷度取决于撞击速度、侵蚀强度,流量和微粒大小,持续时间/撞击次数
	试验 CL20	快速压力变化	试验程序 A　降压(爬升)	升降在时间 10～15min,样品在低气压下工作,并达到温度稳定，保压 5min
			试验程序 B　升压(降落)	
			试验程序 C　弹道爬升	

表 6-13（续）

试验类型	试验方法编号	试验方法名称	试验程序(试验项目)	备注
气候环境试验方法	试验 CL21	低气压和空运试验	试验程序 A（基本低气压试验）	模拟设备在一定范围的低气压环境中耐受能力和工作能力
			试验程序 B（运行机增压携带或安装设备）	模拟在运输机的增压区内运输或安装时设备经受的低气压条件
			试验程序 C	固定翼运输机非增压区内运输或安装的设备
	试验 CL22	雪负载	仅一个试验程序	规定雷负载等级 240，100，50kg/m^2
	试验 CL23	积冰	未明确试验程序类型	用附录指导制订试验程序和确定严酷度
	试验 CL24	结冰—解冻	仅一个试验程序（性能试验和耐久试验）	标准中给出冷湿日循环空气温度和露点数据
	试验 CL25	沙尘	降尘	尘堆积装备表面，阻塞过滤器或通过孔隙吸入装备产生的影响
			湍流尘	确定壳体和盖子防止空入侵能力
			吹尘	评估装备防止通过小孔进入内部和轴承轴等的影响
			吹沙	沙对贮存和工作装备的磨损或阻塞作用
	试验 CL26	薄雾、雾和低云	仅一个试验程序	严酷度取决于形成薄雾注入水的速率和在薄雾中暴露时间
	试验 CL27	淋雨	仅一个试验程序	严酷度取决于水喷淋强度和暴露时间
	试验 CL28	滴水试验	仅一个试验程序	严酷度取决于滴水量和指挥时间

表 6-13（续）

试验类型	试验方法编号	试验方法名称	试验程序（试验项目）	备注
气候环境试验方法	试验 CL29	浸渍	程序 A　未包装试验样品	
			程序 B　有包装设备	试验严酷度取决于浸渍深度和持续时间
			程序 C　“基本密封”试验	最大深度为 300mm
	试验 CL30	密封（压力差）	充气（加压）系统的试验程序 A 浸渍 A1 轴密封（一个方向） A2 轴密封（两个方向） A3 箱子和容器密封 B 泡沫试剂 C 增压和减压 C1 真空法和增压法 C2 泄漏时间常数 C3 泄漏速率 C4 不同温度下的压降 D 气流法 D1 泄漏气流速率 E 内部压力系统示踪气体法 E1 红外吸收气流检测法 E2 红外吸收聚集法 E3 用示踪和红外吸收确定泄漏位置 F　真空中的示踪气体 F1 装有分光计的氦气	该试验不属于环境试验范畴

表 6-13（续）

试验类型	试验方法编号	试验方法名称	试验程序(试验项目)	备注
气候环境试验方法	试验 CL30	密封(压力差)	G 电离探测法 G1 示踪气体电离法 G2 使用泰斯拉线圈确定泄漏位置 H 装有流体/蜡的设备 H1 蜡或流体的泄漏 J 制冷系统 J1 探测致冷系统的泄漏 K 间接方法 K1 露点温度/潮湿传感器 K2 绝缘电阻测量法 K3 温度指示器	该试验不属于环境试验范畴
化学和生物试验方法	试验 CN1	霉菌生长试验	程序 A(规定专门的清洁程序)	使用中不受营养物质污染的材料、器件或完整设备
			程序 B(规定在于那个表面加营养物)	使用中有可能沉淀污垢、凝结挥发物、油脂等形成营养物的材料、器件或设备
	试验 CN2	盐(腐蚀性)大气试验	仅一个试验程序	严酷度取决于盐溶液成分和试验温度、湿度和持续时间等
	试验 CN3	酸腐蚀	仅一个试验程序	严酷度取决于酸浓度、温湿度和周期数
	试验 CN4	流体污染	仅一个试验程序	严酷度取决于试验流体及其温度、试验样品温度和持续时间
	试验 CN5	装备浸泡在盐水中的腐蚀试验	仅一个试验程序	5%氯化物,35℃、28d 或更长时间

表 6-13（续）

试验类型	试验方法编号	试验方法名称	试验程序(试验项目)	备注
化学和生物试验方法	试验 M1	常规振动试验	仅提供一个通用的试验程序	包括基本随机和正弦振动和复杂的合成振动，不包括产品的共振检查，频响确定和模态分析等试验
	试验 M2	多激励振动和冲击试验	程序Ⅰ. 多激励—单轴 程序Ⅱ. 多输入—多输出 程序Ⅲ. 多激励—多轴	实际上仅提供这 3 种情况的通用的试验过程 并未为每种程序单独设置相应试验程序
	试验 M3	传统和正弦波形冲击	仅规定一个通用的做法	供半正弦、梯形和后峰锯波冲击和阻尼正弦冲击试验用
	试验 M4	跌落、倾倒和翻滚试验	未规定明确的程序	对跌落、倾倒和翻滚的各种试验特殊要求单独描述
力学环境试验方法	试验 M5	碰撞(垂直与水平)试验	跌落试验程序	程序很简单
			水平冲击试验程序	
	试验 M6	作战冲击模拟试验	仅有一个通用程序	包括安装预调正、试验和试后检测的一般过程
	试验 M7	舰载设备和武器外挂冲击试验	仅有一个通用程序	包括安装预调正、试验中和试验后检测的一般过程，参考 M3、M2 和 M6 中有关程序
	试验 M8	混响室噪声试验	仅一个试验程序	包括传声器布置、初始噪声级设置、安装、试验后检测等
	试验 M9	用行波管进行噪声试验	仅一个试验程序	包括传声器布置、初始噪声级设置、安装、试验后检测等
	试验 M10	噪声、温度和振动综合试验	仅一个试验程序	在附录中说明试验设备要求和试验参数推导方法
	试验 M11	轮式车辆运输的颠簸试验	仅一个弹跳试验程序	与 BS EN 60086-2-29 中相关程序一样
	试验 M12	碰撞试验	仅一个试验程序	

表 6-13（续）

试验类型	试验方法编号	试验方法名称	试验程序(试验项目)	备注
力学环境试验方法	试验 M13	稳态加速度试验	仅一个试验程序	用离心机进行
	试验 M14	运输试验	仅一个试验程序	使用运输工具在外场进行
	试验 M15	提升试验	仅一个试验程序	按配有手柄集装箱,配有提升附加装置的集装箱,配有叉形起重装量集装箱,使用抓升起重机集装箱和没有提升装置的集装箱分别阐述但方法简单
	试验 M16	堆垛静荷载试验	仅一个试验程序	按垂直加载,侧面或边加载分别阐述
	试验 M17	弯曲试验	仅一个试验程序	方法简单
	试验 M18	支撑试验	仅一个试验程序	方法简单
	试验 M19	通用时间历程复现试验	仅一个试验程序	包括安装、预试验、预试验均衡、试验,试验后检验等
异常（意外事件和敌对环境）	试验 FX1	军需品的子弹攻击试验	均仅有一个试验程序	属特种试验,试验程序较复杂
	试验 FX2	标准液体燃料点火		
	试验 FX3	军需品的安全撞击试验		
	试验 FX4	军需品的慢加热试验	标准中未提供试验程序	
	试验 FX5	连锁反应,军需品试验		

6.3.5.4 北大西洋公约组织(NATO)标准化协议 NATO STANAG 4370《环境试验》

6.3.5.4.1 概述

NATO 标准化协议 NATO STANAG 4370 与英国标准国防环境手册一样，也是一个涉及环境工程管理、环境数据和环境试验等多方面内容的系列化标准。签订该协议的目的是为国防装备环境试验管理提供指南，并使环境试验过程标准化。其应用范围限于北约国家及北约国家之间合作研制的军用装备。标准的内容以联盟环境条件和试验出版物(AECTP)的形式发布，分为 5 个部分。

第一部分 AECTP100《国防装备环境指南》，其实际内容包括环境试验项目剪裁，项目经理和环境工程专家的任务和环境工程基础文件，还包括通用环境管理计划、寿命期环境剖面、环境设计准则、环境试验计划和环境试验报告等。该标准在其附件 A～附件 C 中，将寿命期划分为 7 个阶段，并规定每个阶段结束时输出的文件和下一阶段的工作内容；附录 D 给出了通用寿命周期内装备各种贮存状态和运输使用方式会遇到的主要自然和诱发环境因素，附录 E 给出了装备寿命期可能遇到的环境次序及这些环境出现的频率和持续时间。

第二部分 AECTP 200《环境条件》，该标准提供了气候、机械和电磁环境方面的特性和数据，这些数据的应用指南，以及这些环境对国防装备可能产生的潜在影响，还给出了试验方法选用指导。该标准应与其他出版物 AECTP 300《气候环境试验》，AECTP 400《机械环境试验》和 AECTP 500《电磁环境试验》一同使用。该标准的数据来源于北约及其成员国的一些标准，如北约的 NATO STANAG 4242《在履带车上运输的武器的振动》，法国的 GAM-EG-13《基本环境试验程序》，英国的国防标准 DEF STAN 00-35《国防装备环境手册》和美国的 MIL-STD-810F《环境工程考虑和实验室试验》及国防环境科学协会(IES)动态数据的采集和分析手册等。

该部分对机械环境条件的详细说明，涉及各种运输工具的运输、搬运和贮存，各种车辆、飞机、舰船/舰艇和武器部署遇到的 25 种机械环境。对每种环境进行详细分析，提供环境数据并进行说明，分析其潜在影响。还对试验选择提供指导，甚至包括如何根据实测数据确定试验严酷度和影响机械环境的一些因素/参数分析的内容。这些对提高机械环境的认识和确定环境条件都十分有用。

第三部分 AECTP 300《气候环境试验》，提供了气候、生物和化学环境试验的方法，与通常的环境试验系列标准一样，内容包括总则和一系列试验方法。其总则的内容除了强调试验剪裁和第 3 节《气候参数值》以外，其他内容无任何特殊性。气候参数值一节的参数考虑，世界范围使用和高温试验选择三方面内容，实际是环境条件和试验方法选用指南，属于剪裁内容，单独列出并不合适。

第四部分 AECTP 400《机械环境试验》提供了验证装备在机械环境作用下耐受能力的 18 个试验方法，其中烟火冲击、SRS 冲击和运动平台 3 个方法在 1994 年版本中未纳入，因为当时还正在制订过程中。该部分的试验方法标准一般均包括试验目的和应用限制；应用指南，包括环境效应、测量数据使用，试验顺序和试验程序选择方面的指导，应力类型或激励类型、试验控制方案，严酷度要求和评估；试验条件及其容差、试件安装、试验程序、试验细则中应规定的信息和失效判据。各方法标准尽量以附录形式提供试验严酷度等级，即各种试验条件，以及相关的试验技术指导，在炮振试验中专门设置了直接再现测量数据(附录A)和测量数据的非稳态模拟(附录B),为程序1和程序2的实现提供技术支持,这与MIL-STD-810F《环境工程考虑和实验室试验》和GJB 150A《军用装备实验室环境试验方法》相似,但没有它们完整。从其内容看NATO STANAG 4370的机械试验方法更接近于810F中的机械环境试验,但尚有许多欧洲标准的思路和痕迹,如严酷度的提法显得有些多余,实际上与试验量值或强度没有什么区别。在这些试验方法中,振动、冲击、噪声、恒加速度和炮击5个方法内容比较详细和富有指导意义。

这些试验方法应与AECTP 200《环境条件》和AECTP 100《国防装备环境指南》联合使用,以更好地确定试验环境条件、制定试验计划和实施。

第五部分AECTP 500《电磁环境试验》由于不属于本书的内容,故不做介绍。

6.3.5.4.2 试验程序(试验项目)

NATO STANAG 4370包括的试验方法和试验程序如表6-14所示。

表6-14 NATO STANAG 4370包括的试验方法和试验程序

序号	试验方法	试验程序(试验项目)	备注
1	高温(含辐射加热)	程序Ⅰ 贮存试验	包括恒温和循环试验
		程序Ⅱ 高温工作	包括恒温和循环试验
2	低温	程序Ⅰ 贮存试验	包括恒温和循环试验
		程序Ⅱ 工作试验	
		程序Ⅲ 拆装试验	
3	空气到空气的温度冲击	程序Ⅰ 恒定极值温度冲击	低温开始
		程序Ⅱ 循环高温冲击	低温开始,高温段部分日循环
4	太阳辐射	程序Ⅰ 热效应	
		程序Ⅱ 光化学效应	
5	湿热	程序Ⅰ 循环	模拟B2和B3区日循环和加严日循环(发现设计缺陷)
		程序Ⅱ 恒定状态	恒定湿热试验
6	浸渍	程序Ⅰ 浸渍	
		程序Ⅱ 涉水	
7	霉菌	仅一个试验程序	仅一个程序
8	盐雾	仅一个试验程序	
9	淋雨和防水性	程序Ⅰ 降雨和吹雨	
		程序Ⅱ 吹雨(可选)	
		程序Ⅲ 防水	
		程序Ⅳ 滴水	

表6-14（续）

序号	试验方法	试验程序(试验项目)	备注
10	积冰	仅一个程序	
11	低气压	程序Ⅰ　贮存/空运	
		程序Ⅱ　工作/空中携带	
		程序Ⅲ　快速减压	
		程序Ⅳ　爆炸减压	
12	沙尘	程序Ⅰ　吹尘	
		程序Ⅱ　吹沙	
		程序Ⅲ　降尘	
13	流体污染	仅一个程序	
14	爆炸大气	仅一个程序	在爆炸大气中工作
15	酸性大气	仅一个程序	
16	振动	正弦扫频振动	
		正弦定频振动	
		随机振动或复杂振动	
		(外挂)随机振动	
17	噪声	混响场噪声试验	
		掠入射噪声试验	
		空腔共鸣噪声试验	
18	冲击	仅给出一个通用的试验程序	指出应根据模拟的冲击环境方式和采用的设备类型来确定具体试验程序
19	恒加速度	仅给出一件试验程序	但可以选择离心机或者带滑轨的火箭车进行试验
20	炮击	直接再现测量数据	
		统计生成数据—均值加残余脉冲	
		冲击响应谱	
		高量级随机/正弦加随机/窄带随机加随机	
21	散装件运输试验	仅提供一个程序	可进行两种类型的试验，适用于安装后可能会滑动或滚动的两种状况

表 6-14（续）

序号	试验方法	试验程序(试验项目)	备注
22	装备束缚试验	仅一个试验程序	不考核性能
23	大型组件运输试验	仅一个试验程序	不考核性能
24	装备提升试验	装有把柄的集装箱	
		装有提升附件的集装箱	
		装有叉车提升装置的集装箱	
		带有起重钩的集装箱	
		没有提升装置的集装箱	
25	装备堆叠试验	垂直加载(模拟堆叠载荷)	
		侧面或底面加载(模拟静载荷)	
26	装备弯曲试验	仅一个试验程序	
27	装备支撑试验	仅一个试验程序	
28	噪声、温度和振动综合试验	仅一个试验程序	
29	搬运试验	跌落	
		水平撞击	
		工作台搬运	
30	铁路撞击	仅一个试验程序	

表 6-14 表明 NATO STANAG 4370 共有 30 个试验方法 60 个试验程序(试验项目),其中 15 个气候生化试验方法共有 30 个试验程序(试验项目),其余 15 个力学试验方法共有 20 个试验程序(试验项目),将表 6-14 与表 6-12 和表 6-13 对比可以看出,NATO STANAG 4370 的气候、生化试验方法和试验项目几乎与 MIL-STD-810F《环境工程考虑和实验室试验》和 GJB 150A《军用装备实验室环境试验方法》相同,而其力学试验方法则更接近 DEF STAN00-35《国防环境手册》中的方法,如几乎等同地采用了其提升试验、堆叠试验、弯曲试验、支撑试验方法及其试验程序。NATO 是西方国家的联合军事组织,其标准 NATO STANAG 4370 的内容构成充分体现美国与欧洲成员国之间的妥协和协调;以利于北约成员国单独或联合研制军用装备和武器时有相同的试验标准支持和使用,提高研制效率和降低试验成本。

6.3.5.5 电工电子产品环境试验标准(GB/T 2423)

6.3.5.5.1 概述

GB/T 2423《电工电子产品环境试验 第 2 部分 试验方法》标准由我国电工电子产品环境标准委员会制定、是与国际电工委员会第 50 委员会(IEC TC50)制定的 68 号

出版物《环境试验》第 2 部分“试验方法”等效的标准。应当指出，68 号出版物《环境试验》标准内容不仅仅包括试验方法标准，还包括第 1 部分《总则》、第 3 部分《背景资料》、第 4 部分《标准制定者用的资料试验概要》和第 5 部分试验方法编写导则。

第 1 部分总则在我国的等效标准是 GB 2421/T《电工电子产品环境试验　第 1 部分　总则》。众所周知，环境试验系列标准的特点之一是有一个通用要求或总则之类的共性标准，该标准规定了各类试验方法应用及实施过程涉及的各种通用要求，以确保试验方法的统一和试验结果的重现性，通常做法是同一个标准号下面的第一个分标准。IEC 68 号出版物则将其作为 68 号出版物的第一部分，结构上是合理的，但我国电工电子产品技术委员会制定标准时将其作为一个独立的标准(单独编号)，反而并不科学，容易给人以 GB/T 2423《电工电子产品环境试验　第 2 部分　试验方法》与 GB/T 2421 无关的感觉，实际上它们是紧密相关和需要互为引用的同一个系列标准的两部分。IEC 68号出版物的第 2 部分是各种试验方法标准，我国将其第 2 部分内容编成一个系列标准即 GB/T 2423《电工电子产品环境试验　试验方法》，该部分包括 50 多个试验方法，内容极为丰富。IEC 68 号出版物第 3 部分是各种背景资料，主要内容是一些试验导则，还包括一些试验箱的测量和性能确认标准。我国电工电子产品环境技术委员会将其作为 GB 2424 系列。需要指出的是，国际电工委员会在标准体系的设置上存在许多不合理之处。首先试验设备的测量和性能确认标准不应与试验导则放在一起。此外，在早期的 68 号出版物第 2 部分许多环境试验方法标准中也有试验导则的内容，大部分放在附录里，少数放在标准正文里，甚至名称都加上了导则，如振动冲击、霉菌等，有的还包括单纯的试验导则，如太阳辐射试验导则(IEC 68-2-33—1975)，温度变化试验导则(IEC 68-29—1976)等。我国在制定 GB/T 2424 系列标准时，则将 68 号出版物第2 部分试验方法中这类导则标准编入 GB 2424，如温度变化试验导则(IEC 68-2-33—1975)为 GB/T 2424.13；太阳辐射导则(IEC 68-29—1976)为 GB/T 2424.15。此外，GB/T 2424 系列标准中还包括大气腐蚀、锡焊、加速试验、接触点和连接件二氧化硫和硫化氢试验导则，这些导则来源于 68 号出版物第 2 部分相应试验方法的附录或来源于其他相关标准。这就导致 GB 2424 内容混乱，逻辑上不合理。

IEC 68 号出版物第 4 部分未见到具体内容。

IEC 68 号出版物第 5 部分的术语定义(IEC 68-5-2)，在我国编写成 GB/T 2422《电工电子产品环境试验标准　术语》，该标准纳入电工电子产品环境试验系列标准(GB/T 2421、GB/T 2423 和 GB/T 2424)中使用的术语及其定义，包括环境试验通用术语，如环境试验(包括预处理、初始检测、条件试验、恢复和最终检测)、组合试验、综合试验和试验顺序的定义；冲击、振动和稳态加速度方面 39 条术语和气候试验方面 13 条术语，同时还为密封试验和可焊性试验分别规定了 8 条术语。需要指出的是密封试验和可焊性试验并不属于环境试验范畴，但却是电工电子产品研制和生产中不可缺少的试验方法。

6.3.5.5.2　试验方法的总则(GB/T 2421)

1. 基本内容

如前所述，环境试验系列标准一般均有一个总则或通用要求类的共性标准，作为系列标准的第一个标准，其内容可为试验方法分标准引用。并就如何应用和实施各试验方法标准提供指导。我国电工电子产品环境试验规程的试验方法标准 GB/T 2423《电工电子产品环境试验　第 2 部分　试验方法》并不包括总则，而是单独以非推荐性的 GB/T 2421《电工电子产品环境试验　第 1 部分　总则》标准列出，要求 GB/T 2423《电工电子产品环境试验　第 2 部分　试验方法》各推荐性标准都应遵循 GB/T 2421《电工电子产品环境试验　第 1 部分　总则》的规定，以确保试验的正确实施和试验结果的重现性，鉴于该总则内容丰富、涉及环境试验许多基础知识，以下详细介绍该总则的主要内容和特点，如表 6-15 所示。

表 6-15　GB/T 2421《电工电子产品环境试验　第 1 部分　总则》内容和特点

章节	标题	主要内容	说明
1	引言	· 明确该标准可在制定电气、机电和电子类各层次产品规范时使用，并使环境试验达到统一和具有再现性的目的	强调可为各试验方法和产品规范引用，并确保环境试验结果具有再现性
		· 环境试验样品本身的性能和容差，由试验样品相关规范确定，与试验方法标准无关	试验样品的性能要求和容差是环境试验进行检测和判别失效的依据，由产品规范确定
		· 有关产品应根据需要确定是否进行这些试验	提供的试验方法仅供选用
		· 介绍了 IEC 68 号出版物环境试验 4 大部分及其各版本演变情况	IEC 68 号出版物环境试验包括总则、术语、试验方法和导则 4 个部分，这些内容是逐步形成和完善的
		· 各试验方法命名(大写字母)方法	对于非货架产品试验方法命名的用处不大
2	范围	· 说明 IEC 68 号出版物的环境试验标准在我国包括了 GB/T 2421、GB/T 2423 和 GB/T 2424 和 GB 2422	
		· 规定了试验严酷度等级和各种测量和试验用的大气 条件	严酷度等级在总则中实际上无规定。测量和试验用的大气条件表述不准确，实际是实验室大气条件
		· 明确适用范围不限于电工电子产品，有些产品可以使用标准中没有规定的其他试验方法	为标准应用开口子

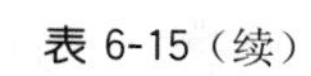

表 6-15（续）

章节	标题	主要内容	说明
3	目的	· 一是制订系列标准目的，即为产品规范制定者和实施环境试验人员提供一系列统一和可再现的试验方法	· 没有说明总则的目的 · 强调统一试验方法，试验条件具有再现性
		· 二是试验目的，即确定产品在各种环境因素单一和组合的规定量值下的工作能力和耐贮存运输的能力	电工电子产品有 GB/T 4976 规定环境参数分类和严酷度分类，GB/T 4997 规定自然环境条件，GB/T 4998 规定应用环境条件，供选用
		试验方法可用于比较产品性能，评定给定生产批产品质量或有效寿命	环境试验可评价产品质量不能评定产品有效寿命
		环境试验的环境条件强度可通过改变严酷等级实现，即改变时间和环境应力强度	该段叙述意义不大
4 4.1	定义 试验	规定了试验的预处理、初始检测、条件试验，恢复、最后检测五个通用操作步骤以及其内涵和目的	与 GB 2422 术语的 2.1 节有些重复。预处理的目的是消除或部分消除试验样品以前经受的影响，条件处理含意是向产品施环境应力和进行中间检测，进一步明确还恢复期间可要求中间检测。恢复是最终检测之前使样品性能稳定，以达到与初始检测则时相同状态
4.2～4.5	试验样品，散热试验样品，自由空气条件、相关规范	· 强调试验样品应包括使用功能完整的任何部件和系统如冷却、加热和减震系统 · 明确散热试验样品的定义和相关的自由空气条件 定义 · 明确相关规范是指产品技术要求和检测方法	为了确保温度试验的真实性，提出将试验样品分为散热和非散热样品，从而使高低温试验变得十分复杂
4.6～4.8	环境温度	· 非散热试验样品环境温度即其周围的空气温度 · 散热试验样品的环境温度是指自由空气条件下散热样品周围可忽略散热引起温度升高处的空气温度	标准中规定了散热样品的温度的测量方法确定

表 6-15（续）

章节	标题	主要内容	说明
4.6～4.8	热稳定	· 给出了散热和非散热样品热稳定的定义	温热稳定定义与 GJB 150 温度稳定定义相似，但温度范围±3℃比 GJB 150 松
		· 对热时间常数小于试验持续时间或与试验持续时间处于同一数量级时确定热稳定时间的方法 · 不可能直接测量试验样品内部温度时，可测量某些与温度有已知关系的参数来确定时间	用时间常数法和已知关系参数法确定热稳定时间不实际，试验中很少应用
4.9～4.9.1	试验箱 工作空间	· 试验箱是一个封闭体或空间其某一部分可达到规定试验条件 · 试验箱内能将规定的试验条件保持在规定的容差范围的那一部分空间叫工作空间	这两个术语说明试验箱的容积不全是可进行试验的空间，只有其中一部分可以进行试验。因此试验时应注意将试验样品放在工作空间内
4.10 4.11 4.12	综合试验 组合试验 试验顺序	· 两种或多种环境因素会有一段时间同时作用于试验样品的试验称为综合试验 · 试验样品依次连续进行两种或多种试验称为组合试验 · 试验样品被依次暴露到两种或两种以上试验环境中的次序	明确了综合和组合试验的概念 提出组合试验应考虑试验顺序和安排试验顺序要考虑的因素
4.13 4.14	基准大气	· 基准大气作为其他大气修正的目标	这二个术语应用很少，原因是大部分产品的功能性能在实验室大气条件范围内却是能满足的，如果不能满足，说明产品使用环境太苛刻，不会有多少用户
	仲裁测量	· 当测量或换算结果不满意时，在精密控制的大气条件下进行测量	
4.15	条件试验	· 定义中把条件限于湿度、温度、水或其他液体，不包括其他气候条件和力学环境条件	与系列标准中规定会存很大差别，该定义不准确

表 6-15（续）

章节	标题	主要内容	说明
5	标准大气条件	· 基准标准大气条件 · 仲裁测量和试验用标准大气 · 测量和试验用标准大气条件 · 恢复条件的	说明各条件具体要求和应用场合和方法 GB/T 系列标准中这些规定看起来很全面、周到，但真正应用是很少的，原因是产品往往不会设计得对上述条件如此敏感，敏感往往是个别现象，因此 MIL-STD-810标准中并未纳入这些条件
6	试验方法的应用	用于定型、鉴定试验和质量检查试验或任何相关目的	通用试验方法的应用远超出其规定的范围。定型、鉴定试验概念重复，GJB 4239 对此有明确规定
7	气候试验顺序	仅规定高温、交变湿热(Db) 低温、低气压、交变湿热(Db)之间的试验顺序	规定内容不够完整，试验顺序应包括所有气候试验和动力等试验
8 附录 A	元件气候分类 元件气候类型	附录 A 以元件可通过的环境试验(低温、高温、温度和恒定湿热)试验天数分类，例如－55℃/100℃/56 表示该元件可通过－55℃低温，100℃高温和 56d 恒定湿热试验	这种分类在军工产品中很少应用
9	试验的应用	· 可用于“包装”的试验样品 · 不能用整个样品试验时，可分别对主要部件进行试验	与第 6 章内容相似，应合并
10	量值的数值含义	· 带有容差的标称值的含义 要求试验设备设定值为标称值，容差主要考虑到试验设备难以把试验参数精确控制在标称值，往往在一定范围内漂移；测量仪器有误差；试验样品各处的温度不一致	试验条件容差是留给试验设备内不均匀，控制精度和测量系统误差造成偏差范围，不允许将设定点值离开标称值
		· 以数值范围表示的定量值 表明试验结果对此范围的条件不敏感，可使用该范围的任何值	此时设备或仪器的控制精度对试验结果影响不大，一般不予考虑，如 15～35℃范围的任何值都是允许的

表 6-15（续）

章节	标题	主要内容	说明
附录 B B1	环境试验的一般导则 概述	明确环境试验的目的： a. 确定产品对贮存运输和使用环境的适应性，以考虑其预期有效寿命 b. 提供产品设计和生产质量的信息 c. 强调试验顺序的重要性	环境适应性数据可用来分析其有效寿命，但不能确定具体量值，提供信息不够准确，主要是产品故障和缺陷方面信息，可为不同的决策等服务
B2	基本要求	· 要求尽量采用 GB/T 2423 中的试验方法并说明理由是标准中的试验方法能确保安全性和再现性，有可比性，有通用性、适用各类产品。设置严酷度等级，可以避免进行差别不大的试验和制造更多的设备 · 必要时采用综合试验	GB 2423 中的试验方法和总则从各方面考虑了试验的条件的重复性和再现性，试验过程和试验结果的可比性 严酷度等级规定适应于商用货架产品
B3	实际环境条件与试验条件的关系	· 试验条件一般要采用加大应力的加速试验，试验加速因子与试验样品有关，难以确定加速因子 · 加速试验应避免引入不符合实际的失效机理	环境试验的环境条件难以模拟真实环境，是加速的，加速概念包括加大应力和加大时间频度
B4	环境参数的主要影响	用表 B1 列出了温度、湿度、气压、太阳辐射和沙尘对产品的影响和典型故障	表 B1 的内容有参考价值，但这类资料很多
B5	用元器件试验和用其他样品试验的差异	· 元器件作为货架产品，其未来使用环境难以预料，一般用大量元器进行抽样试验，得到统计分析结果，还可以进行破坏性试验 · 其他样品是指更高层次的产品，往往用一个样品，可以是各层次产品，通常不进行破坏性试验。若进行要考虑顺序	该段描述不明确，两者差异也未说清楚。这一章设置意义不大
B.6.1	说明	· 当前后两个试验会产生相互影响时，要考虑试验的顺序 · 当组合试验中前后两个试验间隔对后一个试验有影响时，则应规定时间间隔长度	提出了要考虑试验顺序一种情况和考虑时间间隔的场合

表 6-15（续）

章节	标题	主要内容	说明
B.6.2	试验顺序选择	提供四种选择： a. 从最严酷的试验开始，其中有破坏性的靠后，尽快得到故障信息 b. 从最严酷的试验开始，以在试验样品损坏前尽可能得到多的信息 c. 采用最严酷的顺序，尽量使后一个试验能暴露前一个试验引起的损坏 d. 模拟实际上最可能出现环境的顺序	该四条原则在 GJB 150 中采用，GJB 150A 中部分采用，通常 a、b 用于研制试验 c 用于鉴定试验，d 一般不用，因为难以得到这种顺序
B6.3	元件试验顺序	给出了选择顺序的主要考虑：温度剧变→引出端强度和锡焊试验→全部或部分力学试验→气候试验（高温→交变湿热→低温→低气压→交变湿热）→密封试验	适用于元器件
B6.4	其他样品试验顺序	· 提出应按使用环境情况确定顺序，如没有使用情况资料时，应使用最严酷的顺序 · 推荐了适用于大多数设备的试验顺序：低温→高温→温度剧变→冲击→振动→空气压力→交变湿热→恒定湿热→腐蚀→沙尘→固体物质侵入→水浸入	试验顺序仅适用于电工电子产品参考，因为军工产品的试验项目要多得多
B6.4.3	特殊用途试验	· 恒加速度 · 长霉 · 太阳辐射 · 臭氧 · 结冰	除臭氧试验外，其余试验在 GJB 150 等国军标中均是常规试验，不是特殊用途试验

2. 主要特点

GB 2421 标准作为环境试验系列标准的总则具有以下特点

1）环境试验标准范围比 GJB 150/150A 宽

明确由《电工电子产品环境试验　第 1 部分　总则》（GB/T 2421）、《电工电子产品环境试验　术语》（GB/T 2422）、《电工电子产品环境试验　试验方法》（GB/T 2423）和《电工电子产品环境试验方法导则》（GB/T 2424）4 部分组成，因而与我国的军用标准 GJB 150《军用设备环境试验方法》不同，该标准仅包括总则和各试验方法，而环境试验术语则包括在技术范围更大的 GJB 6117《装备环境工程术语》中。此外，国军标没有制定试验方法导则的标准。因此 GB/T 2424 标准中的导则对于国军标中各相应试验方法的实施具有重要指导意义。

2）明确试验方法的统一和结果再现性

强调提供统一的、具有再现性的试验方法，可用于各种产品各层次的试验。所谓再现性包括试验施加的环境应力再现性，试验实施过程操作方法的一致性，从而确保在相同技术状态下受试产品使用同一试验方法无论其地点和时间不同，所用试验设备不同，操作人员不同，而得到的结果都具有一致性和可比性。GJB 150《军用设备环境试验方法》的总则中有同样的条款。美军标 MIL-STD-810 标准制定的目的，也是为了规定统一的试验方法。

3）试验定义

以定义的形式规定环境试验实施的基本步骤，即预处理、初始检测、条件试验、恢复和最后检测。这一规定已成为国际国内环境试验实施过程都应遵循的通用做法，已被纳入许多环境试验标准和试验程序文件中。

4）规定散热和不散热样品

按散热样品和不散热样品分别规定各自的试验方法。我国电工电子产品环境标准技术委员会制订的、与 IEC 68 号出版物等效的温度试验方法标准 GB/T 2423.1《电工电子产品环境试验　第 2 部分　试验方法　试验 A　低温》和 GB/T 2423.2《电工电子产品环境试验　第 2 部分　试验方法　试验 B　高温》中将试验样品按其散热情况分为散热样品和不散热样品，并给出对应的判定准则和测定方法。与 GJB 150/150A 温度试验相比，显得复杂和可操作性差。因此，GB/T 2423 中的温度试验方法无论在军工产品还是民用产品研制生产中用得都很少。

5）产品温度稳定或热稳定定义与 GJB 150/150A 不同

热稳定时间即受试产品温度稳定时间的定义和确定方法不同。GJB 150/150A 按工作和不工作两种情况分别定义，不工作状态的温度稳定是指试验样品的关键部位温度在规定试验温度±2℃范围时，认为试验样品在试验温度下已达到温度稳定；工作状态的温度稳定是指受试产品关键部位温度变化幅度达到每小时小于等于 2℃时的状态，要求用直接测量法确定达到上述要求的时间。GB/T 2421 则与 GJB 150/150A 完全不同，标准将产品温度稳定称为热稳定，认为试验样品各部分温度达到与其最后温度（或相关标准规定的值）之差在 3℃以内的状态为热稳定状态，这一规定虽然正确但可操作性差，因为不管是用测量还是分析方法，没有必要对每一部分都进行，而只需要像 GJB 150/150A 规定的在热惯性最大部位，或关键部位进行测量即可。GB/T 2421《电工电子产品环境试验　第 1 部分　总则》对于工作状态散热试验样品的温度稳定需要通过反复测量确定，当两次测量得到的温度变化为 3℃所需的时间大于 1.7 小时，即认为达

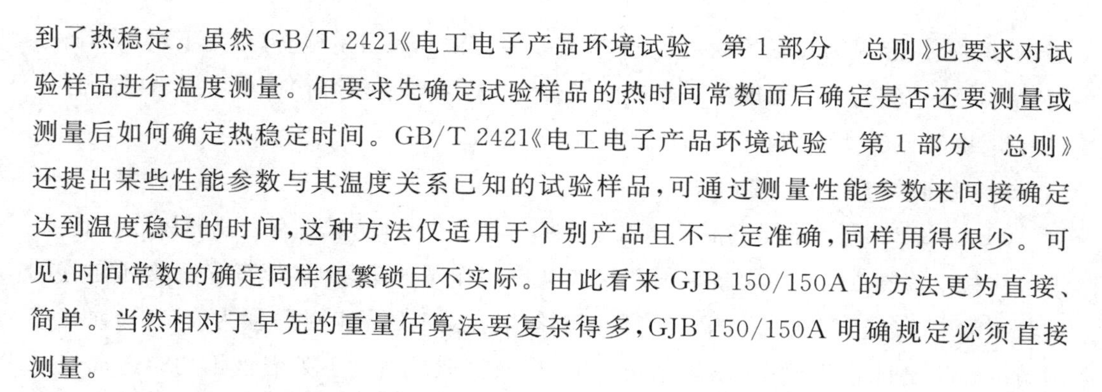

到了热稳定。虽然GB/T 2421《电工电子产品环境试验 第1部分 总则》也要求对试验样品进行温度测量。但要求先确定试验样品的热时间常数而后确定是否还要测量或测量后如何确定热稳定时间。GB/T 2421《电工电子产品环境试验 第1部分 总则》还提出某些性能参数与其温度关系已知的试验样品，可通过测量性能参数来间接确定达到温度稳定的时间，这种方法仅适用于个别产品且不一定准确，同样用得很少。可见，时间常数的确定同样很繁锁且不实际。由此看来GJB 150/150A的方法更为直接、简单。当然相对于早先的重量估算法要复杂得多，GJB 150/150A明确规定必须直接测量。

6）标准大气条件有多种规定

GB/T 2421《电工电子产品环境试验 第1部分 总则》规定各种大气条件如试验用大气条件、基准大气条件，仲裁大气条件、恢复条件等。看起来考虑十分周到，但实际试验中用得并不普遍，这是因为这些条件都指环境试验前后的初始检测和最终检测的大气条件，这一检测工作都在实验室内进行。对实验室的大气条件（温度、湿度和气压）规定得太严，实际是对实验室温湿度控制提出不必要的要求，无谓提高了试验成本。实际上军工产品使用中遇到的温湿度范围远远严于实验室大气条件。如果标准中规定实验室在不同温、湿度和压力大气条件范围内产品性能会发生变化，则这种产品就不会有实际的军事应用价值，除非是计量仪器及其标定用产品。

7）条件试验提法不确切

GB/T 2421《电工电子产品环境试验 第1部分 总则》和GB/T 2423《电工电子产品环境试验 第2部分 试验方法》常用到条件试验（Conditioning）一词，条件试验说法，其真实内涵是指向试验样品施加环境试验应力并检测试验样品功能、性能，观察其环境适应能力的过程，军用标准不用这种不确切的表述方法。

8）试验顺序有充分的规定。

GB/T 2421《电工电子产品环境试验 第1部分 总则》的正文及其附录对试验顺序有充分的说明；包括试验顺序选择原则和应用阶段，元器件的气候试验顺序和其他产品的试验顺序。这些内容都有很好的参考价值。GJB 150/150A相关部分的条款参考了这些内容。试验顺序是指在同一试验样品上进行组合试验时各试验项目排列的先后次序，因为常会出现前一个试验项目造成损伤在后一个试验中很快显示出来，合理的安排这一顺序将有利于更多地暴露环境问题。

9）试验的应用

GB/T 2421《电工电子产品环境试验 第1部分 总则》规定各试验方法的应用，包括定型鉴定试验和质量检查试验，还包括不可用整机时，可用其主要部件进行试验等，但其内容尚不全面和完整，指导意义不大。GJB 4239《装备环境工程通用要求》对实验室环境的应用有更为完整的规定，而不局限于鉴定试验和质量检查；对用下层产品而不用整机进行试验的做法也规定了明确的条件，即下层产品必须有独立功能、性能，且可进行检测，否则无法判别其是否有故障或已失效。

10）量值数据含义规定科学

GB/T 2421《电工电子产品环境试验　第1部分　总则》对带有容差的标称值如（40±2）℃和以数值范围表示定量值的含义及其应用作了明确说明，带有容差的标称值在试验实施中必须把标准值作为设定值，而不能把容差范围的其他值作为设定值，允差范围是设备的控制精度。测量仪表系统误差，以及试验设备内各处温度不均匀造成偏离设定值的总和。实际试验中常把设定值放在容差下限，造成欠试验，这是国内外试验常犯的错误。用数值范围表示的定量值则是另外一种含义，例如实验室温度15～35℃之间的任一个温度下进行初始和最终检测都是允许的，实际上温度的波动对试验或检测结果影响较小，不必考虑。

6.3.5.5.3　GB/T 2423标准的试验项目

GB/T 2423《电工电子产品环境试验　第2部分　试验方法》标准的试验方法随IEC 68号出版物的变化而逐步修订，截至2006年，GB/T 2423共有46个试验方法，试验方法可能只有一个试验程序，也可能有多个试验程序，具体如表6-16所示。从表6-16可以看出，共有55个气候、生化和动力学试验程序，其中温度试验有10个试验程序；盐雾试验有2试验程序；霉菌、低气压、流体污染、二氧化硫和硫化氢腐蚀试验各有一个共5个试验程序；模拟地面太阳辐射、沙尘和水作用的试验各3个共有9个试验程序；湿热试验有4个试验程序；冲击、碰撞、倾跌和翻倒，自由跌落，稳态加速度，倾斜和摇摆、弹跳，风压，结构强度冲击、磨损、锤击等均是一个试验方法一个试验程序共11个试验程序；自由跌落试验方法包含2个试验程序，振动试验有5个试验方法，每个试验方法仅一个试验程序，共有5个试验程序；温度—低气压—湿热—振动四个因素的两综合或三综合共有7个试验程序。

表 6-16 GB/T 2423《电工电子产品环境试验 第2部分 试验方法》的试验程序和说明

分标准号	试验代号	试验方法	试验程序(试验项目)	备注
1	试验 A	低温	Aa 非散热试验样品温度突变低温试验	按散热不散热试验样品和温度渐变、突变分别规定 高低温试验方法、低温试验有3个试验程序,高温试验 有4个试验程序。试验程序比较繁锁,可操作性很差,用得也很少,军工产品环境试验不用此方法
			Ab 非散热试验样品温度渐变低温试验	
			Ad 散热试验样品温度渐变的低温试验	
2	试验 B	高温	Ba 非散热试验的温度突变的高温试验	
			Bb 非散热试验的温度渐变的高温试验	
			Bc 散热试样温度突变的高温试验	
			Bd 散热试样温度渐变的高温试验	
3	试验 Cab	恒定湿热试验	仅一个试验程序	包括初始检测、条件试验、中间检测、恢复和最终检测的通用内容
4	试验 Db	交变湿热试验	仅一个试验程序	程序内容即通用内容
5	试验 Ea 和导则	冲击	仅一个试验程序	标准有4个附录对试验进行指导,特别阐述了冲击响应谱特性
6	试验 Eb 和导则	碰撞	仅一个试验程序	仅一个常规程序,设有2个附录指导试验实施
7	试验 Ec 和导则	倾跌和翻倒	仅一个试验程序	主要适用于设备型样品,程序中条件试验部分按面倾跌,角倾跌和翻倒分别阐述,有附录指导试验实施
8	试验 Fd	自由跌落	通用试验程序	仅跌落2次,有2个附录说明试验设备和指导试验
			重复自由跌落	仅跌落 50～1000 次,频率为 10 次/min,有2个附录说明试验设备和指导试验

表 6-16（续）

分标准号	试验代号	试验方法	试验程序(试验项目)	备　注
10	试验 Fc 和导则	振动(正弦)	仅一个试验程序	程序中条件试验部分包括振动响应调查和耐久试验。有二个附录，附录 A 指导试验实施，附录 B 提供条件和设备的严酷度等级
15	试验 Ga 和导则	稳态力速度	仅一个试验程序	用导则进一步说明试验样品试验方向和严酷度等级选择和容差要求
16	试验 J 和导则	长霉	仅一个试验程序	用附录说明危害、接种方法、安全措施、去污染方法、流程图；在导则中说明霉菌污染机理和影响及试验的适用性
17	试验 Ka	盐雾试验	仅一个试验程序	35℃恒定温度
18	试验 Kb	盐雾(交变)	仅一个试验程序	试验由 2h 喷雾和在 40℃、93%RH 的湿热箱中贮存一定时间组成。一个小周期有 24h，7d。程序中按不同严酷度阐述试验实施过程，不同的严酷度周期数也不同，有 3d、7d、28d、14d、56d
21	试验 M	低气压	仅一个常规试验程序	包括贮存和工作两种状态的试验
22	试验 N	温度变化	Na 规定转换时间的快速温度变化	实际上是以空气为介层的温度冲击试验
			Nb 规定温度变化速率的温度变化	实际上是以空气为介质的温度变化试验
			Nc 两液槽法温度快速变化	实际上是以液体为介质的温度冲击试验

表 6-16（续）

分标准号	试验代号	试验方法	试验程序（试验项目）	备　注
23	试验 Q	密封	Qa 衬套、心轴、垫圈密封 Qc 容器的密封（漏气） Qd 容器的密封（漏液）Qf 浸水 Qk 用质谱仪示踪气体法（3 个方法）Ql 加压浸渍试验 Qm 内部预先加压的示踪气体法（2 种方法）	密封试验不属于环境试验范畴。每个试验均有导则指导
24	试验 Sa	模拟地面上的太阳辐射	程序 A（非连续照射）	24h 为一循环，照 8h，停 16h。照射期间温度 45℃、55℃可选，循环数可选
			程序 B（非连续照射）	24h 为一循环，照 20h、停 4h。照射期间温度 45℃、55℃可选，循环数可选
			程序 C（连续照射）	24h 为一循环，照射 24h 照射期间温度 45℃，55℃可选，循环数可选
25	试验 Z/AM	低温/低气压综合试验	未明确规定试验程序	提供了散热和非散热样品无人工冷却的试验剖面和条件试验部分的步骤
26	试验 Z/BM	高温/低气压综合试验	未明确规定试验程序	条件试验部分仅给出无人工冷却散热和非散热试验样品的试验步骤和剖面图
27	试验 Z/AMD	低温低气压湿热连续综合试验	仅提供一个常规的试验程序	实际上是低温低气压和高温高湿的组合试验，仅在试验箱温度从低温温度升到 0～5℃过程，出现温度—湿度—低气压综合

表 6-16（续）

分标准号	试验代号	试验方法	试验程序（试验项目）	备注
28	试验 T	锡焊	Ta 导线和引出端的可焊性（温度为 235℃焊槽温度为 35℃烙铁和温度为 235℃的焊球 3 种方法）	可焊性试验不属于环境试验范畴
			Tb 元器件耐焊接热的能力（包括 3 种焊接方法）	
			Tc 印制板和覆铜箔层压板的可焊性（1 个方法）	
30	试验 XA 和导则	在清洗剂中浸渍	仅提供一个常规试验程序	是一道生产工序，不属于环境试验范畴。提供导则说明对安装到印制电路板上的元器件或零件清洗过程和条件
31		倾斜和摇摆试验	仅提供一个常规的试验程序	分别在摇摆试验台（平台）和正弦摇摆试验台上进行
32		湿润称量法可焊性试验方法	未规定明确的试验程序	不属于环境试验范畴
33	试验 Kca	高浓度二氧化硫试验	仅提供一个常规的试验程序	适用于电工电子产品及其使用的材料
34	试验 Z/AD	温度湿度组合循环试验	仅提供一个常规试验程序	在条件试验一节中分别说明温度湿度分循环和低温分循环的步骤。主要考核呼吸效应，用湿热箱和低温箱进行
35	试验 Z/AFc	散热和非散热试验样品低温/振动（正弦）综合试验	仅提供一个常规试验程序	提供非散热和散热试验样品两条试验曲线，实际上是两种程序
36	试验 Z/BFc	散热和非散热试验样品高温/振动（正弦）综合试验	仅提供一个常规试验程序	提供非散热和散热试验样品的两条试验曲线，实际上是两种程序

表 6-16（续）

分标准号	试验代号	试验方法	试验程序(试验项目)	备　　注
37	试验 L	沙尘试验	La 非腐蚀性细尘(La1 交变气压,La2 恒定气压) Lb 自由降尘 Lc 吹沙尘(Lc1 循环吹沙尘,Lc2 自由吹沙尘)	实际上是三大类 5 个试验程序,每类的试验条件和试验设备用导则加以详细说明,另外还用附录说明沙尘类型,粒子和影响
38	试验 R	水试验方法和导则	Ra 滴水(Ra1 人造雨法,Ra2 滴水箱法) Rb 冲水(Rb1 摆动管法和喷雾法;Rb2 喷水法) Rc 浸水(Rc1 水箱法,Rc2 加压水箱法)	每个程序都有导则,说明相应试验设备结构和布置及校验方法
39	试验 Ee	弹跳试验方法	仅一个常规的试验程序	模拟包装件或产品用公路车辆运输中遇到的随机冲击和碰撞环境,用导则说明试验严酷等级和试验设备驱动机构和安装
40	试验 Cx	未饱和高压蒸汽恒定湿热	仅一个常规试验程序	主要适用于使集成电路和其他塑封半导体器件镀敷的铝加速腐蚀,属于元器件环境试验范畴
41		风压试验方法	仅一个不规则的试验程序	用风洞进行试验
42		低温/低气压/振动(正弦)综合试验	仅一个试验程序(实际上为散热和不散热样品分别规定了试验步骤)	给出了非散热和散热样品两条试验曲线。曲线中全面反映了低温、低气压和振动等因素单独和综合施加的过程和检测时机。实际上是一个振动,低温试验与低温、低气压、振动综合试验的组合试验,试验曲线有代表性
43		元件设备和其他产品在冲击(Ea)碰撞(Eb)振动(Fc 和 Fd)和稳态加速度(Ga)等动力等试验中的安装要求和导则	仅一个常规试验件安装要求	只是试验程序中试验样品安装步骤的一部分,提供元器件的典型安装图和各种产品安装特点、夹具和材料的设计或选用等指导

表 6-16（续）

分标准号	试验代号	试验方法	试验程序(试验项目)	备　注
45	试验 Z/ABDM	气候顺序	给出低温、高温、低气压和湿热五种试验项目的三种实施顺序	顺序 1:高温→湿温(1 周期)→低温→低气压→湿热(5 周期) 顺序 2:高温→湿热(1 周期)→低温→低气压→[湿热→低温]共 4 次→湿热 顺序 3:高温→湿热(1 周期)→低温→低气压→湿热(1 周期)(验收试验用)
47	试验 Fg	声振	仅一个常规的试验程序	用导则说明混响室试验,行波管试验、空腔共鸣试验和驻波管试验实施的各自要点,而不像其他标准单独列出程序
48	试验 Ff	振动时间历程性法	仅一个常规试验程序	条件试验部分包括单轴线、双轴线和三轴线时间历程条件试验,适用于模拟振动响应达不到稳态条件的短持续时间随机动态力的作用
49	试验 Fe	振动正弦拍频法	仅一个常规试验程序	条件试验部分包括单轴线、双轴线和三轴线拍频条件试验,适用于模拟短持续时间的脉冲和振荡力的作用
50	试验 Cy	恒定湿热(主要适用于元件的加速试验)	仅一个常规试验程序	非气密元件水蒸汽渗入模拟,主要用于集成电路和其他塑封半导体器件中敷铝的加速腐蚀
51	试验 Ke	流动混合气体腐蚀试验	程序 1	当试验气体中不含氯或测量氯浓度的方法不受试验气体中其他气体干抗时采用程序
			程序 2	当试验气体中不含氯或测量氯含量方法受到试验气体中其他气体干扰时,采用此程序

表 6-16（续）

分标准号	试验代号	试验方法	试验程序(试验项目)	备注
52	试验 77	结构强度与撞击	仅一个常规试验程序	试验步骤中将结构强度试验和撞击试验分开阐述 仅适用于由玻璃或烧结材料制成的表面安装器件(SMDs)如电容、电阻、电感
53	试验 Xb	由手的摩擦造成标牌和印刷文字磨损	仅一个常规试验程序	仅适用于产品表面(平面或曲面)标记和印刷文字的耐磨损试验
54	试验 Xc	流体污染	仅一个常规试验程序	其条件试验部分按偶然性污染，间断性污染和持续性污染三种类型(A、B、C)分别阐述，用附录指导试验样品和流体的选择
55	试验 Eh	锤击试验(Eha、Ehb、Ehc)	无明确的试验程序	实际上是摆锤、弹簧锤和垂直落锤三种方法，用附录详细说明摆锤、弹簧锤结构及弹簧锤的校准等
56	试验 Fh	宽带随机振动(数字控制)和导则	有一个常规的振动试验程序	用导则说明试验要求，用附录给出 dB 或%的转换表

必须指出，一般是针对一种环境因素，给出一种试验方法，而后再按该环境因素对装备作用方式或所用试验设备的不同为各试验方法提供不同试验程序。有的还将某一环境因素再行分类，分别规定其试验方法，进而规定一个或多个试验程序，例如 GJB 150《军用设备环境试验方法》和 GJB 150A《军用装备实验室环境试验方法》将温度环境因素分为低温、高温和温度变化三类，分别采用不同试验方法，而每个试验方法均有几个试验程序。从表 6-16 看出，GB/T 2423《电工电子产品环境试验　第 2 部分：试验方法》大多是一个试验方法对应一个试验程序，例如振动试验的 5 个试验方法，各有一个试验程序。这就是其试验程序与试验方法数量相差不大的原因。

GB/T 2423《电工电子产品环境试验　第 2 部分　试验方法》有些标准不属一般意义的环境试验方法，如 GB/T 2423.23《电工电子产品环境试验　第 2 部分：试验方法　试验 Q：密封》，GB/T 2423.28《电工电子产品环境试验　第 2 部分：试验方法　试验 T：锡焊》，GB/T 2423.30《电工电子产品环境试验　第 2 部分：试验方法　试验 XA 和导则：在清洗剂中浸渍》等属于制造工艺方法，还有 GB/T 2423.43《电工电子产品环境试验　第2 部分：试验方法　振动、冲击和类似动力学试验样品的安装》和 GB/T 2423.45《电工电子产品环境试验　第 2 部分：试验方法　试验 Z/ABDM：气候顺序》也非试验方法，因此实际上只有 42 个试验方法。

6.3.5.5.4　GB/T 2424 试验导则

从表 6-17 看出，GB/T 2424 系列标准到目前为止，已有 16 个分标准，其中 13 个是试验方法或工艺方法导则，可见导则数量与试验方法并不对应，原因之一是把有些类似试验方法的导则归在一起而使数量减少，另外 GJB 2423《电工电子产品环境试验　第 2 部分：试验方法》标准有些试验方法以附录形式提供指导，有些试验方法导则尚待制定。因而 GB/T 2424 中分标准号虽已到 GB/T 2424.25，其中 9 个空号或许是留作制定相关导则标准。

表 6-17　GB/T 2424 系列标准中各分标准情况

GJB 2424 分标准号	分标准名称	说明
GB/T 2424.1	高低温试验导则	GB/T 2423 标准中有关环境试验方法分标准中有一部分标准配有导则，列在其附录中。还有相当数量的试验方法如温度试验和湿热试验，在方法附录中没有提供导则，或者方法附录中的导则不够完整，需要补充。我国依照欧洲电工协会的 IEC 60068 标准制订了 GJB/T 2424 试验导则标准。这部分标准包括试验方法导则和试验设备性能测量和确认标准。试验方法导则标准内容一般包括，环境影响和机理分析，相关术语，环境试验条件的确定和推荐方法。试验方法中试验程序特点和应用，试验设备要求和设备参数控制和测量等等。不同方法的导则内容各有其重点，试验设备性能确认标准适用于用户对试验设备进行常规的试验箱性能监测。锡焊和可焊性试验导则不属于环境试验范围
GB/T 2424.2	湿热试验导则	
GB/T 2424.5	温度试验箱性能确认	
GB/T 2424.6	温度/湿度试验箱性能确认	
GB/T 2424.7	试验 A 和 B(带负载)用温度试验	
GB/T 2424.10	大气腐蚀加速试验的通用导则	
GB/T 2424.13	温度变化试验导则	

表6-17(续)

GJB 2424 分标准号	分标准名称	说明
GB/T 2424.14	太阳辐射试验导则	GB/T 2423标准中有关环境试验方法分标准中有一部分标准配有导则,列在其附录中。还有相当数量的试验方法如温度试验和湿热试验,在方法附录中没有提供导则,或者方法附录中的导则不够完整,需要补充。我国依照欧洲电工协会的IEC 60068标准制订了GJB/T 2424试验导则标准。这部分标准包括试验方法导则和试验设备性能测量和确认标准。试验方法导则标准内容一般包括,环境影响和机理分析,相关术语,环境试验条件的确定和推荐方法。试验方法中试验程序特点和应用,试验设备要求和设备参数控制和测量等等。不同方法的导则内容各有其重点,试验设备性能确认标准适用于用户对试验设备进行常规的试验箱性能监测。锡焊和可焊性试验导则不属于环境试验范围
GB/T 2424.15	温度/低气压试验导则	
GB/T 2424.17	锡焊试验导则	
GB/T 2424.19	模拟贮存影响的环境试验导则	
GB/T 2424.20	倾斜和摇摆试验导则	
GB/T 2424.21	润湿称量法可焊性试验导则	
GB/T 2424.22	温度(低、高温)和振动(正弦)综合试验导则	
GB/T 2424.24	温度(低、高温)/低气压/振动(正弦)综合试验导则	
GB/T 2424.25	试验导则,地震试验方法	

需要指出的是GB/T 2424还包括试验箱试验参数测量和试验箱性能确认的标准,将其纳入GB/T 2424使其内容显得混乱。由此可见,IEC对环境试验标准体系的设计尚不科学,缺乏预见性,以致造成乱归类、乱给号的现象。尽管如此,GB/T 2424对环境试验的实施还是具有很好的指导作用。

6.3.5.6　民用飞机机载设备环境试验标准(RTCA DO 160/HB 6167)

6.3.5.6.1　概述

民用飞机对其机载设备的要求,并不像军用飞机那样更注重高性能,而是更重视其对飞行安全性的影响。因此,各国民航部门都为机载设备项目制定了最低安全要求标准,美国称为《技术标准规定》(TSO),我国称为(CTSO)并给予相应的标记。每一技术标准规定项目中,均对此类产品明确规定了最低性能要求,环境试验验证要求或其他试验验证要求,如果产品中包括计算机,还有必须符合软件评估要求。对这些要求均指定必须符合的标准。

例如，有关机载电子设备的TSO标准，美国民用航空局一般采用美国航空无线电技术委员会(RTCA)制定的最低性能标准，如AR1C标准，这些标准的环境试验和软件大部分采用其颁发的相应标准，因此ARIC标准指定的环境试验都是RTCA DO 160的系列标准，而欧洲民用航空组织则采用欧洲民用电子组织(EURKE)制定的标准，这些标准大多指定采用EURKE ED-14系列的环境试验标准。

在机载电子设备方面，美国民航局一般都使用RTCA的环境试验，经过多年的协调和统一，RTCA DO160和EUROCAE ED14两个系列标准内容已基本一致，而且国际标准化组织(ISO)已把它们统一成一个国际标准ISO7137《民用飞机机载设备环境条件和试验方法》。要指出的是，由于美国联邦航空局的实力和影响巨大，虽然有了国际标准，但在TSO文件中，仍然主要引用RTCA DO160系列标准，少量引用EURKE ED-14系列标准，却未出现过ISO7137系列标准。由于美国联邦航空局颁发的144项TSO标准跨越时间达50多年，每一TSO颁布时只引用当时已有的RTCA DO160标准版本，因此美国现有的TSO标准，所引用的RTCA DO160系列版本从RTCA DO160直到RTCA DO160G，甚至还有RTCA DO160以前的标准RTCA DO138，但标准名称未变。美国联邦航空局颁发的144个TSO项目中，有81个项目用RTCA DO160系列环境标准，其中使用RTCA DO160A的有15项，使用RTCA DO160B的有20项，使用RTCA DO160C的有19项，使用RTCA DO160D的有23项，使用RTCA DO160、RTCA DO160E和RTCA DO138的共有4项。

美国144项TSO标准中非电子设备的63个TSO项目往往采用美国汽车工程协会(SAE)、美国联邦航空局、美国材料工程师协会(ASTM)和美国标准化协会(ANSI)制定的最低性能标准，如引用SAE制定的最低性能标准(TSO)的有36项左右，引用FAA制定的最低性能标准的项目有15项左右，这些TSO项目中环境试验方法一般不引用RTCA标准，而是引用最低性能标准协会制定的标准或者在TSO中直接规定其试验方法。

我国于1987年制定了HB 6167《民用飞机机载设备环境条件和试验方法》系列标准。该系列标准的编制原则是："新标准与RTCA DO160B《机载设备环境条件和试验程序》等效，即技术内容和主要指标与RTCA DO160B《机载设备环境条件和试验程序》完全相同，但内容安排上做了编辑性修改。为便于对标准的理解和贯彻执行，标准编制中对RTCA DO160B《机载设备环境条件和试验程序》不够详细或不够明确的部分，在不违背标准原意的情况下，做了适当增补。"此外，1988年等效采用ISO2669《稳态加速度》第11版，制定了加速度试验。1992年对HB 6167的试验方法进行了补充，等效采

用 RTCA DO 160C《机载设备环境条件和试验程序》方法 24，制定了结冰试验，等效采用国际标准化组织 ISO/DIS 2685《指定火区防火》制定了防火试验。从而使 HB 6167《民用飞机机载设备环境条件和试验方法》标准试验方法多于同期 RTCA DO160B《机载设备环境条件和试验程序》版本。2012 年对 HB 6167《民用飞机机载设备环境条件和试验方法》再次修订，基本等效采用 RTCA DO160F《机载设备环境条件和试验程序》版。由于 RTCA DO160F《机载设备环境条件和试验程序》和 RTCA DO160G《机载设备环境条件和试验程序》已经增加和完善了结冰和防火试验方法，修订后的标准 HB 6167A《民用飞机机载设备环境条件和试验方法》的试验项目与 RTCA DO 160F 版完全一致，但技术内容有较大变化，如加速度试验按照 ISO 2669 第二版(1995)进行了修订。

由于我国 CTSO 标准发布很少，且基本直接采用美国 TSO 标准的内容，而且在民机适航取证中 HB 6167《民用飞机机载设备环境条件和试验方法》标准一般不能引用，HB 6167《民用飞机机载设备环境条件和试验方法》和 HB 6167A《民用飞机机载设备环境条件和试验方法》只作为我国机载设备适航取证试验的参考和指导。机载设备适航证标明的是美国 TSO 中指定的环境试验标准，并按其要求作标记。

6.3.5.6.2 RTCA DO160B/F 和 HB 6167 的试验项目

仅将 RTCA DO 160B/F《机载设备环境条件和试验程序》与我国等效标准 HB 6167/6167A《民用飞机机载设备环境条件和试验方法》的试验项目列于表 6-18 中。从表 6-18 中可以看出，RTCA DO160F《机载设备环境条件和试验程序》和 HB 6167A《民用飞机机载设备环境条件和试验方法》的试验项目相对于 RTCA DO160B《机载设备环境条件和试验程序》和 HB 6167《民用飞机机载设备环境条件和试验方法》有了较多的增加，例如低温试验方法增加了低温短时工作试验程序；振动试验增加了短时高量值振动、模拟发动机损坏、直升机随机振动和正弦振动 4 个程序；防水试验增加了冷凝水试验程序；沙尘试验增加了吹沙试验程序；盐雾试验增加了间断喷雾试验程序。电磁兼容性试验增加了雷电感应瞬态敏感度，雷电直接效应和静电放电 3 个测试要求，可见 RTCA DO160《机载设备环境条件和试验程序》系列标准内容越来越完善。

表 6-18 RTCA DO 160B/160F 和 HB 6167/6167.A 中的环境试验程序

序号	试验方法	试验程序	RTCA DO 160B/HB 6167		RTCA DO 160F/HB 6167A		备注
			RTCA DO 160B	HB 6167	RTCA DO 160F	HB 6167A	
1	低温试验	地面低温耐受和短时工作试验			√	√	增加短时工作试验，与 RTCA DO 160B 相比，RTCA DO 160F 中与 GJB 150 系列不同的是耐受试验时间为温度稳定后再加上至少加 3h
2		地面低温耐受和工作试验	√	√			
3		地面低温工作试验			√	√	
4	高温试验	地面高温耐受和短时工作试验	√	√	√	√	与 GJB 150 相比，增加高温短时工作试验和飞行冷却能力损失试验，耐受试验时间明确规定为试验样品温度稳定后再加上不少于 3h
5		高温工作试验	√	√	√	√	
6		飞行冷却能力损失试验	√	√	√	√	
7	高度(压力)试验	低气压试验	√	√	√	√	与 GJB 150A 相比，没有爆炸减压试验，但有过压试验，相当于－4572m 高度的压力
8		(快速)减压试验	√	√	√	√	
9		过压试验(－4572m)	√	√	√	√	
10	温度变化试验	单一温度变化试验	√A、B、C 类	√A、B、C 类	√S1 A、B、C 类	√A、B、C 类	单独进行的温度变化试验
11		组合试验(与高低温试验组合)	√	√	√	√	与高低温耐受工作试验组合一起进行的温度变化试验
12		S2 类			√	√	适用于温度变化速率＞10℃/min 场合，是温度冲击试验

表 6-18（续）

序号	试验方法	试验程序		RTCA DO 160B/HB 6167		RTCA DO 160F/HB 6167A		备注
				RTCA DO 160B	HB 6167	RTCA DO 160F	HB 6167A	
13	温热试验	标准湿热环境试验（A类）		√	√	√	√	环境控制舱内设备，温度在 38～55℃间变化，2个循环
14		严酷湿热环境试验（B类）		√	√	√	√	非环境控制舱的内设备，温度在38～65℃间变化，10个循环
15		外部湿热环境试验（C类）		√	√	√	√	直接接到外界空气的设备，温度在38～55℃间变化，6个循环
16	飞行冲击和坠撞安全试验	飞行冲击试验		√	√	√	√	RTCA DO160F 和 HB 6167A 改为后峰锯齿波，不再用 RTCA DO160B 和HB 6167 中的半正弦波
17		坠冲安全试验		√	√	√	√	
18	振动试验	标准振动试验（固定翼飞机）	正弦试验	√	√	√	√	增加短时高量值振动，用于模拟发动机风扇受损后引起的高量值振动，单独为直升机设备规定了正弦叠加随机和随机振动 3 个试验程序
			随机试验	√	√	√	√	
19		短时高量值振动（发动机）		√	√	√	√	
20		强化（严酷）振动试验（固定翼飞机）	正弦试验	√	√	√	√	
			随机试验	√	√	√	√	
21		正弦叠加随机（直升机）	直升机频率已知			√	√	
			直升机频率未知			√	√	
22		随机试验（直升机，频率未知）				√	√	

表 6-18（续）

序号	试验方法	试验程序	RTCA DO 160B/HB 6167		RTCA DO 160F/HB 6167A		备注
			RTCA DO 160B	HB 6167	RTCA DO 160F	HB 6167A	
23	爆炸（大气）试验	防爆试验（A 类试验）	√	√	√	√	与 GJB 150/150A 不同的是爆炸大气试验在地面高度进行，不考虑低气压影响，而是增加了测量产品内部热点温度的试验程序
24		隔爆试验（E 类试验）	√	√	√	√	
25		热点温度测量试验（H 类或 E2 类设备）	√（E2 类）	√（E2 类）	√（H 类）	√（H 类）	
26	防水试验	冷凝水试验			√	√	RTCA DO 160F/HB 6167A 比 RTCA DO 160B/HB 6167 增加冷凝水试验，GJB 150/150A 中也没有冷凝水试验程序
27		滴水试验	√	√	√	√	
28		喷水试验	√	√	√	√	
29		连续流动水试验	√	√	√	√	
30	流体敏感性试验	喷洒（液）试验（单一和多种依次）	√	√	√	√	该试验方法和试验程序没有变化 GJB 150/150A 与其类似
31		浸渍试验	√	√	√	√	
32	沙尘试验	吹尘试验	√	√	√	√	RTCA DO160F/HB6167A 与 RTCA DO160B/HB 6167 相比增加了吹尘试验，与 GJB 150A 相比没有降尘试验程序
33		吹沙试验			√	√	
34	霉菌试验	霉菌试验	√	√	√	√	该试验方法及试验程序没有变化
35	盐雾试验	连续喷雾（48h 或 96h）试验	√48	√（48）	√（96）T 类	√（96）T 类	T 类效应（通电放或使用的飞机上直接暴露于空气中设备用 96h 连续喷雾程序）
36		间断喷雾（24h 喷雾＋24h 干燥＋24h 喷雾）试验			√	√	

表 6-18（续）

序号	试验方法	试验程序	RTCA DO 160B/HB 6167		RTCA DO 160F/HB 6167A		备注
			RTCA DO 160B	HB 6167	RTCA DO 160F	HB 6167A	
37	结冰试验	A类设备试验		√（RTCA DO160C）	√	√	该试验方法自1992年等效采用RTCA DO 160C编制HB 6167B以来，由于从RTCA DO 160C到RTCA DO 160G版本内容无变化。故HB 6167.3A与来HB 6167一致
38		B类设备试验		√（RTCA DO160C）	√	√	
39		C类设备试验		√（RTCA DO160C）	√	√	
40	阶火、可燃性试验	指定火区防火试验		√ ISO DS 2685			仅适用于民用飞机至发动机舱和辅助功力舱的等指定区的机载设备
41		防火试验（A类试验）			√（RTCA DO 160G）	√（同RTCA DO 160G）	安装在防火区的设备（包括指定火区）
42		防火试验（B类试验）			√（RTCA DO 160G）	√（同RTCA DO 160G）	安装在防火区的设备（包括指定火区）
43		防火试验（C类试验）			√（RTCA DO 160G）	√（同RTCA DO 160G）	安装在增压，非增压区和非防火区的设备

表 6-18（续）

序号	试验方法	试验程序	RTCA DO 160B/HB 6167		RTCA DO 160F/HB 6167A		备注
			RTCA DO 160B	HB 6167	RTCA DO 160F	HB 6167A	
44	声振试验	耐声功能试验	√ISO 2671	√	√ISO 2671	√	等效采用 ISO 2671，格式编排按我国标准
45		耐声持久试验	√ISO 2671	√	√ISO 2671	√	
46	加速度试验	功能试验（适用于各类设备）	√ISO 2669	√		√	A 类为飞行中不工作设备 B 类为机动飞行中高可靠工作的设备
47		结构试验（适用于 A、B 类设备）	√ISO 2669	√		√	
48	电磁兼容性试验	磁影响试验	√	√	√	√	MIL-STD-810 系列、GJB 150/150A 系列标准以及其他系列标准中环境试验一般不包括电磁兼容性试验。显然电磁环境也是军用装备遇到的环境，但大多数环境标准中不纳入这类试验，而是单独建立相应系列标准，本文不加以评述
49		电源输入试验	√	√	√	√	
50		电压光泽试验	√	√	√	√	
51		电源件音频件导致敏感性试验	√	√	√	√	
52		感应信号敏感性试验	√	√	√	√	
53		射频敏感性试验	√	√	√	√	
54		射频信号发射试验	√	√	√	√	
55		其他感应瞬态敏感度			√	√	
56		雷电直接敏感			√	√	
57		静电放电			√	√	

6.3.5.6.3 民机机载设备和军机机载设备环境试验的区别

虽然都是飞机的机载设备，由于军机民机执行的任务不同，对机载设备的要求也不同。民用飞机的用途比较单一，只是在各个机场之间作商业运行，飞行任务剖面主体是起飞，巡航和着落，其飞行高度在12 000 m以下，使用特别频繁。军用飞机由于要执行各种作战任务，飞机飞行不仅是起飞着陆和巡航，还要进行加减速、各种机动飞行并发射武器，甚至要经受敌方武器攻击，飞行高度也远超过12 000 m。民用飞机由于是载客飞行，设计考虑重点是确保乘客等的安全，而军用飞机设计则首先要求有优良的飞行和作战性能，飞行员紧急情况下允许弹射跳伞，因此对安全的要求，相对于民用飞机要低得多。不同的使用方式和关注重点决定了这两种飞机机载设备在使用中将遇到不同的环境和采用不同的设计思路，从而决定两者在环境试验要求上有较大区别。

1. 试验项目上的区别

表6-12和表6-16分别列出了军用飞机和民用飞机典型标准MIL-STD-810（GJB 150）和RTCA DO160《机载设备环境条件和试验程序》和HB 6167《民用飞机机载设备环境条件和试验方法》中规定的环境试验项目。首先要指出的是，由于GJB 150《军用设备环境试验方法》不仅仅用于军用飞机机载设备，还用于弹载、舰载和车载设备（等），因此有些与飞机机载设备无关的试验项目。如仅适用于火箭、导弹的爆炸分离冲击试验和船舰的大冲击试验（表中未列）等，与民机机载设备试验要求没有可比性。但大多数试验项目，均适用于机载设备，又有其可比性。从表6-16和表6-12中可以看出，民机机载设备要进行的飞行中冷却能力损失试验，过压试验、温度变化试验和防火试验项目在GJB 150《军用设备环境试验方法》中没有；而GJB 150《军用设备环境试验方法》中规定的太阳辐射试验，浸渍试验，温度冲击、积冰、冻雨、酸性大气、炮击振动和一些综合试验在RTCA DO160《机载设备环境条件和试验程序》等标准也没有。不算电磁环境相关的试验项目，民机机载设备涉及的试验项目有20项，而军机机载设备涉及的试验项目达25项，军机环境试验项目多于民机环境试验项目。要说明的是，两者中有些类似的试验项目，如RTCA DO160D《机载设备环境条件和试验程序》的结冰试验与GJB 150A《军用装备实验室环境试验方法》中的积冰/冻雨试验，RTCA DO160A/B/C/D《机载设备环境条件和试验程序》中温度变化试验与GJB 150/1.50A中温度冲击试验等。上述情况充分说明军用飞机的机载设备要进行的环境试验项目一般会比民机的多，虽然如此，但并不能覆盖民机的试验项目。因而能成功用于军用飞机的机载设备，其耐环境能力并不一定能满足民机的要求。

2. 试验条件的区别

从表6-12和表6-16可以看出，两者大部分试验项目名称大致相同，但并不意味两者的试验条件和试验方法一致。许多试验项目的试验条件和试验方法差异很大，特别是温度试验和振动试验。例如高温贮存试验的温度和时间，RTCA DO160《机载设备环境条件和试验程序》系列标准一般是85℃，3h，而GJB 150《军用设备环境试验方法》则为70℃，48h，且RTCA DO160《机载设备环境条件和试验程序》系列标准有高温短时工作试验，GJB 150《军用设备环境试验方法》则没有该试验；振动试验在RTCA DO160B《机载设备环境条件和试验程序》中规定了标准振动试验，短时高量值振动试验和耐久振动试验三种类型并给出详细的曲线，而 GJB 150《军用设备环境试验方法》却没有短时高量值振动试验，只有振动功能试验和耐久试验两种，此外两类标准在振动试验量值、试验时间和所用的谱型方面也都不相同。当然，两类标准中也有少量试验如盐雾试验和霉菌试验基本相同。由于试验条件不同，而且 GJB 150《军用设备环境试验方法》规定的试验条件不一定严于 RTCA DO160《机载设备环境条件和试验程序》规定的试验条件。因此不能认为能用于军用飞机的机载设备就一定能通得过民机规定相应的环境试验。

3. 环境分类的区别

1）民机标准

民机标准 RTCA DO160《机载设备环境条件和试验程序》中，基本上每个试验项目都按试验的环境进行分类，如湿热试验中分为 A 类，标准湿热环境；B 类，严酷湿热环境；C 类，外部湿热环境。即 A、B、C 三类环境代表了 3 种不同的试验。又如 RTCA DO160D《机载设备环境条件和试验程序》的振动试验，将试验环境分为标准振动(S)、标准振动和高量值短时间振动(H)、耐久振动(R)、耐久振动和高量值短时振动(T)及未知桨叶频率直升机的耐久振动(U)5 类，每类都与相应飞机种类相对应，并规定各类型环境要进行的振动试验程序。

例如其温度高度试验中，按飞机的飞行高度及设备在机上的舱段是否控温和增压，划分为 6 大类，17 小类。例如安装在飞行高度不低于 4600m 飞机上的设备为 A 类，飞行高度不低于 7600m，10700m，15200m，21300m 和 16800m 飞机上的设备分别为 B、C、D、E、F 类，而对每大类再按控温与增压与否分成若干小类。

RTCA DO160《机载设备环境条件和试验程序》系列标准中，除了按环境分类外，还有按受试设备进行分类的情况，如流体敏感性试验、砂尘试验和盐雾试验，将受试设备简单地分成二类，一类是能承受这些试验的设备，分别命名为 F、D、S、F 类，不进行这些试验的设备定为 X 类。

民用飞机每个试验项目要对设备和环境进行分类，其主要目的是为了便于在设备铭牌或环境试验记录表中标出其进行过的试验类型。

2）军机标准

军用飞机机载设备环境试验标准，大部分不对试验环境或试验设备进行分类。但某些力学试验项目，也对环境进行分类，例如 MIL-STD-810F《环境工程考虑和实验室试验》的飞机振动试验，则按飞机种类和执行任务的不同将振动环境分成相应类别，同时针对每一类别规定其具体试验量值和持续时间或相应的计算方法，但这种环境分类只是为了区分环境试验条件，却不为不同的环境试验条件单独建立相应的试验程序。

4. 试验可剪裁性区别

应当指出，无论是 RTCA DO160 还是 GJB 150《军用设备环境试验方法》列出的试验项目，并不意味着每个民机 TSO 项目或每个军用飞机机载设备规范都要使用所有这些试验项目，民机 TSO 项目或军机机载设备规范所用的环境试验项目要经过剪裁确定，这是两者的共同点。但就每个试验项目的试验条件而言，两者则有根本区别，GJB 150《军用设备环境试验方法》提供了各种试验条件或具体设备的试验环境量值，有些试验方法如振动试验其具体量值还要按提供的方法计算。但都是推荐性的，不一定非要使用，强调要优先使用实测环境。而民用飞机标准一旦选定试验项目，就必须按标准规定来确定环境类型或设备分类，并按标准规定的量值、时间和试验程序进行试验，因此民机机载设备环境试验条件是不可剪裁的，例如 DO160《机载设备环境条件和试验程序》和 HB 6167《民用飞机机载设备环境条件和试验方法》温度高度试验中，装在飞行高度不高于 1500m 飞机的不增压和温控舱内的设备属于 D1 类，该类设备的低温工作试验温度为－20℃、高温工作试验温度为＋55℃、高温短时工作温度为 70℃、冷却能力损失试验温度为＋30℃、低温耐受（贮存）试验温度为－55℃、高温贮存（耐受）试验温度为 85℃。

又如 RTCA DO160《机载设备环境条件和试验程序》和 HB 6167《民用飞机机载设备环境条件和试验方法》的振动试验，若设备安装在固定翼飞机上，振动环境定为 R 类，则要求每个轴向进行 30min 标准振动试验后，进行 3h 的耐久试验，再进行 30min 标准振动试验，而不必单独进行标准振动试验和高量值短时振动试验。有关具体试验量值，则针对设备在机身、仪表板、发动机齿轮箱和机翼等不同位置在相应的表中查出标号即可从相应图中找到相应的振动曲线。

5. 民机环境试验标准中还包括电磁环境试验

广义来说，电磁环境是飞机机载设备环境的组成部分，因此在民机机载设备环境试验标准中，均包括电磁环境试验项目，但在军用飞机机载设备环境试验标准中，只包括气候、生物、化学和力学环境试验项目，但并不意味军机机载设备不考虑这一环境，只是另有相应的环境条件和试验方法对其做出规定。

6.3.5.7 军用和民用环境试验标准的区别

军用环境试验标准以美国军用标准 MIL-STD-810 系列为代表，民用环境试验标准以国际电工协会（IEC）的 68 号出版物为代表，民用航空环境试验标准则以美国航空无线电技术委员会制定的 RTCA DO160《机载设备环境条件和试验程序》系列标准为代表。我国制定的相应标准是 GJB 150/150A，GB/T 2423 和 HB 6167/6167A《民用飞机机载设备环境条件和试验方法》。由于 HB 6167 和 6167A 分别是 RTCA DO160B 和 160F 的等效标准，而且 RTCA DO160 系列标准在标准编写的思路，内容、格式上均与 MIL-STD-810 系列标准类似，因此，仅以 GJB 150《军用设备环境试验方法》和GB/T 2423《电工电子产品环境试验　第 2 部分　试验方法》为例对这两类标准进行对比。

6.3.5.7.1 应用产品层次

GJB 150《军用设备环境试验方法》和 MIL-STD-810《环境工程考虑和实验室试验》系列标准应用对象是从设备级到系统级，当设备进行试验有困难时，可以用具有独立功能的组件或部件进行，但不适用于元器件。在美国，军用标准系列中元器件有单独的环境试验标准 MIL-STD-202《军用电子元器件环境试验条件和试验方法》，我国也制定有其等效的 GJB 360《军用电子元器件环境条件和试验方法》系列标准。有关整个装备如飞机，装甲车、坦克等平台的实验室环境试验，国际上没有制定相应的环境试验标准，试验条件和试验方法由使用方和试验单位联合制定试验大纲来确定，军用飞机整机环境试验只限于气候环境试验。

GB/T 2423《电工电子产品环境试验　第2部分　试验方法》和IEC68号出版物第2部分环境试验系列标准应用的对象既包括设备，也包括元器件，这在GB/T 2421《电工电子产品环境试验　第1部分　总则》和各试验方法标准中均有明确规定，例如GB/T 2421《电工电子产品环境试验　第1部分　总则》标准第8章和附录A对元器件按其能通过的环境试验项目进行分类，GB/T 2423.10《电工电子产品环境试验　第2部分　试验方法　试验Fc》正弦振动试验方法附录B提供了主要供元器件用的严酷度等级示例，附录C提供了主要供设备用的严酷度等级示例。

6.3.5.7.2　试验方法内容

一般说来，实验室环境试验系列标准仅包括各种环境因素的环境试验方法，GJB 150/150A和MIL-STD-810《环境工程考虑和实验室试验》系列标准、RTCA DO160试验Q系列标准均是如此。然而GB/T 2423《电工电子产品环境试验　第2部分　试验方法》标准不仅包括环境试验内容，还包括元器件生产工艺和检验方面的内容，并作为一个独立的分标准例出。如GB/T 2423.28《电工电子产品环境试验　第2部分　试验方法　试验T》锡焊试验方法和GB/T 2423.23《电工电子产品环境试验　第2部分　试验方法　试验Q》密封等5个标准，具体见表6-16。英国国防装备环境手册中的试验CL-30密封(压力差)与GB/T 2423.23《电工电子产品环境试验　第2部分　试验方法　试验Q》密封试验类似，表明它们均受英国相关标准的影响。

6.3.5.7.3　试验导则

GJB 150《军用设备环境试验方法》和MIL-STD-810C《空间与陆用设备环境试验方法》是纯试验方法标准，内容比较简洁，没有说明性条款，更没有试验导则章节和试验导则附录。然而，GB/T 2423《电工电子产品环境试验　第2部分　试验方法》系列标准中有相当数量的标准如冲击、振动、加速度、砂尘、霉菌试验方法中都有导则的内容，大部分安排在附录中，少量安排在某一试验程序之后(如砂尘)。我国环境试验标准技术委员会还等效采用了IEC有关导则试验标准，形成了GB/T 2424有关导则方面的系列标准。其中有些标准与GB/T 2423《电工电子产品环境试验　第2部分　试验方法》中没有导则的试验方法标准相对应，从而两者构成一个完整体系，但有些与导则标准对应的试验方法，也有类似内容，因而互相重复，表明IEC在制定标准体系时缺乏全面考虑。

美国军标从MIL-STD-810D《环境试验方法和工程导则》开始向剪裁发展，标准内容开始增加环境影响，试验程序模拟的环境和应用，以及环境试验条件剪裁方面的说明。GJB 150A等效采用MIL-STD-810F《环境工程考虑和实验室试验》，因此相对于GJB 150《军用设备环境试验方法》增加了试验指导方面的内容，但这些内容与GB/T 2423《电工电子产品环境试验　第2部分　试验方法》中导则相比，要少得多，而且其主要目的是指导试验程序选用和试验条件剪裁。应当指出，GB/T 2423《电工电子产品环境试验　第2部分　试验方法》和GB/T 2424中试验导则的内容丰富和实用，对于加深对试验的理解、提高试验人员技术水平有重要价值。

6.3.5.7.4　试验严酷度和试验条件

GJB 150《军用设备环境试验方法》和MIL-STD-810C《空间与陆用设备环境试验方法》标准均有试验条件一节，该节具体规定了试验环境条件量值或试验环境条件确定方法，因而常常被产品规范或型号“环境技术要求”文件直接引用，作为某产品环境试验条件，所以GJB 150《军用设备环境试验方法》和MIL-STD-810C《空间与陆用设备环境试验方法》标准被称为菜谱标准。

GB/T 2423《电工电子产品环境试验　第2部分　试验方法》专门有严酷度等级一节，该节给出了试验参数如温度、加速度、持续时间一组量值，具体产品试验时应根据其试验导则的指导，结合受试产品的特点，从中选取。可以看出GB/T 2423《电工电子产品环境试验　第2部分　试验方法》比GJB 150《军用设备环境试验方法》和MIL-STD-810C《空间与陆用设备环境试验方法》更为灵活，不能简单地直接引用，而要经过研究和考虑，决定采用标准中推荐的哪一个应力等级和持续时间。

要说明的是，GB 2423《电工电子产品环境试验　第2部分　试验方法》对试验条件量值已规定好等级，如低温温度应优先从－65℃，－55℃，－40℃，－25℃，－10℃，－5℃，＋5℃中选取，试验持续时间应从2h，16h，72h，96h中选取，这种方法适用于货架产品，使货架产品的使用环境指标系列化、规范化，便于管理和标识，许多电工电子产品都按其对环境能力等级分类和加以标识。这一思路不完全适用于军工产品。

GJB 150A《军用装备实验室环境试验方法》和MIL-STD-810F《环境工程考虑和实验室试验》有确定试验条件一节，该节不直接提供试验条件，也不提供优先选用的试验条件，而是提供一些资料数据，甚至信息，由相关人员剪裁确定。这就要求相关人员具有更高的技术水平并负有更大的责任，自行独立确定试验条件。GJB 150A《军用装备实验室环境试验方法》和MIL-STD-810F《环境工程考虑和实验室试验》不要求确定的试验条件完整化到事先规定的应力强度系列范围的某一值，体现了剪裁思路的实质。对于军工产品来说，由于其任务复杂性和多样性，使用环境千变万化，不象民用产品那样单一，所以对其进行耐环境系列化设计和规范化标识则无必要。

6.3.5.7.5　分标准确定准则

军用标准一般情况下将一种环境因素对应的环境试验纳入一个试验方法标准，由于同一个环境因素作用于装备方式不同会造成不同的损坏机理，或者需要模拟状态或模拟方法所用的试验设备、设施不同，因而试验实施过程或应力施加方式不同，从而要用不同的试验程序，这些程序均纳入同一个试验方法，例如低气压试验中包括了模拟贮存、模拟工作、模拟快速减压和爆炸减压，共4个试验程序，而不把每个试验程序单独列为一个分标准。

表6-19　GB/T 2423各环境因素对应分标准和试验程序代号一览表
（51个分标准72个试验程序）

环境	试验方法名称		试验代号	标准号	备注
低温(A)	非散热试验样品	温度突变	Aa	GB/T 2423.1	
		温度渐变	Ab		
	散热试验样品	温度渐变	Ad		

表 6-19（续）

环境	试验方法名称		试验代号	标准号	备注
高温(B)	非散热试验样品	温度突变	Ba	GB/T 2423.2	
		温度渐变	Bb		
	散热试验样品	温度突变	Bc		
		温度渐变	Bd		
湿热(C)	恒定湿热		Ca	GB/T 2423.3	Db 这一代号不规范
	交变湿热		Db	GB/T 2423.4	
	设备用恒定湿热		Cb	GB/T 2423.9	
	元器件用恒定湿热		Cy	GB/T 2423.50	
	未饱和高压蒸汽恒定湿热		Cx	GB/T 2423.40	
冲击、碰撞、倾跌、翻倒和撞击等搬运动力学环境(E)	冲击和导则		Ea	GB/T 2423.5	
	碰撞和导则		Eb	GB/T 2423.6	
	倾跌与翻倒和导则		Ec	GB/T 2423.7	
	自由跌落		Ed	GB/T 2423.8	附录中有导则
	弹跳试验方法		Ee	GB/T 2423.39	附录中有导则
	撞击　摆锤		Ef	GB/T 2423.46	
	撞击　弹簧锤		Eg	GB/T 2423.44	
振动(F)	正弦振动和导则		Fc	GB/T 2423.10	附录 A 导则
	宽带随机振动一般要求		Fd	GB/T 2423.11	
	宽带随机振动　高再现性		Fda	GB/T 2423.12	
	宽带随机振动　中再现性		Fdb	GB/T 2423.13	
	宽带随机振动　低再现性		Fdc	GB/T 2423.14	
	振动(正弦拍频法)		Fe	GB/T 2423.49	附录 A 导则
	振动(时间历程法)		Ff	GB/T 2423.48	附录 A 导则
	声振		Fg	GB/T 2423.47	附录 A 导则
加速度(G)	加速度和导则		Ga	GB/T 2423.15	附录 A 导则
风	风压		—	GB/T 2423.41	
海洋环境	倾斜和摇摆		—	GB/T 2423.31	
低气压(M)	低气压		—	GB/T 2423.21	
温度变化(N)	规定转换时间的快速温度变化		Na	GB/T 2423.22	温度冲击试验
	规定温度变化速率的温度变化		Nb		
	两液槽法温度快速变化		Nc		温度冲击试验

表 6-19（续）

环境	试验方法名称		试验代号	标准号	备注
盐雾和污染大气(K)	盐雾试验(通用腐蚀试验)		Ka	GB 2423.17	主要适用于材料和防护层
	盐雾(交变氧化钠溶液)		Kb	GB 2423.18	主要适用于元器件和设备与湿热贮存相结合
	接触点和连接件二氧化硫试验		Kc	GB/T 2423.19	
	高浓度二氧化硫试验		Kca	GB/T 2423.33	
	接触和连接件硫化氢试验		Kd	GB/T 2423.20	
	流动混合气体腐蚀试验		Ke	GB/T 2423.51	
霉菌(J)	长霉试验和导则		J	GB/T 2423.16	附录 F 导则，其他 4 个附录是安全、环保和接种方面内容
太阳辐射(S)	地面上太阳辐射试验		Sa	GB/T 2423.24	
沙尘(L)	非磨损细尘($<75\mu m$)和导则	交变气压	La1	GB/T 2423.37	检测密封性能
		恒定气压	La2		
	自由降尘和导则(正文)($<75\mu m$)		Lb		模拟有防护场所中沙尘影响
	吹沙尘和导则 $<75\mu m$、$150\mu m$ 和 $850\mu m$ 的沙尘各一定量	循环试验箱	Lc1		模拟有防护场所中沙尘影响
		自由吹沙尘	Lc2		模拟户外和车载环境对密封性和腐蚀影响
水(R)	滴水 Ra	人造雨法	Ra1	GB/T 2423.38	附录有导则
		滴水箱法	Ra2		
	摆动管法和喷雾法 Rb	摆动管法	Rb1		
		喷雾法	Rb2		
	浸水 Rc	水箱法	Rc1		
		加压水箱法	Rc2		

表 6-19（续）

<table>
<tr><th colspan="2">环境</th><th colspan="2">试验方法名称</th><th>试验代号</th><th>标准号</th><th>备注</th></tr>
<tr><td rowspan="8">综合环境(Z)</td><td>低温—低气压</td><td colspan="2">低温低气试验</td><td>Z/AM</td><td>GB/T 2423.25</td><td rowspan="8"></td></tr>
<tr><td>高温—低气压</td><td colspan="2">高温低气压试验</td><td>—</td><td>GB/T 2423.26</td></tr>
<tr><td rowspan="2">低温—低气压—正弦振动</td><td colspan="2">散热试验样品</td><td rowspan="2">—</td><td rowspan="2">GB/T 2423.42</td></tr>
<tr><td colspan="2">非散热试验样品</td></tr>
<tr><td>低温—低气压—湿热</td><td colspan="2">低温低气湿热试验</td><td>Z/ADM</td><td>GB/T 2423.27</td></tr>
<tr><td rowspan="3">低温—正弦振动</td><td rowspan="2">非散热试验样品</td><td>温度突变—振动</td><td>Z/AaFc</td><td rowspan="3">GB/T 2423.35</td></tr>
<tr><td>温度渐变—振动</td><td>Z/AbFc</td></tr>
<tr><td>散热试验样品</td><td>温度—渐变</td><td>Z/AdFc</td></tr>
<tr><td rowspan="4"></td><td rowspan="4">高温—正弦振动</td><td rowspan="2">非散热样品</td><td>温度突变—振动</td><td>Z/BaFc</td><td rowspan="4">GB/T 2423.36</td><td rowspan="4"></td></tr>
<tr><td>温度渐变—振动</td><td>Z/BbFc</td></tr>
<tr><td rowspan="2">散热试验样品</td><td>温度突变—振动</td><td>Z/BcFc</td></tr>
<tr><td>温度渐变—振动</td><td>Z/BdFc</td></tr>
<tr><td>组合环境(Z)</td><td>湿热—低温</td><td colspan="2">高温、高湿、低温</td><td>Z/DA</td><td>GB/T 2423.34</td><td></td></tr>
<tr><td rowspan="7">非环境试验</td><td rowspan="5">工艺性试验</td><td colspan="2">锡焊试验方法</td><td>T</td><td>GB/T 2423.28</td><td rowspan="7"></td></tr>
<tr><td colspan="2">润湿称量法可焊性试验</td><td>—</td><td>GB/T 2423.32</td></tr>
<tr><td colspan="2">在清洁液中浸渍和导则</td><td>XA</td><td>GB/T 2423.30</td></tr>
<tr><td colspan="2">引出端及整体安装强度</td><td>U</td><td>GB/T 2423.29</td></tr>
<tr><td colspan="2">密封</td><td>Q</td><td>GB/T 2423.23</td></tr>
<tr><td>动力学试验安装</td><td colspan="2">安装要求和导则</td><td>—</td><td>GB/T 2423.43</td></tr>
<tr><td>试验顺序</td><td colspan="2">气候试验顺序</td><td>Z/ABDM</td><td>GB/T 2423.45</td></tr>
</table>

然而从表 6-19 可以看出，在 GB/T 2423《电工电子产品环境试验　第 2 部分　试验方法》标准中，分标准的确定很随意。其规定的水试验、温度变化试验、高温试验、低温试验与 GJB 150《军用设备环境试验方法》和 MIL-STD-810《环境工程考虑和实验室试

验》一样均是一个标准号下有多个试验程序。然而湿热试验、盐雾试验、振动试验则分散在5个、8个和6个分标准中,从而使分标准数量增加。GJB 150A《军用装备实验室环境试验方法》仅有27个分标准,而GB/T 2423《电工电子产品环境试验 第2部分 试验方法》则有多达44个环境试验方法分标准(已去除了7个非环境试验标准)。

6.3.5.7.6 非环境试验标准

从表6-16可以看出,GB/T 2423《电工电子产品环境试验 第2部分 试验方法》中纳入一些非环境试验标准,包括锡焊试验方法、可焊性试验、安装强度检验、密封检查、动力学试验安装要求和气候试验顺序等分标准。这些分标准号穿插在各环境试验方法分标准之间,显得混乱无序。虽然说这些非环境试验标准与某些试验检验方法有一定关系,但不能成为将其纳入该系列标准的理由。

6.3.5.7.7 温度试验的类别

GB/T 2423《电工电子产品环境试验 第2部分 试验方法》温度试验或涉及温度环境因素的综合和组合试验,均要首先确定试验样品散热与否,再分别按试验样品散热或不散热确定各自的试验程序进行试验,均非常繁锁。看似理论上科学合理,实践中却很少应用。此外,在降温过程要使温度变化速率几乎线性,即5min的平均值,即不科学也不实际,因为产品实际遇到的环境温度变化不是线性的,何况,在试验升降温过程为了保持线性,试验箱的控制系统就要频繁开启和关闭加热电阻丝和致冷压缩机,造成能量的无谓浪费。

GJB 150《军用设备环境试验方法》和MIL-STD-810C等系列标准没有上述要求,仅对试验箱有效容积和试验样品安装提出一些具体要求,GJB 150A《军用装备实验室环境试验方法》和MIL-STD-810F《环境工程考虑和实验室试验》还要求测量试验样品附近的温度,以确保试验样品处于试验温度的允差范围内。

6.3.5.7.8 考虑工业大气污染

GB/T 2423《电工电子产品环境试验 第2部分 试验方法》中有接触点和连接件二氧化硫和硫化氢试验,高浓度二氧化硫试验和流动混合气体腐蚀试验四个分标准,充分考虑工业大气对电工电子产品的影响,这是十分必要的。对于军用产品,大部分武器装备部署在离工业生产基地较远的地方,直接暴露于这些腐蚀性气体的机会较少,因此GJB 150《军用设备环境试验方法》和MIL-STD-810系列没有纳入这四个试验方法。然而,工业大气很可能随风飘至很远的地方,并被空气中水吸收,通过降雨危及军用装备,为此GJB 150A《军用装备实验室环境试验方法》和MIL-STD-810F《环境工程考虑和实验室试验》也已经纳入酸性大气试验。

6.3.6 环境工程标准和在型号中的应用

环境工程标准体系虽已建立,且制定了顶层标准GJB 4239《装备环境工程通用要求》但下层标准的制定速度远远跟不上需求,以至贯彻实施GJB 4239《装备环境工程通用要求》尚缺少下层标准的支撑,影响环境工程技术在型号中的应用,本书以GJB 4239《装备环境工程通用要求》中规定的环境工程管理,环境分析、环境适应性设计和环境试验与评价四部分20个工作项目为主线,说明环境工程技术和标准在型号中的应用情况。

6.3.6.1 环境工程管理及其应用

6.3.6.1.1 制定环境工程工作计划（工作项目101）

1. 目的

制定环境工程工作计划的目的是要在装备寿命周期早期阶段就全面考虑环境工程工作，特别是正确确定装备的环境适应性要求，为满足这一要求和/或进一步提高装备适应性而必须进行并合理安排的一系列工作，为使装备研制过程各阶段的环境工程工作得以开展，从组织人员、经费、时间和设备等资源得到保证，有机地纳入装备寿命周期各个阶段，并与其他工作相协调。

装备研制过程初期均应制定环境工程工作计划，并纳入整个研制计划中。环境工程工作计划是装备研制中开展环境工程工作的顶层文件，因此应将其作为型号工作文件列入装备研制系列文件中。

2. 应具备的条件和信息

制定环境工程工作计划应具备以下条件：

(1) 型号总师系统设立环境工程工作分系统，或明确从上至下各管理层都有人负责环境工程工作，如国外综合产品组(IPT)有负责环境工程的高级管理人员。

(2) 型号总师系统设环境工程专家组。该专家组有能力对20个工作项目进行指导和剪裁，具体支持或帮助各工作项目的实施。

(3) 装备研制总要求中对整个装备环境适应性总要求方面的有关信息，或者成品合同/协议，任务书中有关环境适应性要求的具体信息。其成品环境适应性要求应根据装备研制总要求的环境适应性要求，结合成品在装备上的位置及其平台环境情况，通过环境分析的工作项目得到。这一环境适应性要求的转换过程原则上应由订购方负责，目前往往由承制方负责进行，但转化结果应得到订购方的认可或批准。

(4) 支持确定工作项目所需的资源和条件等。

3. 应用情况

型号研制工作中，环境工程工作基本停留在以往的试验层面，而试验工作又主要停留在实验室验证试验，即环境鉴定/验收/例行试验或评价性试验上，差距很大。型号工作基本尚未按装备环境工程的思路开展工作，更谈不上制定装备环境工程工作计划。总师系统未设环境工程工作系统，未设专人负责环境工程，即便有兼管环境工程工作的管理人员，他们对环境工程工作也往往认识不足。因此，目前要求在型号研制早期阶段就由总师系统制定环境工程工作计划尚有困难。还由于没有指导环境工程工作的行政法规文件，型号工作中环境工程工作常常被忽略，例如在型号研制转阶段评审中没有环境工程工作评审。近年来对环境工程特别是环境试验的认识有所提高，但也仅在设计定型阶段，对设计定型或技术鉴定环境试验大纲和试验结果开始进行评审。

有些型号总师系统虽制定了环境工程工作大纲，但未纳入型号管理文件，因而也无法得到实施。

6.3.6.1.2 装备环境工程工作评审（工作项目102）

1. 目的

开展环境工程工作评审的目的是对装备研制生产过程中各个阶段的环境工程工作

进展情况和达到的水平进行评估，其评估结果既可作为改进环境工程工作的依据，也可作为型号研制过程转阶段决策的依据。

一般说来，对于环境工程工作计划中安排的每个工作项目的进展和最终输出结果均应评审，以衡量其结果的准确性和是否达到预定的目标。

2. 应具备的条件和信息

（1）型号总师系统和行政指挥系统应成立环境工程工作评审委员会负责评审工作。评审委员会由部分环境工程专家组成员和视评审内容需要聘请的专家组成。

（2）开展环境工程工作评审工作必须掌握装备环境工程工作计划，装备环境工程工作计划中规定了评审内容、评审时机、评审方式和评审要求。

3. 应用情况

目前型号研制中没有系统开展环境工程工作，只开展了部分实验室环境试验工作，用以验证环境适应性是否满足合同要求。因此对装备的环境适应性要求和环境适应性设计等有关的工作项目基本上没有安排评审工作，只是对部分设备设计定型的环境鉴定试验大纲安排适当评审；在产品设计定型时，对环境试验结果的符合性作一些评审。这些评审工作，从人员组成到评审工作均不够规范和严格，因此评审结果往往可信度不高。环境工程工作评审还未作为一项严肃和正规的工作纳入型号的工作阶段评审中，对已开展的环境工程工作起不到把关作用，在很大程度上影响到装备的环境适应性。

6.3.6.1.3 环境信息管理（工作项目103）

1. 目的

开展环境信息管理的目的是对装备寿命周期中与环境工程工作有关的信息进行搜集和管理，这些信息的搜集和正确管理有利于在研、在役装备和后继装备研制中合理使用，为正确评价装备环境适应性和改进提高装备的环境适应性提供技术支持。

2. 应具备的条件和信息

开展环境工程信息管理首先要正确理解环境工程信息的种类及其用途。环境信息的内涵不局限于装备的故障信息，而要扩展到环境因素/环境因素数据、环境适应性要求（指环境设计要求）和试验要求（试验项目及其环境条件）、环境影响、环境故障、纠正措施等信息以及装备寿命期各个阶段开展的环境工程工作，特别是经历试验工作及其结果方面的信息。正确理解环境信息的内涵及其用途，才可能全面搜集这些信息，并建立相应的管理机制。环境信息管理应具备的条件如下所述：

（1）建立完整的信息管理系统。应针对环境信息的类别建立相应的信息管理系统和数据/信息库，无论是使用方还是承制方均应建立各自的数据库，但数据库的建立应采取统一的格式以便互相交流和方便调用，实现数据共享，充分发挥这些信息的作用。

（2）若环境故障信息管理系统采用可靠性的FRACAS系统并与其结合运行时，数据库的格式应根据环境故障的特点作适当修改，完全套用可靠性故障数据库格式往往不能全面反映环境故障的特性及其产生的环境条件。

（3）环境信息管理系统的信息员应具备相当的素质，以便在搜集和存贮故障信息时，确保信息的完整性和可用性。

（4）制定环境信息管理标准，以规范信息收集和信息库的建设工作。

3. 应用情况

当前装备研制生产和使用中环境信息的搜集和管理工作很不规范，例如环境因素数据信息方面，自然环境因素数据相对较多较完整，而平台环境数据则随平台类型的不同差异很大。如果数据采集技术和方法不同以及数据处理原则不一致，使数据的正确度和可比性产生问题。各种平台的环境数据极不完整，且散落在使用方、试飞部门和研制部门，因此几乎没有一种平台有完整、正确的数据；环境故障数据没有系统地搜集和加以规范化，由于没有标准化和明确的数据要求，使用部队搜集的故障数据往往缺少故障产生时的环境信息，使信息的可用度大打折扣。研制、生产中的环境故障信息基本尚未系统搜集。而从自然环境试验得到的环境影响信息（规律）的表示方式，无法为设计人员选材提供直接依据。型号研制生产过程中开展环境工程工作的情况，特别是经历的环境试验情况信息更没有加以整理和存贮。可见环境信息的搜集和管理尚处于初级阶段。

6.3.6.1.4　对转承制方和供应方的监督和控制（工作项目 104）

1. 目的

这一工作项目的目的是要求承制方对转承制方研制设备过程的环境工程工作加以监督和控制，对供应方的资质及其供应货架设备的环境适应性水平进行必要的评价，以确保转承制方研制和供应方供给的设备满足合同规定的环境适应性要求。

2. 应具备的条件和信息

（1）要实现对转承制方环境工程工作的控制，首先应在合同或成品协议书中明确要其研制设备的环境适应性要求及其验证要求，特别是明确试验验证要求（试验项目、试验条件）或分析验证要求。

（2）承制方负责转承制成品的技术人员应充分了解转承制产品的环境适应性要求和验证要求，并负责监督和控制转承制方研制生产过程中的环境工程工作，协调环境工程工作过程中出现的环境问题。

（3）把帮助和支持转承制成品技术人员解决转承制产品研制生产过程中出现的环境技术问题，规定为型号环境工程专家组的一项任务。

（4）采购合同中，要明确采购产品的环境适应性要求和验收要求，审查和了解产品的生产过程控制情况，根据过程控制情况决定提供产品的验收方案，明确由型号环境工程专家组对其提供技术支持。

3. 应用情况

（1）成品合同或协议书中环境适应性要求不完整、不明确甚至不准确，导致设计定型时对产品的环境适应能力提出置疑，甚至要求修改指标，而导致返工。

（2）对转承制方研制、生产过程环境工程工作未作监控。对设计定型环境鉴定试验大纲或技术鉴定试验大纲及其实施过程和试验报告缺少严格的控制和管理。

（3）对供应方提供的设备缺乏严密的供应方选择、生产过程监督和验收检验制度，往往只得承认供应方提供的试验结果，常常由于购置的部、组件不合格从而造成分系统或系统不合格现象。

6.3.6.2 环境分析及其应用

6.3.6.2.1 确定寿命期环境剖面(工作项目201)

1. 目的

这一工作项目的目的是要求通过分析确定产品寿命期内将遇到的环境因素类型及其综合与时间的关系,最终编制寿命期环境剖面。由于产品出厂后寿命期内一般会反复遇到运输、贮存,后勤保障,执行任务/使用这3种状态,因此寿命期环境剖面包括自然环境和平台环境有关的各种环境因素类型及其综合。寿命期环境剖面一般只列出将遇到的环境因素种类及其综合的情况,不做定量描述。MIL-STD-810F《环境工程考虑和实验室试验》有一个通用的寿命期环境剖面图,该图可以作为确定装备寿命期环境剖面时进行剪裁的基础。

2. 应具备的条件和信息

装备寿命期内遇到的自然环境和装备自身工作造成的诱发环境在确定寿命期环境剖面时都要考虑,因此分析确定寿命期环境剖面时应具备以下条件或信息:

(1) 研制总要求、研制任务书或有关合同等文件。这些文件中直接或间接隐含着寿命期会遇到的环境及对这些环境有影响的各种信息。

(2) 寿命期剖面。寿命期剖面是装备出厂到其寿命终结过程有关事件和条件的时间历程。这些事件和条件会产生或影响装备在贮存、运输和使用3种状态下遇到的环境因素类型及其强度。装备寿命期剖面应由使用方在研制任务书或工作说明文件中给出,也可由承制方根据上述信息分析得出。

(3) 高水平的环境工程专家。确定寿命期环境剖面的过程涉及多种技术领域,是一项复杂的工作,因此应由环境工程技术人员负责进行。

3. 应用情况

目前,装备立项论证过程中没有专门安排这一工作,装备研制任务书和工作说明中没有给出装备寿命期剖面,更谈不上据此文件分析得到寿命期环境剖面。原则上,这2个剖面均由使用方提供并纳入任务书附件中,为进一步确定装备环境适应性总要求及向下层产品分解提供信息。由于使用方缺少环境工程专家,又没有组织或聘用专家协助进行环境分析的机制,开展这一工作有相当难度。

6.3.6.2.2 编制使用环境文件(工作项目202)

1. 目的

这一工作项目的目的是为寿命期环境剖面中涉及的各环境因素搜集或采集相应的自然和使用(平台)环境数据,环境数据包括环境应力强度数据、使用频率或持续时间,为进一步确定环境适应性要求提供数据。

2. 应具备的条件和信息

(1) 相似装备或设备的数据

选定与在研装备基本相似的装备或设备,搜集它的环境数据,根据工作项目201确定的寿命期环境剖面,针对环境剖面中每一环境因素,搜集其相应的数据。相似装备是指在使用地域、作战任务、作战性能、所处平台等方面都与在研装备相似的装备,如果没有这样的在役装备,则可搜集具有一定可比性的相似装备或设备的使用环境数据。

(2) 具备通过实测补充所缺数据或对相似设备数据进行修正的条件，这些条件包括可用于进行环境数据实测的相似装备或设备，开展环境数据实测的测量系统、数据分析系统和经费等资源。

3. 应用情况

当前装备研制中尚未列入编制使用环境文件这一工作项目，因此装备立项论证阶段和研制阶段早期没有编写具有完整环境数据的使用环境文件。

此外，由于我国已往对技术基础工作重视不够，对环境数据测量工作开展得较少，且缺乏统一的管理和协调，因此数据比较少且分散，往往没有一个型号具备完整、全套的温度、振动数据，而且即便是有实测数据，由于测量方法和数据处理不一致，往往也很难作比较和利用，因此还不具备开展这一工作项目的条件。

6.3.6.2.3 确定环境类型及其量值(工作项目 203)

1. 目的

这一工作项目的目的是根据工作项目 201 和 202 确定的寿命期内会遇到的环境因素种类及其强度、出现频度和时间，结合装备自身材料、结构特点、功能特性、技术指标、工作模式等信息，系统地分析各种环境对装备性能、安全性和可靠性等的影响，确定要考虑的环境因素类型，进一步确定设计用环境适应性要求和试验用环境条件的有关准则，最终确定装备的环境适应性要求和寿命期各阶段环境试验用的试验项目和试验条件。

这一工作项目名称“确定环境类型及其量值”还不够直观和明确，没有反映其最终目标。如上所述，其最终目标是确定装备环境适应性要求和寿命期各阶段实验室试验要求，特别是验证试验要求。只是这些要求的基本构成正是环境类型及其量值。

2. 应具备的条件和信息

确定环境类型及其量值应掌握以下信息并具备一定条件：

(1) 确定环境适应性要求

① 寿命期环境剖面和使用环境文件；

② 装备(设备)功能和性能指标、工作模式及预期选用的结构和材料等；

③ 各类环境对装备(设备)的预期影响分析，并确定必须考虑的环境因素类型；

④ 确定装备(设备)环境适应性要求的一些基本准则，如风险准则。

(2) 确定实验室环境试验要求的环境类型及其量值

① 装备(设备)环境适应性要求；

② 实验室环境试验安排在寿命期哪些阶段；

③ 各阶段环境试验项目和试验条件确定准则。

3. 应用情况

目前型号研制中，尚未把确定环境适应性要求和试验要求作为正式的工作项目纳入方案论证和研制阶段的工作计划。环境适应性要求方面的问题还比较多，主要表现在：

(1) 环境适应性要求的概念和内涵模糊，因此在型号研制任务书中，往往没有系统地提出环境适应性要求。提出的要求不是太笼统和太原则，就是太具体：笼统到装备能满足某地区的作战环境，不受腐蚀；具体到设备的贮存和工作温度值，如＋70℃和－55℃。

(2) 对研制任务书中装备的环境适应性总要求如何向下层产品分解没有明确的说法和方法。如到底由谁来实施总要求向下层产品的分解以及用什么方法进行分解，形成什么样的文件等。

(3) 环境适应性总要求向下层产品分解时，试验项目虽由总师单位根据装备类型、任务特点及设备在装备上的位置等对 GJB 150 的项目进行剪裁，而其环境条件多半直接把 GJB 150 的试验条件作为设计用的环境条件，而非根据试验的目的进行剪裁。只有在认为 GJB 150 条件严酷，估计产品达不到时才考虑进行剪裁，导致这种剪裁是越剪裁越松，即降低了环境适应性要求。这种情况的出现有如下 2 个原因：

① 不理解设计环境条件与试验环境条件的差别。GJB 150 中提供的试验条件一般可理解为设计定型环境鉴定试验用的环境条件；其他类型环境试验的试验条件则不同于这一条件，例如环境适应性研制试验的环境条件应大大严于此条件，而批生产验收环境试验的条件可低于此条件。而把设计定型环境鉴定试验条件当作环境适应性设计要求，产品实际的耐环境能力只是与设计定型鉴定试验环境条件相同，而没留任何设计裕度，产品使用中仍然会出问题，因此直接套用 GJB 150 中试验条件是不适当的。

② 质量观念薄弱，希望环境适应性要求越低越好。这样可使产品研制工作更简单、成本低、更容易通过试验。

(4) 型号环境要求文件实际上是型号环境试验文件。文件中主要规定试验项目和环境条件。即使单独作为环境要求提出的环境条件，实际上也是试验环境条件，而且环境要求文件中对这些条件用于何种环境试验类型并没有做出说明，实际上只是指环境鉴定试验的条件。从而使人们错误地理解只在设计定型和批生产出厂时才进行环境试验，至多为了通过设计定型试验作一些摸底试验。基本没有进行环境适应性研制试验和环境响应特性调查试验等环境试验的概念，客观上使环境试验变成一个把关手段，而不是促使产品增值的环境试验。

(5) 已经报批、即将颁布的军用标准《装备环境工程文件编写要求》中将明确规定环境适应性要求的具体表征方式和格式，并提出环境适应性验证要求格式及说明两者区别、具体见其附录。

6.3.6.2.4　实际产品试验的替代方案(工作项目 204)

1. 目的

这一工作项目的目的是通过简化、删去部分试验或用替代方案的方法，减少试验工作量，以降低试验件生产和试验所需要的费用，并加快研制进度。

2. 应具备的条件和信息

(1) 相似产品同类试验信息，免去这类试验可能性的分析资料。

(2) 试验项目的特点、目的和性质。材料、工艺、试片、模拟件或失去功能非正常件代替正常产品用于试验可能性的分析资料。

(3) 受试产品安装位置、安装环境，省去这一试验可能性的分析资料。

(4) 具备用非物理试验代替实际产品试验的条件。

3. 应用情况

我国型号研制中，一般有环境适应性要求就必须进行相应的试验。然而从型号研制进度要求和节省成本出发，使用相似产品试验的信息，借用试验结果可行。目前型号中已大量出现借用试验结果的做法，然而由于对借用条件没有明确规定，也没有相应标准来规范借用条件和编写类比分析报告的要求，因此存在许多问题，导致放松试验要求，即将颁的军用标准《装备环境工程文件编写要求》将就此作出明确规定，具体见附件。

6.3.6.3 环境适应性设计和预计及其应用

6.3.6.3.1 制定环境适应性设计准则（工作项目 301）

1. 目的

这一工作项目的目的是为装备的环境适应性设计规定设计原则，指导确定耐环境设计裕度范围。

2. 应具备的条件和信息

（1）装备（设备）的重要性和关键程度。装备越重要、越关键，耐环境设计裕度就越大。

（2）环境适应性要求设计时已考虑的风险率情况。风险越大，耐环境设计裕度也越大。

（3）根据环境作用机理和影响方式，产品故障或失效模式，造成影响和产生故障的速度越快的环境因素，其设计裕度也应加大。

3. 应用情况

目前，型号研制没有耐环境裕度设计，仅是按照设计定型环境鉴定试验条件进行耐环境设计。通过鉴定试验的产品并不表明其环境健壮，使用中经常出故障。为此国外正在推行高加速应力试验，进行环境健壮设计、扩大设计裕度。

6.3.6.3.2 环境适应性设计（工作项目 302）

1. 目的

这一工作项目的目的是要求型号设计人员按环境适应性设计准则，应用各种环境适应性设计技术将环境适应性要求落实到产品设计中，从而得到满足要求的环境健壮产品。

2. 应具备的条件和信息

明确环境适应性设计概念，把它纳入工作计划，并应用环境适应性研制试验，找出环境适应性设计薄弱环节，为改进设计提供信息。

3. 环境适应性预计（工作项目 303）

1）目的

这一工作项目的目的是对产品设计方案或研制产品的环境适应性水平进行预计，以不进行实物试验的方式找出其耐环境薄弱环节或评价其环境适应性水平是否满足要求。

2）应具备的条件或信息

环境适应性预计是一项技术难度和复杂度较高的工作，开展此工作应具备诸多条件：

(1) 产品内部各部件环境响应信息,即具体的环境强度,因此要建立产品精确的环境响应模型,来描述产品内部的环境应力分布。

(2) 产品的工作模式及其材料、元器件、零部件产生失效和故障的机理及应力极限。

(3) 产品的应力—失效(故障)模型。

(4) 产品在应力作用下的失效(故障)判别专家系统。

4. 应用情况

这一工作是虚拟环境试验,技术难度大。对某些结构、材料相对单一的产品,建立某一环境响应预计模型,但还未达到对其环境适应性做出准确全面预计或评价的水平。

6.3.6.4 试验与评价

6.3.6.4.1 制定环境试验与评价总计划(工作项目401)

1. 目的

这一工作项目的目的是从方案阶段到装备研制阶段早期,制定并逐步完善环境试验总计划,以全面规划装备寿命期各阶段环境试验工作,安排开展试验所需的各种资源,包括试验件(试品)、试验设备、试验费用和试验时间等,并将其纳入装备环境工程工作总计划和装备研制总计划,确保环境试验与评价和其他研制工作系统、并行地实施。

环境试验与评价计划包括2部分,一是环境试验,包括自然环境试验、实验室环境试验和使用环境试验。在环境试验与评价总计划中应全面考虑这3类试验要进行的项目及所需资源,并尽量综合应用这些试验,确保各试验达到预期的目标和得到最高的效费比。二是评价,评价计划包括自然环境试验结果的评价、实验室环境试验的评价和使用环境试验的评价3方面内容,以及对产品最终环境适应性的综合评价,为进一步开展相关环境工程工作和其他工作提供决策依据,其重点是实验室设计定型环境鉴定试验结果评价和装备环境适应性综合评价。

2. 应具备的条件和信息

环境试验与评价部分的9个工作项目贯穿产品寿命期全过程,其规划应随着装备研制工作开展和各种信息的具体化予以修正和完善。

新研制系统或设备应制定覆盖其寿命周期各阶段的试验与评价计划;改型或直接采购的货架设备则从相应寿命阶段对应的试验工作开始,制定相关的试验与评价计划。制定这一计划应具备的条件如下所述:

(1) 应具备产品实验室环境试验要求文件和环境工程工作计划文件。试验文件规定要进行的试验种类、试验项目、试验条件,环境工程工作计划文件包括环境工程工作评价要求,它们是制定环境试验与评价总计划的依据。

(2) 应具备在使用中将遇到的自然环境类型和所有备选材料、工艺的环境适应性水平手册及可能满足不了环境要求材料和构件的清单,作为制定自然环境试验计划的依据。

(3) 应具有是否开展使用环境试验和进行装备最终环境适应性评价的意向或要求。

(4) 应具备开展各种环境试验必要的资源。

3. 应用情况

目前型号研制中一般不制定环境试验与评价总计划,也没有常用的实验室试验计划，设计定型环境鉴定试验、批生产环境验收和环境例行试验只作为型号设计定型和批生产工作单独的一部分出现，其他实验室环境试验基本未予考虑。环境试验仅仅作为设计定型和批生产验收的把关手段，自然环境试验、使用环境试验和环境适应性评价等工作也基本未予考虑。

6.3.6.4.2 环境适应性研制试验（工作项目 402）

1. 目的

这一工作项目的目的是应用环境应力激发方式寻找产品耐环境设计的缺陷。由于该试验安排在研制阶段早期制成硬件并具备基本功能性能时开始进行，因此可在研制早期发现缺陷，改进设计。这时改进设计不仅技术上比较容易，且费用低，有利于加快装备研制速度。

2. 应具备的条件和信息

（1）首要条件是使设计和管理人员从思想上认识试验的重要性和必要性，改变以往设计仅以常温下功能和性能为主的做法，将产品功能、性能设计与环境适应性设计结合起来。

（2）为研发部门配备必要的试验和测试设备。

环境适应性研制试验可使用常用的环境试验设备，如温度试验设备、ESS 箱或快速温度变化箱和振动试验系统。有些产品设计部门已拥有用于产品研发的环境试验设备，这种体制有利于开展这一试验。另一方面环境适应性研制试验需要掌握产品对施加环境应力响应的信息，试验过程中需要在产品关键部位布置传感器，如温度传感器和加速度传感器等，因此必须配备比环境鉴定试验更多、精度更高的环境应力响应测试系统。

目前国外已成功地发展了一种高加速寿命试验（HALT）技术和开发出相应的高加速试验设备，专门用于提高产品的环境适应性和可靠性，这种技术和设备本质上属于环境适应性研制试验范畴。因此，研发部门最好配备必要的 HALT 设备。

3. 应用情况

目前，型号研制中未明确规定环境适应性研制试验。有的单位基本上没有开展，也有的单位在装上平台（如飞机、导弹）使用前，做温度和振动摸底试验，或在设计定型环境鉴定试验前做相应的摸底试验，其目的主要是为产品在首次使用中不出环境问题，或者为通过设计定型鉴定试验作准备，都不是从寻找设计缺陷、提高研制产品环境适应性出发安排的试验，因此应力强度、应力作用时间和试验实施时机均与环境适应性研制试验有一定差别。虽然通过这些试验发现设计缺陷后进行了设计更改，也能起到提高产品环境适应性的作用，但仍不是真正意义的环境适应性研制试验，而且往往进行得不够规范。

6.3.6.4.3 环境响应特性调查试验（工作项目 403）

1. 目的

这一工作项目的目的是要确定受试产品在环境应力作用下内部应力分布情况，即对环境应力的响应特性，并进一步确定受试产品性能保持正常或不被破坏的应力极限值。应力响应特性信息和应力极限值等信息可为后续试验的控制、实施及为用户正确

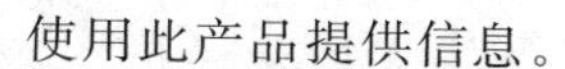

使用此产品提供信息。

目前主要是调查产品对温度和振动应力的响应特性、应力极限值及其敏感部位和薄弱环节。温度响应特性主要包括产品温度分布、热点温度、温度稳定时间；振动响应特性主要包括共振频率、优势频率、振动响应最大部位和敏感部位等。这些信息对于后续的温度和振动试验中产品安装、夹具设计、传感器布置、确定温度试验时间等十分重要。薄弱环节可为修改设计、分析故障、制定备件计划等提供依据。掌握产品的应力极限信息等于掌握了产品可以使用的最严酷环境，为扩大产品的应用场合、增加产品用途提供数据支持。

2. 应具备的条件和信息

（1）设计人员对环境响应特性调查试验的用途和重要性有充分认识，并掌握进行响应特性调查的基本技术。

（2）配备产品对温度和振动应力响应的测量系统，包括微型传感器和其他测量仪器。

（3）可提供技术状态基本接近设计定型状态的受试产品。技术状态与产品最终技术状态越接近，调查得到的信息和数据就越准确。

3. 应用情况

目前型号研制中尚未开展。因此，产品研制阶段结束时，并不掌握产品温度和振动响应特性的信息。因此，在制定温度试验大纲时缺少产品温度稳定时间信息，制定爆炸大气试验大纲时缺少产品表面热点信息，设计振动试验夹具时缺少产品共振频率和优势频率信息等，从而必须在试验前临时安排调查试验、参考有关资料或类似产品来估计此数据，但此时产品结构设计已基本冻结，有些调查试验难以进行，导致按照不正确的方法如用重量法来设计温度试验大纲中的温度稳定时间，影响试验结果的准确性。由于不做应力极限调查，目前产品只提供合同规定的工作温度极限和贮存温度极限，无法提供其真正的工作极限和破坏极限，更没有积累产品薄弱环节的信息。

6.3.6.4.4 飞行器安全性环境试验（工作项目 404）

1. 目的

这一工作项目的目的是确保飞行器上的产品在首飞和后续试飞中，不会因不能适应环境而损坏或产生故障，导致飞行器坠毁和危及飞行人员安全。

这一试验主要适用于用在航空和航天器上、且其损坏和/或故障会使飞行失败的产品。其环境试验项目应是飞行器飞行时会遇到的、且此产品对其敏感、易受其影响而导致损坏或产生故障的环境。并非一切装备、飞行器上的所有设备、GJB 150 中所有的试验项目或装备寿命中与所有环境对应的试验项目都要进行这类试验。实际安排该试验的产品和环境项目应根据飞行器上设备特性、易受预期环境的影响程度以及设备故障对飞行安全的影响大小确定。

2. 应具备的条件和信息

（1）了解飞行器飞行中的主要环境及其影响机理。

（2）全面掌握飞行器上与飞行安全密切相关的设备，以及易造成其破坏和失去功能的重要环境。

(3) 充分理解各个环境试验项目的目的和用途。

3. 应用情况

新研机种试飞前进行此类试验，试验项目10项左右。火箭、导弹、卫星和飞船上安装的与安全性相关的设备，理应进行这一试验。这一试验在美国导弹类军标中称之为飞行有效性试验，在航空器方面国外也称之SOF试验。

6.3.6.4.5 环境鉴定试验(工作项目405)

1. 目的

这一工作项目的目的是在产品定型时，通过试验验证产品的环境适应性是否满足合同或协议书中规定的指标要求，作为产品定型的决策依据。一般说来在设计定型和生产定型时均应进行相应的环境鉴定试验，以确保在合同或协议书中规定的环境应力条件下使用时，产品不会出现由环境影响引起的故障，确保产品的环境适应性设计(包括结构设计和工艺设计)满足要求，不会把环境问题遗留到批生产阶段和带到使用现场。因此，环境鉴定试验是一种符合性验证试验。

2. 应具备的条件和信息

(1) 有开展环境鉴定试验方面的管理规定等行政文件和总师系统的有关文件作为依据。

(2) 有具备进行环境鉴定试验资质的实验室或相应试验机构。资质包括通过计量认证和有关部委检测实验室认可。

(3) 型号总师系统和订购方有专门的机构负责组织安排、监督实施和结果评审等管理工作。

3. 应用情况

环境鉴定试验这一重要试验工作开展得不很理想，主要表现在：

(1) 大部分军工行业没有进行环境鉴定试验方面的规定。航空军工产品定型委员会定型办公室于2001年7月发布的《航空军工产品设计定型环境鉴定试验和可靠性鉴定试验管理工作细则(试行)》明确规定环境鉴定试验是设计定型试验的重要组成部分，其试验结论是产品设计定型的依据之一。

(2) 大部分军工部门未对产品进行规范的环境鉴定试验，也未对实施环境鉴定试验单位进行严格审查和管理。

(3) 在不具备环境鉴定试验资质的试验室进行环境鉴定试验或评价试验。

(4) 对环境鉴定试验的试验大纲、实施过程和试验结果缺乏严格的管理。试验报告特别简单，试验结果的准确性难以评价。

(5) 基于上述情况，即将发布的军用标准《装备环境工程文件编写要求》明确规定环境鉴定试验大纲和试验报告的编写要求，规范试验大纲的内容和格式，规范环境鉴定试验报告的内容和格式，具体见附件。这为满足试验条件要求，试验操作过程和试验报告更加规范，提供的试验结果具有更好的可比性和可信性添加了可能性。

6.3.6.4.6 批生产装备(产品)环境试验(工作项目406)

1. 目的

这一工作项目的目的是查验批生产过程工艺操作和质量控制过程的稳定性。产品逐件作环境验收试验，目的是剔除工艺操作过程不当引入缺陷而造成故障的产品，选用易于激发出故障的温度试验和振动试验，不做高低温贮存试验和振动耐久试验，试验的应力强度和作用时间可以与设计定型鉴定试验相同，也可以适当降低或缩短；产品抽样做环境例行试验，目的是检查由制造系统磨损或参数偏离造成批次性或系统性的故障，其试验项目较多，与设计定型环境鉴定试验相比，只减少了其影响取决于产品材料和结构变化的试验项目，如盐雾和霉菌试验，要进行试验项目的应力强度和作用时间与设计定型鉴定试验时相同。

2. 应具备的条件和信息

(1) 环境验收试验的试验项目、应力强度和作用时间由军代表确定。工厂应具备环境验收试验设备。

(2) 环境例行试验在有条件的生产厂并在军代表的监督下进行。试验项目少于环境鉴定试验，应力强度和作用时间与定型环境鉴定试验时间基本相同。试验设备检定报告及有效期。

3. 应用情况

(1) 目前航空行业环境验收试验大部分在生产厂进行，也有不做验收试验的。这有2种情况，一是电子设备要进行环境应力筛选，而不安排环境验收试验；另一是认为不必进行。验收试验的应力量值和作用时间与鉴定试验时相同。

(2) 航空行业环境例行试验基本在生产厂军代表监督下进行，但各厂所对例行试验的试验大纲、试验过程监督、试验报告和结果评估的管理都有差别和不规范。

6.3.6.4.7 自然环境试验(工作项目407)

1. 目的

自然环境试验的目的是快速确定将要选购的材料、结构件、元器件、零部件对装备将遇到的自然气候环境的适应性，为选用此类产品提供依据。在这种情况下最好进行加速自然环境试验，以快速评估产品对预定自然环境的适应性。

自然环境试验是比实验室环境试验更为基础的试验，最理想的情况是在型号立项论证和开始研制前进行，或者说所有现有的材料与结构件、元器件或零部件均系统进行过自然环境试验，并具备可供设计人员直接做出是否选用决定的数据。这一工作项目是对可能选用但缺乏环境适应性数据产品进行的试验，是不得已而为之，越少越好。因此，应当加强对已有材料的自然环境试验和数据积累，尽可能提供完整的材料环境适应性数据。

2. 应具备的条件和信息

(1) 型号总师系统的材料工程师和元器件工程师在制定材料和元器件优选目录或选购产品时应当考虑产品自然环境适应性要求，选用自然环境适应性好的产品。对缺少环境适应性数据但打算选用的产品根据寿命期将遇到的自然环境类型制定自然环境试验计划。

(2) 型号总师系统在研制计划中应考虑自然环境试验工作内容并安排适当经费。

3. 应用情况

我国自然环境试验重点是在材料、工艺试片和结构件上，用于确定材料、工艺和结构件在自然环境长期作用下产生的腐蚀、老化和性能退化的规律，主要目的是评价材料和工艺等的环境适应性，与产品研制过程不直接挂钩。装备研制过程中在选择结构件和材料时，要用已通过自然环境试验筛选的材料。由于装备及其设备由多种材料、工艺及结构件组成，所以材料、工艺试片和简单结构件单独进行自然环境试验的结果不能代表由其组成产品对自然环境的适应性。因此，自然环境试验的对象在国内外都在向产品发展。我国于1999年开始对典型的电子元器件进行自然环境试验，也有以军械产品用于自然环境试验。在国外自然环境试验应用的产品层次早已从试片和结构件走向部件、设备和整机，用于评价其在自然环境中长期暴露的环境适应性，从而使其与装备环境工程工作结合得更紧密。试验方法也从纯自然暴露向自然暴露和加速相结合的方式发展以缩短试验时间，从而为其应用于型号研制过程和在使用阶段快速评价其对自然环境的适应性创造了条件。目前，我国自然环境试验暴露场的类型尚不完备，如高原和沙漠类暴露场等尚在建设中。因此，要完整开展某一装备对各种气候乃至海水环境的适应性试验条件尚不成熟，即便是这些试验场条件都成熟，将试验产品层次提高到设备乃至整机级，还会遇到成本的制约。

6.3.6.4.8 使用环境试验（工作项目408）

1. 目的

这一工作项目的目的是评价整个武器装备及其设备对实际使用环境的适应能力。实际使用环境包括装备所处的自然环境、诱发环境、载荷环境和操作维修环境等，这些环境综合作用于装备及其设备上，比实验室试验的单一环境和综合环境更加实际。因此，如果使用环境试验大纲中规定的使用环境条件合理且又具代表性，试验结果就能反映产品对使用环境的适应性。

2. 应具备的条件和信息

(1) 试验用装备。使用环境试验涉及到整个装备如飞机或坦克，能否投入装备用作试验是先决条件。

(2) 建立完整的试验体系。该体系包括试验场、试验环境条件测量和记录系统，故障记录和分析系统，试验组织和管理系统等。由于使用环境试验涉及广大的地域和空间，且历经时间长，要有一个负责机构统一管理。

(3) 具备正确设计使用环境试验剖面的能力。对于这种费用极大，涉及面广的试验，正确设计试验环境剖面对试验结果尤为重要。

3. 应用情况

目前使用环境试验尚未规范开展。实船试验，车辆和坦克的外场跑车试验，似乎属于使用试验，但其环境剖面、载荷和功能并未按GJB 4239要求设计。而航空和航天行业由于受经济条件制约尚专门投入装备用于使用试验，因此没有开展使用试验。飞机试飞阶段的一些试验类似于使用试验，能起到实验室试验无法起到的作用，但其飞行剖面尚未按使用试验要求设计。当前只有美国在其飞机研制中，专门生产几架飞机在不同的机场进行使用环境试验。

6.3.6.4.9 环境适应性评价（工作项目409）

1. 目的

这一工作项目的目的是对交付装备的环境适应性做出最终评价。

装备的环境适应性表现为装备的结构和材料对贮存、运输状态自然环境（大气、海洋、地面乃至空间）各种环境因素长期作用的抵抗能力；另一方面表现为其功能系统/设备对自然、诱发环境短时作用的抗力。装备环境适应性的评价应当综合考虑这2类环境因素的影响，获取其环境影响数据和故障信息。信息来源于装备各类自然环境试验的结果和按工作项目408进行使用环境试验的结果。装备研制生产过程和使用过程的环境影响和故障信息，在评估过程也可用作参考。

2. 应具备的条件和信息

装备环境适应性评价的关键在于信息，而且要求其完整、准确。

(1) 装备和/或其设备在自然环境试验中得到的环境影响信息。

(2) 装备和/或其设备在使用环境试验中得到的环境影响和故障信息。

(3) 装备交付使用后的各种故障信息，如贮存、运输、日常调试和维修中的故障信息。

(4) 装备研制生产和实验室试验中的故障和薄弱环节信息。

(5) 环境影响和故障信息应完整，能满足评估要求。

3. 应用情况

目前未开展环境适应性综合评价，也不具备评价的条件。因为自然环境试验尚仅限于试片和结构件，至多到元器件；而使用环境试验还未开展。这与国家的经济实力有关，此外对环境适应性也存在认识不足，环境适应性表征技术尚不具备条件。

第7章 实验室环境试验设备及其应用

7.1 概述

环境试验包括自然环境试验、实验室环境试验和使用环境试验3种类型，进行这些试验均需要相应的环境条件。自然环境试验的环境是自然界产生的气候、海水和土盐等环境，不必人为去创造，也无法去控制这种环境，近年来，随着自然环境试验技术的发展，自然环境试验也使用一些试验装置人为地加大某一自然环境因素的作用，出现了一些加速试验装置如将暴露架配置转动控制系统，使其能跟着太阳转动，充分利用太阳的能量，甚至还增加一个反射镜，将照射到反射板上的阳光聚光反射到试件表面，增加试件接受的太阳辐射量，并可能鼓风和喷水。这种装置使试验件受到的环境影响大大加速，已经不完全是自然环境。实验室环境试验的环境则完全是人为创造出来的，使一定空间内存在某单一环境因素或同时存在某几个环境因素，并能控制这些因素的参数及其变化过程。实验室环境试验模拟的环境不只限于自然界环境，还包括振动、冲击等平台上诱发的环境。

使用环境试验的环境就是受试设备实际使用时遇到的自然和诱发环境，这种环境是装备执行任务时自然会遇到的，不必人为去创造。因此，无需研制产生这些环境的专门试验装置。为了更真实地评价装备的环境适应性。设计试验方案时，要充分考虑装备寿命期内遇到的自然环境和装备工作时产生的诱发环境，以及装备结构和运动对自然环境作用的影响，因此要充分考虑试验所在的地域、空域、海域、季节及装备的寿命剖面和任务剖面。本书只介绍常用的实验室环境试验设备或装置。

7.2 实验室环境试验设备的分类

实验室环境试验一般分为气候、生化环境试验设备，力学环境试验设备，综合环境设备等。典型的环境试验设备见附录5。

7.2.1 气候环境试验设备

气候环境试验设备主要模拟自然界产生的环境因素，如温度、气压、湿度、风、雨、雪、结冰、太阳辐射等气候环境因素，也模拟霉菌、盐雾等生物和化学环境因素，以及沙尘等诱发环境因素。必须指出，自然界的环境因素中有些因素如温度和沙尘等因素，在装备工作过程也会诱发产生，而且会远远超过自然界该环境因素的作用强度。因此，气候环境试验设备模拟环境因素的强度，可以是自然环境因素中的极端值，也可能是装备运动诱发出的远高于自然环境因素的值。典型的常用气候环境试验设备如表7-1所示。

表7-1 气候环境试验箱(室)

序号	试验设备名称		用途
1	高低温试验箱(室)	高温试验箱(室) 低温试验箱(室) 高低温试验箱(室)	模拟恒定高温环境 模拟恒定低温环境 模拟恒定高、低温环境
2	温度冲击试验箱(室)		模拟温度冲击环境
3	温度变化试验箱(室)		模拟在两个极端温度之间快速化的温度环境
4	低气压试验箱(室)	低气压试验箱(室) 快速减压和爆炸减压试验箱	模拟低气压恒定作用环境 模拟气压急剧变化环境
5	湿热试验箱(室)	恒定湿热试验箱(室) 交变湿热试验箱(室)	模拟恒定湿热环境 模拟温湿度交替变化环境
6	霉菌试验箱(室)		模拟便于霉菌生长的温、湿度环境
7	盐雾试验箱(室)		模拟盐产生腐蚀的最佳环境
8	沙尘试验箱(室)	吹沙试验箱(室) 吹尘试验箱(室) 降尘试验箱(室)	模拟运动沙子运动扑击环境 模拟尘埃运动渗透环境 模拟微尘沉积环境
9	淋雨试验装置	有风源淋雨箱和防水试验装置 滴雨试验装置	模拟风雨同时作用的环境 模拟无风滴水环境
10	太阳辐射试验箱(室)		模拟太阳辐射引起产品升温和紫外线使产品材料老化环境
11	爆炸大气试验箱		模拟爆炸性气体中工作的环境

要说明的是,不是环境试验方法标准中的每一个试验程序(试验项目)都有相应商用试验设备可供购买,例如对于那些环境条件的产生和控制比较简单的试验程序如浸渍试验和流件污染试验,往往由试验单位自己设计和制造一个容器,配置一些辅助工具和温度测量等仪表,即可实现;还有一些应用较少的试验程序如结冰试验、防水试验,也没有直接可购买到的试验装置,需要特别设计和制造;而有些试验设备可以用于多个试验程序。

7.2.2 力学环境试验设备

力学环境试验设备也称为机械环境试验设备,这种环境往往是装备(产品)使用或作战中诱发产生的,因此是一种诱发的动力学环境,动力学环境因素的强度取决装备(产品)工作模式或执行作战任务的任务剖面,常用的动力学环境试验设备如表7-2所示。

7.2.3 综合环境试验设备

所谓综合环境是指 2 种或 2 种以上的环境因素同时存在，从而作用于军用装备或产品的环境，从这一意义上讲，能够产生 2 种或 2 种以上环境因素并同时作用于受试产品的试验设备均可称为综合环境试验设备。然而在工程实践中，能产生 2 种或 2 种以上气候或生化环境因素并作用于受试产品的设备，并不都称为综合环境试验设备，如温度—高度试验箱，能同时产生温度和低气压 2 种环境，湿热和霉菌试验箱能同时产生和控制温度和湿度 2 种环境，沙尘试验箱能产生和控制温度、湿度和风沙环境。一般来说只有能同时产生和控制某些气候环境与力学环境因素试验设备才称为综合环境试验设备。典型的综合环境试验设备如表 7-3 所示。

表 7-2 动力学环境试验设备

<table>
<tr><th>序号</th><th colspan="2">设备名称</th><th colspan="2">用途</th></tr>
<tr><td>1</td><td rowspan="5">振动试验系统</td><td>电动振动台</td><td>产生 5～5000Hz 振动环境</td><td rowspan="5">模拟振动环境</td></tr>
<tr><td>2</td><td>机械振动台</td><td>产生 5～100Hz 低频振动环境</td></tr>
<tr><td>3</td><td>液压振动台</td><td>产生 0.5～1000Hz 振动环境</td></tr>
<tr><td>4</td><td>水平滑台</td><td>与振动台连接产生水平方向的振动</td></tr>
<tr><td>5</td><td>随机振动控制系统</td><td>对振动台振动实现控制的系统</td></tr>
<tr><td>6</td><td rowspan="2">冲击台</td><td>碰接试验台</td><td colspan="2">模拟连接冲击作用环境</td></tr>
<tr><td>7</td><td>跌落式冲击试验台
随机振动试验系统</td><td colspan="2">模拟单一冲击作用环境</td></tr>
<tr><td>8</td><td rowspan="2">加速度试验台</td><td>旋转式加速度试验台</td><td colspan="2" rowspan="2">模拟加速度作用环境</td></tr>
<tr><td>9</td><td>直线式加速度试验台</td></tr>
<tr><td>10</td><td colspan="2">噪声(声振)试验箱(室)</td><td colspan="2">模拟噪声单一作用的环境</td></tr>
</table>

表 7-3 综合试验环境设备

序号	设备名称	用途
1	温度—湿度—振动试验设备	模拟温度湿度振动任意综合作用环境
2	温度—湿度—高度—振动试验设备	模拟温度—湿度—高度—振动的任意综合作用环境
3	温度—噪声试验箱(室)	模拟温度噪声综合作用的环境

7.3 对环境试验设备的要求

在各种试验方法标准中，往往规定了一系列对试验设备的要求，试验设备既要能产生、保持、监控和显示实现要求的环境应力，又要能将提供的应力严格控制在规定的容差范围，以确保试验的结果的重现性。试验方法标准中提出的这些要求也是相应环境试验设备设计要达到的功能和性能指标的组成部分，即设计的依据。为了保证试验设备的具有良好使用性能，充分发挥其效能，所有试验设备均应考虑环境适应性、可靠性、维修性、测试性、安全性等通用质量特性并满足一定的要求。环境试验方法只提及与环境试验相关的一些要求，因此这些要求并不全面。

概括说来，对试验设备的要求应包括物理特性、功能、性能等专用特性要求和可靠性、寿命、维修性、测试性和安全性等通用质量特性要求。

必须指出，实验室环境试验设备的使用环境是实验室环境，因此试验方法标准通用要求中规定的大气条件就是其使用环境条件，例如 GJB 150/150A 中规定的 15～35℃，20％～80％的相对湿度和试验场所气压。

7.3.1 通用要求和通用质量特性要求

7.3.1.1 通用性要求

所谓通用性要求是所有试验设备设计研制中必经考须的因素，相当于设计准则，不涉及具体的设计指标，主要包括：

(1) 试验设备产生的环境环境应力参数水平是可控的，其范围应满足有关标准规定的要求。故设备一般具有试验应力参数的调节控制手段以及试验应力参数的监测与显示装置。

(2) 为保证试验结果的可比性和再现性，试验设备提供的试验条件必须控制在一定的容差范围之内。

(3) 试验设备所提供的环境条件原则上不应该破坏和影响受试产品自身的工作条件(如通风条件等)，不应附加产生影响受试设备正常工作的其他应力。

(4) 试验设备应提供受试产品与外部空间通电(或通气、通油等)的连接窗口，应能提供产品正常使用状态下的安装条件。

(5) 为防止被试产品的非正常损坏，环境试验设备都必须具有试验条件超差告警、过载保护及紧急停机等安全保障手段。

(6) 环境试验设备是评价装备对环境的适应性的试验手段，因此设备本身必须具有工作性能稳定、坚固耐用、寿命长等特点。

(7) 试验设备工作时不能产生超过环境保护法规规定的污染水平(如噪声污染、盐雾污染)和不安全因素(如液氮泄漏)，必要时，配备相应的监测报警装置和保护装置。

7.3.1.2 通用质量特性要求

(1) 可靠性高，寿命长；

(2) 可达性好，测试性好便于维修；

(3) 考虑人机工程，便于操作使用。

7.3.1.3 使用检定要求

验收投入使用的环境试验设备和测试仪器仪表，经过一定时期的使用，有可能出现性能退化或被损坏。因此，环境试验方法标准中明确规定对试验设备要定期进行检定，测试仪器仪表要定期校正，使用时必须在其检定/校正的有效期内，测试仪表传感器的精度必须小于被参数容差的 1/3。传感器和测试设备的线路应当在其所处的试验环境中能正常工作。

7.3.2 对各种设备的具体要求

不同的试验设备模拟的环境因素种类、环境因素参数及其变化各不相同，因而设计要求各不相同，彼此之间没有可比性，具体要求见 7.4 节中的相应部分。

7.4 各种环境试验设备

7.4.1 高低温试验设备

高低温试验设备包括高温试验箱(室)、低温试验箱(室)和高低温循环试验箱室 3 种类型，分别用于高、低温贮存、工作、短时工作试验和高低温循环试验。高低温试验设备是应用最普遍、使用频率最高的试验设备之一，几乎任何产品都要使用高低温箱进行温度试验。

7.4.1.1 试验方法标准对高低温试验箱(室)的要求

以 GJB 150A 为例，在表 7-4 中列出对高温试验设备和低温试验设备的要求。高低温循环试验设备的有关参数要求与高低温箱相同。由于要在同一个试验空间实现高低温条件，表 7-4 所列的对高、低温箱的中不同的要求(例如辐射要求)需要折衷处理。鉴于大多数温度箱均是通入事先加热或冷却的空气，而不是通过箱壁进行热交换，产生要求的温度，该要求已不重要。

表 7-4 试验标准对高低温箱的要求

	高温箱	低温箱	备注
温度范围	试验标准一般不作规定		
温度监测要求	试验箱内的温度控制系统应能保证试验样品周围温度在容差范围内，试验箱应装有传感器，监测试验条件		
风速	试验箱内应有强迫空气循环，以保证箱内温度均匀，但风速不超过 1.7m/s		强调试件附近
温度容差	试验样品附近测量系统温度应在试验温度的±2℃以内，其温度梯度不超过 1℃/m 或总的最大值为 2.2℃(试验样品不工作)		不实际，一般按±2℃
温度变化速率	不大于 3℃/min，以防止温度中冲击效应		仅适于恒温试验
湿度	绝对湿度不超过 20g/m³，70℃时相对湿度不小 15%(GJB 150)，GJB 150.3A 中对温度日循环给出了湿度循环数据	无规定(低温本身有去湿作用)	高温试验是干热试验
热辐射	箱内壁温度与试验温度之差不超过 3%(绝对温度)	箱内壁温度与试验温度之差不超过 8%(绝对温度)	GJB 150.3A/4A/SA 中无规定

7.4.1.2 高低温试验箱的组成

高低温试验箱的组成如表 7-5 所示。

表7-5 高、低温试验设备的组成

组成单元	组成特点	
	高温箱	低温箱
箱体	由加热器、工作室、风道3个主要部分组成箱体结构。分成框架式和板式,前者在框架内用不锈钢板焊成内腔,外皮用铁板镶装在框架上,中间部分填入隔热材料,箱门设有观察窗,箱内设有照明灯	由蒸发制冷室、工作室及风道组成箱体结构分为框架式和板式2种,前者结构与高温箱箱体相同。后者用具有绝热性能好的整板拼装而成(内壁为不锈钢板)箱门设有观察窗,箱内有照明灯
加热致冷系统	以金属电阻丝或管状电加热器为主要升温加热器,配置对流风机,使加热室、风道形成循环气流,以保证工作室温度均匀	通常选用机械制冷系统,以 F_{22}、F_{13} 为制冷剂。根据低温试验要求,可以组成单级、多级及复叠式制冷系统,也可用液氮制冷系统
检测系统	以铂电阻、热电偶为测温元件	
温度控制系统	通过智能仪表控制加热器功率值方式实现自动控温及温度设定	
记录、保护、告警	由记录仪实现温度特性实时记录、超温报警及保护	

高低温循环试验箱的结构与高低温箱类似,只是在同一空间(工作室)不同时间实现高温、低温。因此,箱体内加热室和冷却为一体,内装有加热器和蒸发器,输流工作产生高温和低温,并将加热或蒸发致冷后达到一定温度的空气通过风扇输入试验箱工作室。

7.4.1.3 高、低温试验箱的应用

7.4.1.3.1 使用注意事项

(1) 设备投入运行后,应首先检查循环风机的方向。

(2) 温度传感器的位置应在回风口处。

(3) 报警温度值应高于试验温度上限值3℃。

(4) 制冷设备启动前检查冷凝水的流量、压力、水温,发现不正常状况不能启动制冷系统,故障排除后,方可开启冷凝水供水开关。

(5) 投入动力供电之前先找开冷凝水供水开关。

(6) 将被试产品置入试验箱中,应遵循以下几项原则:

① 被试产品的体积($L \times D \times H$)不得超过试验箱有效工作空间的20%~35%(推荐选用小于20%),对于在试验中发热的产品推荐选用不大于10%。

② 被试产品的迎风断面面积与该断面上试验箱工作腔总面积之比不大于35%~50%(推荐选用小于35%)。

③ 被试产品外廓表面距试验箱壁的距离至少应保持100~150mm(推荐选用大于150mm)。

④ 多个被试产品置入同一试验箱中进行试验时,其总的体积、总的迎风断面面积及最

外层产品外廓表面距箱壁的距离均应符合①～③的规定，而且各个被试产品外廓表面之间必须保持足够的距离，不得小于150mm。

⑤ 被试产品在试验箱中放置的方向应该保持迎风面积最小，产品内部表面与风（指试验箱中的循环气流）的接触面最大为佳。

7.4.1.3.2 温度试验箱维护要求

(1) 温度示值不稳定或有较大跳动值，检查测温元件接线是否接触不良。

(2) 定期检查动力配电系统，清除断路器，交流接触器上的灰尘。

(3) 定期检查控温仪表及温度示值仪表，依据国家计量标准进行检定。

(4) 设备运行1～2年后，要检查箱体的温度均匀性。

(5) 启动制冷机组后，若制冷系统压力变化较大（如低压表指示近似抽空），应停机检查制冷系统管路是否堵塞（特别应注意干燥过滤器处是否发生堵塞），制冷工质是否泄漏。

(6) 注意定期更换制冷机组中干燥过滤器的介质。

7.4.2 温度冲击试验设备

7.4.2.1 试验方法标准对温度冲击试验设备的要求

温度冲击试验实际上是高温和低温恒定温度试验，只是要求受试产品在达到规定的高、低温以后，在这两个试验箱间来回转换，以实现温度急剧变化对受试产品造成的热冲击效应。因此，对高温和低温试验箱的要求，适用于温度冲击试验箱。试验方法标准中规定在高、低温箱之间转换受试产品的时间是不大于5min（GJB 150.5）或1min（GJB 150.5A），这一时间要求依靠试验操作人员搬运受试产品来实现，因此对试验箱的设计影响不大，但另一个要求是打开箱门放入受试产品后必须在高、低保温时间的10%时间以内，试验箱恢复到规定的高温或低温，这一要求与试验箱的加热和致冷能力密切相关，GJB 150.5A将GJB 150.5中规定的在10%保温时间内恢复到后来温度要求改为必须在5min之内恢复到原来设定的温度，这一要求显然提高了，因此，试验箱设计时必须考虑这一因素。

7.4.2.2 温度冲击试验箱组成

如果使用高、低温箱进行温度冲击试验，可以不必另行设计或购买温度冲击试验箱。为了实现受试产品在高、低温环境温度下达到温度稳定后自动转换，也专门设计了温度冲击箱，根据受试产品在高、低温室之间转换方式分为水平移动式温度冲击试验箱和垂直移动式温度冲击试验箱。早期的温度冲击试验箱的设计，由于受到高、低温之间转换时间不大于5min这一要求的影响，为了避免受试产品温度变化过到激烈，希望受试产品将出高、低温箱后，在实验室环境温度下（通常是指15～35℃）停放一段时间（即不大于5min）的时间，因而出现了有三温区的温度冲击试验箱，实际上该试验箱的第三温度区是常温区，即实验室环境温度，该温度并不需试验箱提供，受试产品出箱后自然暴露于试验室环境温度一段时间即可，三温区温度冲击试验箱可分为水平移动式、垂直移动式和回转式3种类型，其结构组成如表7-6所示。

表 7-6 三温区温度冲击试验设备组成

组成单元	组成特点
高温区	具有良好的保温性能,温度自动控制 电加热,加热功率可控 箱体一壁面可以自动开、关
低温区	具有良好的保温性能,恒温值自动控制 低温冷量可以自动补充 箱体一壁面可以自动开、关
常温区	存放试验用的样品篮暴露于实验室环境中,样品可左右或上下自动地移入高低、温区
温度控制及显示系统、样品篮移动系统	温度数值及试验时间实时记录和显示 智能仪表控温,使正负温区的温度稳定 自动控制样品篮垂直或水平移动、平稳地进入高温区或低温区

近年来,温度冲击试验箱设计成只有2个温区,即高温区和低温区,受试样品装在样品篮中,自动地直接在高温区和低温区中转换,不再在常温(实验室温度)下停留,因而结构比三温区的试验箱简单一些,这种两温区冲击箱包括水平移动式和垂直移动式两种,是目前工程中应用最广的种类。

近年来还出现只有1个试验区的温度温度冲击试验箱,即轮流向试验区注入高温空气或低温空气。虽然试验箱结构又得了进一步简化,但为实现温度冲击,必经先将试验区冷空气或热空气排出并对试验区的箱壁加热或冷却,这一过程必然浪费能量,要在标准中规定的时间内使试验区温度恢复到的温度,更提高了对试验箱加热和致冷能力的要求。使用这种试验箱的情况较少,不推荐使用。

7.4.2.3 温度冲击试验箱的应用

7.4.2.3.1 温度冲击试验箱的使用注意事项

温度冲击试验若使用高温箱和低温箱进行,其使用注意事项与高、低温箱相同(见7.4.1.3)。

水平移动式或垂直移动式自动转移受试产品的温度冲击试验箱,其使用注意事项也基本与高、低温试验箱相同。

7.4.2.3.2 温度冲击试验箱的维护要点

高、低温箱的维护要点适用于温度冲击试验箱。鉴于温度冲击箱增加水平或垂直移动装置,应特别注意移动装置的维护保养。使用垂直式移动装置温度冲击器优点是占地面积小,但由于移动装置经受重力作用的影响,其故障率比水平试验动装置高些,因此尽量选用水平移动式的温度冲击试验箱。

7.4.3 温度变化试验设备

7.4.3.1 试验方法标准对温度变化试验设备的要求

温度变化试验是一个应用较为广泛的试验项目。环境试验、可靠性试验、环境应力筛选和高加速寿命试验(可靠性强化试验)都要用到快速温度变化试验设备。各试验方法标准中温度变化速率规定各不相同,具体见表7-7。

表7-7 各种试验对温度化速率的要求

试验方法		温度变化速率要求 0℃/min	说明
标准号	标准名称		
RTCA DO 160	机载设备环境条件和试验方法	2～10	环境试验
GJB 1032	电子产品环境应力筛选方法	5	环境应力筛选(有去湿系统)
MIL-HDBK-2164	电子设备环境应力筛选方法	10	环境应力筛选(有去湿系统)
GJB 899	可靠性系统和验收试验	5～30(部分使用液氮)	可靠性验证试验(有去湿系统)
—	高加速寿命试验(HALT)	＞30(使用液氮)	可靠性强化试验或环境适应性研制试验
—	高加速应力筛选(HASS)	＞30(使用液氮)	高加速应力筛选

从表7-7可以看出,对温度变化试验箱的速率要求的变化范围很大,因而要求试验箱具备更为强大的加热和冷却能力。众所周知,快速温度变化试验箱升温过程中易在受试产品表面产生凝露现象,变化速率越快,凝露现象越严重。从而导致受试产品产生故障,这也是环境试验和可靠性试验中要求实现快速温度变化试验的目的之一。然而对于环境应力筛选而言,其主要目的是考核受试产品结构材料经受快速温度变化对由于不同材料和/或同一材料不同部位热胀冷缩不均产生的应力造成的破坏作用,不打算考虑水气凝露的影响,因此,GJB 1032和MIL-STD-2164及MIL-HDBK-2164A中明确规定,试验着内空气的露点要保持在－40℃以下。因此,环境应力筛选箱需要有对试验箱内空气加以干燥的功能,而不像用于环境和可靠性试验的快速温度变化试验,对湿度不需加以控制。

快速温度变化试验箱的另一个特点是为了实现快速热交换,必须加大试验箱内风速,通常其风速大于高低温试验箱的1.7m/s。因此不宜用其进行恒定高低温试验。

RTCA DO 160标准中规定快速温度变化试验可以与恒定高温及恒定低温试验组合进行,就要求用快速温度变化试验箱实现这两种试验,此时应考虑大风速造成的不反映真实热交换状态对恒定高低温试验效果的影响,特别要注意避免发热试验样品采用这种组合试验。

7.4.3.2 快速温度变化试验设备的组成

7.4.3.2.1 传统的快速温度变化箱

快速温度变化试验箱,实际上就是能实现温度快速变化的高低温箱;其结构与高、低温试验箱是一样的,只是加热系统的加热能力,冷却系统的致冷能力更高,风机的功率更大,风速更大。为了实现更高的降温速率,常常采用液氮进行辅冷却,此时需增加液氮罐和相应的辅助装置。

7.4.3.2.2　高加速应力试验(HAST)用的快速温度变化箱

对于高加速寿命试验(HALT)和高加速应力筛选(HASS),由于它要比传统的温度变化箱提供更宽的温度范围和更高的温度变化速率,一般不用机械致冷,全部用液氮致冷,一般说来,其温度变化范围达100℃以上,温度变化速率至少达45℃/min。

HAST的快速温度变化系统由箱体、加热系统、冷却系统、试验箱控制系统、受试产品监视和测量系统、氧气监控器等组成。

1. 加热系统

与传统试验箱一样,试验箱加热用交流电通过多组多相加热器内电阻丝产生,通常至少有一个风扇用以产生紊流空气,依次围绕加热器流动,迫使已被加热的气体进入试验箱内腔,并达到产品上,随后空气通过产品返回到加热器和风扇处。

2. 冷却系统

冷却系统由液氮罐和一组管路和阀门组成,液氮致冷是这种试验箱与传统试验箱的最大区别。众所周知,当要求长时间保温和缓慢温度变化热循环时,机械制冷非常有效且成本低;但当要求短时间保温和快速温度变化热循环时,液氮系统则更为有效,而且其温度变化速率远高于机械致冷压缩机系统。冷却系统使用与加热系统相同的风扇,液氮通过一组喷管经与加热系统相同的气路进入试验箱内部,由于液氮通过这些喷管喷出,立即变成冷气体(−193℃),然后这些气体按与加热气体同样的方式循环,这些气体膨胀吸收大量的热量,产生致冷效果,同时使箱内压力上升,膨胀的气体从试验箱上方排气口排出。液氮致冷系统有许多优点,如设计简单,可靠性高,温度范围宽,温度变化速率大,生产效率高,费用低。据国外资料介绍,液氮致冷的生产效率可达压缩机致冷的24倍,可靠性比致冷压缩机高200倍。表7-8为这两种致冷系统各种参数的经验数值对比,充分说明液氮致冷系统更适用于HAST试验。

表7-8　液氮制冷和机械制冷系统的比较

特性	液氮(LN_2)	机械制冷
采购费用	1×	2.5×
安装费用	当包括安装时大致相同	
操纵费用	1×	6×
维修费用	1×	400×
可靠性	极好	极差
尺寸	1×	2×
重量	1×	2×
噪声	55dB	70～85dB
温度范围	−100～200℃	−40～177℃,级联到−65℃
温度变化率	60℃/min	30℃/min

3. 氧气监视器

HAST箱使用氮作为冷却介质，一旦液氮从管道泄漏，就会增加试验区空气中氮的含量，降低氧的含量，这对试验操作者同样是致命的危险。为避免这种事故，应在墙上离地760mm处或操作人员坐下时平均高度位置安装氧气损耗监测器，以便当有氮泄漏、氮气开始置换地板上方空气中的氧气时，及时报警。当报警时氮气监控器通过激活液氮罐上自动截流阀，停止液氮流动，一旦报警状态不再存在，该阀自动打开，允许液氮流动。如果试验箱安装在一个封闭空间内，而不是开阔区，应考虑使用多个监控器，考虑到氧监控器会出现故障或进行预防性维修的需要，应有备份。

7.4.3.3 快速温度变化试验箱的应用

7.4.3.3.1 传统的快速温度变化试验箱

见7.4.1.3。

7.4.3.3.2 HAST温度变化试验箱

HAST温度变化试验箱结构比较简单，一些管路和阀门和液氧罐的维护比机械致冷简单得多，但使用中要注意液氮泄漏带来的安全问题。

7.4.4 低气压试验设备

7.4.4.1 试验方法标准对低气压试验设备的要求

低气压试验包括高低温低气压试验设备和快速、爆炸减压试验设备两种类型。高低温低气压试验设备用于进行常温低气压、低温低气压和高温低压试验及其组合试验；快速减压和爆炸减压试验设备用于进行快速减压试验和爆炸减压试验。

7.4.4.1.1 高低温低气压试验设备(温度—高度试验设备)

试验方法标准要求试验设备能够产生和保持规定的温度和低气压，并在规定的温度、压力容差范围，还应具备一定的升、降温和升降压速率。对于航空装备来说，飞机飞行高度一般在30km以下，因此只需提供所需的温度和相当于该高度的低气压的能力及降压速率。

在高、低温试验方法中，一般均规定温度容差在±2℃范围，然而对于高低温低气试验来说，低气压情况下，由于空气稀薄使以传导和对流方式进行热交换的能力减弱，温度容差的控制变得困难，难以保证控制在试验温度的容差范围，往往远大于±2℃范围。温度-高度试验方法中对温度—低气压综合试验时的温度容差未做明确规定。工作实践中，一般采用先将温度调节到规定温度，并保持在容差范围，而后抽真空降压。这样做能够向更容易地将温度压力控制到或接近规定的要求值。

7.4.4.1.2 快速减压和爆炸减压设备

快速减压和爆炸减压试验的目的主要是考核装备结构在压力骤降情况下产生损坏，因不考核温度因素的影响。

7.4.4.2 低气压试验设备组成

低气压试验设备的组成如表7-9所示。

表 7-9 温度—高度试验箱

组成	说明
工作室	实际是方形或圆形的耐压容器
抽气系统	由真空泵、真空电磁阀(带自动放气)、电接点真空表、U 型真空计和放气阀组成
加热系统	用电阻丝加热
冷却系统	采用复叠式制冷，制冷工质分别是 F_{22}、F_{13}
控制系统	铂电阻作为测温元件 电接点真空压力表控制压力 冷热平衡方式控制低温 选用记录仪记录试验温度特性 智能仪表控制温度

快速减压和爆炸减压试验箱一般由 2 个低气压箱和连接管道及控制减压速率的机构组成。大在的低气压箱作为低气压压力贮存罐，小的低气压箱放置试验样品。试验时先将放置试验样品的小低气压箱降压到标准规定的增压压力如 57kPa 或 75kPa，同时将压力贮存罐压力降到计算出的某一低压，而后通过开启连接两箱的管道上的降压速率控制机构实现压力快速平衡。

7.4.4.3 低气压试验设备使用注意事项

(1) 低气压试验箱使用中最重要的是保持试验箱的良好密封性能，从试验箱中引出外接测试线时要特别注意防止漏气。

(2) 对气压、温度综合试验箱，在升温和降温过程中，真空泵不应处于工作状态，只有在正恒温段或负恒段真空泵才进入工作状态。

(3) 温度试验设备中的有关使用注意事项也适用于温度—低气压试验设备。

7.4.5 湿热试验箱设备

湿热试验设备包括恒定湿热试验箱和交变湿热试验箱两种类型，分别用于恒定湿热试验和交变湿热试验。这两种试验的区别在于试验过程中温度和湿度是否变化。试验过程中试验箱内温度和湿度恒定不变的恒定湿热试验主要是模拟受试产品使用过程中吸附水、吸收水和水在材料中扩散 3 种效应，而交变湿热不仅模拟这 3 种效应还模拟凝露和呼吸效应。因此，交变湿热一般说来比恒定湿热更严酷。装备使用中周围空气温度和湿度往往是变化的，因此交变湿热试验能更好地模拟使用过程中遇到的温、湿环境，使用得更为广泛。

7.4.5.1 试验方法标准对湿热试验箱的要求

试验方法标准中对湿热试验箱的要求包括湿热试验模拟的恒定的温度、湿度范围及其容差，温湿度同时变化范围和/或变化速率，试验箱内的风速以及使用干湿球温度计测量湿度时湿球附近的风速。通常湿热试验模拟的温度在室温到 60℃ 范围，相对湿度变化范围为 85%～95%，恒温、恒湿阶段的温度容差为 ±2℃，相对湿度容差为小于 3%～5%RH，湿球附近的风速 <4.6m/s，试验箱的风速 <1.7m/s。

7.4.5.2 湿热试验设备的组成

湿热试验箱(室)的组成如表7-10所示,恒定湿热试验箱和交变湿热试验箱结构相同。

表7-10 湿热环境试验设备的组成

组成单元	组成特点
箱体	(1) 由蒸发器、加热加湿室、工作室、风道组成 (2) 箱体是框架式结构,内壁镶不锈钢板,外表面是薄钢板,中间填充绝热材料 (3) 箱门设有观察窗,箱内设有照明灯
制冷系统	(1) 以机械制冷(蒸发制冷)为主 (2) 制冷剂为 F_{22} 和 F_{13} (3) 根据低温限及降温速率要求,可以组成单机制冷式或组成复叠机组、多机组制冷系统
加湿系统	(1) 箱内用水为去离子水或蒸馏水 (2) 自动控制箱内水温、水位(加湿装置在箱内时) (3) 加湿方式在喷雾式、离心式和蒸气式(电热式),以第三种加湿方式使用最普遍
温度循环、湿度自动控制系统	(1) 手动控制温度(恒温、温度交变)、湿度 (2) 自动控制温度(恒温、温度交变)、湿度,其中包括计算机实时控制 (3) 采用冷热平衡方式控制负温及降温速率
温、湿度检测及报警系统	(1) 以铂电阻作测温元件,"干湿球"法检测湿度 (2) 试验箱应有测量记录装置,与试验箱控制系统分开,记录仪记录恒温、温度交变及湿度曲线,并实时显示温度、温度量值 (3) 产品的温湿度试验曲线可以任意设定 (4) 具有温度上下保护及报警功能

7.4.5.3 湿热试验箱(室)的应用

7.4.5.3.1 使用注意事项

(1) 加湿水槽应注入蒸馏水或去离子水,水的电阻率在1500～2500Ω·m之间。绝对不能用普通自来水。

(2) 设备长期不用,要放掉水槽及补水水箱中的存水。

(3) 湿热试验中湿度的测量,必须小心谨慎地进行,以保持湿度测量的精度,不应采用对冷凝水敏感的传感器,如氯化锂型传感器。可使用快速反应的干湿球传感器或露点点测量仪进行测量。目前在湿热试验箱中用于湿度测量最普遍的方法仍是干湿球温度计法,测量过程中应注意:

① 选用优质的温度计,如铂电阻式温度传感器,并且干球温度计与湿球温度计应配对选用。

② 定期(每周)更换和清洗纱布,注意纱布的型号(应选用120号气象纱布),绝对不

能用药用纱布或蚊帐布替代。

③ 湿球包卷纱布长度100mm，应平整无皱折地缠绕在湿球上，纱布在湿球上方的重叠部分不要超过湿球周长的1/4，包好后用纱线将线球部上面的纱布扎紧，再把球下面的纱布紧靠球部扎好，纱线不能扎紧，以免影响吸水。将球下面的纱布浸入水容器中，使湿球底距水容器20～30mm。供应纱布的水要清洁且充足，若水有杂质，会使其饱和气压改变，影响测量精度。每次试验前更换新的纱布，且至少30d更换一次。

④ 不要在相对湿度低于20%～30%的条件下使用干湿球法测量相对湿度。

⑤ 为防止灰尘沾污纱布，应及时消除试验箱内的矿物沉积物和灰尘。

⑥ 湿球系统所用的水应与加湿用水的水质相同。

⑦ 如果可能，试验期间应至少每24h对水容器、湿球纱布、传感器和其他组成相对湿度测量系统的部件进行目视检查。

(4) 应定期检验水质。如用喷水加湿，喷水之前应调节水的温度以避免破坏试验条件，而且不能直接将水喷入试验区。

(5) 不应有水之外的其他物质与试件直接接触，不应将任何锈蚀或腐蚀性的污染物及其他物质引入试验箱内，试件周围空气的除湿、加湿、加热和冷却所用的方法不应改变试验箱内空气、水和水蒸气的化学成分。

7.4.5.3.2 湿热试验设备维护要求

(1) 定期更换湿球纱布；

(2) 定期检测控制仪表和计量仪表的精度；

(3) 定期更换制冷机组中干燥过滤器的介质；

(4) 定期检查箱体的温度均匀性；

(5) 定期检查配电系统中各种保护用断路器、交流接触器，并及时消除灰尘。

7.4.6 霉菌试验设备

霉菌试验属微生物试验，该试验是人为创造一个适合霉菌生长的气候环境，即温度湿度环境。霉菌生长不仅需要合适的温度、湿度条件，还需要营养。这个营养来自于受试产品的表面物质和材料的成分。如果受试产品表面有污染物或者表面材料成分中有能提供霉菌生长所需要的营养材料，则霉菌就可在试验箱创造的温湿度条件下生长。表明受试产品不能防止霉菌生长，产品选用材料和工艺不合适。

7.4.6.1 试验方法对霉菌试验设备的要求

霉菌试验方法标准要求试验箱(室)提供适当的温度、湿度并保持在规定的容差范围。一般规定恒定温度为30℃，也有规定温度在25～30℃变化，温度恒定状态时容差为±1℃，相对湿度恒定，为95%，相对湿度的容差为±5%。

工作空向风速<2m/s，流过湿球的风速至少为4.6m/s，试验箱用水的电阻率在1500～2500Ω·m之间。有些标准如GJB 150.10《军用设备环境试验方法 霉菌试验》要求换气。

试验箱和附件的结构应防止冷凝水滴落到试件上。试验箱通过带过滤功能的通气孔与大气相连，既可防止箱内压力增大，又能防止向外面排放霉菌孢子。

7.4.6.2 试验箱(室)的组成

霉菌试验箱的组成如表 7-11 所示。GJB 150.10A《军用装备实验室环境试验 第10部分 霉菌试验》中明确规定控制霉菌箱温湿度的传感器应与记录温湿度的传感器分开。

表 7-11 霉菌试验箱的组成

组成单元	组成特点
箱体	(1) 上箱体是工作室,由黄铜板镀镍制成,可保证在高湿条件正常工作 (2) 下箱体由水箱、风箱、水泵和鼓风机组成 (3) 侧箱体装有电气控制板
温度系统	(1) 电加热升温,智能仪表控温 (2) 水冷却方式降温
湿度系统	通过加热水产生水蒸气加湿,水温高则湿度大,反之湿度小
超温报警装置	可以任意设定温度报警点

7.4.6.3 霉菌试验箱的应用

(1) 同湿热箱的使用注意事项类似(参见 7.3.5.3)。

(2) 试验箱应置于无化学腐蚀性的气体的试验室内,一般应在单独室内放置,以避免霉菌对环境的污染。

(3) 试验箱如较长时间不使用,应将工作室清洗干净,关好箱门。

(4) 试验箱应定期检查和维修。

(5) 工作室内照明用日光灯管两端应用环氧树脂密封好。

7.4.7 盐雾试验设备

盐雾试验是一种化学腐蚀试验,盐雾液体作为电解液存在于金属表面,构成微电池,加速电化学腐蚀过程,使金属和涂层腐蚀生锈,从而产生构件和紧固件破坏,动部件卡住,微细导线开路或短路,元件腿断裂等失效模式;盐溶液导电性降低绝缘体表面电阻和体积电阻,盐雾腐蚀物和结晶盐粒,由于其电阻往往比金属高,而增加附着部位的电阻和电压,影响触点动作,降低电性能。

盐雾试验种类如表 7-12 所示。不管哪种盐雾试验,其试验设备基本相同。GJB 150A 中规定的酸性大气试验,也只是溶液配比所用的材料和溶液的酸碱度不同,同样可以使用盐雾试验设备。

表 7-12 各种盐雾试验的特性和用途

种类	特性	应用
中性盐雾试验	盐水呈中性，pH 6.5～7.2，有两种配方：(1) 人造海水，主要成分氯化钠，还有镁钾钙的氯化物，少量的硫酸盐和碳酸盐，基本类似于海水成分；(2) 氯化钠溶液，通常用5%(质量)氯化钠溶液	国际国内最常用的试验，特别是用氯化钠溶液的试验。广泛应用于金属、金属镀层、有机无机涂层、氧化磷、发蓝层以及元器件和整机的耐腐蚀评价和鉴定试验
酸性盐雾试验	盐水为酸性，pH 性通常为 3.0 左右，盐水配方只含氯化钠，浓度大多数为 5%，用冰醋酸调整 pH 值，提高酸性可加快腐蚀速度	主要用于阴极性镀层如钢镀装饰铬，也可用来检验铝阳极化
交变盐雾试验	该试验实际上是盐雾和湿热试验组合，盐水也为中性，可用人造海水，也可用5%的氯化纳溶液	主要用检验元器件和整机对盐雾环境的适应性

7.4.7.1 试验方法标准对盐雾试验设备的要求

盐雾试验的严酷度主要取决于试验温度、试验时间、所用的盐溶液浓度、盐雾沉降率和喷雾方式等，试验方法标准中都有规定。例如，GJB 150.10A《军用装备实验室环境试验方法　第 10 部分　霉菌试验》中规定，试验温度为 35℃，盐溶浓度为 5%±1%，盐雾沉降率为 1～3mL/h，80mm^2，试验时间为 96h，间断喷雾(喷 24h，停 24h，2 个循环)。这些要求中，只是温度和沉降率指标要求影响盐雾试验箱的设计，其余要求仅与试验操作相关。

除了上述定量要求外，尚有对结构设计和使用方面的一些定性要求。

(1) 耐腐蚀。试验箱(室)及其附件的材料应能抗盐雾腐蚀，又不会放出改变腐蚀速度的物质。

(2) 喷雾方向及盐雾沉降。盐雾不能直接喷向试验样品，盐雾应能在所有试品间自由循环并均匀地沉降在试验样品上。

(3) 冷凝水和聚集液。试验箱(室)及其附件上的冷凝水和盐雾聚集液不能滴落在试验样品上。

(4) 设置通气孔。试验箱(室)应设置通气孔。以防箱内压力升高。通气孔应能防止产生向内强力通风，以免造成箱内强大空气流动。

(5) 雾化器。雾化器应耐腐蚀、不变形、耐磨损、互换性好，并能产生细密、潮湿、分散均匀的盐雾。

(6) 压缩空气。喷雾用压缩空气应无杂质、油污，并应加温加湿，气压要平稳，在能产生要求速率的盐雾前提下喷雾压力应尽可能低。

(7) 不需回收接触过试验样品的盐溶液。

(8) 不采用浸渍式加热装置。

(9) 试验箱(室)应有较好的保温结构、温度控制系统，以便控制和保持温度稳定，均匀。

7.4.7.2 盐雾试验设备的组成

按喷雾产生的方式，盐雾试验设备分为气流式盐雾试验设备和离心式盐雾试验设备，气流式盐雾试验设备结构组成如表 7-13 所示；离心式盐雾试验设备的结构组成如表 7-14 所示。

表 7-13 气流式盐雾试验设备的组成

组成单元	组成特点
箱体	(1) 箱体内外及附件用耐盐雾腐蚀的材料（如玻璃、玻璃钢、硬橡胶等）制成，且不会释放出改变腐蚀速度的物质 (2) 箱顶盖一般是顶角 120°的等腰三角形
喷雾器	(1) 对嘴式喷嘴 (2) 圆柱形喷雾塔及管道系统
盐溶液自动补给系统	(1) 盐水箱、补给器、连接导管组成系统 (2) 盐水自动补给装置
空气压缩机及管路	(1) 压缩机的容量大小可根据试验箱有效容积、气路压降及喷雾时所消耗的空气流量而定 (2) 管路系统由油水分离器、空气过滤器、空气饱和器、调压器和电磁阀组成
加热器及电控系统	(1) 电加热器加热空气 (2) 铂电阻测阻 (3) 控温仪自动控制 (4) 喷雾周期控制器控制雾化量

表 7-14 离心式盐雾试验设备的组成

组成单元	组成特点
试验箱	(1) 由上箱体和下箱体组成，外壳选材是薄钢板，工作室用聚氯乙烯塑料板组成 (2) 工作室顶部是倾斜式 (3) 夹层与工作室的中间是循环风速 (4) 试验箱大门是双层，内门设有玻璃窗，外门作为保温门
离心式喷雾器	(1) 拖动电机带动转盘高速转动 (2) 离心转盘使盐水溶液形成液压薄膜 (3) 挡栅使薄膜破裂形成微小雾粒
盐水自动供给箱	(1) 盐水箱用有机玻璃制成，盛一定容积的配制好的盐水 (2) 盐水箱的液面与喷雾器液面保持平衡

表 7-14（续）

组成单元	组成特点
空气压缩机及管路	（1）压缩机的容量大小可根据试验箱有效容积、气路压降及喷雾时所消耗的空气流量而定 （2）管路系统由油水分离器、空气过滤器、空气饱和器、调压阀和电磁阀组成
加热器及电控系统	（1）电加热器加热空气 （2）铂电阻测温 （3）控温仪自动控温 （4）喷雾周期控制器控制雾化量

7.4.7.3　盐雾试验设备的应用

盐雾试验设备的使用注意事项和维护要点如表 7-15 所示。

表 7-15　盐雾试验设备的维护要点

气流式盐雾试验设备		离心式盐雾试验设备	
注意事项	维护要点	注意事项	维护要点
（1）注意空压机转动方向 （2）随时观察工作室内喷雾情况，防止喷嘴阻塞和橡胶接管脱落 （3）观察盐水自动补给器是否动作灵活，并应注意空气饱和器的水位和下降情况，水位不得低于下部红线 （4）每一阶段喷雾结束后应检查喷雾塔内吸水管过滤水带是否阻塞	（1）喷雾塔上部的调节帽是调节喷雾量之用 （2）压缩机工作压力 $5.58\times10^4 \sim 19.6\times10^4$ Pa （3）空气过滤器压力 19.8×10^4 Pa （4）喷嘴压力由调节阀控制，范围在 6.9×10^4 Pa ～ 14.7×10^4 Pa 之间，也可根据盐雾沉降量的实际情况调整喷嘴压力 （5）工作室温度控制在 35℃，饱和温度可根据环境温度适当选定	（1）试验箱应放置平稳、并接好地线 （2）操作前要仔细阅读说明书 （3）箱内照明灯更换后，应在灯管两端用环氧树脂密封 （4）试验箱应定期检查和修理 （5）试验箱若较长时间不用，应将工作室清洗，关好箱门	（1）若发现工作室内盐雾量明显降低，应对喷雾器进行一次清洗，并疏通离心盘上的小孔 （2）调节超温报警温度值，保证箱内温度不超过 35℃ （3）发现盐雾沉降率降低或者均匀性变坏时，应适当调整调节板，通过调节孔大小变化，达到调节盐雾降率和均匀性的目的

7.4.8　沙尘试验设备

沙尘是军用装备使用中经常遇到的环境，其对装备的影响仅次于温度、振动、湿度。据统计由它造成故障占总故障数的 6%左右。

沙尘试验可分为吹沙试验、吹尘试验和降尘试验 3 种类型。按照沙尘在试验设备中游动的方式分为自然沉降式沙尘试验设备、高密度（喷射）沙尘试验设备和流动式沙尘试验设备;按照设备布置可分为立式沙尘试验设备和卧式沙尘试验设备。

7.4.8.1　试验方法标准对沙尘试验设备的要求

沙尘试验按沙尘的粒度分为吹沙和吹尘和降尘试验,沙尘粒度分界线为,粒度小于150μm的称为尘,粒度在150～850μm称为沙,降尘试验的尘的粒度小于105μm。3个试验有其不同的目的:吹沙试验主要考核风沙对产品表面的切割和磨蚀作用带来的影响;吹尘试验主要考虑风尘造成开口阻塞,渗入裂缝、轴承和接头后引起活动机构卡死;而降尘试验主要考核尘沉积在装备表面或空气过滤网上,影响通风和散热,使受试产品温度升高带来的问题。

沙尘试验的严酷度取决于温度、相对湿度、沙尘浓度、风速及持续时间等,相关标准中对这些参数均有规定。沙尘试验箱应具备提供标准中规定的温度、湿度、沙尘浓度、风速及其容差,并具备以下能力。

(1) 沙尘试验设备内空气的相对湿度值要求小于湿30%,所以应具有除装置,以保证沙尘流通空间的干燥,防止沙尘结团和附壁效应,以保证试验空间内的沙、尘浓度符合试验规范的要求。

(2) 沙尘试验设备应具有强大的吹风能力,风速最大可达到18～29m/s,并在放置产品的空间产生层流流场。

(3) 沙尘试验设备应有良好的密封性,以防止对试验室空间的空气污染。

(4) 吹尘试验设备应注意试验箱的壁板防静电,以免壁板产生静电吸附效应,影响吹尘浓度。

(5) 沙尘沉降量的测量方法差别较大,有定时取样法、实时取样法,前者不能实现实时控制,后者可与控制系统相连对沙尘沉降量实现实时调节控制。

7.4.8.2　沙尘试验设备的组成

吹沙、吹尘试验箱一般由箱体(包括试验区)和供沙系统、沙尘浓度测量和控制系统、温度控制系统及湿度控制系统组成。目前一般用校准的烟尘计和标准光源一类仪器检查和测量箱内循环沙尘的浓度并进行控制。

降尘试验箱一般应有箱体、温度控制系统、尘注入系统、风速调节系统等组成。降尘试验通常需要较大的容积,并保证试件附近风速小于0.2m/s,GJB 150.12A中提供了降尘试验装置示例。

7.4.8.3　沙尘试验设备的应用

(1) 沙尘试验设备在使用中要注意保持其密封性良好,以免污染环境和影响沙尘浓度控制。

(2) 使试件和试验装置接地,以避免积累静电荷。

(3) 吹沙吹尘箱,为使扬起的含沙或尘的空气充分循环,试验箱要足够大,试件占试验箱的横截面积在垂直于气流方向上不大于50%,占的容积不大于工作室的50%。

(4) 按标准要求连续测量和间断测量相对湿度、沙尘浓度和风速。

7.4.9　淋雨试验设备

淋雨试验包括有风源淋雨试验、防水性试验和滴雨试验。有风源淋雨试验是模拟军用装备遇到的风雨交加的环境,当受试产品体积较大,无法在淋雨试验箱内复现这种环境时，标准提出了可以不用试验箱，而是将一组喷头按一定的面积布点（每 0.55m² 一个），在离受试产品表面至少 450～500mm 处直接向受试产品喷水。GJB 150.8《军用设备环境试验方法　淋雨试验》中规定喷水压力≥375kPa，GJB 150.8A《军用装备实验室环境试验方法　第 8 部分　淋雨试验》中规定 276kPa 左右，这就是防水性试验或强化试验。滴雨试验则是模拟由于冷凝或上表面泄漏而产生的滴水。这三种试验实际上都是水试验，GJB 150/150A 中的浸渍试验也属于水试验的范畴，其不同点在于将受试产品直接浸在水中，其模拟的对象是使用中工作或不工作状态可能被部分地或完全地浸在水中的设备遇到的水环境，包括浸渍和渗水两种试验程序。水试验特点是要使受试产品温度高于水温，以便产品遇到水后在其内部产生负压，使水更易渗入，而且在水中加萤光粉便于检查是否存水渗入。

7.4.9.1　试验方法标准对淋雨试验设备的要求

淋雨试验的三种试验程序所需的试验设备各不相同。有风源淋雨试验要求有滴水器产生 0.5～4.5mm 直径的水滴，同时有≥18m/s 的风将水滴吹到受试产品的表面；防水性试验（GJB 150.8A 称为强化试验）则要求有能产生规定水压和规定雨滴直径（GJB 150.8中规定为 2～4.5mm，GJB 150.8A 中规定为 0.5～4.5mm）的喷嘴构成方格喷淋网阵或其他形式的交错水网阵，以达到完全覆盖受试产品表面，而且保证距受试产品表面 450～500mm（GJB 150.8A 为 480mm），每 0.56m² 受淋表面范围内有一个喷嘴；滴水试验中规定试验装置应能提供大于 280L/(m²·h)的滴水量，而且水只能从分配器中滴出，而不能聚成水流。分配器上有以 20～25.4mm 间隔点阵分布的滴水孔，水滴最终速度为 9m/s，分配器应有足够大的面能够覆盖受试产品的上表面。浸渍试验的设备主要是一个水箱，水箱深度足以保证受试产品最高点的离水面距离达 1m，以达到必要的水压。受试产品加温可以用温度试验箱实现。

7.4.9.2　淋雨试验设备的组成

淋雨试验设备组成相对简单如表 7-16 所示。

表 7-16　各类水试验所需的任务和装置

<table>
<tr><th>设备类型</th><th>组成</th><th></th></tr>
<tr><td>有风源淋雨设备</td><td>箱体水滴分配器、风机和风速控制系统；受试产品台面（可旋转和升降）</td><td rowspan="4">水试验中受试产品的加温一般可使用现有的温度试验设备实现，不与淋雨设备一体化设计</td></tr>
<tr><td>防水（强化）淋雨设备</td><td>喷头和布置喷头的骨架</td></tr>
<tr><td>滴水试验设备</td><td>雨滴分配器，可上下移动以保证水滴到达受试产品上表面速度为 9m/s，放置受试产品的台</td></tr>
<tr><td>浸渍</td><td>水箱或可加压力的水箱</td></tr>
</table>

7.4.9.3　淋雨试验设备的应用

淋雨试验设备的关键是水滴分配器和喷头，由于使用自来水，使用过程要经常清洁，防止水垢积聚改变水滴直径和堵塞。

风机应按风机使用说明书维护。

7.4.10 太阳辐射试验设备

太阳辐射试验包括循环热效应试验和光老化试验两种类型。太阳光谱中的红光线部分是导致军用装备温度升高的主要根源，而其紫外线部分则是导致非金属材料老化的主要根源。应根据试验的目的分别选用这两个试验程序。太阳辐射循环热效应试验虽然也是考核由太阳能诱发的高温对产品的影响，但和恒定温度试验或日循环温度试验有一定差别，太阳辐射试验中受试产品的各部分温度是不均匀的，受光面比背面温度要高得多。

7.4.10.1 试验方法标准对太阳辐射试验设备的要求

太阳辐射试验涉及的环境参数包括温度、太阳光光谱、太阳光辐射度，另外一个很重要的参数是风速，风速的大小决定热交换效率从而影响箱内温度，因此必须将其控制在规定范围。基本要求如下。

（1）能够产生、保持和监测要求的温度、风速、光谱和辐照度。

（2）应考虑风速对试件可能产生的冷却效应，因为1m/s的风速就能导致温升减少20%以上。除另有规定外，应测量并控制试件附近的风速，并使其尽可能小，通常在0.25～1.5m/s之间。

（3）为最大程度地减小或消除来自试验箱内表面的辐射反射，通常试验箱的容积至少为试件外壳体积的10倍。购置试验箱或选用现有试验箱进行试验时应考虑这一要求。

（4）安装试件的底座可以是一个凸起的支架或具有规定特性的底座。可采用规定厚度的混凝土层或具有传导性和反射性的沙床。

（5）试验箱辐射强度调节和光谱调节应确保试件受到均匀辐射，并且在试件的上表面所测得的辐照度偏差不超过要求值的10%。进行光化学效应试验时，应确保辐照在试件表面上的光谱分布GJB 150.7A《军用装备实验室环境试验方法　第7部分　太阳辐射试验》中表1所示相一致（在给出的允差范围内）。进行热效应试验时，应至少保证所用光谱的可见光和红外线部分符合GJB 150.7A中表1的规定。若达不到，可偏离GJB 150.7A《军用装备实验室环境试验方法　第7部分　太阳辐射试验》中给出表1的光谱分布，但应调整辐照度以得到与该表所列光谱相同的加热效应。

（6）光化学效应试验时使用至少在辐射灯全部波长范围内校准过的辐射测量装置；进行热效应试验时，使用具有一定红外测量能力的辐射测量装置，并在其标称的全部波长范围内进行校准。

（7）辐射灯应安置在距离试件表面至少0.76m的地方，以防止辐射灯对试件产生不必要的影响（例如由辐射灯组成的灯阵中个别辐射灯产生意外的加热影响）。在灯阵中应避免使用多种类型的辐射灯，以避免灯阵的光谱分布在辐射区域内不均匀。

（8）GJB 150.7A《军用装备实验室环境试验方法　第7部分　太阳辐射试验》中推荐了辐射灯种类并在其附录A中提供了选择辐射灯的指导。

7.4.10.2　试验设备的组成

太阳辐射试验设备由试验箱(室)、太阳辐射灯和辅助系统和相应测量系统组成。包括温度产生、测量控制和显示系统;风速产生、测量、控制和显示系统;太阳光谱成分调节装置,太阳光谱辐射度测量、调节和显示系统。按标准规定还应配置一套独立于试验箱控制的温度、辐射度、风速的测量和显示系统。

7.4.10.3　太阳辐射试验箱的应用

7.4.10.3.1　确保试件附近空气温度与试验温度一致

在与试件上表面等高的水平面上尽可能靠近试件的某一点或几点处测量空气温度,同时采取适当措施遮蔽传感器以免受到辐射灯的直接照射和来自试件的热辐射影响,并保持适当的风速。以确保试验箱内试件周围空气温度得到合理控制。

7.4.10.3.2　排除辐射对测试传感器的影响

用于测量试件热响应的温度传感器也会受到辐射灯直接辐射的影响。当允许时,将这些传感器安装在试件外壳(上表面)的内表面。

7.4.10.3.3　排除污染物影响

灰尘和其他表面污染物可显著改变被辐射表面的吸收特性。除另有规定外,试验时应确保试件清洁。但若需要评价表面污染物的影响,在有关技术文件中应包含表面处理的必要说明。

7.4.10.3.4　测量施加在试件上的总辐射能

使用带有合适滤光器的总辐射表或分光辐射表来测量施加在试件上的辐射光谱分布。只要确认其能满足规定的要求。也可使用其他测量仪表。常用仪表的误差如表7-17所示。

表7-17　仪表误差要求

测量仪表	测量参数	误差
总辐射表/直接日射表	总辐射(直射和散射)	±47W/m^2
分光辐射表或滤光总辐射表	光谱辐照度	读数的±5%

对于总辐射表的要求如下:

(1) 光谱范围:0.280～2.500μm(3.000μm更好);

(2) 方位响应误差:±1%;

(3) 余弦响应误差:±1%;

(4) 非线性误差:<1.5%;

(5) 倾斜误差:<1.5%;

(6) 工作温度:－40～80℃;

(7) 灵敏度:±2%(－10～40℃)。

7.4.10.3.5　试验箱的校准

当仅关心热效应时,试验箱的校准应确保红外辐射能量施加在试验辐射区内;当仅关心光化学效应时，试验箱的校准应确保太阳辐照度和光谱分布施加在试验辐射区内。试验箱内没有试件时，则在试件预计占据区域的上方进行测量，即在与试件上表面位置约等高的水平面上进行测量，并确保辐照度偏差在要求值的10%以内；若试验箱内有试件时，则在试件上方接近上表面处测量得到的辐照度偏差应在要求值的10%以内。辐射灯会老化，从而光谱输出会发生变化。因此每累计工作500h就应对其光谱分布、辐照度和均匀性进行彻底检查，并且在每次试验前后都应对试验箱的辐照度和均匀性做一次检查。

7.4.11 爆炸大气试验设备

爆炸大气试验包括在爆炸大气中工作和隔爆两个试验程序。在爆炸大气中工作适用于所有密封或非密封设备，评价其在充满燃料和空气混合的可爆性气体中能否正常工作且不点燃可爆炸性气体的能力；而隔爆试验则是适用于带有机箱或外壳的设备，评价其机箱或外壳阻隔由于内部故障而产生爆炸或燃烧不传到其外部的能力。

在爆炸大气中工作这一试验不仅适用于地面设备，还适用于飞行器上可能处于爆炸性大气中在高空(低气压)条件下要工作的设备。众所周知，在低气压条件下，由于空气稀薄导致传热效率降低，会导致工作设备表面发热，而且低气压下容易产生电晕放电和击穿，装备如果设计不当，易产生上述现象，点燃爆炸大气。

7.4.11.1 试验方法标准对爆炸大气试验设备的要求

爆炸大气试验要求试验设备提供温度、低气压两个环境条件。温度应是受试产品实际工作时作遇到的最高温度。对于强制冷却的产品，应是模拟强制冷却失效情况下工作时进行正常操作所遇到的最高温度，这一温度取决于具体平台环境。低气压(高度)则是12 200m或受试产品预期遇到的最高高度，以低者为准，地面的高度为78～107kPa。众所周知，点燃爆炸性气体所需的能量随着压力的降低而增加，而且随着高度的增加空气中的含氧量减小，因此随着高度升高，爆炸性气体被点燃的可能性越来越少，美国军标规定12 200m为试验模拟的最高高度，因为此高度以上不会点燃爆炸性气体。因此，飞行高度超过12 200m的飞机上处于爆炸性气体中的设备，爆炸性大气试验的高度为12 200m。

爆炸大气试验的结构设计应能经受爆炸能量强冲击而不损坏。

7.4.11.2 爆炸性大气试验设备

爆炸性大气试验设备由试验箱箱体、抽真空系统、加热系统、燃料雾化系统以及温度压力控制、显示系统组成。还应有确定爆炸性混合气体样本爆炸特性的装置，如火花隙或热线点火塞。

7.4.11.3 爆炸大气试验设备的应用

试验前，应检查关键参数，保证火花隙装置功能完好和燃料雾化系统不受沉淀物的影响而抑制其功能；将空试验箱调节至最高试验高度，关闭真空系统，测量空气的泄漏率，确定任何泄漏不足以影响完成所要求的试验等。注入试验用燃料，等待3min以便使燃料充分气化，此时仍处在试验高度以上至少1 000m。

7.4.12 振动试验设备

振动试验是应用最为广泛的一种试验，发现设计的产品的耐振缺陷和验证产品的环境适应性是否符合规定要求的环境适应性研制和验证试验，剔除批生产产品由制造过程引入的制造缺陷的环境应力筛选；提高产品可靠性和验证产品可靠性是否符合要求的可靠性研制增长试验和可靠性验证（可靠性鉴定/验收）试验；确定产品寿命的寿命试验和加速寿命试验；最近广为应用高加速寿命（可靠性强化）试验 HALT（RET）和高加速应力筛选（HASS）都离不开振动试验。振动试验如此广泛地被应用，完全取决于振动环境或振动应力易于损坏产品或激发内部缺陷变为故障的能力。

7.4.12.1　试验方法标准对振动试验设备的要求

振动试验方法标准中一般只规定振动试验要用到的参数，例如对于正弦振动来说，定频正弦振动要规定振动频率和幅（峰）值，扫频正弦振动要规定扫频频率范围，振动幅（峰）值，交越频率和扫频速率，此外还规定定频和扫频正弦振动的频率容差（±2%，低于 25Hz 时为±0.5Hz）和幅（峰）值及容差（±10%）。对于随机振动来说，要规定振动的频率范围及容差（同正弦振动）、加速度功率谱密度及其变化速率和容差。扫频正弦振动和随机振动均应给出振动谱，以更直观地表示振动参数及振动强度随频率变化的情况，GB 2423.10 和 GB 2423.56 中规定了如下要求。

7.4.12.1.1　正弦振动设备的要求

（1）基本运动。基本运动应为时间的正弦函数。试验样品各固定点应基本上同相沿平行直线运动。

（2）横向运动。垂直于振动方向的任何轴向的检测点上的最大振幅。当试验频率低于或等于 500Hz 时，应不大于在振动方向上所规定的振幅的 50%；当试验率大于 500Hz 时，则应不大于 100%。对于小试验样品，如果有关标准有要求，则可规定为不大于 25%；对于大试验样品或对于较高的试验频率，要达到上述要求可能是困难的，在这种情况下，可在试验报告中指明并记录超过上述规定的任何横向运动；横向运动不监控。

（3）加速度波形失真。加速度波形失真的测量应在基准点上进行，应覆盖到 5000Hz 或驱动频率的 5 倍，并采用其中的较高者。加速度波形失真度不应超过 25%，在达到上述要求不可能的情况下，如果基频控制信号的加速度振幅能被恢复到规定的值（如使用跟踪滤波器），则可以容许失真度超过 25%。

对于大型或复杂的样品，在频率范围内的某些部分，若所规定的失真要求不能被满足，而且使用跟踪滤波器也不现实时，就不需要恢复加速度振幅，但应指明失真并记录在试验报告中，有关规范可以要求记下如上述规定的失真及其受影响的频率范围。

（4）振幅容差。在所要求轴线上的检测点和基准点上的实际振幅应等于所规定的值，并应在下列容差内，这些容差包括仪器误差。

① 基准点（单点控制的控制点）：基准点上控制信号的容差为±15%。有关规范应指明是采用单点控制还是采用多点控制。如果采用多点控制，应说明是将各检测点上信号的平均值控制到所规定的值，还是将所选择的一个点上的信号控制到所规定的值。

② 检测点（多点控制的控制点）：在每一检测点上，当频率低于或等于 500Hz 时控制信号的容差为±25%；当频率超过 500Hz 时为±50%。

在某些情况下，如对低频或大样品的某些频率要达到上述要求可能是困难的，应当在规范在规定一个较宽的容差或规定另一种可选择的评价方法。

(5) 频率容差:

低于或等于0.25Hz时:±0.05Hz;

从0.25～5Hz时:±20%;

从5～50Hz时:±1%;

超过50Hz时:±2%。

振动响应检查期间,应采用下列容差:

低于或等于0.5Hz时:±0.05Hz;

从0.5～5Hz时:±10%;

从5～100Hz时:±0.5Hz;

超过100Hz时:±0.5%。

(6) 扫频。扫频应是连续的,并且其频率随时间应按指数规律进行变化。扫频的速率应为1oct/min,其容差为±10%。其他标准如有规定,频率随时间也可按线性规律变化。

7.4.12.1.2 随机振动试验对设备的要求

(1) 基本运动。试验样品各固定点的基本运动应为直线运动,并且其瞬时加速度值具有正态(高斯)分布的随机性质。这些点基本上也具有相同的运动。

(2) 分布。基准点上瞬时加速度值的分布通常落在规定的容差带内。

(3) 能提供规定的加速度谱密度频谱和总方均根加速度及其容差。

(4) 位移极限。所有振动台都有位移极限。为了限制峰值位移,必须在功率放大器前面插入一个高通滤波器。

7.4.12.2 振动试验设备的组成

振动试验设备包括振动台(水平滑台)和控制系统,进行试验时,还需要合格的振动夹具。

根据激振原理和结构的不同,实现振动的振动台可分为机械振动台、电动振动台、液压振动台、电磁振动台、压电振动台、磁致伸缩振动台等类型。在振动环境试验中使用最多的是电动振动台、机械振动台和液压振动台。三类振动台的性能、特点比较如表7-18所示。

表7-18 三类振动台主要性能比较表

项目	振动台种类		
	电动式振动台	机械式振动台	液压式振动台
最大推力	中	小	大
最大位移	中	中	大
工作频率范围	宽	窄	中
波形种类	正弦、随机、冲击	正弦	正弦、随机、冲击

表7-18（续）

项目	振动台种类		
	电动式振动台	机械式振动台	液压式振动台
波形失真度	小	较大	位移波形好，加速度波形失真较大
直接承载能力	中	小	大
抗偏载能力	中	中	大
台面漏磁	有	无	无
随机振动再现能力	功率谱再现好，随机波形再现较好	差	功率谱再现较好，随机波形再现好
性能价格比	小推力高，大推力低	高	小推力低，大推力高

7.4.12.2.1 电动振动台的组成和特点

电动式振动台由振动台台体及功放两部分组成，采用风冷或水冷的振动台还附有风机或水冷系统组件。电振动台的最大优点是工作频率范围宽，可从5Hz～10kHz频率（通常为5Hz～5kHz）。在整个工作频率范围内涉形失真小，控制方便，是目前应用最广泛的一种振动台。其不足之处是台面有漏磁影响，价格较贵，而且功率越大，性能价格比越低。

7.4.12.2.2 机械振动台的组成和特点

机械振动台按其工作原理主要分为曲柄连杆式、偏心轮式、离心（惯性）式。机械振动台的优点是结构简单、价格低廉、工作可靠、使用及维修简单，但上限工作频率低（200Hz左右），波形失真较大，很难实现随机振动和同步运行。

7.4.12.2.3 液压振动台的组成和特点

液压振动台由振动台体（含伺服阀）、电气控制和油源三部分组成。液压振动台的优点是负载能力大、低频性能好、很容易实现低频大位移振动、推力大、控制方便，但其波形失真度较大，上限工作频率不够高（目前为1000Hz左右），特别适合用于要求大激振力和大位移振动试验的场合（如道路运输模拟），而且功率越大，性能价格比越高。

7.4.12.2.4 水平滑台的组成和特点

水平滑台是振动台实现水平方向振动的辅助装置，一般由工作台面、底座、联轴器、导向系统组成。滑台可以沿水平面内一个或2个方向自由滑动，水平安装的振动通过联轴器向滑台传递振动，使产品能进行水平方向（X向、Y向）的振动环境模拟。选择水平滑台的主要参数是台面尺寸、额定位移、最大静负载和使用频率范围。

7.4.12.3 振动台和水平滑台的应用

7.4.12.3.1 电动振动台

使用电动振动台应注意如下几点。

（1）根据被试产品（含夹具）的质量和正弦振动的过载加速度值（或随机振动的总均方根值）确定振动台的额定推力。

(2) 根据试验规范规定的频率范围选择振动台的上、下限工作频率。

(3) 按试验规范给出的振动幅值确定振动台的额定加速度值、速度幅值和位移幅值。

(4) 按试验规范给出的振动控制方式的要求——正弦定频振动、正弦扫频振动(注意扫频交越点数的要求)、宽带随机振动等选择振动台的控制系统。

(5) 振动台面直接承受的垂直方向试验负荷不得超过其额定负荷(包括有辅助气压支撑的振动台),必要时可用辅助悬吊的办法减轻振动台的直接负荷量。

(6) 一般的电动振动台承受侧向负荷能力较弱,在台面上安装试件时应注意振动台的偏心力矩不超过给定的偏载力矩。

(7) 根据产品对磁敏感的程度选择漏磁量附合要求的振动台,或采取其他辅助消磁和隔离措施。

(8) 使用电动振动台进行随机振动和冲击(碰撞)试验时,要严格监视功放电流值不超过额定电流值,保护功放不产生过电流损坏。

7.4.12.3.2 机械振动台

选用电动振动台注意事项的前 5 条也适用于机械振动台。对可以实现双向振动的机械振动台,应注意振动台水平方向的倾斜力矩,并在水平振动试验中限制被试产品的重心高度与水平激振力的乘积不超过额定的倾斜力矩。

7.4.12.3.3 液压振动台

(1) 选择电动振动台所提到的前 4 条注意事项同样适用于液压振动台。

(2) 液压振动台台面直接承载能力很强。从理论上讲,可以大到静载荷的重力等于振动台的激振力。通常是取振动台激振力的 1/5～1/10 作为其最大的静载荷重。

(3) 液压振动台的偏载能力很强,但安装试件时,负载的偏心力矩也不应超过额定的偏心力矩。

(4) 液压振动台使用中,要严密注意油液的清洁度和保持工作场地的清洁,定期检查和更换油路系统的滤油器,以防油路堵塞和伺服阀卡死。

(5) 液压振动台是将微弱电信号转换成大功率液压信号的设备,使用中注意地线的连接,防止电源及外部杂散信号的干扰。

(6) 工作油液温度过高或过低,都会给振动台工作带来不利影响,使用中应监视油液温度,注意冷却水的供给。

(7) 对任何一台液压振动台开机时,一定先供电后供油,关机时先断油后断电。

7.4.12.3.4 水平滑台

(1) 安装于滑台上的试件在振动中会产生一定的倾斜力矩(M_p),其最大值等于试件重心高度(H)乘以最大的激振力($F=MA$),即 $M_p=MAH$,该值不能超过滑台的额定翻转力矩。

(2) 试验件尽可能安装于滑台的中心部分,否则因横向振动会引起试件的滚转。在试验中产生的滚转力矩决不能超过滑台的额定滚转力矩值。

(3) 现役使用中的滑台多数是开式循环的油膜滑台,使用中应特别注意现场环境的清洁度。

(4) 经常检查振动台与滑台间连接的牢固程度，保证振动的可靠传递。

7.4.12.4 随机振动控制系统(RVC系统)

7.4.12.4.1 组成和特点

随机振动控制系统是用于使振动台实现随机振动的一整套装置，分为数字式和模拟式。数字式随机振动系统包括硬件和控制软件两部分。硬件部分包含计算机系统、数字接口装置(A/D、D/A等)、放大器、滤波器等。模拟式控制系统包括噪声信号源、均衡器、混频器、滤波器等。从再现随机振动能力可分为窄带随机谱再现、宽带随机谱再现和随机振动时域波形再现，前两种主要用于产品结构振动的环境模拟，后者主要用于道路运输环境模拟。

数字式与模拟式相比，数字式的控制精度高、可变换性好、操作简单方便。随着微型计算机的飞速发展，数字式随机振动控制系统已取代了模拟式随机振动控制系统。

7.4.12.4.2 数字式随机振动控制系统的应用

(1) 实现随机振动的随机推力(F_R)的计算式为：

$$F_R = m \times a_{rms} \tag{7-1}$$

式中 m ——负荷质量(试件、夹具与振动台运动部件的总质量)；

a_{rms}——是随机振动的总均方根值。

(2) 总均方根值a_{rms}的计算。随机振动自功率谱均方值是其谱密度曲线下的总面积。对于通常由直线组成的试验规范谱，其计算公式可简化如下：

(1) 平直谱

$$a_{RMS1} = [(G_0(f_2 - f_1))]^{1/2} \tag{7-2}$$

式中 f_1——平直谱起始频率，Hz；

f_2——平直谱终止频率，Hz；

G_0——平直谱的谱值，m^2/s^3。

(2) 斜谱

$$a_{RMS2} = \left\{\frac{G_1 f_1}{m}\left[\left(\frac{f_2}{f_1}\right)^m - 1\right]\right\}^{1/2} \tag{7-3}$$

$$m = 1 + \frac{N}{3}$$

式(7-3)适用于$m \neq 0$，即斜谱的斜率$N \neq -3$dB/oct。

若$m=0$(即$N=-3$dB/oct)，则改为用式(7-4)计算：

$$a_{RMS2} = \left[G_1 f_1 \ln\left(\frac{f_2}{f_1}\right)\right]^{1/2} \tag{7-4}$$

式中 f_1——斜谱起始频率，Hz；

f_2——斜谱终止频率，Hz；

G_1——斜谱起始点(对应于频率f_1点)的谱值，m^2/s^3；

N——斜谱(含升谱或降谱)的正、负斜率(dB/oct)。

(3) RVC 是一套数字信号控制系统，将它和振动台模拟电路控制系统连接时要特别注意阻抗匹配和共地问题，防止因对地电位差带来的严重干扰。

(4) 当用 RVC 与振动台配套进行随机振动试验时，一般应在低量级下先进行均衡处理，再逐步升级到试验所要求的规范谱(参考谱)谱值。在低量级下均衡时，均衡时间应有所限制，当均衡的谱值为试验谱值的 1/4～1/2 的范围内，或均衡的谱值为试验谱值的 1/2 至接近参考谱值的范围内的均衡时间均不能超过总试验时间的 10%。

(5) 在振动台(含电动振动台、液压振动台等)上按产品所要求的随机振动功率谱做试验时，应首先核算振动台的最大位移幅值是否能满足试验谱的要求，以防止试验中峰值位移过大而损坏振动台，通常可用公式(7-5)计算在某频段内随机振动最大的峰-峰值位移量：

$$X_{pp}=K\left(\frac{G_0}{f_1^3}\right)^{1/2} \tag{7-5}$$

公式(7-5)是假定功率谱在试验频率范围内为平直谱，谱值为 G_0(g^2/Hz)，(lg^2/Hz ≈100m^2/s^3)，f_1 是试验频率的下限值，X_{pp}是对应 f_1 处的随机振动峰-峰值位移(cm)。式中，K 是一个计算常数，当 G_0 单位是 g^2/Hz、f_1 单位是 Hz、X_{pp}单位是 cm 时，可取 $K=105.68$，也有的文献推荐 $K=101.6$。

若试验功率谱不是平直谱，也可用该频率点处的频率值 f 及其所对应的功率谱值 G 代入上面公式中进行估算，得到该功率点处所对应的最大的峰-峰值位移的近似值。

7.4.12.5 振动试验夹具

振动试验夹具是试验件与振动台台面之间的连接装置，是将台面输出的振动信息不失真地传递给被试产品的过渡体。

7.4.12.5.1 对振动试验夹具的要求

(1) 夹具本体的总质量小、刚度重量比高。尽量避免在振动试验的频率范围内出现谐振，或者不发生对试验结果有显著影响的夹具或夹具—试件耦合谐振，例如一般要求空夹具本身在试验频率范围内，不应存在高于台面振动量值 10 倍(20dB)的共振峰值。保证夹具的振动传递特性好。

(2) 夹具设计尽可能采用对称性结构，避免横切面的急剧变化，重心要低且尽量与夹具的几何中心线靠近或重合，保证夹具振动传递的均匀性。

(3) 夹具与振动台面、夹具与被试件间应有一定的接触面，而且连接刚度高，连接牢固可靠，连接螺拴旋入螺孔内深度至少应大于一个螺栓直径，螺栓的预紧力比预期由振动产生的分离力至少大 10%。

(4) 制造夹具推荐选用弹性模量(E)/材料密度(γ)的比值大和内部阻尼高的材料，表 7-19 列出了几种常用夹具材料的有关数据，可供选择。

(5) 夹具一般应是整体结构，尽量减少中间连接环节。夹具制造工艺的优选顺序是铸造、整体材料机加工、焊接、拼装粘接、拼装螺接。

表 7-19　几种常用夹具材料性能表

材料名称	牌号	σ_b/MPa	E/GPa	γ/(N/m^3)	E/γ/m
硬铝 (Al-Mg)	LY11 LY12	400	70	2.8×10^4	2.50×10^6
超硬铝合金 (Al-Zn-Mg-Cu)	LC4 LC9	500	74	2.8×10^4	2.64×10^6
镁合金	MB15 MB22	300	40	1.8×10^4	2.22×10^6
碳钢	45	600	200	7.8×10^4	2.56×10^6

注：表中所列数据均为近似值。

7.4.12.5.2　典型振动夹具图例

典型振动夹具结构如表 7-20 所示。

表 7-20　振动试验夹具结构图例

名称	图例	特点
板式夹具	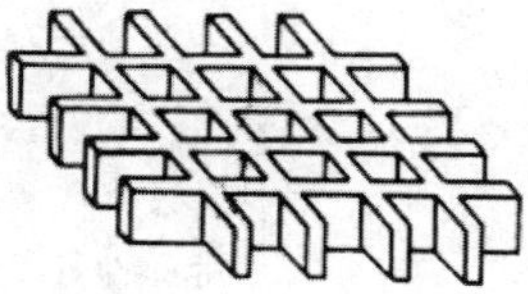 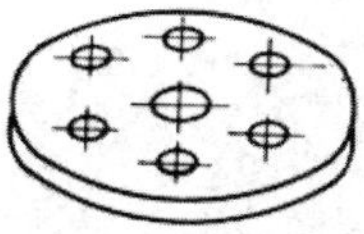	(1) 用于解决台面安装孔的转接 (2) 多个试件的同时安装
立方体夹具	 	(1) 可以侧面安装试件，实现多轴向振动环境模拟 (2) 刚度好 (3) 对称性好
L型夹具	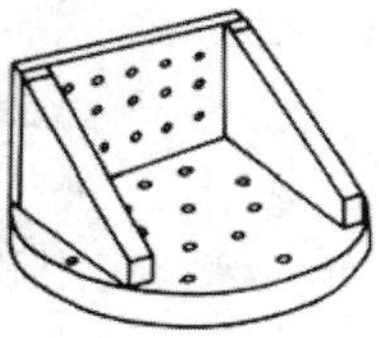	(1) 适于多轴向振动试验 (2) 刚度好
T型夹具	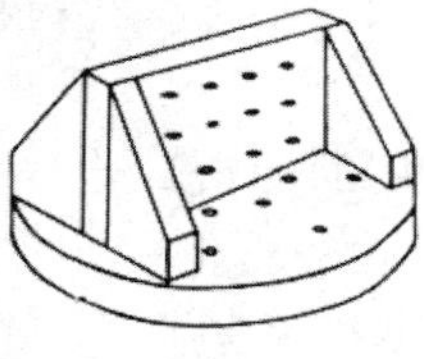	(1) 适于多轴向振动试验 (2) 刚度高 (3) 对称性好

表 7-20（续）

名称	图例	特点
锥型夹具		(1) 用于转接不同的接触面积 (2) 刚度好
悬挂式夹具		用于在框架内实现悬吊式安装
半球形夹具		同样的重量下夹具的固有频率最高 对称性好

7.4.13 冲击试验设备

机械冲击可能对整个装备的结构和功能的完好性产生不利的影响，影响程度一般随冲击的量级和持续时间的增减而改变。

装备对机械冲击的响应具有以下特征：高频振荡、短持续时间、明显的初始上升时间和高量级的正负峰值、冲击响应一般可用一个随时间速减的指数函数包络。

冲击试验的目的主要有以下三方面：

(1) 评估装备的结构和功能承受其在装卸、运输、使用和维修过程中不常发生的非重复冲击能力；

(2) 确定装备的易损性，用于包装设计，以保护装备结构和功能的完好性；

(3) 测定装备固定装置的强度。

冲击试验程序很多，航空机载设备最常用的冲击试验程序是基本设计冲击或功能性冲击和坠撞安全冲击两个程序。前者评估在冲击作用下装备的结构完好性和功能一致性，后者评后在坠撞条件下，装备的安装夹具，系紧装置或箱体结构的结构完好性，避免其坠落危及人员及装备的安全。本书只介绍用于这两种试验程序的设备。

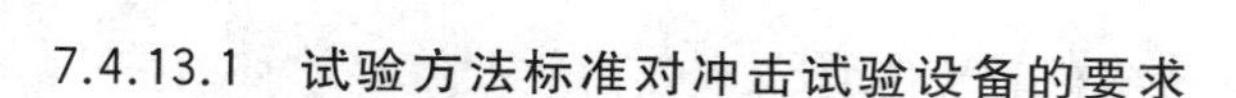

7.4.13.1 试验方法标准对冲击试验设备的要求

试验方法标准中往往规定冲击试验的波形、峰值加速度、持续时间、速度变化量和冲击轴向及次数。经典的冲击试验波形有半正弦强波和后峰锯齿波等，并在波形图中规定容差。

GJB 150.18A《军用装备实验室环境试验 第18部分 冲击试验》中规定优先使用冲击响应谱，在没有测量数据的情况下，可使用标准提供的冲击响应谱如图7-1所示。还提供了峰值加速度，持续时间及频率转折点，如表7-21所示，并在GJB 150.18A《军用装备实验室环境试验 第18部分 冲击试验》的6.2.2.3节中阐述了响应谱容差的确定方法。若不用冲击响应谱，可用后峰锯齿波，但不能用半正弦波。

表7-21 没有测量数据时使用的试验冲击响应谱

试验程序	峰值加速度 $g/(m/s^2)$	T_e /ms	频率折点 /Hz
飞行器设备功能性试验	20	15～23	45
地面设备功能性试验	40	15～23	45
飞行器设备坠撞安全试验	40	15～23	45
地面设备坠撞安全试验	75	8～13	80

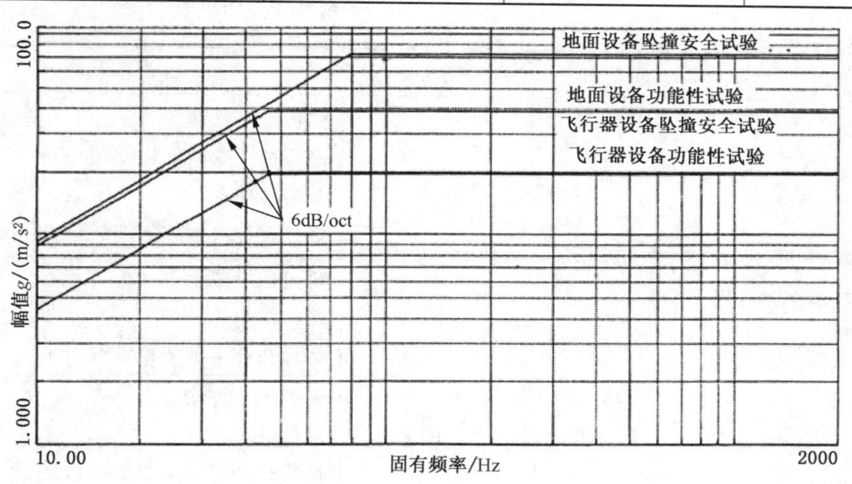

图7-1 没有测量数据时使用的冲击响应谱

7.4.13.2 冲击试验设备的分类和特点

7.4.13.2.1 冲击试验设备的分类

冲击试验设备是对产品施加可控制的，再现产品在运输、储存、使用中所经受冲击载荷状态的环境模拟试验设备。主要有冲击机模拟、冲击瞬态波形模拟和冲击响应谱模拟3种型式(见图7-2)。在实际工程试验中，早期多为冲击机模拟，目前应用最普遍的是规定冲击脉冲波形的冲击模拟，未来将逐渐推广冲击响应谱模拟。

按惯例，实现冲击脉冲波形模拟的试验装置中复现单次冲击脉冲波形的称为冲击台，复现多次(连续)冲击脉冲波形的称为碰撞台。

7.4.13.2.2 结构原理和工作特点

各类瞬态冲击波形模拟试验台的结构原理和工作特点(见表 7-22)。

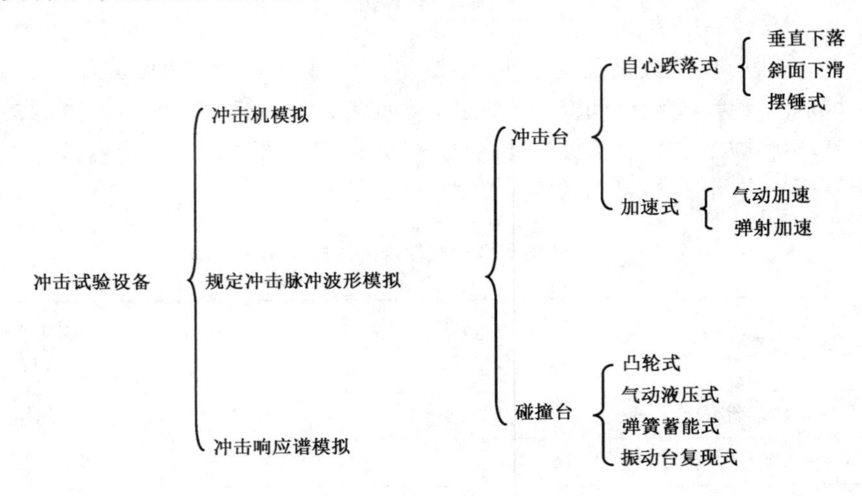

图 7-2 冲击试验设备分类

表 7-22 各类瞬态冲击模拟台的结构原理和工作特点

类型			结构原理	工作特点
冲击试验台	自由跌落式(缆绳提升、气压提升、凸轮提升、液压提升)	垂直跌落式	图 7-3	模拟垂直跌落 峰值加速度较低(50～5000m/s²) 结构简单 试件在冲击前的预加载荷小(10m/s²)
		斜面下滑式	图 7-4	可近似模拟水平冲击 结构简单 试件在冲击前的预加载荷小
		摆锤式	图 7-5	模拟水平冲击 结构简单 试件在冲击前的预加载荷是零
	加速式	气动加速	图 7-6	可以模拟垂直冲击或水平冲击(气缸水平安装) 冲击过载大(100～4000m/s²) 试件在冲击前的预加载荷大
		弹射式	图 7-7	可以模拟垂直冲击或水平冲击(气缸水平安装) 冲击过载大(100～4000m/s²) 试件在冲击前的预加载荷大

表 7-22（续）

类型		结构原理	工作特点
磁撞试验台	凸轮式	图 7-8	结构简单,使用方便 波形再现性较差 冲击过载能力较小
	气动液压式	图 7-9	冲击过载能力较大 波形再现性较差(比凸轮式有所改善)
	弹簧蓄能式	图 7-10	冲击过载比凸轮式大 其他性能与凸轮式近似
	振动台复现多	图 7-11 图 7-12	波形再现性好 冲击过载能力较小

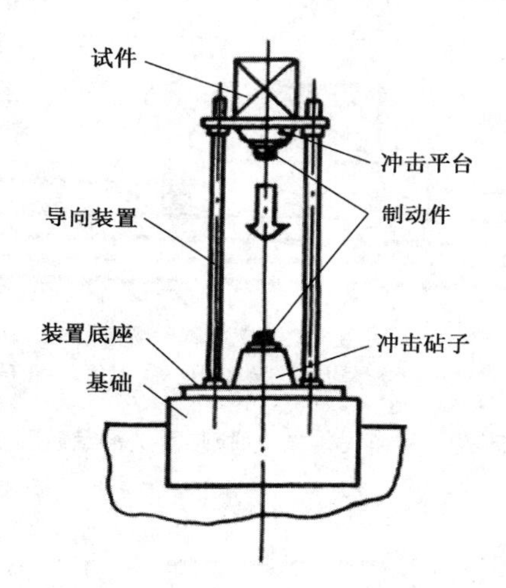

图 7-3 垂直跌落式冲击试验装置结构示意图

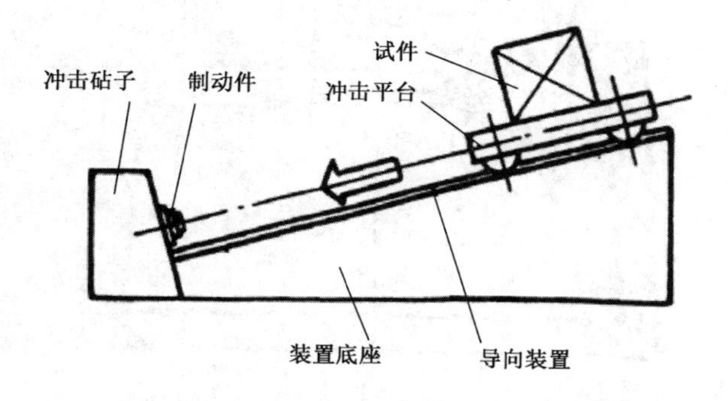

图 7-4 斜面下滑式冲击试验装置结构示意图

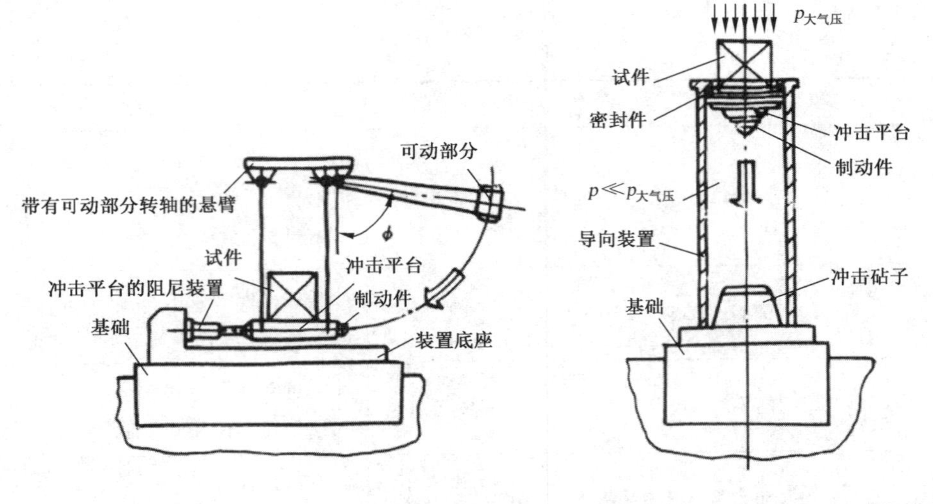

图 7-5　摆锤式冲击试验装置结构示意图　　　　图 7-6　气动式冲击试验装置结构示意图

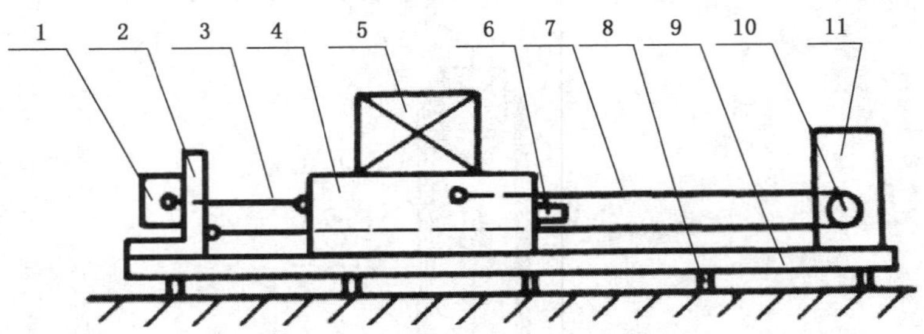

1—铰车及释放装置；2—固定支架；3—牵引钢丝绳；4—冲击平台；5—试件；
6—缓冲器；7—橡皮绳；8—调整垫块；9—导轨；10—滑轮组；11—砧子(缓冲质量块)

图 7-7　弹射式冲击试验装置结构示意图

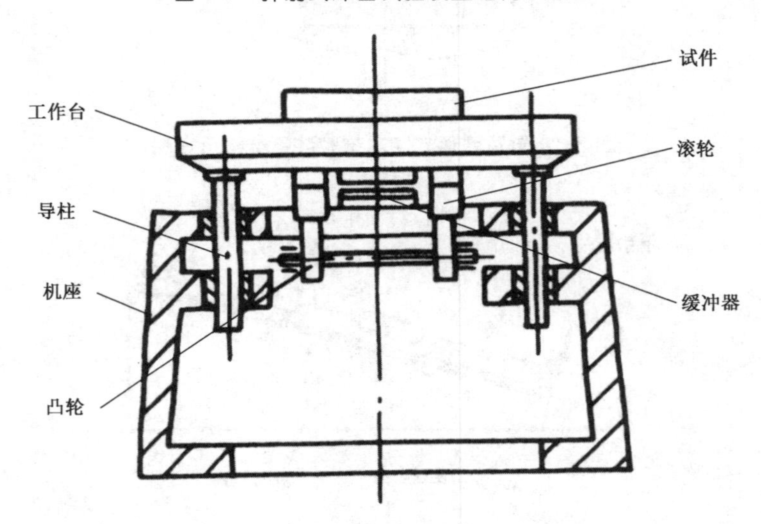

图 7-8　凸轮提升跌落式碰撞台结构示意图

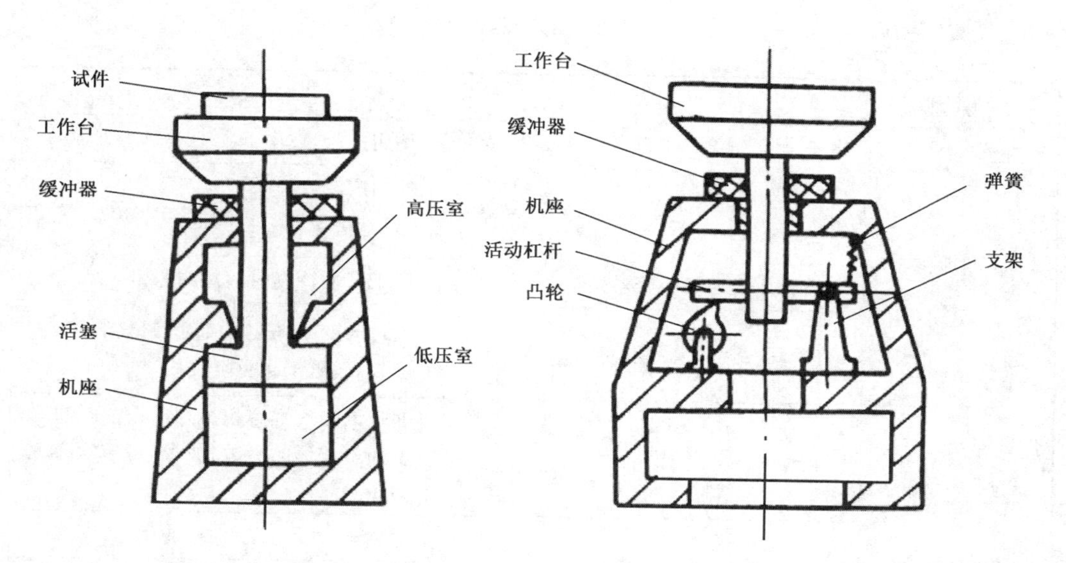

图 7-9 气动式碰撞台结构示意图

图 7-10 弹簧蓄能式碰撞台结构示意图

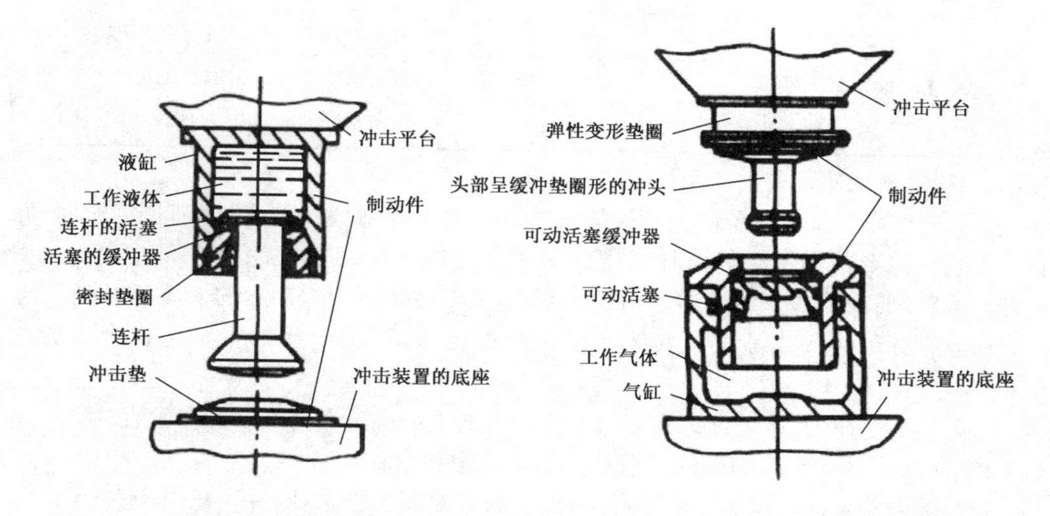

图 7-11 具有恒定力学特性的液压弹簧

图 7-12 复现梯形冲击脉冲的缓冲器

7.4.13.2.3 各种缓冲器的作用及特点

冲击试验装置中的缓冲器是冲击波形模拟中的关键装置，各种缓冲器的作用及特点见表 7-23。

表 7-23　缓冲器类型表

模拟波形	类型	特点
半正弦波模拟	高密度毛毡	使用广泛，成本低
	橡胶	使用广泛，成本低
	金属板簧	耐用，但伴有高频干扰
	高强塑性聚丙烯或聚乙烯	用于脉冲持续时间短的冲击
	液压弹簧	通过改变液压缸的容积调整脉宽，波形较好，可多次重复使用
梯形波模拟	气体弹簧	通过改变气缸容积、形状及气压，可调整冲击波形的参数，波形，可多次重复使用
	铸铅块(球状)	适用于窄脉冲，一次性使用
	蜂窝柱	利用蜂窝柱的塌陷特性，可完成脉冲时间长的梯形波
	弹性变形垫圈＋气体弹簧	容易调整波形参数，波形较好，可多次重复使用
后峰锯齿波模拟	铅锥	利用塑性变形特性，一次性使用
	蜂窝棱锥	利用塌陷特性，一次性使用
	弹性变形垫圈与气体弹簧组合	利用其非对称刚度特性，可重复使用

7.4.13.3　冲击试验设备的应用

(1) 选择冲击试验设备的主要性能参数是冲击过载峰值加速度、脉冲持续时间(脉宽)、可复现波形的类型。峰值加速度的大小主要取决于冲击时的能量和缓冲器的刚度，脉冲持续时间取决于缓冲器和砧子的刚度，冲击波形则由缓冲器的性质所决定。

(2) 冲击台的负荷都直接安装在工作台面上，应根据产品的重量选择合适的冲击台。

(3) 对水平冲击台，试件的重心与工作台面的重心应落在与运动方向垂直的同一铅垂面内，防止在冲击产生的瞬间对被试产品施以附加弯矩。

(4) 缓冲器是冲击试验台的必配备件，应根据需要进行选择，并注意保管。

(5) 使用中要特别注意保持冲击台运动导轨(导柱)的清洁和良好的润滑性。

(6) 严禁在没有安装缓冲器的状态下开机冲击。

(7) 由于冲击试验是潜在性破坏较大的环境试验项目，在正式进行产品试验前，建议用模拟样件进行预调，以排除冲击试验时产品的无效损坏和确保试验结果的可信度。

7.4.14　加速度试验设备

进行加速度试验的目的有 3 个：一个是验证装备的结构能否承受使用中由平台加、减速和机动引起的稳态惯性载荷的能力；第二个是验证装备在这些载荷的作用期间和作用以后性能是否不会下降；第三个目的是验证装备经受坠撞惯性过载后会不会发生危险。基于上述目的，环境试验标准中规定了加速度结构试验，加速度性能试验和坠撞安全试验3个试验程序。

人们一般对恒加速度的破坏作用的认识，不像对振动冲击等环境对装备的破坏作用认识那样深刻，实际上，高量值的加速度同样能造成装备各种类型的损坏，包括：

（1）结构变形从而影响装备运行；

（2）永久性的变形和断裂致使装备失灵或损坏；

（3）坚固件或支架的断裂使装备散架；

（4）安装支架的断裂导致装备松脱；

（5）电子线路板短路和开路；

（6）电感和电容值变化；

（7）继电器断开或吸合；

（8）执行机械或其他机构卡死；

（9）密封泄漏；

（10）压力和流量调节数值变化；

（11）泵出现气蚀；

（12）伺服阀滑阀移位引起错误和危险的控制系统响应。

7.4.14.1 试验方法标准对加速度试验设备的要求

环境试验方法标准中仅规定试验设备应能够产生和保持规定的加速度值。GJB 150.15A《军用装备实验室环境试验方法　第15部分　加速度试验》中表1～表3中分别给出了不同类型飞行器(包括外挂)的结构试验、性能试验和坠撞安全试验的推荐值。加速度试验量值的容差规定为±10%，也有些标准中规定为-10%+30%。需要说明的是，使用离心机进行试验时，这种容差不是靠试验设备保证，而是靠合理安装受试产品在离心机臂上的位置来实现的。

7.4.14.2 加速度试验设备的组成

常用的加速度试验设备有离心机和带滑轨的火箭撬，由于两者产生加速度载荷的方式不同，选用时应仔细分析受试产品的特性；决定使用那种设备。

7.4.14.2.1 离心机

离心机是通过绕固定轴旋转而产生加速度载荷的，所以加速度方向总是沿径向指向离心机的旋转轴心，而由加速度所产生的载荷方向总是从旋转轴心沿径向向外。当试件直接安装在离心机试验臂上时，则试件同时承受旋转和平移两种运动。离心机的另一特性是加速度引起的载荷与试件距旋转轴心的距离成正比。为使试件最靠近和最远离旋转轴心的部分所承受的加速度载荷分别不小于规定试验值的90%和不大于规定试验值的110%，应选择合适尺寸的离心机。

离心机有转盘式和转臂式两种，军用装备环境试验中更多的是使用转臂式离心机，其台体结构如图7-13所示。

试验样品安装在转臂两端的工作台面上，或通过夹具安装在工作台面上。转臂上框架结构梁，离回转中心稍远处采用合金铝板包成光滑的准流线型迎风面，以减小风阻,降低功率消耗。转臂重量大约为数百千克,与主轴通过法兰盘刚性地连接在一起,消除了由于转臂上下波动而带来的恒加速度的变化。电动机的运动和动力通过齿轮轴、齿轮及主轴传递给转臂,驱动转臂旋转。传动系统置于减速箱内,减速箱采用飞溅油润滑,以保证传系统的正常工作,油箱油面高度可通过油标来观察。测速电机将转臂的实际转速检测后变为电信号输出给电控系统,以控制、调节转臂的实际转速,保证转速的稳定性。

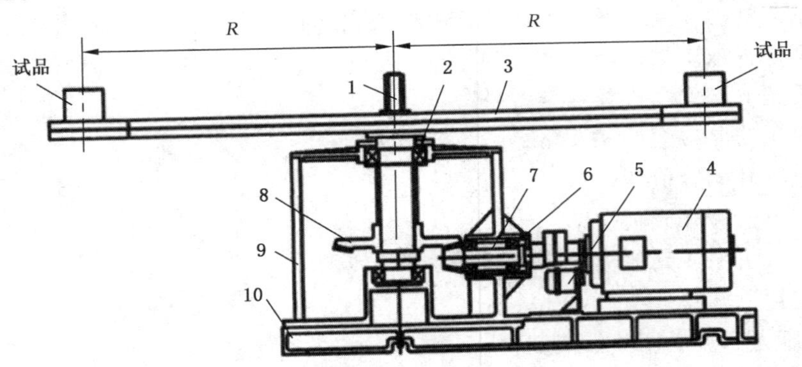

1—导电滑环;2—加强型圆锥滚子轴承;3—转臂;4—电动机;5—测速电机;
6—加强型圆锥滚子轴承;7—齿轮轴;8—大齿轮;9—机箱;10—底座

图 7-13 转臂式离心恒加速度试验机结构示意图

导电滑环是为满足被试产品在供电状态下做恒加速度试验的一个动静转换装置,导滑环用支架固定,防止其随转臂一起旋转,并通过支架引出供电导线。

除台体外,转臂式离心机还有控制装置、试验参数测量和显示装置构成的控制系统。控制系统经历了由手动调节到自动控制,由可控硅直流调速控制到由PII工控机、PC836板卡、显示器、激光打印机以及变频调速器构成的交流调速控制系统和由PII工控机、PC836板卡显示器,激光打印机以及电磁调速器组成的电磁调速异步电动机控制系统。

7.4.14.2.2 带滑轨的火箭撬

这种离心机主要用于救生等产品试验,它以火箭为加速动力、沿滑轨加速产生所需要的加速度,造价昂贵。

带滑轨火箭撬产生与火箭撬加速度方向相同的直线加速度。装于火箭撬的试件均匀地承受与火箭撬相同的加速度值。加速度试验量值和该试验量值的持续时间取决于滑轨长度、火箭的功率和火箭的装药量。由于滑轨粗糙不平,这类装置通常会产生明显的振动环境。而这种振动一般比被试装备的使用振动环境还要严重,所以夹具设计时应充分考虑试件可能需要对这种振动环境进行隔离。在进行试验时,需将试件工作所需的辅助装置同试件一起安装在火箭撬上,这就需要使用自备的电源装置和遥控系统,以便试件在滑动时能进行操作,同时需用遥测或耐振仪器来测试试件的性能。

7.4.14.3 离心加速度试验设备的应用

(1) 被试产品质量和夹具质量之和,一般不应大于旋转试验机允许的最大负载。

(2) 旋转试验机产生的加速度 a 与被试产品的安装半径 R 成正比，因而在被试产品的不同点上产生不同的加速度值，按 GJB 150 要求，被试产品上各点经受的加速度必须在±10%容差之内。

(3) 由于设备结构和加速度容差的限制，被试产品的外形尺寸一般不应大于旋转试验机允许的最大被试产品尺寸。

(4) 根据被试产品试验参数的严酷等级选择设备，如加速度、试验持续时间、安装方向、设备精度等应满足试验要求。一般加速度环境试验分为性能试验和结构试验，结构试验的加速度值为性能试验的 1.5 倍。试验设备应能提供在 3 个互相正交轴的正负方向(即 6 个方向)上实现所要求的加速度值。

(5) 根据试验内容和方法选择试验设备。如是否通电，需多少根电缆，是否通油、通气等，设备应满足要求。

(6) 当使用加速度计来测量试验值时，把加速度计(经过标定的)装于以被试产品受考验部位的几何中心(或重心、敏感点)为半径的圆周上。应精确测量被试产品受考验部位的几何中心(或重心、敏感点)至旋转轴线的距离 R，确保受考核部位任一点的加速度值都在规定值的 90%～110%之内。如不能达到上述要求，则应调整被试产品在转臂上的位置，或者使用较大转臂尺寸的旋转试验机。

(7) 旋转试验机必须安装在专用地基上，并用地脚螺栓紧固。应调整台面的水平度，偏差不应大于 0.2%。

(8) 双臂旋转试验机，当只有一臂安装试验件时，另一臂应有配重。

(9) 旋转试验机不工作时，工作台面上不能随意放置物品，以保证其不变形。

(10) 认真阅读使用说明书，按其要求使用、维护和保养。

7.4.15　综合环境试验设备

所谓综合环境试验是指有能将 2 个或 3 个以上的环境因素同时作用于受试产品的试验。从这一意义上讲，湿热试验、盐雾试验、太阳辐射试验，沙尘试验、霉菌试验都可认为是综合环境试验。实际上并不是如此，单纯的气候环境因素之间或生化环境与气候环境因素的综合不称为综合环境试验。只有既包括气候、又包括力学环境因素的试验才称为综合环境试验。美国军标 MIL-STD-810F/G《环境工程考虑和实验室试验》和国军标 GJB 150.24A《军用装备实验室环境试验方法　第 24 部分　温度—湿度—高度—振动试验》中，明确规定这 4 个环境因素的任意综合，包括 6 个 2 因素综合，3 个 3 因素综合和 1 个 4 因素综合都是可以的，因而覆盖了 GJB 150《军用设备环境试验方法》中的温度—高度试验和温度—湿度—高度试验，GJB 150A《军用装备实验室环境试验方法》中不再包括的这两个试验方法。本书仅介绍温度-湿度-振动和温度-高度-振两种三综合试验设备。

7.4.15.1　试验方法标准对综合试验设备的要求

GJB 150.24A《军用装备实验室环境试验方法　第 24 部分　温度—湿度—高度—振动》中只规定能提供综合环境应力满足 GJB 150.1A《军用装备实验室环境试验方法　第一部分　通用要求》中的 3.4 条要求。由于综合的多样性，难以提出更具体的应力参数值和容差要求，但规定必经能满足各因素单应力试验方法中规定的要求。

7.4.15.2 综合试验设备的组成

7.4.15.2.1 温度—湿度—振动综合试验设备

该综合试验设备组成见表 7-24，箱体结构原理图见图 7-14，控制系统原理图见图 7-15。

表 7-24 温度—湿度—振动三综合试验设备系统组成

组成单元		组成特点
1	高低温、湿度设备	(1) 试验箱用四根方钢架起，距地面的高度以放置振动台体合适为准。试验箱底板可拆换 (2) 电加热升温，氟制冷和液氮制冷降温，使升降温速率>5℃/min (3) 由智能仪表式微计算机组成测温和控温系统，并具有测试露点功能
2	电动振动台系统	(1) 振动台选用标准的或加大台面的电动振动台，底部带有角轮，使之可以自由移动 (2) 具有随机、正弦控制功能 (3) 控制系统一般是数字式
3	振动台与温湿度箱耦合系统	(1) 若振动台面不伸入环境箱，只是附加过渡台面伸入箱内，另一端与振动台面牢固连接，则要求过渡台面刚性好、质量轻，与振动台面对中连接好 (2) 大振动台面可直接伸入环境箱内 (3) 要求振动台面或过渡台面密封系统能保证环境箱内的温度场不受箱体外气流扰动的影响，箱内的高温不引起振动台的温升，振动波形传递不失真 (4) 密封元件通常选用硅橡胶薄膜

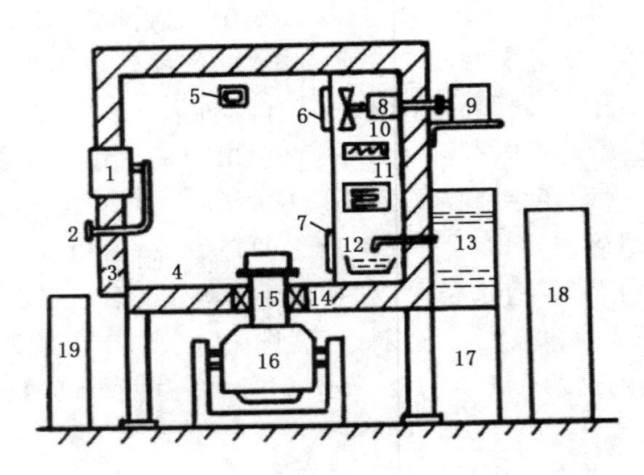

1—观察窗；2—窗刷；3—箱门；4—工作室；5—照明灯；6—出风窗；7—回风窗；8—风机；9—电机；10—电加热器；11—制冷蒸发器（包括除湿蒸发器）；12—水盘加湿器；13—补水箱；14—隔热保护；15—过渡台面；16—振动台；17—除湿机；18—温湿度电控柜；19—振动系统电控柜

图 7-14 温度—湿度—振动试验设备组成原理示意图

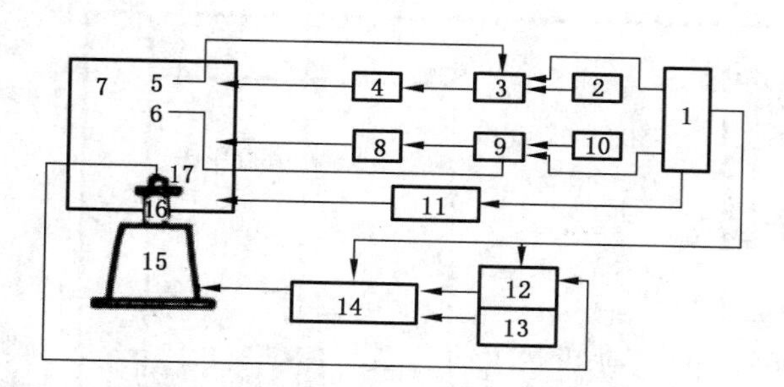

1—操作器；2—干球温度设定；3—温度控制器；4—热源；5—测湿元件(干球)；
6—测温元件(湿球)；7—温湿箱；8—湿气源；9—温度控制器；10—湿球温度记定；
11—冷源(制冷设备)；12—正弦信号控制器；13—随机信号控制器；14—功率放大器；
15—振动台；16—过渡台面；17—加速度传感器

图7-15　温度—湿度—振动控制系统框图

7.4.15.2.2　温度—高度—振动综合试验设备

该综合试验设备组成见表7-25，组成原理示意图见图7-16。

表7-25　温度—高度—振动三综合试验设备系统组成

组成单元	组成特点
高低温、低气压试验箱	(1) 具备通用的高低温、低气压试验设备功能及结构要求 (2) 具有快速升降温功能，升降温速率>5℃/min (3) 振动台面可以伸入箱内 (4) 具有抽空密封接口 (5) 采用计算机或智能仪表控温、测温和测露点温度
电动振动台系统	(1) 振动台选用标准的或加大台面的电动振动台，底部带有可升降角轮，使台体可以自由移动 (2) 具有随机、正弦控制功能 (3) 控制系统是数字式
振动台与气候试验箱耦合系统	(1) 过渡台面选用刚度大、质量轻的合金材料制成 (2) 密封元件选用高低温性能好、不影响振动波形的硅橡胶薄膜制成

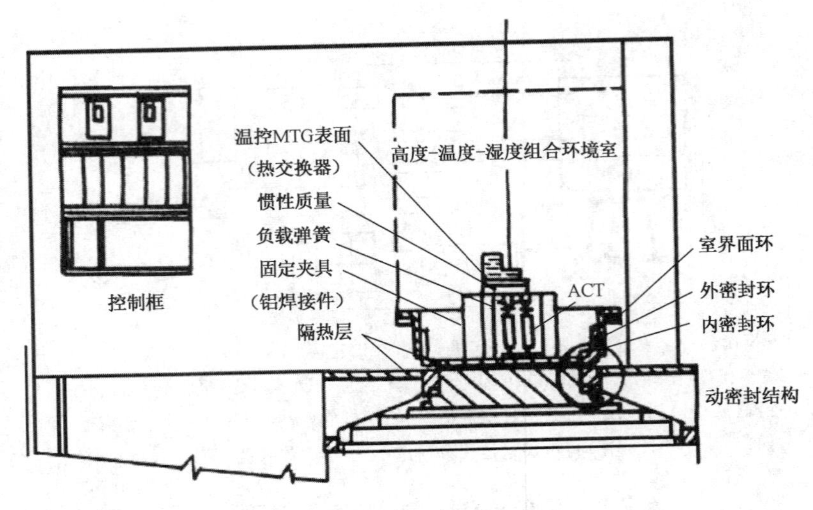

(a) 总体布置原理图

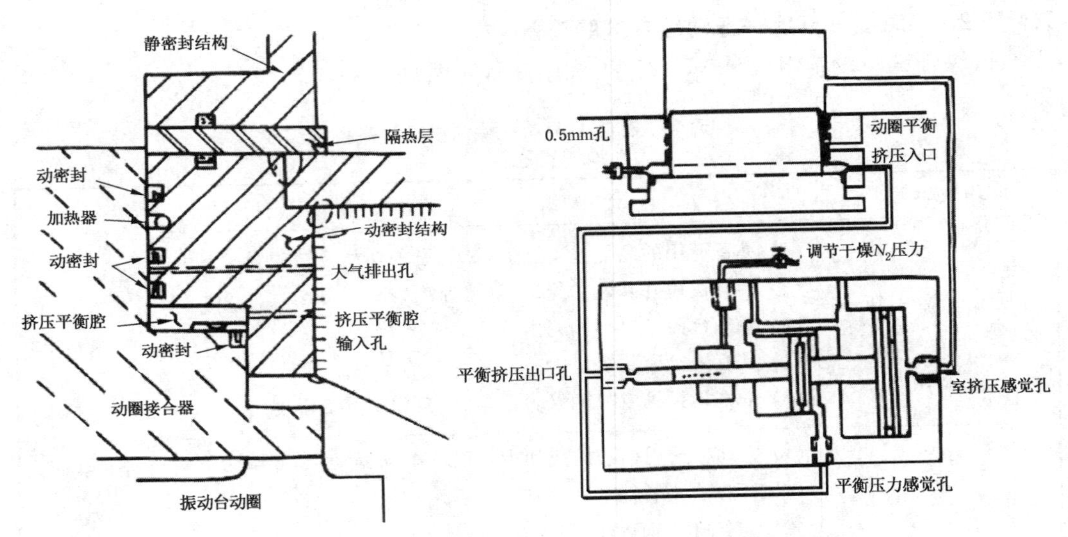

(b) 动密封结构图 (c) 振动台动圈位置对中系统图

图 7-16 温度—高度—振动试验设备组成原理示意图

7.4.15.2.3 气候试验箱与振动台的耦合系统(接口)

对耦合系统(接口)有如下性能要求如下。

(1) 保证气密性好。

(2) 保证绝缘性能好。振动台工作时,对气候箱内的温度场不产生明显的影响,气候试验箱内温度的变化对振动台动圈不产生明显的影响。

(3) 对振动台的传递不产生明显的附加失真(含 X,Y,Z 3 个方向)。

(4) 能在有关规范所要求的温度条件下长期工作。

(5) 质量轻、结构刚性好,拆装维修方便,与振动台面对中连接好。

(6) 接口装置的上下端应近似等压,防止在低气压-振动综合试验时,因试验箱内负压将振动台面吸入(或推出)高度箱内,无法正常工作。

7.4.15.3 综合环境试验设备的应用

(1) 综合试验设备能够提供包括温度的各种环境应力,并不等于就可简单地用来进行稳态的高低温试验,因为这类试验箱为了实现温度快速变化,其箱内风速较大,不符合温度试验方法对试验箱的要求。

(2) 有关环境因素对应的试验设备的使用维护注意事项也适用于此综合环境试验设备。

(3) 气候环境与力学环境最好的耦合方式是不要过渡台面,使振动台面直接伸入到气候试验箱内。不但使耦合系统组成简单,也有益于隔热密封和振动波形不失真的传递,同时也消除了过渡台面的固有频率对振动加速度的影响。

(4) 由于加速度传感器的灵敏度是温度的函数,而常规加速度传感器的标定是在室温(如20℃)下进行的,因此使用常规加速度传感器去测试高低温环境下的振动加速度时,其实测数据含有较大的误差。如在−55℃下,国产通用加速度传感器实测值比实际值约低17%~19%,在高温(+80℃)时测量值高出实际值近10%。因此,必须将测试结果进行温度修正,最好是购买灵敏度对温度变化不敏感的特殊用途的加速度传感器。

附　录

附录 1　试验结果借用条件和类比分析报告编写要求

（摘自正在出版的国军标《装备环境工程文件编写要求》附录 B）

B.1　范围

B.1.1　主题内容

本附录阐述了将产品或者相似产品已进行过某项环境试验项目的结论用于在研产品环境鉴定试验同一项目时的必要条件和相应分析报告的编写要求，为编写试验结果借用类比分析报告提供指导。

B.1.2　适用范围

本附录适用于环境鉴定试验大纲中规定要进行但不打算进行的环境试验项目。一般适用于以下场合：

a）其他型号已使用的产品或货架产品。这些产品或货架产品已通过环境鉴定试验和使用考验。

b）改进/改型产品。其环境鉴定试验大纲中规定的有些试验项目，与改进/改型前产品的环境鉴定试验项目相同，其试验条件已被改进/改型前产品的环境鉴定试验条件覆盖。

c）在研制阶段使用环境鉴定试验条件进行了环境试验的产品。其试验结果合格，试验管理规范，质量控制严格，有完整、可追溯的试验报告，且试验后到设计定型或技术鉴定时，产品的技术状态没有变化。

B.2　借用应具备的条件

B.2.1　产品结构状态相同或相似

满足以下条件方可认为两个产品的结构状态相同或相似：

a）其选用的材料、元器件、零部件相同；

b）具有相同或相似的物理特性（外形尺寸、质量、重心等），组成产品的元器件、零部件、组件等的布置相同或相似，产品质量分布和重心与借用产品基本一致，具有相同或相似的热分布和动力学响应特性，且没有出现由布置位置变化带来新的异种金属接触。

B.2.2 产品的功能和性能指标要求相同或更低

产品的功能和性能是环境试验前、环境试验中和环境试验后必须进行检查和测量的内容。所有功能完整且性能满足指标要求才能认为该产品能在规定的环境条件正常工作。如果功能项目增加了、或虽然功能项目相同但要求与被借用产品有别，被借用产品的功能不能覆盖其功能；如果性能测量项目增加，或虽没增加，但性能指标及其容差要求比被借用产品严，这些情况都表明原来的功能和性能检测数据不能完全证明新产品的功能性能达到要求，不能借用其试验结果。

B.2.3 生产工艺和质量控制措施相同

装备的环境适应性不仅取决于产品使用的材料、元器件和部件，及产品本身的结构设计，还取决于制造工艺，制造工艺的变化有可能改变产品部件之间的连接方式、间隙及表面状态等。此外，即使是制造工艺完全相同，若质量控制不一致或者不如原来严格，同样会影响产品的加工和处理质量，从而都会影响其耐环境的能力，因而不能随意借用。

B.2.4 试验大纲中规定的环境试验条件相同或更低

环境试验条件是决定受试产品能否通过鉴定试验的关键因素。环境试验条件越严酷，受试产品越难通过试验。因此，如果环境试验条件比被借用的试验严酷，则其试验结果不能借用，否则可能导致将一个通不过该项试验的产品判为合格，这是不允许的。

B.2.5 失效判据相同或偏松

失效判据同样至关重要。如失效判据比被借用产品的严酷，例如外观要求，腐蚀允许的程度，长霉等级要求和性能指标允差要求都比被借用产品高，则同样不能借用。

B.2.6 验证方法一致或相对温和

环境试验方法标准也会对试验结果产生影响，这是因为不同标准的同一种试验方法，虽然环境试验条件一致，但做法有所不同，其试验结果也不相同。例如淋雨试验中滴雨试验，虽然 GJB 150.8 和 GJB 150.8A 两个标准中的试验条件基本相同，但 GJB 150.8A 对滴雨高度有新的规定，即要求雨滴接触到产品的速度为 9m/s。GJB 150.8 由于没有这一要求，因此，雨滴到达受试产品表面时的速度远小于 9m/s。可见，用这两种方法进行的试验，其结果不能互相借用。

B.2.7 能提供被借用的符合要求的试验报告

在上述条件均满足的情况下，尚需具备被借用产品相应试验项目的鉴定试验报告，或者被借用的研制阶段的试验报告，该类试验报告不是简单地给出试验通过/不通过的结论，而应包含足够的信息，能证明试验实施的有效性和结论的正确性。所谓有效性是指有相应的信息数据来证明试验实施单位和人员的资质符合要求，所用试验设备正确并经过检定且在检定有效期内、试验条件施加正确、试件安装和试验方法符合标准规定、检测数据齐全、故障判别和处理正确等。

B.2.8 能提供一份翔实的类比分析报告

为了证明借用的可行性，必须按上述B.2.1～B.2.7条要求，对现有产品与被借用产品的环境试验大纲相关内容逐条进行对比分析，形成类比分析报告，把相应试验项目的试验报告作为其附件，当做设计定型/技术鉴定评审会专家认可的依据。

对于不同的试验项目，B.2.1～B.2.7条中对比的重点应有区别。这是因为不同的试验项目试验应力的作用方式和影响不完全相同。例如，盐雾、霉菌试验则更关注材料、材料涂镀层和表面状态，以及异种材料的接触情况的对比，而振动等力学试验则更关注产品工艺和结构状态的对比。

B.3 类比分析报告的编写要求

B.3.1 概述

被借用对象的简要说明。具体包括被借用产品应用场合或型号，被借用的环境鉴定试验项目实施单位及其资质，借用产品使用过程故障情况；如果是引用本产品研制阶段进行过的试验项目结果，则应说明该产品进行试验的情况。

B.3.2 结构状态对比

借用与被借用产品的结构组成、使用的材料、元器件和部件及其布置的对比，说明两者相同或即使有些差异，对试验结果的一致性有无影响。

B.3.3 技术指标及其容差对比

两者功能要求以及两者战技指标及其容差要求是否一致，被借用产品的技术指标和容差要求必须等于或高于借用产品。

B.3.4 生产工艺和质量控制措施对比

两者生产工艺和质量控制措施的对比，其生产工艺是否一致，质量控制措施是否等于或严于借用产品的质量控制措施。质量控制包括材料、工艺、元器件、外购件和生产过程的质量控制，以及试验过程质量控制（实验室资质、人员资质、试验设备计量检定、试验过程控制和故障处理等）。

B.3.5 试验项目和环境试验条件对比

被借用产品的试验项目、相应的环境试验条件和容差必须等于或高于（多于）借用产品的试验条件和容差。

B.3.6 失效判据对比

被借用产品的有关失效判据必须等于或严于借用产品的失效判据。

B.3.7 验证用试验方法对比

被借用产品作为验证用的试验方法与借用产品试验大纲中规定的试验方法相同或者更加严格。

B.3.8 被借用产品的环境试验报告有效性分析

将被借用产品的环境试验报告与借用产品的环境鉴定试验大纲相应要求进行逐条对比分析，说明其满足借用条件。

B.3.9 结论

说明该试验项目可以不必进行，借用相关试验的结果。

B.4 有关说明

B.4.1 概述

设计定型/技术鉴定阶段环境鉴定试验大纲中试验项目的借用可以节省资源，降低试验成本，是改进、改型产品定型时值得应用的方法，但这些方法从理论到实际使用时都有一些值得注意的问题。

B.4.2 借用使鉴定试验的结果可信度降低

环境鉴定试验是在一个试验样品上依次进行若干个试验项目的试验。为了使受试产品经受最严酷的考核，往往设计一个最严酷的试验顺序，以充分利用试验项目之间的叠加破坏作用，并对试验应力造成的疲劳损伤起到一定的累积作用，以充分暴露故障。某个试验样品原来应该进行多个试验项目，由于若干试验项目因借用而不进行，使原本试验项目减少，将导致因试验项目顺序变化而使各种因素相互影响和累积疲劳等会大打折扣，必然使试验结果的可信度降低。因此，严格来说，借用试验结果的办法要尽量少用，甚至不用。

B.4.3 新研产品借用研制阶段摸底试验结果不妥

可以借用前期试验结果或其他平台上类似产品的试验结果，除了本文所述的若干条借用条件应符合要求外，还有一个很重要的因素是，还经过了安装平台飞行或使用验证。一个新研产品没有做过完整的环境鉴定试验，就借用研制阶段很不正规的摸底试验结果是不合适的。一般说来，摸底试验达不到环境鉴定试验的质量管理和控制要求。因此原则上，这种借用仅适用于改进和改型的产品。

B.4.4 不宜提倡研制阶段就打算用环境适应性研制试验或摸底试验代替环境鉴定试验的做法

环境鉴定试验项目的借用是在环境鉴定试验大纲通过评审并获得定型部门批准，明确了要进行的试验项目后才能考虑。然而目前军工产品研制中，许多单位在制定试验大纲以前就不打算对一些项目参与环境鉴定试验，而用研制阶段早期质量控制、管理不严格、不到位的环境摸底试验代替，这种倾向很不可取，将难以满足以上所提出的条件。

附录2 环境鉴定试验大纲格式及其编写说明

（摘自正在出版的国军标《装备环境工程文件编写要求》附录C）

C.1 目的

说明编写试验大纲和开展此试验的目的。编写试验大纲的目的是明确对环境鉴定试验的要求，而开展试验的目的则是验证受试产品的环境适应性是否符合其研制总要求和/或合同（协议书）中规定的环境适应性要求，为产品定型决策提供依据，明确该试验的性质。

C.2 主题内容和适用范围

C.2.1 主题内容

概括表述环境鉴定试验大纲文件中对环境鉴定试验提出的一系列规定和/或要求。

C.2.2 适用范围

表述该试验大纲仅适用于某产品的环境鉴定试验，是进一步编写环境鉴定试验程序的依据。

C.3 编制试验大纲的依据或引用的标准和文件

一般应包括文件依据、合同依据和标准规范依据三部分。依据的文件通常是定型机构和/或总师单位颁发的有关定型工作和定型试验规定方面的文件；依据的合同通常是研制合同或协议及其依据的型号研制任务书；依据标准通常是产品技术文件和通用试验标准。

国家定型机构、工业部门文件和型号总师单位的有关型号文件是开展定型工作和进行定型试验，并对这些工作进行规范化、有序化管理的依据；研制任务书、研制合同或研制协议是大纲中列出有关产品环境适应性要求和验证要求内容的依据；通用标准和规范，是编写大纲时根据环境适应性要求确定试验项目及其顺序、试验样本安排方案及采用试验方法的依据，也是试验设备和测试仪器、仪表选用的依据；产品本身的技术条件或规范则是试验大纲中规定试验过程运行功能、性能检测和检测方法及确定故障（失效）判据的依据。没有这些文件、合同和标准等提供的规定和信息方面的支持，试验大纲的编写就难以达到其规定的目标。

C.4 试验样品的描述

试验样品描述内容一般应包括：

a）试验样品名称与型号，编号；

b）试验样品结构、组成、物理特性及其主要功能；

c）试验样品的技术状态；

d）试验样品在载体（平台）上的位置及相邻产品情况；

e）提供的试验样品数量。

注：试验样品的结构、组成及其物理特性（尺寸和质量），可以为选择试验设备的容量（如温度箱的有效容积和振动台的推力）或对已选定的试验设备的合理性进行评估提供信息；说明试验样品技术状态的目的是表明提供的受试产品已经符合定型产品的要求，能够代表此产品的设计定型状态，使用这一产品的样本进行试验得到的结果是有效的；试验样品在载体（平台）上的位置及相邻产品情况信息对于编写环境试验大纲尤其重要，这是因为其在载体（平台）上的位置及状态将决定其经受到的环境因素种类和量值的大小，为确定试验项目和/或试验应力大小或评价已确定的试验项目和试验应力的合理性提供信息依据。例如若产品装在飞机机翼内，有必要进行淋雨试验；若产品装在离飞机炮口中心2m直径范围以外位置，一般不必进行飞机炮振试验；若产品装在战斗机气密密封舱内，要进行快速减压或爆炸减压试验，但不必进行吹沙吹尘试验；若产品装在发动机舱内靠近油路管道附近，或许要安排爆炸大气试验；装在机翼翼尖产品的加速度试验量值应大于装在机身内产品的量值等；提供的试验样品数量是试验大纲中对试样进行分组和合理安排顺序的基础。

C.5 试验项目和试验顺序

C.5.1 应进行的试验项目

只要合同中有具体的环境适应性要求指标，在设计定型时，应对产品是否达到这一指标做出回答，因而应安排相应的试验项目对这一指标进行验证。但是在工程实践中并不一定每项指标都安排相应试验项目进行试验，而可以用一些其他的工程方法，例如有些产品，其未来安装的平台环境、功能和性能、结构设计和选用的材料等与另一个已通过这一试验项目的产品基本相同，则可以不必再进行这一试验项目；又如产品的结构设计完全能确保避免其接触这一环境或受这一环境的影响，也可以不必进行这一试验项目，典型的例子是安装在气密密封环境中的产品，不必进行盐雾和霉菌试验。此外，在时间进度紧张的情况下，产品在环境适应性研制试验或飞行器安全性环境试验中已证明其达到了规定的环境适应性指标，而且到定型时，其技术状态一直没有改变，且有资料证明进行这一试验的机构具备鉴定试验的资质和试验工作严格按要求进行，试验质量可信，这种情况下也可以不再进行这一试验项目。上面无论哪种情况，都应有相应的报告详细说明不进行试验的理由，并取得有关方的认可。

C.5.2 试验项目所用的样品

确定了实际要进行的试验项目后，还要考虑试验样品的问题。原则上来说，每个试验项目都应当使用真实的产品作为试验样品，但在工程应用中，可以采用一些简化或替代的方法来节省成本或便于试验的实施。例如对于一些主要考核环境对产品结构和材料影响，同时环境试验前、中、后不测产品性能的试验项目，如霉菌试验和盐雾试验，可以使用功能、性能已不符合要求但结构材料相同的产品作为试验样品；甚至在某些情况下，可以用组成产品的各种材料试验代替整个产品进行这两种试验。由于有些环境试验项目有破坏性，一般不可能用一个试验样品进行完所有的环境试验项目，而用2个、甚至3个试验样品分组进行试验，此时，应说明每个样品要进行的试验项目。

C.5.3 试验项目分组和各组试验项目顺序

用一个试验样品进行多个环境试验项目时，要考虑各环境试验项目结果之间会产生叠加或减缓作用，因此需要研究各试验项目的特点、各试验项目对受试产品的影响和试验项目之间的影响，正确安排试验项目顺序。当使用多个试验样品时，还应分组列出各试验样品应进行的试验项目及其顺序。

环境鉴定试验进行的试验项目、试验样品类型及其排列顺序可用表 C.1 来表述。表 C.1 中所列试验项目、使用试验样品的替代方案及试验顺序是假设的，主要是提供一个典型的表达格式。从表 C.1 可以看出，合同要求进行 17 项试验项目用两个真实样品分两组进行试验。第一组有 12 项，第二组 5 项。第一组中因免做两项，实际进行 10 项试验，其试验项目顺序如表中所示。第二组 5 个试验项目因基本设计冲击免除，实际剩下 4 个试验项目。有风源淋雨试验采用功能性能已不符合要求的真实产品进行，因此，2 号试验样品仅进行 3 项试验，这 3 项试验的顺序如表中所示。在试验项目分组和顺序安排中，将破坏性试验项目分别置于两个组的最后进行。

表 C.1 试验项目安排一览表(示例)

试验样品分组号	合同要求的试验项目	免除项目	实际要进行的试验项目	使用替代样品项目	用真实受试产品作样品的试验项目	组内顺序	说明
第一组试验样品	低温贮存		低温贮存		低温贮存	1	
	低温工作		低温工作		低温工作	2	
	高温贮存		高温贮存		高温贮存	3	
	高温工作		高温工作		高温工作	4	
	温度冲击		温度冲击		温度冲击	5	
	低气压	低气压					相似产品通过了同样要求的试验，免做
	温度—湿度—高度		温度—湿度—高度		温度—湿度—高度	6	
	湿热		湿热		湿热	7	
	霉菌	霉菌					相似设备、相似材料已通过，免做
	吹尘		吹尘		吹尘	8	
	坠撞冲击		坠撞冲击		坠撞冲击	9	破坏性试验
	盐雾		盐雾		盐雾	10	单一材料产品，可用材料工艺试片代替

表 C.1（续）

试验样品分组号	合同要求的试验项目	免除项目	实际要进行的试验项目	使用替代样品项目	用真实受试产品作样品的试验项目	组内顺序	说明
第二组试验样品	功能性冲击	功能性冲击					振动试验应力大于冲击应力强度,免做
	太阳辐时（热循环）		太阳辐射（热循环）		太阳辐射（热循环）	1	
	加速度(性能和结构)		加速度(性能和结构)		加速度(性能和结构)	2	
	振动功能和耐久		振动功能和耐久		振动功能和耐久	3	振动耐久试验有破坏性
	淋雨（有风源）		有风源淋雨	有风源淋雨		4	用性能不满足要求的实际产品替代真实样品

C.6 试验条件及其容差

应列出各试验项目的试验条件及各试验条件的容差。

试验条件包括试验环境条件和负载条件等。试验环境条件一般根据研制任务书或研制合同中规定的环境适应性要求、验证试验要求和环境试验方法通用标准(如GJB 150)的有关规定确定。

试验环境条件一般应包括试验应力强度、试验应力作用时间或次数,复杂的试验环境条件还应包括试验剖面。

对于力学环境试验来说,还应给出试验应力作用的轴向和/或方向,试验应力强度往往取决于其谱型或波形,因此应同时给出相应的谱型或波形,以全面反映其应力环境的强度特征。

可以以表格的形式按试验项目逐个给出其施加的试验环境条件和/或试验条件控制曲线,具体格式可参见表 C.2。表 C.2 的试验项目是以 GJB 150 中试验项目为基础编写的,产品研制总要求和合同文件中规定的试验项目会少于或多于这些项目,此时试验条件格式表中试验项目应作相应的增删。从表 C.2 可以看出,不同试验项目涉及不同的环境因素参数。这些参数组合或综合构成了试验环境条件。在这些试验项目中,有些试验项目如高(低)温贮存试验、霉菌试验、盐雾试验、温度—湿度—高度试验、低气压试验和太阳辐射试验等,GJB 150 中对试验条件规定得很明确,且不同产品进行这项试验时,试验条件不必作改变,因此,环境试验大纲中试验环境条件一栏可以直接标上见

GJB 150 中相应的试验方法章节；太阳辐射试验中的辐射强度随波长的分布、沙尘试验中的沙尘粒度及组成、霉菌试验中的菌种和爆炸大气的燃料配比等也不随试验样品而变化，同样可以直接标上 GJB 150 中相应的图表；有些试验项目中的试验谱图和表，在 GJB 150 中没有给出全部数值，其中有些值要根据产品位置和其他数据计算，则应给出填上数据的相应图、表；有些气候试验涉及的参数多，但变化简单，不宜绘制控制曲线，就不必给出控制曲线。

表 C.2　各试验项目、试验条件描述示例

序号	试验方法	试验项目	试验环境条件组成	试验参数控制曲线或力学谱图	说明
1	低气压试验	贮存	试验大气压力、压力保持时间、压力变化速率	可以给出控制曲线	
2		工作	试验大气压力、压力保持时间、压力变化速率	可以给出控制曲线	
3		快速减压	初始大气压力、最终大气压力、减压时间、最终压力保持时间	可以给出控制曲线	
4		爆炸减压	初始大气压力、最终大气压力、减压时间、最终压力保持时间	可以给出控制曲线	
5	温度试验	高温贮存	贮存温度(70℃)、保温时间(48h)、贮存时相对湿度要求(≤15%RH)	可以给出控制曲线	
6		低温贮存	贮存温度(－55℃)、保温时间(温度稳定加上24h)	可以给出控制曲线	
7		高温工作	工作温度、温度稳定时间加上性能检测时间	可以给出控制曲线	
8		低温工作	工作温度、温度稳定时间加上性能检测时间	可以给出控制曲线	
9		温度冲击	上、下限温度；上、下限温度保持时间； 转换时间；温度冲击次数	可以给出控制曲线	
10		温度变化	上、下限温度；上、下限温度保持时间； 温度变化速率；温度循环次数	可以给出控制曲线	
11	温度—高度试验		试验温度、试验压力、试验时间	可以给出控制曲线	
12	太阳辐射试验	循环热效应	总辐射强度及其谱能分布；辐射强度变化； 温度日循环最低、最高温度；循环次数	给出太阳辐射强度和温度日循环图	
13		长期光化学效应	总辐射强度及其谱能分布、稳态温度、日循环次数(即辐射的天数)	可以给出控制曲线	

表 C.2（续）

序号	试验方法	试验项目	试验环境条件组成	试验参数控制曲线或力学谱图	说明
14	淋雨试验	有风源淋雨	降雨强度、雨滴直径、风速、每个面的淋雨时间、吹雨方向、受雨面的数量	不必给出曲线	
15		滴雨	雨滴直径、雨滴分配器、雨滴降落高度、滴雨时间	不必给出控制曲线	
16		防水性	雨滴直径、喷嘴压力、喷嘴数量和喷嘴离试验样品距离、受雨面数量、每个面受雨时间	不必给出控制曲线	
17	湿热试验		升温阶段、降温阶段、温度变化范围和相对湿度及变化时间、高温高湿段、低温高湿段、相对湿度和保持时间	温湿度控制曲线	
18	霉菌试验		温度、湿度及其保持时间、温湿变化范围及其时间、试验时间（天数）、试验菌种	不必给出控制曲线	该试验的试验条件一般直接引用GJB 150.10，此时可简化为见GJB 150.10第2节
19	盐雾试验		盐溶液浓度和pH值、盐雾沉降率、试验温度、试验时间、连续喷雾时间	不必给出控制曲线	该试验的试验条件一般直接引用GJB 150.11，此时可简化为见GJB 150.11第2节
20	沙尘试验	吹沙	沙粒组成、吹沙浓度、温度、相对湿度、风速和每方向试验持续时间	不必给出控制曲线	
21		吹尘	尘粒组成、温度、相对湿度、风速、吹尘浓度和每个方向试验持续时间	不必给出控制曲线	
22		降尘	尘粒组成、降尘浓度、温度、相对湿度、测得样品附近空气速度、降尘时间、注入尘的时间、试验时间(天)	不必给出控制曲线	

表 C.2（续）

序号	试验方法	试验项目	试验环境条件组成	试验参数控制曲线或力学谱图	说明
23	爆炸大气试验	引爆试验	试验温度，试验高度（一系列），燃料配比	给出爆炸气压控制曲线	试验高度、温度确定和燃料配比 GJB 150 中有说明
24		防爆试验	试验温度，试验高度，燃料配比	不必给出控制曲线	
25	浸渍试验		水温，试验样品温度，浸渍深度，浸渍时间	不必给出控制曲线	
26	加速度试验	性能试验	六个方向（前、后、上、下、左、右）的加速度值及试验时间	不适用	
27		结构试验		不适用	
28	振动试验	功能试验	随机振动：振动谱型、加速度功率谱密度值、振动轴向、振动时间 正弦扫频（定频）振动：振动谱型（振动频率）、扫频速率和扫频循环数（振动时间）、振动轴向数	给出完整的振动谱	说明功能振动和耐久振动的次序，GJB 150 中提供了试验谱，谱中量值要计算
29		耐久试验		给出完整的振动谱	
30	噪声试验	性能试验	噪声谱型、谱量级、频率范围、总声压级、试验时间	给出 1/3 倍频程谱或频率—声压级谱	GJB 150 中提供的谱中有关声压级和频率根据其提供的公式计算得到
31		耐久试验			
32	冲击试验	基本设计	a）经典冲击：冲击脉冲波形及容差、峰值加速度、冲击脉冲持续时间、冲击方向、冲击次数； b）冲击响应谱：谱型、持续时间、冲击方向、冲击次数； c）复杂冲击：冲击时域波形、冲击方向、冲击次数	给出冲击脉冲波形或冲击响应谱谱型	
33		坠撞安全			
34		强冲击			
35	温度—湿度—高度试验		低温低气压试验段的低温、高度，高温试验段的高温，相对湿度，试验循环次数	给出温湿度控制曲线	可引用 GJB 150 中曲线
36	飞机炮振试验		试验谱型、宽带随机谱的频率范围、各频段范围功率谱密度值或其变化范围、窄带随机振动频率范围及其功率谱密度值（或正弦振动频率及其对应的振动峰值）、试验轴向、试验时间	给出飞机炮振谱	GJB 150 中提供有炮振谱，谱中有些值要计算

C.7 试验设备和检测仪表要求

试验大纲中应给出试验实施时采用的试验设备和测试仪器要求。

试验设备要求主要包括试验设备的计量检定要求和应力施加精度要求。环境鉴定试验采用的试验设备一般应经过国家级计量单位检定，并在其检定合格有效期内。

检测仪表要求主要包括计量检定要求和精度要求。环境鉴定试验期间采用的通用监测仪表，要求应按国家有关计量检定规程或有关标准进行检定，并具有计量合格证明。通用监测仪表的测试精度不应小于被测参数容差的1/3。

C.8 试验样品检测要求

试验大纲中应给出各试验项目对试验样品的检测要求，一般包括外观与结构检查项目、功能检查项目和性能检测项目三部分。

试验前后应进行全面的外观与结构检查、功能检查和性能测试。由于受试验设备和测试仪表等条件的限制，试验过程的中间检测往往不能全面实施，只能挑选一部分功能检查和性能测试项目进行。因此制定试验大纲时，应合理确定试验中间检测项目。在许可条件下，中间检测项目应尽量完整，并明确试验过程中间检测的最佳时机，以便防止漏掉故障。

建议功能检查和性能检测项目分两张表列出，见表C.3和表C.4。功能检查通常只是定性地判断产品是能否具备应有的功能，有功能只能说明能工作，但不能代表其性能指标满足要求，因此应对产品的各项性能进行详细测量，以最终判断其是否能正常工作。一般说来，试验前和试验后的功能检查和性能测量可以用相同的表格，试验中间测量因功能检查和性能测量项目经过裁剪而减小，最好另外单独列表，供试验中检测记录用。使用这两个表记录检测到的功能情况和性能数据时，应在表的名称下注明检测时机是试验前、试验后、还是试验中。

表C.3 产品功能检查记录表

试品编号：________ 试验项目：________ 测试时机：________

<table>
<tr><th>序号</th><th>功能检查项目</th><th>功能正常的定性要求</th><th>检查情况</th><th>结果判断</th></tr>
<tr><td>1</td><td></td><td></td><td></td><td></td></tr>
<tr><td>2</td><td></td><td></td><td></td><td></td></tr>
<tr><td>……</td><td></td><td></td><td></td><td></td></tr>
<tr><td>n</td><td></td><td></td><td></td><td></td></tr>
<tr><td colspan="2">试验方签字</td><td>送试方签字</td><td colspan="2">军代表签字</td></tr>
<tr><td colspan="2"></td><td></td><td colspan="2"></td></tr>
</table>

表 C.4 产品性能测量和记录格式表

试品编号：__________ 试验项目：__________ 测试时机：________

序号	性能检测项目	测试内容	合格范围	测量值	结果判断
1					
2					
……					
n					

试验方签字	送试方签字	军代表签字

C.9 试验样品处理要求

在试验大纲中应明确试验样品处理要求，包括不同试验项目试验前与试验结束后对试验样品的处理。

有些环境试验项目，在试验前为了消除或部分消除过去所受的影响，需要对试验样品进行预处理，如干燥处理，另外，在试验结束后，为了进行外观检查或性能/功能检测，需要对试验样品进行必要的处理，例如，砂尘试验后为进行外观检查需要擦掉试验样品表面上的尘土，低温试验结束后需要进行烘箱处理以及气候环境试验后试验样品需进行恢复处理等。

C.10 试验样品安装要求

若无其他规定，试验样品在试验设备中应模拟实际使用状态安装。试验样品的通用安装要求参见 GJB 150.1A，具体试验项目关于试验样品的安装要求参见 GJB 150A 对应试验方法的有关规定。

C.11 试验数据记录要求

C.11.1 概述

环境试验数据一般包括实验室环境数据，试验设备提供的施加于产品上的环境应力数据，受试产品应力响应数据，环境试验中产品外观、功能检查和性能检测数据，以及产品出现的故障数据。这些数据对于确定试验是否有效，判定产品是否合格，分析产品出现故障的原因或正确定位故障和采取纠正措施是必不可少的，应加以详细记录和保存。

C.11.2 实验室环境数据

实验室环境数据是指试验前和试验后进行功能检查和性能测量时的环境条件，通常是指当时的温度、湿度和压力。这些环境因素的变化可能会对检测结果产生影响。

一旦试验前、后测得数据有较大差别甚至超出容差范围时，检测时实验室环境条件是一个分析其原因的因素。因此，这一数据应记录在试验前和试验后功能检查和性能测量记录表上。

C.11.3 试验设备提供的环境应力数据

目前的环境试验设备一般都能实时记录和保存其提供的环境应力条件，从而为判断试验是否有效、进行故障分析或编写试验报告时为提取任何时间的环境应力数据提供了便利。由于不同的试验设备有不同的应力记录格式，且能自动合理记录，试验大纲中对其格式不必做出规定。

C.11.4 受试设备响应特性数据

如果试验中对受试设备多个部位的环境响应进行了测量，则应记录和保存各个测量点测得的应力响应数据，一般只测量温度和振动响应，这些响应数据为了解产品特性和进行故障分析提供支持。

C.11.5 外观检查、功能检查和性能测量数据

这些数据均已规定了相应的记录表格，试验过程只要认真测量和填写这些表即可。这些数据是判别产品是否合格的主要依据。

C.11.6 产品故障数据

这些数据应按表C.5的格式填写，以便对产品出现故障时的应力条件、出现故障时的行为、故障定位情况、故障机理，纠正措施和验证情况有一个全面描述。需要指出的是，环境鉴定试验仅是一个通过或通不过的试验，只要确定产品是否合格就行，不必进一步分析故障和采取纠正措施。但实际上，毕竟总要作设计或工艺改进，再次进行这一试验来验证改进措施，直到通过为止。因此，这一记录尤为重要，此外作为一个负责任的设计人员，产品通不过试验，不可能工作就结束，必然要进一步开展故障分析和采取纠正措施，因此认真填表是有必要的。

表C.5 产品故障情况汇总表

故障号	发生故障试验项目	发生故障时的环境应力条件	故障现象	故障原因	故障机理	纠正措施	验证情况

C.12 合格判据或失效(或故障)判据

一般由各试验项目通用的合格或失效判据和每一试验项目特有的合格或失效判据组成。

通用的合格判据则是GJB 150A等标准通用要求中规定的条目，如：

a）所监测的性能参数量值超出试验前的性能数据和有关文件规定的允许范围。但是，某些装备（例如火箭发动机）常常需要测试某一环境极值条件下，特别是低温极值下性能的下降情况。在这种情况下，只有当性能下降值超过允许范围或不施加环境应力后性能继续下降时，才视为失效。

b）不满足安全要求或发生安全事故。

c）不满足具体装备要求。

d）试件发生的变化表明装备达不到预定服役寿命或维修保障要求（例如，被腐蚀的油管插口不能用专用工具拆除）。

e）偏离规定的环境影响要求（例如，排放量值超出规定的范围或者密封失效漏油）。

规范中规定的其他失效判据，试验项目特有的判据应结合试验项目、产品特点和使用要求确定。例如霉菌试验长霉合格判据，盐雾试验的合格判据需专门做出规定。

通用合格判据和某些试验项目特有的合格判据可列表说明，具体格式见表C.6。

表C.6　产品合格判据表

序号	判据类型		判别准则内容
1	通用合格判据		
2	特有合格判据	霉菌试验项目	
		盐雾试验项目	
		湿热试验项目	
		……	

C.13　失效或故障处理要求

试验故障处理是指如果某一项环境试验出现故障而通不过此项试验时，对这项试验和以前进行过的试验采取的处置措施。如这项试验是用修复的试验样本重做，还是用新的样本；整个试验重做或者其他措施等。故障处理还包括进一步研究该故障或损坏能否修复，若样本能修复，要判断若用此修复的样本进行以前做过的试验，其结果是否会与以前一样；若不一样则应使用此修复产品重新进行全部试验；若一样，则可继续未进行的试验，若以后试验又出故障，则试验全部重做；若不能修复，则应换一个样品重新进行试验。

C.14　试验中断处理要求

试验中断处理的通用部分按通用标准的一些要求，结合受试产品特点确定。

C.15　试验组织、管理和质量保证要求

试验组织是指要成立一个试验工作组，工作组应由使用方、承制方和试验实施单位

三方面代表组成。试验实施单位任组长，使用方代表任副组长。试验工作组负责试验实施和处理试验中出现的各种问题，确保试验大纲和试验程序得到全面贯彻。

试验质量保证要求是指对试验过程的个阶段的工作，包括试验准备工作，试验过程施加环境应力，各阶段功能检查和性能测量和记录、试验故障和处理及试验结论等进行监督和控制。必要时对试验准备工作、试验故障分析和处理措施及试验报告及结论进行评审。

试验大纲中应列出试验工作小组成员表，表中明确试验工作组组长和副组长，明确试验工作组组长及各成员的职责。建议制定试验质量保证措施文件，明确对试验实施各个阶段工作进行监督和控制的内容、责任者和试验评审要求。

C.16 试验报告要求

环境鉴定试验报告包括各试验项目的试验报告和环境鉴定试验综合报告，有关环境鉴定试验报告和环境鉴定试验综合报告的内容和格式要求等，参见附录D和附录E。

附录3 环境鉴定试验报告格式及其编写说明

（摘自正在出版的国军标《装备环境工程文件编写要求》附录 D）

D.1 试验目的

说明该环境鉴定试验的试验目的。环境鉴定试验的试验目的一般为评价受试产品对相应的环境适应性指标的符合性，以作为该产品定型的依据。

D.2 试验依据

说明开展该环境鉴定试验的试验依据。试验依据通常包括事先制定、经相应上级管理部门批准的试验大纲、根据试验大纲编写的试验程序和试验中所用相应的试验方法标准。

D.3 试验地点、日期和参试人员

列出开展该环境鉴定试验的试验地点、日期和参试人员。

注：这是试验实施的最基本信息。其中试验在何处或由什么样的实验室或单位进行，对于验证产品与其环境适应性要求符合性的试验和货架产品环境适应性评价或评比试验来说，尤其重要，因为试验的结果要作为相应决策的依据，且有一定的法律效果。试验应在相应定型机构指定并通过相应级别计量认证和取得资格认可的实验室进行。试验报告中应对试验单位的资质做出说明。

D.4 受试产品说明

阐述受试产品相关信息。受试产品说明内容一般至少包括：

a) 受试产品名称、型号和编号；

b) 受试产品已进行过的试验项目及情况；

c) 受试产品技术状态；

d) 受试产品的结构组成及其功能、性能和物理特性简要说明；

e) 试验样本的数量和各试验项目用的样本（真实产品、模拟件或试件）的情况描述。

D.5 试验项目和顺序

阐述该环境试验包括的试验项目及其试验顺序。

注：一般将试验样品分成几组分别进行环境试验，每组进行的若干个环境试验项目按一定次序排列，要说明该试验项目属于哪一组，在组中的次序以及是否按此次序进行了的试验。

D.6 试验条件及其容差

应按试验项目列出试验条件及其容差。

注：试验大纲中通常对此有明确规定，试验报告中应说明实际试验条件是否与大纲中的规定一致，若有所偏离，应说明偏离情况及偏离原因。

D.7　试验设备和测试仪器说明

应列出该试验所使用的试验设备和测试仪器的型号、名称和检定有效期，给出试验设备的主要性能技术参数。

注：选用的试验设备和测试设备应符合试验大纲中规定的对试验设备和测试仪器的要求。

D.8　试验合格判据

应按试验项目列出试验合格判据，作为判断产品是否通过该项试验的依据。

D.9　试验实施过程

D.9.1　概述

应按试验项目次序详细描述试验实施过程。每一试验项目的试验实施过程一般包括初始检测、受试产品预处理(必要时)、受试产品安装和检测、试验参数设置、试验设备和受试产品相容性运行(必要时)、试验应力施加、中间检测、恢复和最终检测以及试验中断处理等。

D.9.2　初始检测

说明试验前初始检测情况，包括初始检测时的实验室大气条件，试验样品外观检查、功能检查和性能检测情况，提供初始检测结果记录表。检测记录表格式在试验大纲中规定。

D.9.3　预处理(选择项)

说明产品采取的预处理措施，如干燥处理，表面清洁和加温措施等。是否需要预处理取决产品提交试验前的状态和未来试验项目的性质。

D.9.4　夹具特性调查(仅适用于振动试验)

对于振动试验来说，应说明对试验夹具进行的振动传递特性调查情况，对于大型夹具，应编写夹具特性调查报告，并将此报告作为试验报告附件。

D.9.5　试验样品安装和功能、性能检测

说明试验样品安装情况。对于气候试验，应说明试验样品在试验箱中位置，各试验样品之间及试验样品与试验箱壁距离，试验样品是否在试验箱有效容积范围内，试验样品放置方向与试验箱循环风方向关系，如果试验箱中加装了试验条件监视传感器和试验样品上安装了响应传感器，也要作出详细说明。对于力学试验来说，应说明试验夹具和试验样品安装情况，包括控制传感器和响应传感器位置选择与安装情况。

应当有照片显示试验样品在试验设备中(包括振动台)安装情况，各种传感器安装和电源线及测试线路连接情况，并提供安装完毕后再次检查产品和测量其功能和性能的记录表。

D.9.6 试验参数设置和相容性运行(选择项)

一些复杂的试验在进行完试验参数设置并检查安装和布置无误后，有必要进行试验箱或试验台和试验样品的相容性运行，确认设备能够提供规定的试验条件和试验能正常进行，试验报告中应有说明此情况的相关文字和曲线。

D.9.7 试验应力施加和中间检测

说明试验应力和负载的施加时机及施加步骤，若有中间检测，说明对试验样品进行中间检测的具体步骤、时机，提供试验施加应力的典型运行曲线、图谱和中间检测记录表。

D.9.8 试验中断处理

如试验过程出现过试验中断事件，应说明试验中断原因和处理情况。

D.9.9 试验恢复(选择项)

说明试验过程应力条件施加结束后，对试验样品进行恢复处理的情况，如恢复温度、恢复时间等。应注意，不是所有试验项目均需进行恢复处理。

D.9.10 最终检测

描述最终检测情况，包括最终检测时的实验室大气条件和试验样品外观检查、功能检查和性能检测情况，提供最终检测结果记录表。

D.10 故障和问题处理情况

若试验中出现故障，应提供故障记录表，说明故障时的环境应力和负载条件，及故障原因分析和纠正情况等。该记录表的格式见表C.5。

当某项环境试验中不管什么原因试验样品出现故障时，应在试验报告中说明试验是用修理后试验样品进行，还是用新的试验样品重新从第一个试验项目开始依次进行，若用修理后的试验样品继续进行，进一步说明后续试验该样品有否再次出故障及出故障后的试验样品处理情况。

D.11 试验结果与结论

在试验报告最后，应给出试验结果与结论，主要包括：

a）根据试验检测数据和合格判据做出试验通过或通不过的结论；

b）描述试验中出现的故障，已采取的或将采取的处理措施、处理情况和最终结果；

c）根据试验环境应力数据给出试验应力施加是否符合试验容差要求的结论。

附录4 环境鉴定试验综合报告格式及其编写说明

（摘自正在出版的国军标《装备环境工程文件编写要求》附录E）

E.1 目的

说明编写环境鉴定试验综合报告的目的。

注：一般说来，编写环境鉴定试验综合报告的目的是汇总和分析各单项环境试验的结论，给出产品环境适应性水平是否满足研制总要求和（或）合同协议书中规定的环境适应性要求的结论。

E.2 编制依据

编制该文件的依据。一般包括：

a）有关部门批准的环境鉴定试验大纲；

b）根据批准的环境鉴定试验大纲编写环境鉴定试验程序；

c）各单项环境鉴定试验报告；

d）其他有关文件。

E.3 试验地点和试验日期

列出开展各单项环境鉴定试验的试验地点和试验日期。一般以一张表的形式将各项环境试验进行的地点、日期以及实施试验的实（试）验室及其认证认可情况逐一列出。

E.4 受试产品说明

描述实施各项环境鉴定试验所用受试产品的信息。一般包括：

a）受试产品分组情况，包括每组中各试验项目所用受试产品名称、型号、编号、技术状态、组成、数量，一般以表格形式列出；

b）若受试产品不是真实产品而是试片、试样、模拟件或功能/性能不合格的产品，则应在其相应的试验项目技术状态一栏中说明。

E.5 试验项目和顺序

描述对试验样品所实施的环境鉴定试验项目和试验顺序。一般包括：

a）按试验样品分组列出实际进行的各试验项目及各组中试验项目的先后次序（一般以表格形式列出）。若实施过程的试验分组和试验项目次序不同于试验大纲中的规定，应列出实际顺序并加以说明；

b）单独使用试片或试样进行的试验项目不参与排序，而另行说明；

c）如果实施过程中因故将某些试验项目取消或简化则应说明情况及理由。

E.6 试验条件及容差

应列出试验样品实施各项环境鉴定试验的试验条件和容差。一般包括：

a）各试验项目的试验条件及容差在试验大纲中以表的形式已做了明确规定，为使报告信息完整，一般还应再列出其内容；

b）若试验过程中施加应力有偏离并超出容差，应加以说明。

E.7 试验设备和测试仪器

应将各试验项目实施过程所用的试验设备和测试仪器信息（型号、名称、检定单位和检定有效期）按试验项目逐一对应列出，并汇总成表，以全面反映各试验项目所用的设备和测试仪器状况。

E.8 试验实施情况

该节只需要作一个大致情况说明，而不必像单项试验报告那样详细描述。若某些试验项目的实施过程中某些环节存在问题则要加以说明。

E.9 故障和问题及处理情况

应列出并确认各项环境鉴定试验暴露的故障和问题及其处理情况，一般包括：

a）列出各项试验过程中出现的故障、问题及处理情况表。其格式见表 E.1；

b）说明出现故障后试验样本处理情况和/或已进行试验项目有效性确认情况。

表 E.1 环境鉴定试验故障问题及处理汇总表

序号	故障现象	发生故障 试验项目	产生故障（问题）时 环境条件	故障原因分析	纠正措施 及验证情况

E.10 产品对环境适应性的符合性分析

应根据产品各项环境试验情况，给出产品对环境适应性要求的符合性结论，主要内容包括：

a）各单个试验项目结果及有效性分析；

b）分组系列试验的有效性分析；

c）结论。

附录5 典型环境试验设备

本附录作为本书第七章的补充，提供了一些典型环境试验设备的照片，以便让读者更直观地建立起环境试验设备的整体概念，更全面深入理解装备（产品）环境工程技术内涵，并将其应用于装备（产品）的研究和生产中，推动我国军用和民用工业的融合和发展。

照片主要由航空综合环境航空科技重点实验室（中国航空综合技术研究所），气候生化环境试验设备制造商－重庆哈丁科技有限公司和动力学环境试验设备制造商-苏州东菱科技有限公司等单位提供。

气候生化试验设备

附图 5-1 高低温试验箱

（可用于实现两箱式温度冲击，重庆哈丁科技有限公司制造）

附图 5-2　快速温度变化试验箱(重庆哈丁科技有限公司制造)

附图 5-3　步入式高低温试验室(重庆哈丁科技有限公司制造)

附图 5-4 温湿度试验箱
（箱体可升降，并可与振动试验系统组成三综合试验箱，
重庆哈丁科技有限公司制造）

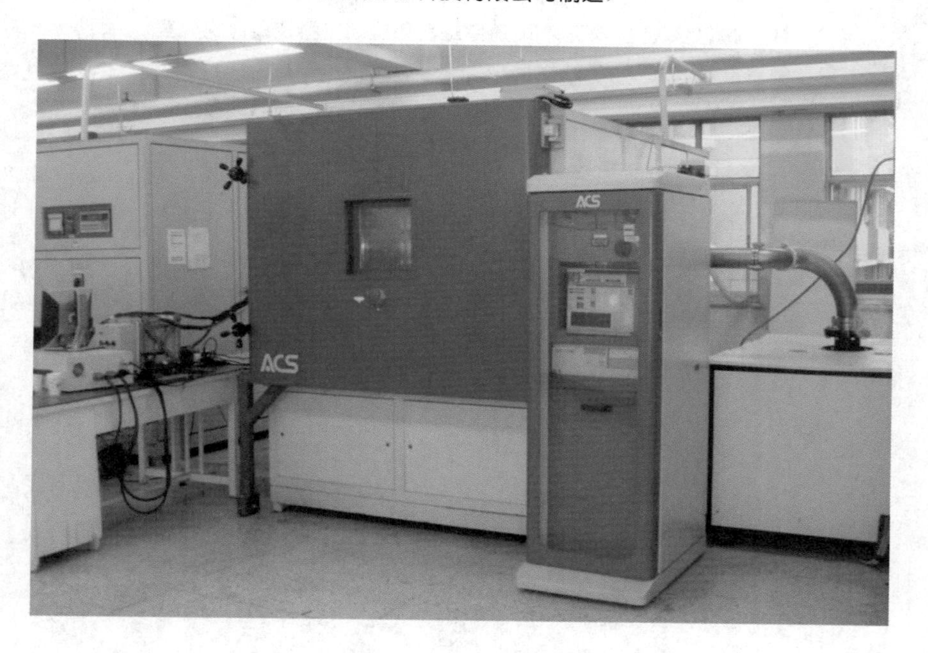

附图 5-5 低气压试验箱
（中国航空综合技术研究所 航空综合环境航空科技重点实验室）

附图 5-6　湿热试验箱
（中国航空综合技术研究所 航空综合环境航空科技重点实验室）

附图 5-7　盐雾试验箱
（中国航空综合技术研究所 航空综合环境航空科技重点实验室）

附图 5-8　霉菌试验箱
（中国航空综合技术研究所 航空综合环境航空科技重点实验室）

附图 5-9　沙尘试验箱
（中国航空综合技术研究所 航空综合环境航空科技重点实验室）

附图 5-10　淋雨试验箱
（中国航空综合技术研究所 航空综合环境航空科技重点实验室）

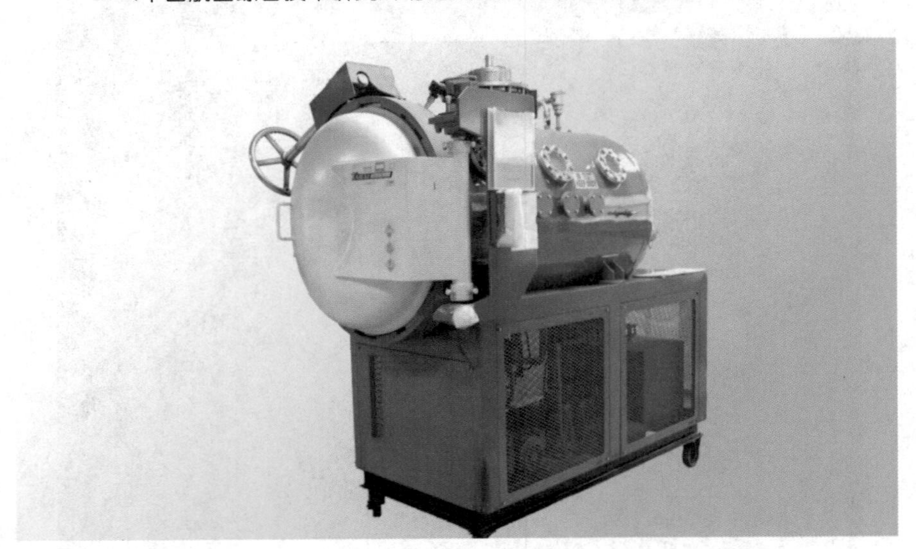

附图 5-11　爆炸大气试验箱
（中国赛宝实验室）

附图 5-12　太阳辐射试验箱
（中国航空综合技术研究所 航空综合环境航空科技重点实验室）

力学试验设备

（1）振动台

（2）全数字功率放大器

（3）振动控制仪

附图 5-13　振动试验系统（苏州东菱振动试验仪器有限公司制造）

附图 5-14 三轴向振动试验系统(苏州东菱振动试验仪器有限公司制造)

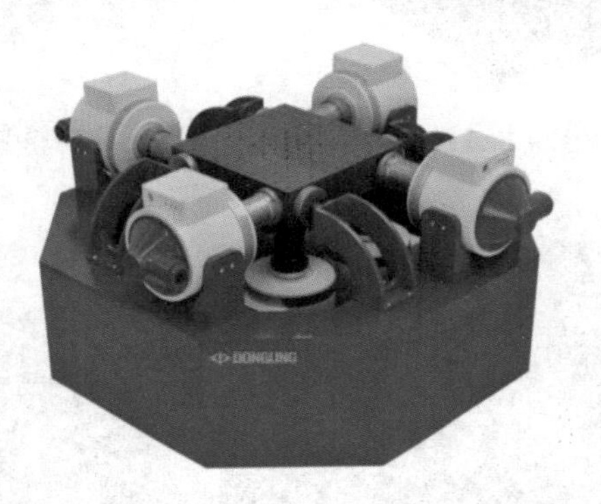

附图 5-15 六自由度振动试验系统(苏州东菱振动试验仪器有限公司制造)

附图 5-16 三轴六自由度振动试验系统
(中国航空综合技术研究所 航空综合环境航空科技重点实验室)

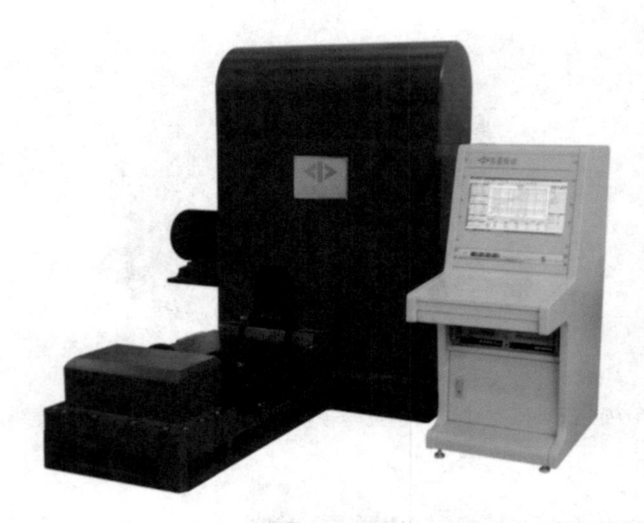

附图 5-17　谱冲击试验台（苏州东菱振动试验仪器有限公司制造）

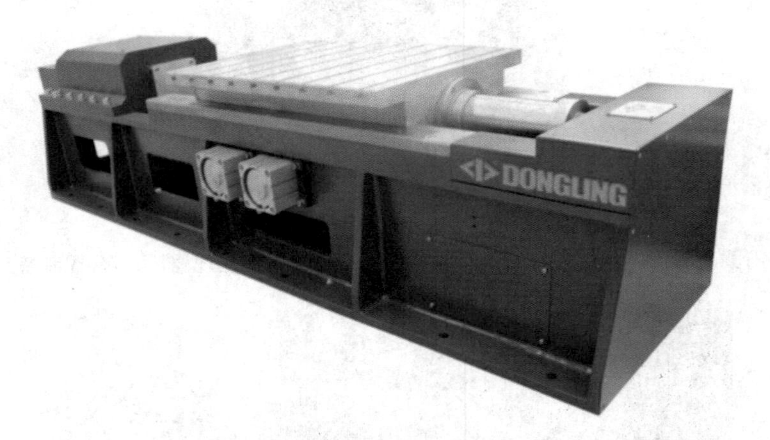

附图 5-18　气动式水平冲击台（苏州东菱振动试验仪器有限公司制造）

附图 5-19　强碰撞中心冲击机（水平方向，苏州东菱振动试验仪器有限公司制造）

附图 5-20　轻型冲击机强碰撞中心冲击机（水平方向，苏州东菱振动试验仪器有限公司制造）

附图 5-21 强碰撞中心冲击机（垂直方向，苏州东菱振动试验仪器有限公司制造）

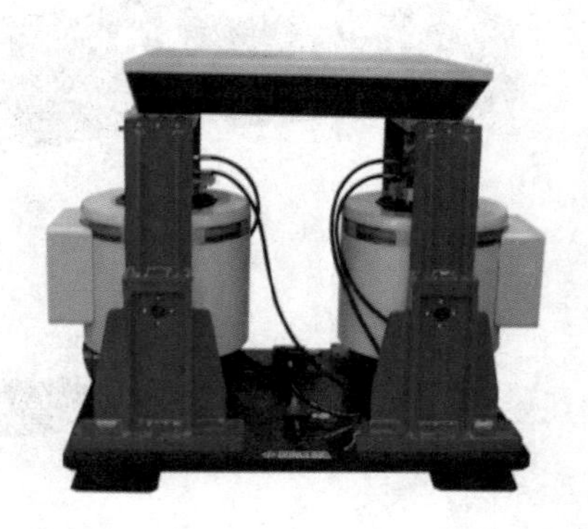

附图 5-22 双台异步振动台（苏州东菱振动试验仪器有限公司制造）

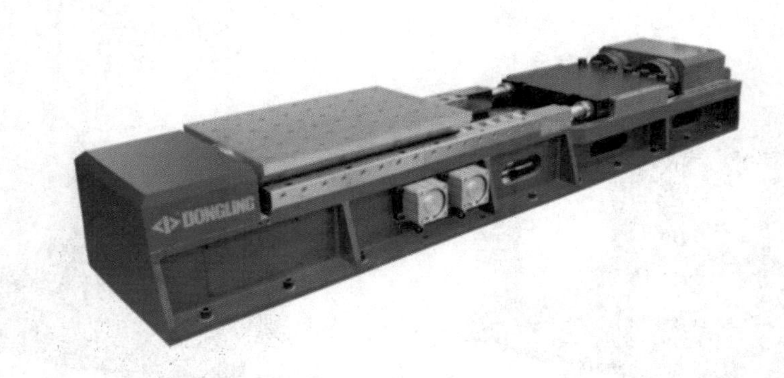

附图 5-23 水平谱冲击复合试验台（苏州东菱振动试验仪器有限公司制造）

附图 5-24 斜面冲击台（苏州东菱振动试验仪器有限公司制造）

附图 5-25　悬臂式稳态加速度试验机（苏州东菱振动试验仪器有限公司制造）

附图 5-26　液压振动试验台
（苏州东菱振动试验仪器有限公司制造）

附图 5-27　液压式垂直冲击台
（苏州东菱振动试验仪器有限公司制造）

综合试验设备

附图 5-28 温度、湿度、离心三综合试验设备（苏州东菱振动试验仪器有限公司制造）

（1）外观图

（2）冷风管和振动箱底

附图 5-29 高加速试验箱（中国航空综合技术研究所 航空综合环境航空科技重点实验室）

附图 5-30　温度、湿度、振动三综合试验系统
（中国航空综合技术研究所 航空综合环境航空科技重点实验室）

参考文献

［1］ 祝耀昌.产品环境工程概论[M].北京:航空工业出版社,2003.

［2］ 胡志强,祝耀昌,等.航空制造工程手册——机载设备环境试验[M].北京:航空工业出版社,1995.

［3］ 祝耀昌,任占勇,丁其伯.可靠性试验[M].北京:国防工业出版社,1994.

［4］ 王涌泉,雷户森,等.力学环境试验技术[M].西安:西北工业大学出版社,2003.

［5］ GB/T 2421—1999 电工电子产品环境试验 第1部分:总则[S].

［6］ GB/T 2422—1995 电工电子产品环境试验 术语[S].

［7］ GB/T 2423.1～56—(1985—2006) 电工电子产品环境试验 第2部分:试验方法[S].

［8］ GB/T 2424.1～25—(1992—2006) 电工电子产品环境试验 第3部分:试验导则[S].

［9］ GB/T 5170.1～21—(1987—2008) 电工电子产品环境试验设备基本参数检定方法[S].

［10］ GB/T 15428—1995 电子设备用冷板设计手册[S].

［11］ GJB 150—1986 军用设备环境试验方法[S].

［12］ GJB 150A—2009 军用装备实验室环境试验方法[S].

［13］ GJB 1172—1992 军用设备气候极值[S].

［14］ GJB 4239—2001 装备环境工程通用要求[S].

［15］ GJB 6117—2007 装备环境工程术语[S].

［16］ GJB 9001B—2009 质量管理体系[S].

［17］ GJB/Z 27—1992 电子设备可靠性热设计手册[S].

［18］ GJB/Z 126—1992 振动冲击环境测量数据归纳方法[S].

［19］ GJB/Z 222—2005 动力学环境数据采集和分析指南[S].

［20］ HB6206—1992 民用飞机机载设备环境条件和试验方法[S].

［21］ MIL-STD-810C—1975 空间与陆用设备环境试验方法[S].

［22］ MIL-STD-810D—1983 环境试验方法和工程导则[S].

［23］ MIL-STD-810F—2000 环境工程考虑和实验室试验[S].

［24］ MIL-HDBK-251 电子设备冷却设计手册[S].

［25］ MIL-HDBK-338—1984 电子设备可靠性设计手册[S].

［26］ DEF STAN 00-35—2006 国防装备环境手册 第3部分 环境试验方法[S].

［27］ NATO 标准协议 4370 AECPT100 国防装备环境指南(1998)[S].

［28］ NATO 标准协议 4370 AECPT300 气候环境试验(1998)[S].

［29］ NATO 标准协议 4370 AECPT400 机械环境试验(1998)[S].

[30] MIL-HDBK-310—1997 研制军用产品用的全球气候数据[S].

[31] RTCA-DO160B—1985 机载设备环境条件和试验方法[S].

[32] RTCA-DO160F—2007 机载设备环境条件和试验方法[S].

[33] 戴夫·S·斯坦伯格.电子设备振动分析(第3版)[M].王建刚,译.北京:航空工业出版社,2012.

[34] 戴夫·S·斯坦伯格.电子设备冷却技术(第2版)[M].李明锁,丁其伯,译.北京:航空工业出版社,2012.